현오와 걷는

지리산

현오와 걷는 지리산

초판 1쇄 발행 2019년 3월 8일

지은이 권태화
펴낸이 백미옥
펴낸곳 리더북스
출판등록 2004년 10월 15일(제2004-106호)
주소 경기도 고양시 덕양구 지도로 84 301호(토당동, 영빌딩)
전화 031)971-2691
팩스 031)971-2692
이메일 leaderbooks@hanmail.net

ISBN 978-89-91435-93-3 03980
잘못 만들어진 책은 구입하신 서점에서 교환해 드립니다.

智異山

현오와 걷는
지리산

현오 권태화 지음

리더북스

추천의 글

《현오와 걷는 백두대간》에 이은 또 하나의 역작이다. 저자가 전작을 통해 백두대간의 진실을 찾아냈다면, 《현오와 걷는 지리산》에서는 진정한 산꾼이라면 알아야 할 지리산의 진실에 대해 규명했다. 지리산을 수십 번 다녔다 한들 내가 제대로 아는 게 너무도 없구나 하는 사실을 깨닫게 하는 산악 명저다. 지리산에 들고 싶은 산꾼이라면 한 번쯤은 읽고 가야 하지 않을까?

• 전 〈월간 산〉 편집장 한필석

지리산은 그 차지하고 있는 영역이 광활한 만큼 우리 한민족에게 준 삶의 영향 또한 적다고 할 수 없다. 저자는 지리산이 우리에게 준 역사적인 의미와 지리적인 고찰을 섬세하게 저술해 주었다. 지리산을 오르려는 사람이 사전에 이 책을 읽고 등정을 한다면 자연 지형을 보면서 새삼 많은 감탄을 감출 수 없을 것이다.

• 홀대모 고문 조래권(필명 조진대)

홀로 수십 차례 지리산을 다니느라 관련 서적을 많이 접했지만 이렇게 세세하면서도 읽기 쉬운 산서山書는 기억에 없다. 지리산 둘레길을 돌고 봉우리를 오르고 능선을 걸으면서 깊이 있는 해석을 곁들인 이 책은 지리산의 역사와 문화 그리고 지리산 사람들의 숨결을 같이 느낄 수 있는 중요한 가

이드북이다.

• 한국트레킹투어 대표 송병연

부지런한 저자가 고초 끝에 우리 민족의 영산인 지리산에 관한 새 책을 발간했다. 이런저런 숨겨져 있는 지리산 이야기들을 알기 쉽게 풀어놓았기 때문에 그저 걷기만 했던 지리산이 생각하고 바라보고 느끼는 지리산으로 다가올 것이다. 이 책은 지리산 둘레길을 걷는 초보자부터 화대종주, 지리태극종주라는 익스트림한 산행을 하는 꾼들까지 포용하니 더욱 흥미진진하기만 하다.

• 의사, 홀로산행 킬문 문창환

2018 교양부문 세종도서로 선정된 《현오와 걷는 백두대간》의 뒤를 이어 백두대간의 끝자락인 지리산에 다시금 싹이 텄다. 옛길부터 고갯길, 숲길, 강변길과 논둑길 등 295km 둘레길을 걷던 저자의 발걸음이 능선과 봉우리로 오르더니 역사에서 소외 받은 민중들과 함께 지리산을 노래하고 있나. 나와 같은 공감대를 가지고 있는 지자의 글을 읽으면서 지리태극종주 루트를 개척하며 지도를 몇 번이고 그렸다 지웠다 하던 때가 생각나는 이유는 무엇일까.

• J3클럽 방장 배병만

지리산에 관한 지침서로 활용하기에 필요충분조건을 다 갖춘 책이다. 저자가 풀어낸 색다른 지리산 이야기를 읽다 보니 수십 번 지리산에 들었지만 도대체 무슨 생각으로 지리산을 다녔었나 하는 아쉬움과 안타까움이 들 정도였다. 지리산에 관한 흥미로운 지식은 나 같은 산사람뿐만 아니라 학생들에게도 좋은 공부가 될 것 같아 적극 추천하고 싶다.

• '58모여라 산악회' 회장 김경희

The writer is an expert on Baekdu Daegan and now he has published a book about Jiri-san. "Hyun-oh walks the Jirisan" is a book filled with human and historical geography. Before you depart for Jiri-san, reading this book will give you a fuller hiking experience. I recommend this book to all those who love and appreciate Jiri-san.

• HIKEKOREA, Roger Shepherd

저자 서문

애당초 지리에 들지 말았어야 했다.

우리나라의 어느 산치고 아름답지 않으며 소중하지 않은 산이 하나라도 있었던가? 산은 들를 때마다 늘 새로운 생명력을 불어 넣어주고 활력을 되찾아 주지 않았던가? 아니 도대체 나를 반겨주지 않는 산이 하나라도 있었던가? 이제껏 그래왔던 것처럼 그저 대간이나 다니고 명산을 유람하듯이 다니는 편이 차라리 나았을 것이다. 아니 지리도 그렇게 다녀야 했다. 정상에 올라 주위 산봉우리들을 헤아려 보고 능선의 이음을 눈으로 따라가 보고 그리고 그들의 모양새를 살펴보는 것만 해도 충분하지 않았을까?

그렇게 지리를 다녔어야 했다.

아니 사실 그렇게 지리를 다녔었다. 백두대간도 몇 차례 진행했고 정맥이나 지맥도 그렇게 다녔다. 그러다 보니 산을 보는 눈도 제법 트였으니 그 정도면 충분할 것으로 생각했다.

2017년에 출간한 졸저《현오와 걷는 백두대간》이 '산서山書'답지 않게 의외로 3쇄까지 찍었으며 '세종도서 교양부문'에 선정되는 영광까지 누릴 수 있었으니 뿌듯한 마음에 2018년 신년 산행으로 지리에 들었다. 지리는 그냥 가는 산이었다. 잘 아는 산이니 지도도 필요 없는 산이었다. 또 오랜만에 들른다고 해도 그리 겁나지 않는 산이기도 했다. 그냥 가는 게 마고 할머님께 결례가 된다면 나름 가지고 있는 산에 대해 외경심 가득한 눈과 마음만 가지고 가도 괜찮을 것으로 생각했다. 지리는 생명 그것도 살아서 움직이고 숨 쉬는 생명이니 그런 마음가짐으로 그윽하게 산만 바라보면 될 거 아닌가?

지리는 앙탈부리는 설악과는 달리 자주 가지 않아도 용서해주는 산이라 했다. 사랑하는 사람에게서 버림받을 때는 오라고 했다. 잠에서 막 깬 채로 있는 수염 그대로 가지고 와도 된다고 했다. 고달프고 지쳐 있을 때, 다른 데서 눈길을 주지 않을 때 은근하게 생각나면 와도 된다고 했다. 수줍은 시골 새색시를 보고 싶은 마음으로 오라고 했다. 지리 아무데나 앉아서, 하염없이 아무데나 바라보고 싶을 때는 오라고 했다. 그러다가 나이가 들어 수족이 힘들어 할 때에는 꼭 찾으라 했다. 가만히 앉아서 하염없이 울고 싶을 때 그때는 반드시 오라고 했다.

그래서 들른 지리였다.

그런데 그 지리에서 우연찮게 점필재 김종직을 만났다. 그러고는 그 손에 이끌려 지리산 둘레길로 내려가게 되었다. 굉장한 인연이었다. 어머니같이 평온한 마음을 준다고 하니 무시로 드나들던 지리를, 지리에서도 '지리산 둘레길'을 그렇게 들르게 됐다. 그 둘레길을 걸으면서 지리산에서 태어난 사람을 만났고 지리산에서 죽은 사람도 만났다. 모두 지리산에 기대어 사는 사람이었다. 다랭이논에서 농사짓는 사람도 보았고 한지 작업을 하는 사람, 호두

줍는 사람, 목기를 만드는 사람, 다 쓰러져 가는 토굴에서 선에 잠긴 사람, 치성을 드리는 사람, 매를 잡느라 잔뜩 엎드려 있는 사람, 의병, 민보군, 장보러 산을 넘는 사람…… 다 지리산 사람이었다.

그게 화근이었다.

지리에서 사람을 만나지 말았어야 했다. 그들은 남루하지만 흰옷을 입은 사람이었고 작은 보따리를 이고 졌다. 왜구를 피해 운봉 사람은 구례로, 구례 사람은 운봉으로 피난을 가는 사람들이었다. 그때 최민식이 아닌 진짜 이순신도 만나 명나라 장수 유정에 대한 서운한 감정도 읽을 수 있었으며 장군으로부터 난중잡록에 관한 얘기며 그 책의 작가 조경남이 아주 똘똘한 친구라는 얘기도 들을 수 있었다. 그렇게도 흠모해 마지않던 남명 조식 선생을 만나 경의敬義의 참뜻도 새길 수 있었으며 그의 제자들이 의병을 일으킬 수밖에 없었던 교육 환경도 알게 되었다. 수제자인 의리파 정인홍과는 함께 울분을 토하며 폭음하기도 했다.

그럴 때 전 함양군수 김종직과의 만남은 진정으로 행운이었다. 단지 조선유학의 종조로만 여기던 그를 지리에서 만나 함께 산행을 하며 이른바 '점필재 루트'를 개척한 것은 정말이지 큰 소득이었다. 이는 훗날 김굉필, 신정지, 남효온, 김일손, 정여창 등으로 하여금 지리를 통하여 울울한 현실의 좌절을 위로 받거나 새로운 학문의 길에 정진토록 하는 일종의 성지순례 코스가 됐음은 주지의 사실이다.

헌데 쌍계사에서 고운 최치원을 만나서는 "지리산이 왜 지리산이어야만 하는가?"라는 화두만 넘겨받았으니 이게 필자에게는 힘든 작업의 시작이었다.

그 화두를 쥐고 능선으로 올라갔다. 그렇게 오른 지리는 대단했다. 봄이면 바래봉은 풀을 뜯는 면양의 흰색과 붉은 철쭉이 절묘한 조화를 이루었으며, 길상봉 노고단에서는 마고 할머니와 남악사에 모셔진 선도성모도 뵐 수 있었고, 반야봉에 가서는 문수보살의 법문도 들을 수 있었으며 벽소령에서는 벽송대사의 제자들이 만나 그들이 나누는 선문답을 귀동냥도 할 수 있었다. 악양에서는 왕의 부름을 뿌리치고 창을 넘어 몸을 숨기는 한유한의 뒷모습도 볼 수 있었으며, 제석당 노파의 푸념소리나 향적사 노승의 하소연을 듣고, 통천문을 지나는 신선의 땀 냄새도 맡을 수 있었으며, 칠선계곡을 막 빠져나온 부산 대륙산악회 회원들과의 조우는 특별한 기억이었으며, 천왕봉 성모사에서 승려 천연과 비바람 속에 보낸 하룻밤은 잊을 수 없는 추억이 되었다. 그 천왕봉 일월대에서 멀리 소백산을 바라볼 때 마침 승려 종수를 앞세우고 산행을 즐기던 퇴계 이황의 그림자도 볼 수 있었다. 그러고는 영랑대로 내려올 때 하봉의 비트에서 웅석봉 옆 달뜨기 능선 위로 떠오르는 처연한 달을 보며 어머니와 고향 생각에 눈물짓던 어린 빨치산의 발싸개도 만져줄 수 있었다.

백두대간이 살아 숨 쉬는 생물이듯 지리 역시 그 자체가 역사지리요 인문지리였다. 김종직과 김일손을 만나 조의제문과 무오사화에 대한 얘기도 들어보고 실상사에서 신라 5교9산을 거론하며 선종을 얘기할 때 단속사에서는 성유신도 만나야 했다. 그리고 화엄사로 가서는 원효와 의상의 화엄사상을 인도에서 날아온 연기조사의 얘기와 함께 들어야 했다. 이 책은 이런 얘기들을 들려준다.

우천 허만수, 함태식, 김경렬, 변규화, 성산, 최화수 등 지리의 전설들을 기리면서 이분들의 흔적을 찾고 연구하며 토론하고 때로는 논쟁까지도 마다하지 않으며 오늘도 지리산 구석구석을 훑고 있는 '지리99팀'이나 '도솔산인' 이영규로부터 들은 얘기도 전해준다.

왜 지리산이 지리산이어야 하는가? 부족하지만 지리산 둘레길과 동서남북 능선길 그리고 태극종주길과 화대종주길을 걸으면서 함께 생각하고자 썼다.

항상 막내아들의 산행에 걱정이 많으신 노모 김정옥 여사에게 또 걱정을 끼쳐드렸다. 산행을 함께하지 못하는 동료 산꾼들에게 항상 미안한 마음뿐이다. 늘 따뜻한 격려를 아끼지 않는 해밀산악회, 목동산악회, 경기하나산악회, J3클럽, 58모여라, 홀대모, 서울한마음산우회, 백두사랑, 산경표따르기, 코뿔소, 4050그린, 홀로산행, 송백, 목동28, 대한산경표, 대구마루금, 그랜드, 무한도전클럽 회원들에게도 심심한 감사의 말씀을 드린다.

끝으로 변변치 못한 글을 세상에 내놓게 해주신 리더북스의 대표님과 멋지게 책을 꾸며주신 디자이너에게도 심심한 감사를 표한다.

차례

1부 지리산 개요

2부 지리산 둘레길

4부 지리산의 주릉 및 동서남북 능선

智異山

1부 지리산 개요

1. 지리산 개관

지리산 연하봉

지리산은 두류산이라 했다. 백두산頭이 흘러내려와流 만들어진 산山이라는 것이다. 그러나 그 이름을 가지기 전에 지리산은 다른 이름으로도 불렸을 것이다.

문명이 발달하고 사회가 복잡해질수록 사람들의 이동은 잦아졌으며 그러다 보니 장소에 대한 특정이 필요해졌다. 그 장소가 사람들이 신성시 여기는 곳이라면 다른 어떤 것보다 우선하여 이름이 지어졌을 것 같다. 이런 인식은 우리 선조들이 언어를 사용할 때부터 시작됐고 문자를 가지면서 표기되기 시작했을 것이다. 이런 어휘 중 그 활용도가 가장 높은 것이 지명이다. 지명은 사람이 활동하는 무대이기 때문이다. 지명은 사용되는 어휘 중에서도 가장 보수성이 강한 존재이기도 하다. 그래서 한번 그 이름이 정해지면 어지간해서는 바꾸기 힘들다.

지명은 보수적이다

이런 지명은 문화와 문명이 발달함에 따라 새로 생기고 없어지며 변화하는 과정을 거치기 마련이다. 그러니 고대사회에서 근대사회를 거쳐 복잡다기한 현대사회에 이르면서 그 지명이 세분화되는 것은 자연스런 일이리라. 이러다 보니 반야봉, 천왕봉으로 대표되는 지리산은 마을에 따라 혹은 그 주변인의 역정歷程과 문화, 전설이나 민속 그리고 자연환경에 따라 다양한 이름으로 불리게 되었을 것이다. 지리산이 그 크기만큼이나 여러 가지 이름[1]을 가진 이유이다.

지리산은 어떤 곳일까? 지리산은 왜 지리산이며 우리에게 어떤 산일까? 그리고 그 신비하고 장엄하기만 한 지리산은 도대체 어디부터 시작하여 어디까지가 끝일까? 그 지리산에 기대어 살던 사람들은 왜 지리산을 찾아야만 했을까? 그 지리산은 도대체 무엇일까?

그 지리산을 필자는 크게 세 가지로 파악한다.

①지리산은 히말라야의 에베레스트산 혹은 티벳 고원으로부터 시작된 산줄기가 대륙을 지나 백두산을 통하여 나라 안으로 들어오면서 우리 고유의 산줄기 이름인 백두대간이라는 이름으로 나라를 동서로 가르며 진행하다 마침내 그 종지부를 찍는 곳으로 이는 지리산을 산줄기의 측면에서 파악한 것이다.

②또 다른 시각으로 보자면 지리산은 백두대간의 남덕유에서 시작된 물줄기 남강이 함양, 산청, 진주를 적시며 진행할 때 그 물줄기의 우측에 자리해 있으며, 백두대간의 영취산에서 발원하는 물줄기 섬진강이 남원, 구례, 하동

1 제14구간에서 여러 이름들을 살펴본다.

반야봉에서 바라본 천왕봉. 해밀산악회 산우 '나무지게' 김기홍 님 촬영

을 흐를 때 그 좌측에 서 있는 산으로 이는 지리산을 물줄기의 측면에서 바라본 것이다.

③지리산신이나 거기에 기대어 사는 사람들의 신앙, 그 신앙의 변천 과정, 그들을 지배하고 있던 사상, 그들이 겪었던 역사적인 사실 등 지리산 사람들이 겪었던 고단하고 지난한 생활 등이 스며들어 있는 곳으로 이는 지리산에 의지하여 사냥을 하고 약초를 캐며 논과 밭을 일구며 살고 있던 사람들과의 관계에서 살펴본 것이다.

아울러 성리학과 관련한 얘기를 하나 더 들어야겠다. 지리산을 얘기할 때 빠뜨리지 말아야 할 남명 조식 선생 관련된 얘기다. 즉 경의敬義를 내세워 '실천'을 중시한 남명학파가 임진왜란과 정유재란 당시 의병을 일으켜 어떤 활약을 했는지 살펴보는 것도 의미 있을 것이다. 또한 조선말기 농민항쟁[2]과 의

2 가령 1862년 발발한 단성농민항쟁과 지리산 세석평전 부근의 '청학연못'('세석연못'으로 보는 견해도 있음), 운봉에서의 동학농민항쟁 등.

병활동[3] 그리고 현대에 이르러 이념 투쟁의 무대가 되어야만 했던 여순사건에 이은 빨치산의 활동 등을 지리산을 통하여 조명해 보는 것도 의미 있는 작업일 것이다.

이런 인문지리적, 역사지리적인 지리산의 모습을 파악할 수 있는 방법은 지리산 주변에 거주하는 지리산 사람들의 생활상을 직접 보고 들어 보는 것이다. 그러고는 지리산의 여러 능선을 이어 직접 걸으면서 들은 얘기들을 확인하며 지리산 주변을 훑어보는 일이다. 결국 탐문과 탐사이다.

그러다 보니 최근 개발된 '지리산 둘레길'이 자연스럽게 떠오른다. 혹시나 이 둘레길을 걷다보면 망태기를 짊어진 약초꾼이나 치성을 드릴 각종 제수용품을 머리에 이거나 지게에 진 기도꾼들을 만나거나 혹은 지로승指路僧을 앞세우고 도포 자락을 날리며 거친 숨소리를 내며 걷는 점필재 김종직이나 탁영 김일손 일행들을 만날 수 있게 되지나 않을까? 아니면 죽창이나 낫을 들었다 다시 사냥총으로 바꿔들고는 왜구와 일본군에 쫓기는 의병들의 분노의 함성도 들을 수 있지 않을까? 그렇지 않더라도 반야봉에 오르면 문수보살의 법문을 들을 수 있거나 천왕봉과 제석봉에서는 성모신이나 천신에게 제를 올리는 무속인들의 주술 소리도 엿들을 수 있을 것 같다. 그도 아니면 이념이 뭔지도 모르는 채 입산한 빨치산의 흔적을 찾고 있는 조정래나 사상이나 조국보다는 지리산의 물과 흙을 갈구했던 이병주를 혹은 두려움을 떨치기 위해서 방아쇠를 당겨야만 했던 이념 없는 지리산 사람 배달수와 결국 만신이 되어 지리산 사람이 되어야만 하는 그의 딸 배만하를 찾는 문순태를 만날 수 있을 것만 같다.

이들을 찾던 우천 허만수 선생이나 함태식, 김경렬, 변규화, 성산 그리고

3 가령 피아골, 석주관이나 연곡사 등.

최화수 선생은 다들 어디 계실까? 이런 모든 만남을 위해 우선 지리산 둘레길 295km[4]를 걸으면서 이 길이 자연과 마을, 역사와 문화의 의미를 다시 찾아내 잇고 보듬는 사람과 생명을 성찰하는 순례의 길임을 다시금 마음에 새기자. 그러고는 지리산 능선으로 올라[5] 우리의 걸음으로 걸으면서 과거의 선조들이 지리산을 경외의 대상으로 볼 수밖에 없었던 이유들을 함께 느껴보자.

2. 지리산의 시작과 끝은 어디일까?

지리산의 영역

백두산은 대륙의 산줄기들을 하나로 모아 우리나라 전역에 골고루 퍼뜨리는 관문이다. 그리고 그 작업의 중심에 백두대간이 있다. 백두대간의 시작은 민족의 영산 백두산이고 그 마지막이 지모신앙地母信仰의 중심지 지리산이다. 앞에서 살펴봤듯이 지리산은 우리 민족의 정신문화를 지배하고 외세의 침입에 항거한 민족 자존심의 긍정적인 현장이기도 하지만 여순사건과 한국전쟁을 거치면서 민족의 아픔을 고스란히 담고 있는 곳이기도 하다. 이렇듯 우리 민족의 애환을 담고 있는 장엄하고 광대하며 또 신비하기까지 한 지리산의 시작은 어디이며 그 끝은 어디인가? 아니 도대체 그 시작과 끝을 알 수나 있는 걸까? 그리고 그 길은 어디서 어떻게 걸을 수 있을까? 여기서 필히 염두에 두어야 할 것은 이런 논의는 산맥 개념으로는 풀 수 없는 문제이니 반드시 산줄기 개념으로 이해를 해야 한다는 것이다.

---

4 본서의 제2부는 둘레길을 22개 구간으로 나눠 직접 걸으면서 지리산을 느껴보도록 했다.

5 본서는 제3부와 제4부에 지리산과 관련된 산줄기를 대한산경표의 구분에 의한 지리산 외곽의 산줄기 파트와 지리산 내의 주릉과 동서남북 능선을 나눠 살펴보고 제5부에서는 지리산의 중장거리 코스인 화대종주와 지리태극종주를 소개하도록 하겠다.

지리산의 크기

"5천 척 이상의 봉우리가 18봉이요, 3천 척 이상이 22봉이요, 2천 척 이상이 20여 봉이니, 고만高巒이 도합 60이요, 중만中巒, 저만底巒으로 말하면 1천여 개이니, 소위 산지대왕 아닐쏜가. 강으로 말하면 일곱 개 강천이 흐르고 계곡은 수십 개로 기관명승이 절가하니 풍우순조하면 비옥한 땅일레라, 가히 신선이 노니는 선경을 짐작할 수 있느니라."

이병주는 소설 《지리산》에서 벽송사에 거주하고 있던 최노인을 통하여 이렇게 당시의 지리산을 얘기해 주고 있다. 그렇다. 지리산은 천왕봉을 위시하여 반야봉, 제석봉, 노고단 등 1,500m 급 고봉이 18개나 된다는 얘기며 여기서 7개 강천이 흐르게 되며 계곡은 수십 개나 된다는 얘기이다. 고만이 600m 급[6]의 산을 이야기하는 것도 흥미롭기도 하다.

김선신은 두류전지[7]에서 이 지리산을 금강산에 비해 "몸체는 풍성하면서 정상의 꼭대기는 우뚝하고 확고한 자태를 지키면서 골짜기의 굴곡은 곡진하며 밝은 지혜를 가졌으면서도 알지 못하는 듯한 모습을 내보인다. 그러므로 차라리 두류산처럼 어둑할지언정[8] 금강산의 화려함을 본받지 말며, 차라리

---

6 서양에서는 600m 급 이상을 mountain으로 보고 그보다 낮은 봉은 hill이라고 보는 것 같다.

7 경상대학교 경남문화연구원의 HK(Humanities Korea, 인문한국)교수로 재직하고 있는 전병철 교수가 옮긴 淸山 김선신(1775~?)의 두류전지는 지리산에 관한 문화·역사·지리 등을 총망라한 조선시대의 산지山誌이다. 청산淸山은 1805년과 1822년 연행사의 일원으로 심양을 다녀왔으며, 1811년에는 통신사의 일원으로 일본도 다녀왔다. 그는 이를 계기로 중국과 일본의 학자·문인들과도 교류의 기회를 가졌을 것이다. 옮긴이에 의하면 이 책은 1823년~1825년 사이에 청산이 영남 소촌역(진주 부근)의 찰방察訪(역참 일을 맡아보던 종육품 외직外職 문관의 벼슬)을 지낼 때 쓴 것이라 추측한다. 방대한 자료를 집대성하여 편찬한 청산의 역작임에 틀림없다. 그러나 필자 같은 산꾼의 눈에는 책의 또 다른 면이 보인다. 즉 백두대간의 흐름을 산경표의 내용 그대로 따르되 다만 지리산의 끝을 취령에서 금오산을 거쳐 노량까지 이끌어 낸 대목인데 필자는 이 부분을 두류전지가 산줄기에 관한 한 산경표의 주해서註解書를 넘어 독자적인 영역을 개척한 것이라 평가하고 싶다. 뒤에 자세히 언급한다.

8 되바라지지 아니하고 어수룩하다.

두류산의 엄숙함에 처할지언정 금강산의 찬란함을 가까이하지 말라!"고 말한다.

그러면서 "금강산은 재주 있는 선비이다. 재주 있는 사람을 사람들이 사랑하지만 사랑이 극심하면 해치게 된다. 그러므로 그 모습이 오히려 시름겹다. 두류산은 덕이 있는 노인德老이다. 덕이 있는 사람을 사람들이 사랑하지만 공경함이 오래되면 반드시 멀리하게 되며 멀어지면 잊어버리게 된다. 아! 내가 어찌하면 공경함이 오래되어도 잊지 않는 사람과 살면서 두류산의 온전한 덕을 논할 수 있을까?"라고 지리를 그렸다.

자연생태계와 자연·문화 경관의 보전을 전제로 지속가능한 이용을 도모하고자 환경부 장관이 지정, 국가가 직접 관리하는 보호지역을 관장하는 국립공원관리공단에서 지리산을 소개하고 있는 글을 인용해 본다.

> 1967년 최초의 국립공원으로 지정된 지리산은 경남의 하동, 함양, 산청, 전남의 구례, 전북의 남원 등 3개 도, 5개 시군에 걸쳐 483.022㎢의 가장 넓은 면적을 지닌 산악형 국립공원이다. 둘레가 320여 km나 되는 지리산에는 셀 수 없이 많은 봉우리가 천왕봉(1915m), 반야봉(1732m), 노고단(1507m)을 중심으로 병풍처럼 펼쳐져 있으며, 20여 개의 능선 사이로 계곡들이 자리하고 있다. 이질적인 문화를 가진 동과 서, 영남과 호남이 서로 만나는 지리산은 단순히 크다, 깊다, 넓다는 것만으로는 표현할 수 없는 매력이 있는 곳이다.

지리산의 끝은 곧 백두대간[9]의 끝이다

우리나라 산의 조종祖宗인 백두산. 그 백두산에서 시작한 백두대간은 그 끝인 지리산으로 오는 동안 수많은 가지줄기를 치게 되고, 그 가지줄기에서는 또 다른 가지줄기를 치게 되면서 그 가지줄기와 그 길이만큼 많은 산을 만든다. 그렇게 금강산~설악산~덕유산을 지나고 여원재를 넘어 드디어 지리산으로 들어와 그 긴 여정을 마무리하게 되는 것이다.

그렇게 많은 줄기와 많은 산을 족보 식으로 정리한 책이자 표가 바로 산경표이다. 그러니 산꾼에게 있어 이 산경표는 산줄기의 흐름을 파악할 수 있는 지침서가 되며 항상 들여다보고 가르침을 받아야 하는 절대적인 경전經典이 된다. 우리가 백두대간의 시작이 백두산이고 그 끝이 지리산[10]이라는 것도 이 산경표 덕에 비로소 이해하게 된 것이다.

그런데 한 가지 의문이 생긴다. 즉 그 많은 지리산의 여러 봉우리 중 산경표에서 말하는 지리산은 도대체 어디인가? 지리산의 시작과 끝은 어디냐는 말이다. 반야봉일 수도 있고 영신봉일 수도 있으며 천왕봉일 수도 있고 또 웅석봉일 수도 있으니… 이 점이 지리산의 영역에 대해서 여러 가지 문제를 제기한다. 다만 산경표에 의하면 여원재 다음으로 지리산이 기재되었으니 좁은 의미에서 지리의 시작은 여원재로 보면 될 것이니 그 시작은 별 문제가 없다.

사실 지리산의 시작과는 달리 그 끝이 어디라는 것을 말하기란 상당히 조심스럽다. 이들이 갖는 여러 의미 중 아무래도 가장 큰 의의는 백두대간의 길이와 그에 따른 지맥들의 확정에 있을 것이기 때문이다.

---

9 백두대간은 백두산에서 시작하여 지리산에서 끝나는 나라의 가장 큰 산줄기를 말한다. 대간大幹은 백두대간에만 사용되므로 '대간'이라는 단어만으로도 백두대간을 의미한다. 백두대간에 대한 자세한 내용은 졸저 《현오와 걷는 백두대간》 참조.

10 白頭大幹止於智異

두류신기頭流身記 왈曰, 동東은 천왕봉에서, 서西는 반야봉에서, 남南은 노량에서

산경표에서의 지리산의 위치는 의외로 복잡하다. 산경표 '조선광문회'본을 보면 "지리산은 진주에서 서쪽으로 200리, 함양 남쪽 40리, 산청 서남쪽 50리, 단성 서쪽 50리…" 그리고 일명 두류산이라고 하는 이 지리산에서 "세 갈래로 갈린다."라는 부기가 달려 있다. 즉 "①남으로는 취령, ②서북으로는 숙성산, ③동으로는 안양산으로 각 이어진다"라는 부기附記가 그것이다. 그러니 위와 같이 지리산의 영역은 더 확장되는 모습을 보여주고 있다. 즉 지리주릉主稜에서 지리산이 끝나는 게 아니라 지리주릉 상에 있는 특정된 곳 가령 "①취령-낙남정맥으로, ②숙성산-지리산 서봉인 반야봉에서, ③안양산-지리산 상봉인 천왕봉에서" 이어짐을 부기하면서 자연스레 그 지리산의 끝을 암시해 주는 것이다. 그러니 이들은 특정된 지리산에서 가지를 친 줄기들이 아니라 반야봉이나 천왕봉이라는 봉우리들이 지리산 소속의 봉우리이기 때문에 이들의 '자봉子峰'이라 할 안양산이나 숙성산에 부기附記한 것으로 보인다. 그리고 이는 현대인의 산줄기 시각으로 보자면 서시(견두)지맥과 덕천(웅석)지맥, 이를 다시 능선 개념으로 본다면 지리서부능선과 지리동부능선으로 이해할 수 있겠다.

이는 산천총설1.[11]에 나와 있는 ㉮'반야봉은 지리산의 서봉이다. 반야봉의 한 갈래가 서쪽으로 흘러 숙성산에 이르고~', ㉯'천왕봉은 지리산의 상봉이며 반야봉의 동쪽에 있다. 한 갈래가 동쪽으로 뻗어 안양산에 이르고~' 등의 기술 방법과는 전혀 다른 것이다.

---

11 동국문헌비고는 우리나라의 문물과 제도를 '상위고象緯考(천문학에 관한 역사적 사실)', '여지고輿地考(지리)', '예고禮考(풍속, 종묘)' 등 15개 분야考로 분류한 영조 때의 관찬官撰 백과사전이다. 이 동국문헌비고의 여지고는 지리분야에 관한 저술로 '역대국계', '군현연혁', '산천' 등 7개 항목으로 이루어져 있는데 이를 여암 신경준(1712~1781)이 맡아 저술했다는 게 정설이다. 그리고 이 '산천'은 총설1, 2와 군현편 3권 등 5권의 책으로 이루어져 있다. 그러니 산천총설1.은 동국문헌비고의 여지고 중 산천총설1을 얘기하는 것이다.

결론적으로 얘기하자면 산경표나 산천총설에서 얘기하는 지리산은 여러 봉우리의 집합체인 커다란 덩어리를 얘기하는 것이지 특정된 봉우리를 얘기하는 게 아닌 것[12]이다. 이는 지금의 우리 의식과 다르지 않다.

조선시대 최고의 지리지인 두류전지는 어떻게 기술하고 있을까? 김선신(1775~?)은 지리산을 인체에 비유하여 산을 논한다. 즉 사람의 어깨와 등 그리고 팔다리 등 온몸을 ①두류신頭流身이라 하여 이를 지리산의 본체라 본다. 그리고 ②이 본체에서 벗어난 주변의 산들 가령 등곡산에서 흘러간 봉명산이나 소곡산에서 흘러간 무량산 등은 자손산子孫山들의 예이고, ③백운산이나 사근산, 황매산 등은 덕유산에서 흘러 내려와 지리산의 겨드랑이와 날개가 되었으니 이들을 전신全身 및 자손子孫과 구별하여 족당산族黨山이라 한다.

그러니 지금의 개념으로 본다면 지리산에서 가지를 친 지맥까지를 '두류신頭流身'이라 하여 지리산 본체로 이해한다. 그런데 여기서 한 가지 특기할 만한 것이 있다. 즉 위 '두류신' 편에서 **백두대간 상 지리산의 취령의 한 갈래가 낙남정맥 줄기에서 벗어나 하동[13]의 금오산까지 지리산의 경계를 확장시키다가 그 끝을 노량[14] 앞바다에서 마무리한다**는 내용이 그것이다. 다시 말해서 지리산의 한 끝을 금오산이라 보고 이를 두류신 편에 편제한 것[15]이다.

---

12 지리학자가 아니라서 크게 주목할 필요는 없지만 남원 사람 경암 김교준(1883~1944)은 1906년 지리산을 산행하면서 '덕유산에서 내려오는 산줄기의 끝은 반야봉'이라고 보았다. 그리고 반야봉 정상에 올라 축문을 올리고 제를 지낸 것을 보면 어쩌면 산꾼들의 '정상주 의식頂上酒 儀式'도 이런 가운데 이어져 내려오고 있는 게 아닌가 생각된다.

13 두류전지에서는 곤양.

14 '至露梁而止'

15 박성태 선생의 신산경표의 신백두대간과 관련한 자세한 내용은 졸저 전게서 55쪽 이하 참조.

경호강으로도 불리는 산청구간의 남강

지리의 동東은 남강, 서西는 섬진강

김선신은 지리산의 남쪽 끝을 지리의 가지줄기가 바다 즉 물을 만나는 곳까지라고 한다. 아니 김선신 뿐만 아니라 당시 조선의 지리학자들은 모두 그렇게 봤다. 그래서인가? 산줄기를 알려면 물줄기를 알아야 하듯이 지리산의 영역을 특정하기 위해서는 지리산 주위의 물줄기를 확정해야 한다고 본 것이다. 그는 두류전지 제5장 유수경流水經 편에서 지리산과 관련한 물줄기 세 개의 흐름을 보았다.

①지리의 동쪽 물인 진주의 남강과 ②지리의 서쪽 물인 하동의 섬진강 그리고 ③지리의 남쪽 물인 천왕봉의 청천 등이 그것인데 청천은 남강에 합류되니 결국 지리산의 물줄기는 두 개兩端水라는 얘기가 된다. 다만 첫 번째 물줄기인 '동쪽의 물'은 정령(치) 아래에서 흘러나와 북쪽으로 흘러 광천에 합류하고 임천이 되어 임천은 산청의 경계에서 남강에 합류된다고 하였으니 결국 북쪽과 동쪽은 남강과 임천 그리고 임천의 지천으로 보면 되겠다.

이제 지리산을 에워싸고 있는 울타리와 주줄기인 몸도 정해졌으니 이제 거기서 가지를 쳐 나간 뼈와 혈관을 볼 차례이다. 지금은 박성태 선생의 신산경표, 신경수 선생의 수체계도나 박홍섭의 대한산경표 등으로 백두대간 상의 지리산 구간에서 가지를 쳐 나간 작은 줄기枝脈까지 세세하게 볼 수 있게 됐다. 하지만 산경표가 제대로 알려진 1990년 이전만 해도 산꾼들은 모든 산줄기를 산맥을 염두에 둔 능선 위주로 파악하였다. 그 때문에 지금도 그 잔재가 많이 남아 있고 또 그 능선을 따라 산행을 하는 이들도 아직 적지 않다. 또한 지리산은 산이 큰 만큼 구간을 따로 자르거나 잇는 등 자신들 임의로 만든 코스로 산행을 하는 이들도 많이 있다. 하지만 이런 것들을 일일이 소개하기에는 너무 방대하고 또 그럴 필요도 없다.

그러니 본서에서는 모두冒頭에서 얘기한 바와 같이 지리산 둘레길을 걸은 다음 능선으로 올라 ①산경표에서 얘기하는 정맥正脈과 그 하위 개념인 지맥枝脈[16]을 보고, ②지리의 전통 코스인 주릉과 주릉에서 사방으로 갈라지는 루트인 지리동서남북종주 코스를 살펴본 다음, ③대표적인 장거리 산행 코스인 지리태극종주와 화대종주라는 이름의 산행 구간을 살펴봄으로써 지리산의 영역을 확정하고자 한다. 다만 그 나머지 뼈와 혈관에 해당되는 산줄기나 계곡 루트 등은 둘레길을 걸으면서 살펴보아도 충분하겠다. 그러면 자연스레 이들과 지리산 둘레길과의 관계도 설정이 될 것이다.

16 정맥과 지맥에 대해서는 다음에 대한산경표에서 자세히 다룰 기회가 있을 것이다.

智異山

2부 지리산 둘레길

사단법인 숲길

-사단법인 숲길의 소개 글

지리산 둘레길은 사단법인 숲길이 주체가 되어 조성한 길이다. 그러니 그들의 땀과 애정이 배어있는 얘기를 직접 들어보자.

지리산 둘레길은 지리산을 품은 전북·전남·경남 등 3개 도, 남원·구례·하동·산청·함양 등 5개 시·군의 21개 읍·면 117개 마을을 잇는 22개구간(20개의 본선과 2개의 기선) 295km로 지리산을 바라보며 걷는 길이다.
지리산 곳곳에 걸쳐 있는 옛길, 고갯길, 숲길, 강변길, 논둑길, 농로길, 마을길 등을 환형環形으로 연결하고 있다. 둘레를 잇는 길에서 만나는 자연과 마을, 역사와 문화의 의미를 다시 찾아내 잇고 보듬는 사람과 생명, 성찰과 순례의 길이기도 하다.
지리산 둘레길은 숲길(43.8%), 농로(20.8%), 마을길(19.9%) 등으로 이어져 있다.
2007년 1월 24일 사단법인 숲길을 창립하여 조사, 설계, 정비사업을 추진, 2008년 3월 지리산둘레길안내센터 사무동을 완공하였다. 2008년 4월 27일 '지리산둘레길' 시범구간인 남원 산내~함양 휴천의 개통식을 시작으로 2008년 10월 16일 인월~산내 구간 개통, 2009년 5월 22일 남원과 산청구간 총연장 70km를 개통하였다. 그러고는 2011년 5월, 총 209.3km(남원, 함양, 산청, 구례, 하동)를 개통하였고, 2012년 5월 총 295km 환형의 전체구간을 완전 개통하였다.

둘레길은 산산오오 편하게 걷는 길의 이음이다.

인터넷에서 지리산 둘레길 공식 관리기관인 '사단법인 숲길'에 들어가 보면 상당한 자료들을 모아놓았다. 아주 자세한 구간 설명과 함께 생생한 정보가 담겨 있는 것이다. 그러나 모두 일반적인 자료이니 그것만 가지고 진행한다는 것은 자칫 무미건조해질 우려가 있다. 그것들을 토대로 자신만의 계획을 짜보는 게 둘레길을 적극적으로 활용한다는 측면에서 바람직하다.

지리산 둘레길의 들머리에는 반드시 이런 안내판이 세워져 있다.

즉 야생화와 나무에 관심 있는 이들은 둘레길 주변에 넉넉하게 펼쳐져 있는 그것들을 소재로 작품 활동을 할 수 있고, 트레킹이 목적인 이들은 가벼운 옷차림에 1회에 두세 구간을 이어서 진행하면서 주변 산세를 살피면 될 것이고, 글을 쓰고 싶은 이들은 둘레길 쉼터의 나무 의자에 앉아 작은 노트를 꺼내 '손 글'을 쓰는 여유도 가질 수 있으며, 그림을 그리고자 하는 이들이라면 더없이 풍부한 소재에 심취해 할 수 있다. 그리고 다리 힘이 떨어지는 70세에 접어든 이들이라면 부부가 함께 지나온 이야기를 나누며 걷는 것도 한 편의 단막극이 될 수 있으리라.

혼자보다는 둘이 좋고, 둘보다는 가족이나 친구들과 함께함이 여유로울 것이다. 빠른 걸음보다는 느린 걸음이 많은 것을 보여주고, 많은 것을 생각하게 해준다.

지리산은 그런 곳이다. 그냥 걸어서는 아무것도 볼 수 없다. 미리 공부하고, 들어보고 그리고 알아보고 가면 생각했던 것보다 훨씬 더 많은 것을 얻을 수 있는 그런 곳이다. 그러고는 다른 이들에게 그런 풍요로움을 전해줄 수 있게끔 넉넉함을 가지고 있는 곳!

바로 지리산이다. 그 지리산 둘레길에서 지켜야 할 약속이 몇 가지 있다.

지리산 둘레길을 함께 가꾸기 위한 도보여행자의 약속

지리산 둘레길은 느리게 성찰하고 느끼며 에둘러 가는 수평의 길이다. 길을 허락해주신 마을과 숲속 생물들에게 항상 감사하는 마음으로 다음과 같이 약속하자.

1. 여행을 위한 모든 준비를 스스로 한다.
2. 단체 이용보다는 작은 모둠 여행을 권한다.
3. 농작물과 열매는 절대 손대지 말자.
4. 마을에서는 먼저 인사하고, 사진을 찍을 때는 꼭 허락을 받자.
5. 대중교통을 이용하고, 지리산 둘레길 안내센터를 들르자.
6. 도보여행을 위한 길이니 다른 교통수단은 가져오지 말자.
7. 반려동물과 함께하는 것은 자제하자.
8. 새벽과 야간 걷기는 자제하자.
9. 안전사고의 책임은 이용객 몫이다.

이 아홉 가지만 지킨다면 나머지는 다 쓸데없는 틀에 불과하다. 지선支線을 하나만 이용하든 지리산 정규 등로를 이용하여 순환 코스를 나름대로 만들어 한 단계 업그레이드 된 '1인용 둘레길'을 이용하든 다 각자 몫이라는 것이다. 사실 둘레길은 위험 요소가 거의 없다고 봐도 무방하다. 그만큼 '둘레꾼'들이 편안하게 걷게끔 모든 시설이 완비되어 있다. 지리산이 주는 천혜의 환경과 (사)숲길에서 조성해 놓은 시설물들을 적극적으로 활용하는 게 '둘레꾼'들의 걸음을 더욱 윤택하게 할 것 같다.

둘레길 이정목. 갈림길에서는 반드시 이 이정목을 확인해야 한다.

교통 편의를 감안하고 본선과 기선, 지선[1]을 지리산의 여러 등로와 잘 연계시켜 각자의 계획을 짜보자. 혼자보다는 둘이 낫고, 둘보다는 셋이 낫다는 말을 되뇐다.

1 둘레길 지선 루트들에 대해서는 뒤에 자세하게 나온다.

제1구간

주천면 장안교~운봉읍 운봉초교

주천면~내송마을(1.1km)~구룡치(2.5km)~회덕마을(2.4km)~노치마을(1.2km)~가장마을(2.2km)
~행정마을(2.2km)~양묘장(1.7km)~운봉읍(1.4km): 14.7km

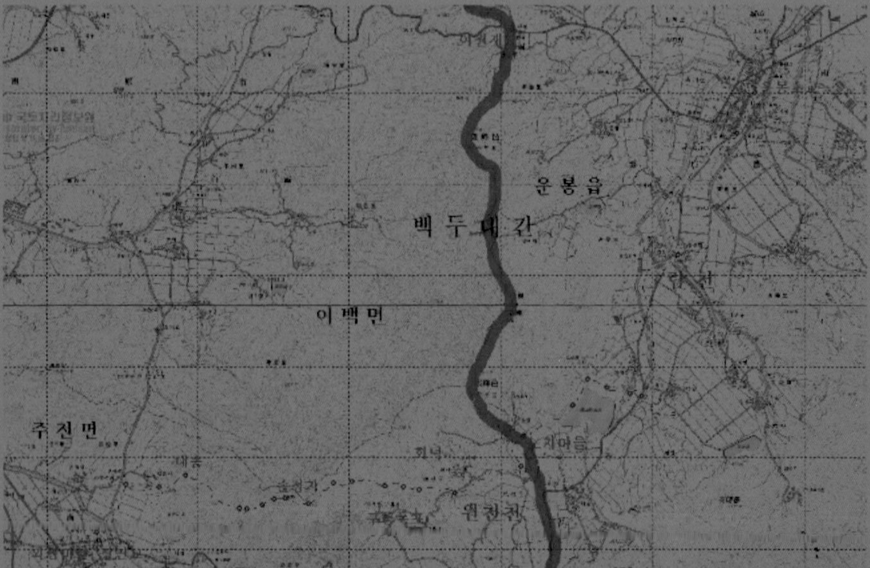

지리산 둘레길 제1구간 들머리의 안내판. 지리산 둘레길에는 이렇게 시작점에 같은 모양의 안내판이 서 있다.

지리산 둘레길의 시작인 제1구간은 남원시 주천면 장안리와 운봉읍 서천리를 잇는다. 장안리가 주천면의 면 소재지이고, 서천리는 운봉읍의 읍 소재지이니 주천면 면소재지에서 운봉읍 읍소재지까지 걷는 길이라고 보면 되겠다. 이렇게 면 소재지나 읍 소재지를 들머리 혹은 날머리로 정하여 구간을 구분한 것은 접근을 용이하게 하기 위한 즉 교통의 편의 때문이다.

안내판에는 "전라북도 남원시 주천면 장안리 외평마을과 남원시 운봉읍 서천리를 잇는 14.7km의 지리산 둘레길. 본 구간은 지리산 서북 능선을 조망하면서, 해발 500m의 운봉고원 너른 들과 6개의 마을을 잇는 옛길과 제방길로 구성된다. 이 구간은 옛 운봉현과 남원부를 잇던 옛길이 지금도 잘 남아 있는 구간이다. 회덕에서 남원으로 가는 길은 남원장으로, 노치[1]에서 운봉으로 가는 길은 운봉장을 보러 다녔던 길이다. 특히 10km의 옛길 중 구룡치와 솔정지를 잇는 회덕~내송까지의 옛길(6km)은 길 폭도 넉넉하고 노면이 잘 정

1 노치는 주천면 가재마을 부근에 있는 노치마을로 이곳이 둘레길을 진행하면서 백두대간과 접속하는 유일한 구간이다. 59쪽 이하에서 자세히 본다.

비되어 있으며 경사도가 완만하여 아이를 동반한 가족들이 솔숲을 즐기기에 더할 나위 없이 좋다."라는 취지의 글이 적혀 있다.

그 안내판에는 배낭을 멘 트레커trekker가 손에는 스틱을 쥐고 발을 내딛는 모습이 상당히 역동적으로 그려져 있다. 둘레길을 걷는 것이 아닌 마치 산행을 하는 모습이 연상된다. 이 지리산 둘레길은 호젓한 숲길과 마을길로 이어지지만 어느 정도는 오르내림이 심한 산길도 있으니 마음가짐을 단단히 하라는 메시지로도 들린다.

둘레길 최고의 도우미는 이정목里程木!

그리고 그 우측으로 이정목을 본다. 둘레꾼들은 안전한 진행을 위해서는 자신이 가지고 있는 지도와 이 이정목里程木(=이정표里程標, milestone)에 절대적으로 의존해야 한다. 이 이정목은 갈림길 즉 삼거리나 사거리에는 반드시 자리하고 있다. 그러니 둘레길의 첫 구간부터 마지막 구간까지 이 이정목의 도움을 받아야 한다는 사실을 명심하여야 한다. 혹여 갈림길에서 이 이정목이 보이지 않는다면 필히 오던 길을 되돌아 나가 확실하게 이 이정목을 확인한 다음 자신의 진행방향을 확정지어야 한다.

그리고 이정목의 화살표는 검은색과 빨간색[2]이 일관된 방향으로 향하고 있다. 이는 둘레꾼[3]이 진행하고 있는 방향을 얘기한다. 순順방향과 역逆방향으로 이해하면 되겠다. 이는 지리산 둘레길이 환형으로 생겼기 때문에 둘레

2 순방향으로 진행을 하겠다고 계획을 세웠다면 빨간색 방향만 따르면 될 것이다.

3 이 책에서는 '산꾼', '둘레꾼' 등 '꾼'이라는 단어를 사용한다. '꾼'을 명사로 사용한 게 아니고 '그 분야에 있어서는 전문가' 혹은 '즐겨하는 사람'이라는 취지의 접사로 사용했다. 그러니 비록 사전에 나오는 용어는 아니지만 여기서 '둘레꾼'이라고 하면 '둘레길을 즐기며 걷는 사람'이라는 취지로 이해하면 되겠다.

꾼들의 진행상 편의를 고려해 고안해 낸 방법이다. 그러니 둘레꾼들은 한 방향으로 구간을 이어가든 자신의 능력 혹은 교통의 편의 등을 고려하여 역방향과 순방향을 적당히 섞어서 진행하든 아니면 순방향이나 역방향의 구간을 거리에 맞춰 적당히 끊거나 이어서 걷든 그건 순전히 둘레꾼 자신의 몫이다.

둘레길 이정목

이런 진행방향 표시는 이정목뿐만 아니라 아스팔트, 시멘트 도로상의 노면에서도 간간이 볼 수가 있다. 그러나 시간이 흐르면서 퇴색된 곳이 많아 믿을 바가 못 된다. 그리고 산속의 숲길에서는 일반 등산로登山路와 샛길 등으로, 인가人家가 있는 마을에서는 골목 혹은 인도와 차도 등으로, 나아가 다른 둘레길 가령 '이순신 백의종군로', '신선길' 등을 만나 이들 길과 같이 진행하거나 교차하는 경우 진행방향이 헷갈릴 수 있다. 이럴 경우 선답자나 (사)숲길에서 나뭇가지나 철망 등에 걸어놓은 표지띠signal, hiking ribbon가 요긴한 길잡이가 된다. 적극 활용할 필요가 있다. 다만 둘레길은 일반산행용 표지띠가 유도하는 방향과 다를 수도 있으니 신뢰가 가는 '둘레길' 표지띠 여부를 적극적으로 확인해야 한다.

지리산 둘레길의 제1구간의 시작은 남원 주천안내소이다. 지리산 둘레길에는 총 7곳의 안내소Jirisan Trail Local Center가 있다. 안내소에서는 지리산 둘레길을 찾는 이들에게 구간지도와 지역정보 제공, 체험 프로그램 소개와 더불어 다양한 주제를 담은 전시도 진행하고 있다. 그러니 이곳은 지역교류의 장이자 지리산 둘레길을 찾는 이들의 쉼터이기도 하니 지리산을 바라보며 걸어가는 지리산 길 여정에 더없이 안전하고 든든한 길잡이이자 지원군이 될 것이다.

이순신 장군의 백의종군로와 만나다

그런데 주천안내소 바로 옆에 안내판과 함께 눈에 익숙한 인물 사진이 하나 보인다. 무능한 임금과 당파 싸움 속에서도 백성을 구하고 나라를 살린 충무공 이순신 장군이다. 그리고 그 안내문은 '이순신 장군 백의종군로'에 대한 설명이다. 개념도를 들여다보면 '백의종군로'는 우리가 진행하는 둘레길과 상당 부분 겹치게 됨을 알 수 있다. 물론 지리산 남서쪽이니 남원 주천면과 운봉 그리고 구례와 하동 일부 구간이다. 이런 구간은 특히 교차로에서 만연히 진행하여 혹시나 '백의종군로'를 따라가지 않도록 조심해야 할 것이다.

백의종군로白衣從軍路라! 백의종군로가 무엇인가? 1592년 4월 13일 임진왜란이 발발하던 해로 거슬러 올라가자. 당시 왜구가 부산포에 상륙한 이래 조선의 육군은 패전을 거듭했다. 그렇게도 우국충정을 떠들어대던 대신과 관료들은 도망가기 바빴고 나라를 지키는 이들은 아무도 없었다. 이는 왕인 선조도 마찬가지였다. 나라의 끝 압록강변 의주에 임시 수도를 정한 무능하기 짝이 없는 선조는 명나라에 원군을 요청했지만 명은 주판알 튕기기에 바빴다. "①혹시 조선이 왜구의 앞잡이가 되어 중국을 치기 위해 허위 원군을 요청하는 게 아닌가? ②기우杞憂라면 요동이나 계주를 보호하는 울타리인 조선을 보호해야 하지 않을까? 그래야 요동과 계주 같은 평원이 아닌 지형이 험준한 조선 땅을 이용해 방어할 수 있고 그러면 병력 동원도 줄일 수 있으며 또한 조선을 이용할 수 있으므로 군사비도 덜 들지 않겠는가."라는 논의 끝에 후자로 결론을 내리고서야 참전 결정을 하게 된다. 그렇게 명나라 원군이 들어오게 되었고 1593년 1월 명은 평양전투에서 처음으로 왜군에 승리를 거둔다. 애당초 왜구와의 전쟁을 원치 않았고 다만 왜구가 압록강을 넘는 것만 막으려했던 명은 계속 왜구를 밀어붙여 전쟁을 끝내려 하지 않고 조선을 배제한 채 왜구와 강화협상에만 매달리게 된다. 그렇게 지루한 협상이 4년 정도를 끌며 지지부진하게 되자 지원군이 아닌 점령군이 된 명나라와 침략군인 왜군의 대치 상황 속에 이 나라 민초들이 겪어야 했던 고초는 보지 않아도 눈에 선하기만 하다.

그나마 다행인 것이 남명 조식의 제자들로 구성된 의병들이 지리산을 중심으로 호남의 곡창지대로 통하는 요충지를 지키고 있고 호남과 한강 그리고 대동강으로 통할 수 있는 해로는 이순신이 장악하고 있어 왜구들의 물자 수송이 어려워 그나마 왜구의 공격을 더디게 만들거나 양면 공격을 불가능하게 만들어 선조가 국경을 넘어 명으로 망명하는 것만큼은 막을 수 있었다. 전혀 조선인답지 않았던 조선인 이순신과 경의를 중시한 남명학파의 의병 가령 곽재우나 정인홍 등의 덕이었다.

위와 같이 개전 이래 육군과는 달리 연전연승을 하여 섬나라 왜구의 해군이 감히 이순신을 두려워하여 바닷길을 통해 병력이나 물자 수송을 하지 못하고 있다는 얘기를 들은 선조의 이순신에 대한 신뢰는 대단하였다. 하지만 명과 왜의 강화회담이 장기화되고 이런 명나라에 대해 불만이었던 선조는 류성룡[4] 등으로 하여금 이여송을 채근토록 하는데 명은 이에도 꿈쩍하지 않고

4 '징비록'의 저자. 이순신을 전라좌도수군절도사로 발탁한 인물. 뒤에 나오는 청학연못과 관련된 인물인 류인룡이 류성룡의 형이다.

시간만 흘려 보냈다. 당시 민중들에게 곽재우, 정인홍과 이순신에 대한 인기는 하늘을 찌를 정도였다. 반면 왜가 한양에 접근을 하기 전에 벌써 도망갈 궁리나 하는 선조에 대한 평은 어땠을까?

결국 명과 왜구가 서로의 제의를 받아들이지 못하고 회담이 결렬되자 1597년 1월 왜구는 다시 정유재란을 일으킨다. 이때 선조는 이순신으로 하여금 부산포로 가서 일본군을 공격할 것을 명한다. 하지만 해군인 이순신 장군으로서는 배에서 싸워야 하는데 해군도 아닌 왜구의 육군을 공격할 수도 없음은 물론 무모한 공격으로 패할 경우 이순신이 있어 그나마 보호 받고 있던 호남지방이나 한강, 임진강 그리고 대동강 등의 수로의 안전도 보장할 수 없는 노릇이어서 이러한 불가 이유를 들어 왕명을 따르지 않자 선조는 장계[5]를 내려 이순신을 잡아들이기에 이른다.[6] 그러다 다행히 남명 조식[7]의 제자 정탁(1526~1605)[8]의 유일한 상소로 4월 1일에야 풀려나게 된다.

그러면서 이순신에게 경남 초계(지금의 합천)에 있던 권율 도원수 휘하에서 계급 없이 전쟁에 임하라는 이른바 '백의종군'을 명하게 된다. 이때부터 120일 후인 1597년 8월 3일 이순신 장군이 다시 삼도수군통제사로 제수받기 전

---

5 "이순신李舜臣이 조정을 기망欺罔한 것은 임금을 무시한 죄이고, 적을 놓아주어 치지 않은 것은 나라를 저버린 죄이며, 심지어 남의 공을 가로채 남을 무함誣陷하기까지 하며(장성한 원균元均의 아들을 가리켜 어린아이가 모공冒功하였다고 계문啓聞하였다.) 방자하지 않음이 없는 것은 기탄함이 없는 죄이다. 이렇게 허다한 죄상이 있고서는 법에 있어서 용서할 수 없는 것이니 율律을 상고하여 죽여야 마땅하다. 신하로서 임금을 속인 자는 반드시 죽이고 용서하지 않는 것이므로 지금 형벌을 끝까지 시행하여 실정을 캐어내려 하는데 어떻게 처리할 것인지 대신들에게 하문하라."

6 이순신의 후임으로 원균은 해군을 이끌고 전투에 참여했다가 연전연패하였음은 역사가 증명하고 있다.

7 1501년 경상좌도에서 퇴계 이황이 태어났을 때 경상우도에서 태어난 인물. 평생을 학문 연구와 후진 양성에만 힘을 쏟았다. 경의敬義를 중시하여 실천유학을 가르쳤던 인물로 퇴계와 비견된다. 영원한 지리산 사람으로 호를 남명 방장산인이라고 했을 정도로 지리산을 우러르며 살았던 유학자이다. 앞으로 계속 나오는 유일한 인물이다.

8 임진왜란 때인 1594년 곽재우郭再祐·김덕령金德齡 등 명장을 발탁한 인물로 1597년 위 사건으로 이순신이 한산도에서 한양으로 압송되어 목숨이 경각에 처했을 때 선조에게 이순신을 변호하는 상소문을 올린 유일한 인물이기도 하다. 제8구간에서 다시 거론한다.

까지 백의종군하며 움직이게 된다. 서울을 출발한 장군은 경기도, 충청도, 전라북도의 여산, 삼례, 전주, 임실을 거쳐 경상남도 합천으로 가던 중, 4월 24일부터 25일까지 남원과 운봉에서 이틀을 머문다. 여기서 도원수 권율이 순천에 있다는 소식을 접하고는[9] 합천으로 가려던 계획을 바꿔 구례를 거쳐 순천으로 가게 된다. 남원시와 구례군에서는 이를 기리기 위해 이 동선動線을 좇아 '충무공忠武公 이순신 백의종군로白衣從軍路'라 이름하고 길을 정비했다. 남원 구간의 백의종군로는 장군이 남원에서 구례로 가는 2박 3일간의 여정을 담은 구간이다.

'백의종군로'는 남원 구간 중 운봉초교~외평마을~밤재 구간의 약 20km 구간이 둘레길과 겹치게 된다. 역방향으로 걷는 이 지리산 둘레길과는 운봉초교에서 헤어졌다가 제16구간에서 다시 만날 것이다.

그러면 이제 지리산 둘레길 순례 수첩에 스탬프를 찍은 다음 첫 구간을 시작해볼까? 주천~운봉 14.7km 구간을 시작한다. 둘레길 제1구간의 시작은 남원시 주천면 장안리 외평마을 장안교이다.

> 약 600여 년 전 10여 호의 마을을 이루었으나 농업용수가 마땅치 않았다. 그러나 용궁마을에 장안저수지[10]를 만들면서 식수 및 농업용수가 해결되어 마을이 번성하기 시작하였다. 고려시대부터 숙성치[11]를 넘어 구례군

---

9 운봉 박롱(혹은 박산취)의 집에서 유숙할 때 비가 몹시 내려 길을 멈추고 있는 사이 권율이 전라도 순천으로 갔다는 소식을 접하고는 다음날 구례로 향하게 된다.

10 마지막 구간인 제20구간 때 만나게 된다.

11 서시지맥에 있는 고개로 둘레길과 이순신 장군의 '백의종군길'은 이 고개 옆 밤재로 넘는다. 예전에 전라남도 구례와 전라북도 남원을 잇는 고개는 크게 세 개를 꼽았다. 숙성치와 다름재와 밤재가 그것들이다. 여기에 우회로 하나를 더 든다면 곡성과 구례를 잇는 고달재였다.

원천천은 돌다리로 건넌다.

산동면-당시는 남원부- 원달리로 통하는 길이 있었는데, 응양에서 말을 갈아타고 농협 창고 뒤편에서 쉬어가는 곳이어서 '원터거리'라 하였다. 경치가 수려하여 감탄을 자아낸 곳이라 전한다.

이정목의 빨간색 화살표의 방향을 따라 개울 돌계단을 건너 삼거리에서 직진을 하면 지리산 둘레길 홍보관이 나온다. 계속 직진하는 마을길을 따르면 원천천이 둘레길을 가로막는다.

원천천은 둘레길을 걷는 둘레꾼들에게는 그저 건너면 그뿐인 물줄기이지만 산줄기 산행[12]을 하는 산꾼들에게는 상당히 중요한 의미를 갖는다. 즉 백두대간 상에 있는 만복대(1433.4m) 부근에서 서시지맥(신산경표에서는 견두지맥)이 가지를 칠 때 그 사이에서 발원하는 물줄기이기 때문이다. 이 물줄기는 고기리를 지나 구룡폭포를 거쳐 이곳으로 오면서 몇 개의 작은 지천들을 흡수하게 된다. 그러고는 남원시내로 들어가다 요천을 만나고, 그 요천은 요천지맥이 끝나는 지점에서 섬진강에 흡수된다. 이 요천과 섬진강이 만나는 지점을 산꾼들은 '합수점合水點'이라고 부른다. 원천천은 잠시 후 구룡폭포 옆을 지나면서 자세히 얘기한다.

그런데 새로운 용어가 나왔다. 지맥枝脈이라는 개념이다. 둘레길 제11구

12 '산줄기'와 '산맥山脈'이라는 개념 역시 다르다. 자세한 것은 졸저 《현오와 걷는 백두대간》 328쪽 이하 참조.

간과 제3부에서 자세히 볼 것이다. 하지만 그 개념을 제대로 이해하기에는 아직 산행 경험이 부족하니 개념이 확실하게 와 닿지 않는다. 아직은 둘레길을 시작하는 시점이다. 이 용어는 계속 나올 것이니 반복해서 듣다보면 무난하게 이해할 수 있게 될 것이다. 그러니 너무 복잡한 것은 뒤로 미루고 우선 예습 하나! 지맥[13]이란 30km 이상의 산줄기를 얘기한다는 점만 일단 알아두자.

이 백두대간이나 낙남정맥, 서시지맥, 요천지맥 등의 대간大幹이나 정맥正脈, 지맥枝脈이라는 산줄기 개념은 우리가 학창시절에 지리 교과서에서 배운 산맥山脈 개념과는 사뭇 다르다. 우리는 지리산 둘레길을 걸으면서 산줄기와 물줄기 이야기를 많이 할 것이다. 그렇게 둘레길을 걷다보면 마지막 구간이 끝나 다시 이 주천면으로 들어올 즈음이면 어렴풋이 우리나라 산줄기에 대해서 눈이 떠 있는 자신을 발견할 수 있을 것이다. 이 책은 그런 걸 알려준다.

생소할 수도 있겠지만 산줄기와 산맥[14]의 차이점 중 하나는 산줄기는 물을 만나면 거기서 맥을 다하게 되는데 반해 산맥은 물줄기와는 상관없이 물을 건너기도 하고 물을 가르기도 한다. 산맥은 인간의 생활과는 무관한 지질학적 관점에서 도출된 개념인 반면 산줄기는 해발고도, 물자의 이동, 교통 등 인간과는 떼려야 뗄 수 없는 밀접한 관계에 있는 그것이다. 산의 연결성을 따지는데 산맥이 어떻게 산줄기를 따를 수 있으랴! 이런 산줄기 중 신앙의 중심에 자리하며 우리나라 모든 산의 근원이자 10대 강의 수계이기도 한 것이 바로 백두대간이다. 한마디로 백두대간은 우리나라의 자연의 상징이자 한민족

13 산줄기 개념의 지맥枝脈은 산맥 개념의 지맥支脈과는 개념이 다르다. 즉 支脈은 늘 보통명사이지만 枝脈의 경우 지명과 결합하게 되면 고유명사가 되기 때문이다.

14 우리나라의 대표적인 산맥이라 할 태백산맥에는 태백산이 없다는 것에 대해서는 졸저 전게서 328쪽 이하 참조.

인문학의 기반이 되는 산줄기인 것이다.

그 원천천을 지나 갈림길마다 친절하게 세워져 있는 이정목의 빨간색 화살표를 따르면 비부정을 지난다. 비부정이란 곧 쉼터를 얘기하는 것이니 이곳이 예전부터 아주 중요한 교통의 요지였다는 얘기다. 비부정을 지나 17번 도로를 만나서는 도로 옆 인도를 따른다. 도로 우측으로 잠시 후 진행할 안솔치內松마을이 열린다. 안솔치마을은 임진왜란 당시 팔량재[15] 전투에서 대승을 거뒀던 난중잡록[16]의 저자 의병장 조경남(1570~1641)[17]의 고향이기도 하다. 지리산은 조경남 의병장 같은 의병활동과 떼려야 뗄 수 없는 불가분의 관계에

15 지리산에서 팔량재하면 두 곳이 떠오른다. 지리서부(북)능선 상의 운봉읍 산덕리와 산내면 내령리의 경계에 있는 팔랑치와 함양과 인월의 경계에 있는 조경남의 팔량재 등이 그것이다. 후자가 군사적으로 요충지임은 두말할 필요도 없다.

16 남원군 주천면 운송리 출생의 의병장 조경남은 13세인 1582년부터 일기를 쓰기 시작하여 임진, 정유란에 자신이 의병으로 유격활동을 한 내용과 당시 국내외 정세, 남원성 싸움 등을 그대로 기술하고 또 이괄의 난, 정묘호란, 병자호란 등 주요 전란과 그 밖의 역사적 주요 변화 내용, 당시의 풍속, 조정에서 일어난 사실들을 낱낱이 적었다. 그 문체가 수려하고 간결하여 귀중한 사료로 평가되며 순 한문체로 썼다. 전후에도 집필을 계속하여 병자호란 2년 후인 1638년까지 장장 57년간이나 써온 일기체 역사서로서 이순신 장군의 난중일기에 버금간다. 20구간 밤재에서 또 만난다.

17 노사 기정진(1798~1879)은 조경남의 명저 난중잡록의 서문에서 성리학의 병폐에 물든 사대부를 다음과 같이 힐난한다. "그런데 저 사대부들은 동인·서인·남인·북인이니 한 것이 과연 무슨 명목名目인가. 창과 칼은 되놈을 무찌르기에 쓰는 것인데 우리나라에서 창을 갈아 가지고는 자기 당을 지키고 다른 편을 치려고만 하였고, 계획과 책략策略을 세우는 것은 적을 제어하려는 것인데 우리나라 사람들은 계획과 책략을 남의 공을 세우는 데 방해하고 재능이 있는 자를 해치려는 데만 쓰려고 하여, 아무리 좋은 말과 깊은 모책謀策이라도 좋은 것이 되지 못함은 자기 당에서 나온 것이 아니기 때문이고, 백성을 죽이고 나라를 병들게 하는 일이 죄가 되지 않음은 자기 당에서 나왔기 때문이라는 것이다. 보통 사물의 실정을 보면, 합하면 힘이 강하고 나누어지면 힘이 약하게 되는 것이다. 지금 이 나라의 의논이 이처럼 네 갈래로 나누어지고 다섯 갈래로 찢어져 있으니, 저 악독한 왜적이 쳐들어오고 중국이 병난에 피폐되었음을 기다릴 것 없이 약할 대로 약해졌을 것이다. 하물며 원기元氣가 벌써 허약해졌으니 외부의 사기邪氣가 침입하여 올 것은 역시 당연한 순서일 것이다. 이러함으로써 동서로 붕당이 나누어지자 바다 건너 왜적이 밀려들게 되고, 대북大北이니 소북小北이니 하는 싸움이 벌어지자 북방의 오랑캐가 쳐들어온다는 급보가 들리게 된 것이다. 무슨 일이라도 미리 서두르면 자립할 수 있고 미리 서두르지 않으면 실패로 돌아갈 것이니, 아무 준비 없이 창졸에 급한 사변에 부딪친다면 비록 관중管仲과 제갈량諸葛亮 같은 인재가 있다 해도 손을 묶고 아무런 방책을 쓸 수 없을 것이며, 다만 충성과 신의가 있는 의사義士들과 아무런 죄 없는 백성들만이 간肝과 뇌가 깨어져서 들에 널리고 신성한 국토가 허물어진 빈터로 되는 것이다."

있다. 그 정신은 남명 조식의 실천을 강조한 '경의敬義'사상과도 맞물려 있다. 8구간 덕산을 지나면서 자세히 볼 것이다.

둘레길에서는 특히 너른 임도를 따르다 좁은 산길로 빠지는 길을 유의해야 한다.

안솔치마을 입구에서 우회전하여 마을 안으로 들어가 포장도로를 따른다. 안솔치마을은 전원주택과 전통 마을이 공존하는 공간이다. 이름만으로도 아늑하고 포근한 와야재臥野齋를 지나 은송저수지라고도 불리는 내송제를 지나면서 이제부터 본격적으로 숲으로 들어간다. 곧 '지리산 국립공원' 안으로 들어간다는 얘기다. 이는 여러 가지 제약[18]이 따른다는 말과도 같다.

스탬프를 찍을 수 있는 개미정지에 도착한다. 정지란 쉼터를 말하니 내송리 서어나무 숲에 있는 이 개미정지는 시원한 그늘과 의자가 준비되어 있어 쉬어가거나 도시락을 먹기에 더없이 좋다. 남원시와 운봉현을 이어주는 큰길로 남원장에 왔던 사람들이 쉬어가던 쉼터였다는 말은 상당히 믿음이 간다.

둘레길의 고도가 높아지기는 하지만 그렇게 부담이 가지 않는 길이다. 둘레길 사정이 좋으니 지리산이 발바닥에 닿는 감촉만 느끼면 된다. 조망은 없다. 그러니 주위를 둘러볼 필요도 없다. 귀에 리시버를 끼고 음악을 듣거나 누군가 읽어주는 시를 들으면서 가도 더없이 좋은 구간이다. 다만 갈림길이

18 가령 계곡물에서 수영이나 목욕이 금지되며, 취사와 야영 그리고 흡연과 음주도 당연히 금지된다. 이를 어겼을 경우 자연공원법 제86조에 따라 30만 원 이하의 과태료가 부과된다.

나오는 곳에서는 필히 이정표를 확인해야 한다. 상대적으로 길이 좁아지더라도 이정목의 화살표가 가리키고 있는 곳. 그것도 빨간색이 가리키는 곳으로 가야 한다. 만연히 진행하다가는 '알바'[19]하기 십상이다.

돌계단도 지나고 좁은 협곡 같은 곳도 지난다. 그러면 이정표가 있는 솔정자라고도 부르는 솔정지를 만나게 된다. 아까 '정지'가 쉼터라고 했으니 '솔정지'이면 소나무가 있는 쉼터라는 뜻이 되겠다. 솔정지는 40여 년 전만 해도 나무하러 지게를 지고 가다가 고개를 오르기 전에 땀을 식히고 주천 들녘과 멀리 숙성치와 밤재를 바라보던 아름드리 소나무가 있던 곳이다. 들리는 얘기로는 정유재란 당시 숙성치를 넘어 남원성을 향하는 왜군을 향해 조경남 장군이 활시위를 당겼던 곳이라고도 한다. 580.4봉 사면을 지나는데 이 좌측 능선으로 올라서면 몇 백만 년 전의 옛 백두대간길을 만나게 되고 그 루트는 728.8봉을 덕운봉(759.2m)으로 접속하면서 지금의 백두대간에 이어진다.

다시 돌계단을 지나면서 구룡치를 지난다. 구룡치는 주천면의 여러 마을 멀리는 산내면의 달궁마을[20]에서까지 남원장을 가기 위해 필히 거쳐야 하는 길목이었다. 사실 달궁마을 주민들은 거리가 멀어 남원장에 가려면 2박 3일에 걸쳐 다녀와야 했을 정도로 먼 길이었다. 구룡치를 장보러 가는 길로 이용하는 마을 주민들은 해마다 백중(음력 7월 15일)이 지나면 마을별로 구간을 나누어 길을 보수해 이용해 왔는데 지금도 그 흔적이 남아 있다고 한다.

---

19 알바라는 말이 생소한가? 산꾼들이 쓰는 은어隱語를 가지고 왔다. '알바'란 계획된 산줄기 즉 등로에서 이탈하여 다른 길로 잘못 들었다가 다시 제자리로 찾아오는 것을 산꾼들은 '알바를 했다.'라는 말을 쓴다. 즉 쓸데없는 발품을 팔았다는 말이다.

20 달궁에 관해서는 제4부에서 지리서부능선을 진행하면서 자세히 살펴볼 것이다.

한편 여기서 지도를 보니 구룡치 부근에서 지선支線[21] 하나가 우측으로 빠져나가는 게 보인다. 구룡폭포 지선이다. 사실 보는 이에 따라 1구간의 하이라이트는 오히려 구룡폭포[22]로 볼 수도 있다. 구룡폭포는 정규 둘레길에 포함되어 있지는 않지만 명승지로서 갖는 무게 때문에 이렇게 순환코스를 따로 만들어 놓았다. 이 책에서는 이런 구간을 지선支線이라 부른다.

백두대간은 생물生物이다

문제는 이 구룡폭포가 가지고 있는 지위의 문제이다. 구룡폭포로 내려가는 원천천은 물줄기가 좁고 상당히 빠르다. 관련하여 좀 어렵긴 하지만 피할 수 없는 문제이고 산줄기 특히 백두대간과 관련된 문제이니 짚고 넘어가자. 예전 그러니까 적어도 **신생대 제4기 정도 그러니까 200~300만 년 전에는 백두대간이 지금의 고남산~여원치~수정봉에서 노치마을로 내려가지 않고 이백면과 주천면의 면계를 따라 진행하다가 728.8봉에서 덕치리 방향으로 꺾여 지금의 구룡폭포를 넘어 906.2봉~1109.3봉을 지나 잠시 서시지맥 길을 따라 만복대로 가는 루트였을 것**이다. 그러던 것이 신생대 제4기 이후 우리나라의 지형이 현재의 모습을 갖춘 다음 이 부근에서 두부침식頭部浸蝕으로 인해 하천쟁탈stream piracy이 일어났다.

살펴보면 운봉고원의 지질은 대부분 중생대 대보 화강암으로 이루어져 있으며, 고원의 남쪽과 북쪽에는 지리산 변성암 복합체가 분포하고 있다. 운봉

21 지선支線은 뒤에서 자세히 본다.

22 구룡폭포가 있는 구룡계곡은 구곡九曲으로 이루어져 있다. 육모정부터 구룡폭포에 이르기까지 8곡 경천벽과 9곡 구룡폭포를 제외하면 평탄한 길이 이어져 누구나 쉽게 접근할 수 있는 절경지이다. 최근 예약탐방제로 바뀌었다.

하천쟁탈로 바뀐 백두대간길

고원은 해발고도 450~550m 범위의 분지상 고원이다. 남동쪽의 산지에서 주촌천周村川이 발원하여 람천濫川에 합류한 다음 북류 및 동류하여 엄천강을 지나 남강에 유입되어 결국 낙동강에 흘러든다. 한편 백두대간 너머인 운봉고원 최남단의 고기리에서는 원천천이 발원하여 좁고 깊은 협곡을 형성하며 서쪽으로 흘러 요천에 유입되어 결국 섬진강으로 흘러든다.

운봉고원 내에서도 상대적으로 경사가 완만한 주촌천의 유역은 침식작용이 활발하지 않지만 경사가 매우 급한 원천천 유역은 하천의 침식작용이 상대적으로 활발할 것이다. 그러니 원천천은 좁고 깊은 협곡을 이루며 상류 쪽으로 골짜기를 더 확대할 것이다. 이러한 과정에서 원천천과 주촌천의 경계를 이루는 고기리, 덕치리와 주촌리 일대에서는 원천천이 주촌천 유역에 침입하여 그 유역을 원천천의 유역으로 취하는 하천쟁탈이 진행되었고 지금도 진행 중인 것이다. 그러니 위 지형도의 #60도로 중 백두대간이 지나는 '가'~'나' 구간의 좌측은 하천쟁탈의 흔적으로 지금은 주천면 땅이지만 예전에는 운봉 땅이었을 것이고, 그 하천인 '舊 주촌천' 즉 무능하천은 물이 흘러 그 물은 북동진하여 람천에 합류되어 남강→낙동강으로 가는 물줄기였을 것이다. 곧 낙동강의 최상류 지역이었을 것이라는 얘기다.

또한 원천천은 지금의 고기리가 아닌 덕치리와 호경리의 경계에서 그저 호경리로 흘러 요천에 합류하여 섬진강으로 흐르는 물줄기였을 것이라는 얘기다. 그럴 경우 고리봉~고기삼거리~노치마을~759.2봉 라인은 백두대간이 아닌 것이 된다. 반면 만복대~1109.3봉~906.2봉~728.8봉~759.2봉(일명 덕운봉) 라인이 원백두대간 라인이었을 것이라는 얘기다. 그러니 지금의 운봉고원의 백두대간 라인은 곡중분수계(谷中分水界, divide in valley)라는 이름으로 불린다. 따라서 현재와 같은 상황이 지속되면, 현재 운봉고원의 남서쪽에 치우쳐 위치한 백두대간의 분수계가 수만 또는 수십만 년 후에는 고원의 중앙부로 이동될 가능성이 높다.

백두대간을 걷는 이들이여! 고리봉에서 내려와 고기삼거리~노치마을의 60번 도로를 따라 걷게 되는 약 2km 구간을 그냥 걸을 일이 아니다. 도로 왼편은 섬진강 최상류 지류인 원천천 유역으로, 원천천이 두부침식으로 분수계를 넘으면서 과거 낙동강 최상류 구간을 쟁탈한 곳이라는 사실과 도로 오른편은 여전히 낙동강 유역이라는 사실을 눈으로 확인하자. 그러면서 원천천은 급경사의 사면을 따라 활발하게 두부침식을 하면서 분수계를 넘고 하천쟁탈을 하였기에, 완만하게 이어지는 낙동강 최상류 구간보다는 침식력이 탁월할 수밖에 없으며 따라서 도로를 경계로 농경지 바닥의 고도는 왼편이 오른편에 비해 10㎝가량 더 낮다는 사실을 눈으로 확인하자. 그래야 백두대간이 더 재미있을 것 아니겠는가! 이는 둘레꾼들도 마찬가지이다.

다시 길을 걷자. 구룡폭포 삼거리를 지난다. 연리지 나무를 지나면 고갯마루에 장흥고씨묘동長興高氏墓洞이라고 표기된 비석이 나온다. 비 상단에는 구룡농주九龍弄珠라는 글이 보인다. 농주弄珠란 나무로 만든 여러 개의 공을 두 손으로 하나씩 높이 던지고 받고 하며 공중에서 원을 그리며 돌게 하는 놀이를 말하는데 그렇다면 구룡농주란 무슨 말일까?

이는 부근에 있는 구룡폭포와 연관을 지어 생각해야 한다. 즉 사월 초파

장흥고씨묘동이라고 표기된 비석. 구룡농주란 각자가 인상적이다.

일이면 구룡계곡에 내려온 아홉 마리의 용이 서로 희롱하는 구룡농주의 명달혈이 이 고개에 있다고 하여 붙여진 이름이다. 그런 명당에 조상들을 모셨으니 자손들은 모두들 부귀영화를 누릴 것 같다.

음식점 안내 간판을 지나면 작은 돌무덤과 소나무가 어우러진 사무락다무락이라는 곳이 나온다. 생소한 지명이다. '사무락'은 '모든 희망'이라는 이 지역의 사투리라고 한다. '다무락' 또한 '담'이라는 사투리라고 하니 이는 남원장을 다니던 장꾼들이 조약돌로 담을 쌓으면서 무사 안녕을 기원했다는 뜻이기도 하겠다.

마을 어귀나 산길에 있는 이런 돌탑은 이렇듯 그 길을 지나는 이들의 안전을 기원하는 의미도 있었을 것이지만 그 돌탑이 산으로 가면 길을 안내하는 이정표 역할을 했다는 점도 알아 두자. 이는 뒤에서 또 나오겠지만 적석단積石壇(=누석단累石壇) 즉 서낭당의 역할로 이어진다.

사무락다무락을 지나면 이내 둘레길 좌측 나무 의자 뒤로 회덕마을이 보이는 쉼터에 도착한다. 우측 비닐하우스로 만든 매점 뒤로 서시지맥에서 가지 쳐 내려오는 산줄기를 볼 수 있다. 이제 숲을 빠져나온 것이다.

멀리 백두대간 능선의 중앙 좌측이 만복대(1433.4m)이니, 그 만복대 좌측 뾰족하게 솟은 높은 봉우리가 고리봉(1305.4m)이다. 모두 백두대간에 속하는 봉우리들이다. 그러니 그 좌측 연봉들이 조금 전 얘기한 지리서부능선이겠다. 그 지리서부능선을 따라 눈을 북쪽으로 돌리면 세걸산에서 바래봉으로 이어지는 능선이 아주 부드러움을 느낄 수 있다. 고도편차가 그리 심하지 않은 저 능선은 봄에는 바래봉 철쭉으로, 가을에는 단풍으로, 겨울은 하얀 능선을 걷는 장쾌함을 맛볼 수 있는 곳으로 사시사철 산꾼들의 발길이 쉼 없이 이어지는 곳이다.

간이매점을 지나자마자 물을 건넌다. 그냥 보기에는 개울 혹은 개천이지만 이 물의 흐름이 산줄기를 하는 대간꾼들에게는 아주 의미 있는 물줄기이다. 즉 이 물은 바로 뒤에 있는 728.8봉과 덕운봉(759.2m) 사이에서 흘러나오는 물줄기이다. 이 물줄기는 고기저수지 부근에서 내려오는 물 즉 원천천과 합해져서 구룡폭포로 흘러가서는 요천과 합쳐져 섬진강으로 들어가게 된다. 즉 백두대간의 서쪽으로 흐르는 물들은 모두 섬진강으로 합수되고, 동쪽으로 흐르는 물들은 모두 낙동강으로 합수되게 된다는 얘기이다. 이게 백두대간의 기능이자 역할이다.

그러니 위에서 살펴봤듯이 하천쟁탈의 결과로 이 물줄기가 지금은 원천천으로 흘러 들어가 요천이 된 다음 섬진강으로 흘러 들어가지만 이런 하천쟁탈이라는 지형적인 경합관계가 없었다면 이 물은 습곡이나 단층작용이 있었던 당시 그대로 람천에 합류되어 남강이 된 다음 낙동강으로 흘러들어 갔을 것이다. 운명이 바뀐 꼴이다.

그 물줄기를 건너면 바로 도로이다. 좌회전하여 도로를 따르면 여기서 다시 '이충무공 백의종군길'을 만난다. 이 길이 여원재를 넘어 온 길로 아까 둘레길을 시작한 주천면 장안리를 지나 밤재를 거쳐 구례로 진행하는 길이다. 좌측으로 회덕마을 초가집이 눈길을 끄는데 그 집의 정체가 궁금해진다. 이내 회덕마을 표지석이 보이면서 샛집이라고도 불리는 그 초가집이 민박집이라는 안내판도 볼 수 있다.

회덕마을은 남원장을 보러 운봉에서 오는 길과 달궁 쪽에서 오는 길이 모인다고 해서 "모데기"라 불렸다. 그 뜻은 풍수지리설에 의해 덕두산德頭山[23], 덕산德山[24], 덕음산德陰山[25]의 덕을 한곳에 모아 이 마을을 이루었다는 것이다.

둘레길 우측으로 지리서부능선이 계속 따라오고 그 능선 우측 끝 백두대간의 만복대는 여전한데 고리봉이 한결 가까워졌다. 좌측으로는 아까 구룡치 부근에서 올라오는 능선이 북쪽으로 고도를 높여가는 모습을 볼 수 있다. 저 능선이 하천쟁탈이 없었으면 백두대간이 되었을 능선이다. 그러니 저 능선은 잠시 후 노치마을 부근에서 백두대간과 이어질 것이다.

정면으로 소나무 예닐곱 그루가 보인다. 그곳에서 차도를 버리고 좌측으로 틀어 소로로 들어간다. 정면 우측으로 멀리 바래봉(1186.2m)이 눈에 들어오기 시작한다. 매년 5월이면 철쭉꽃으로 뒤덮이는 산이다.

소로는 능선 아래 마을을 따라 휘어들어간다. 곧게 자란 소나무 숲과 우측의 논 사이로 난 소로 즉 둘레길은 곧 숲으로 빨려 들어갈 것만 같다. 그 우측 소나무 숲 아래로 그 유명한 백두대간 마을인 노치마을이 있다. 지리산 둘레길에서 유일하게 백두대간과 만날 수 있는 곳이 바로 저 노치마을이다. 이 일대는 이 운봉의 이름을 따서 운봉고원이라 불린다.

옛날부터 정령치에서 여원재를 거쳐 봉화산에 이르는 백두대간 루트를 따라 천연의 국경 방어선을 쉽게 구축할 수 있었고, 삼국시대에는 이 천혜의 요

---

23 덕두산(1151.5m)은 바래봉 바로 옆 그러니까 지리서부능선의 끝자락에 있는 산이다.

24 덕산은 지리산의 다른 이름이다.

25 덕음산은 마을 뒷산인 759.2봉을 이르는 이름이다. 현장에는 덕운봉이라는 안내판이 걸려 있다.

노치마을의 마을 쉼터

새 운봉과 남원을 경계로 백제와 신라의 영토분쟁이 끊이지 않았다. 역사적으로 운봉은 경상도와 전라도의 접경지역으로 고령가야에 속한 것으로 추정된다. 562년 6가야는 모두 신라에 병합되었으니 그렇다면 이 운봉 지역 역시 백제 땅이기 이전에 신라 땅이었던 적도 있었다는 얘기도 된다. 그렇게 우여곡절을 겪었던 운봉이다.

갈대가 많아서 노치마을이라고?

이 노치마을 뒤편에는 소나무가 숲을 이루고 있는데 그 전면에 수령 500년이 넘는 소나무 다섯 그루가 동쪽에서 서쪽으로 병풍처럼 나란히 서 있는 모습이 예사롭지 않아 보인다.

이 소나무 숲은 조선 초 경주 정씨가 터를 잡고 경주 이씨가 들어와 노치마을을 형성하면서 산세가 너무 좋아 마을 수호신으로 모시기 위해 이 터에 소나무를 심어 정성을 들여 가꾼 곳이다. 그 나무 바로 밑에 당산제단이 있다. 노치마을 당산제堂山祭는 7월 백중에 마을 사람들이 공동으로 올리는 제사로 이 지역에서는 상당히 유명하다.

한편 마을에서는 자신의 동네 이름을 "갈재"라고 부르기도 하는데 이는 산줄기의 높은 곳이 갈대로 덮였다는 데서 유래한 것이라고 한다. 노치마을은 수정봉에서 고리봉으로 이어지는 백두대간 위에 있어, 비가 내려 빗물이 서쪽으로 흐르면 섬진강이 되고 동쪽으로 흐르면 낙동강이 되는 마을이다. 그런데 아무래도 이 '갈재'라는 이름이 산에 갈대가 많다는 데서 유래한 이름이라는 것에 의문이 든다. 일반적으로 갈대라고 한다면 바다나 강가의 물이 있는 곳에 자라는 식물 아닌가? 그런데 산꼭대기에 갈대가 많아 '갈대 노蘆'를 써서 蘆峙마을이라니!

이는 국어학적으로 보아 이 마을의 생김새를 보고 가져온 이름이 변하여 현재 이름을 가지게 된 것으로 보는 게 맞다. 즉 예로부터 이 마을은 주촌면과 운봉읍의 경계였다. 그러기도 하려니와 백제와 신라의 국경 마을이기도 하였다. 그래서 일찍이 이 마을은 자연스럽게 '갈라지다', '갈리다'라는 의미를 갖는 마을이었다.

갈라산이나 갈미봉 같은 이름의 '갈'도 칡이나 갈대와는 관계없이 '산꼭대기에서 두 갈래로 갈라진'이라는 특유의 의미를 지닌 봉우리들이다. 이 '갈라지다'라는 말에 한자가 들어오면서 훈차訓借하여 칡葛을 쓰다 보니 난데없이 칡이 많이 나는 봉우리가 되었고, 음차音借를 하다 보니 갈→갈대→갈대 노蘆를 써서 그것을 거꾸로 해석하여 '갈대가 많은 산'이 노령蘆嶺 혹은 노치蘆峙가 되어 버린 것이다.

그러니 우리는 점잖게 주촌면과 운봉읍을 가르는 마을 혹은 峙를 감안하여 신라와 백제의 국경을 이루던 고개가 있던 마을이라는 의미로 새겨야 할 것이다. 우리가 알고 있는 노령산맥의 노령蘆嶺의 옛 이름이 갈재였다는 것이

둘레길에서 본 지리서부능선. 좌측 높은 봉이 바래봉이다.

그것을 증명해주는 것이고 그 바로 옆에 있는 추령秋嶺이 가을 단풍이 예뻐서 추령이 된 것이 아니고 마찬가지로 가르다→갈→가을→'가을 秋'가 된 것에 불과하기 때문이다.

백두대간이 지나는 이 의미 있는 노치마을을 지나면서 주촌면을 떠나 이제부터는 운봉읍으로 들어선다. 좌측 노치마을 뒤로는 덕운봉(759.2m)부터 우측 끝 수정봉까지 백두대산이 병풍처럼 펼쳐져 있고 정면으로는 멀리 바래봉이 눈에 들어온다.

조금 더 걸으면 정면 좌측으로 고남산(846.8m)이 보인다. 고남산의 랜드마크는 정상에 있는 KT송신탑이다. 저 고남산을 보면 백두대간을 북진으로 진행할 경우 지나쳐야 하는 고남산 바로 아래에 있는 방아재(치)와 방아산성을 생각해야 하고 그 전에 거쳐야 하는 여원재女院岾[26]를 떠올려야 한다. 우리 역사와 밀접한 관계가 있는 곳이기 때문이다. 즉 방아재는 동학농민혁명의 김개남(1853~1894), 유복만, 남응삼 등과 그리고 여원재와 고남산은 태조 이성계와 관련이 있다. 이 얘기는 제2구간을 걸으면서 박봉양의 토벌비[27]와 비전마을의 황산대첩비 그리고 황산을 보면서 또 얘기하기로 한다.

우측으로 지리서부능선을 보며 걷다보면 잠시 숲으로 들어 546.1봉을 지나게 된다. 야산의 축에도 못 낄 이 봉우리가 546.1m나 된다니! 과연 운봉이 고원지대라는 것[28]을 실감할 수 있다.

동복 오씨 가족묘를 지나 가장마을로 들어서면 마을 안에서 운동시설이나 정자 등 마을 시설물들을 지나 60번 도로로 나오게 된다. 마을 입구에 있는 가장마을 표지석에 마을 유래가 자세하게 적혀 있다.

우측으로 덕산마을을 보면서 깃대봉(735.9m)과 세걸산(1220.0m)이 관측되면 그 좌측 산기슭에 전북학생교육원이 보인다. 60번 도로 옆 주촌천 제방 소로로 접어들면 북쪽으로 탁 트인 조망이 고남산의 관측을 도우며 호남금남정맥의 장안산(1237.4m)과 그 우측의 백두대간 상의 백운산(1278.9m)도 충분히 관찰할 수 있다.

주촌천[29]은 가장교로 건넌다. 대각선 방향 소로로 들어가 진행방향 우측으로 보이는 누룽지 가공 공장을 지나 행정리 마을 안으로 들어선다. 예전 구

---

26 현지 주민들은 '연재'라고 많이들 부른다.

27 공식 명칭은 갑오토비사적비甲午討匪事跡碑이다.

28 운봉이 고원지대라는 것은 동학혁명 당시 방아치 전투와도 관련이 깊다. 제2구간에서 자세히 본다.

29 주촌천은 백두대간이 고리봉(1305.4m)에서 지리서부능선을 가지 칠 때 그 사이에서 발원하는 물줄기이다. 그런데 이 주촌천 옆에 흑염소 방목장이 있고 가축 유전자센터가 있으니 이 주촌천이나 람천의 물이 온전할 리 없을 것 같다. 전국의 물줄기 2회차 답사를 하고 있는 J3클럽의 배병만의 한숨이 깊다.

도로를 따라 들어서면 공덕비 등 몇 개의 비석을 볼 수 있고 농협 창고 앞 다리를 건너 운봉 향교 길을 버리고 좌회전하면서 람천濫川을 건넌다. 람천이다. 산청군 동강마을을 지날 때까지 계속 같이 갈 람천이다. 물론 이 람천은 운봉벌을 적시다 둘레길 제2구간이 끝나는 인월에서 풍천을 만나 광천이 되고 산내에서 만수천을 만난 다음 마천에서 덕전천을 만나 임천[30]이 된다.

람천은 지리산의 중심 물줄기이다

두류전지를 보면 "동천은 정령 아래에서 흘러나와 운봉읍을 지나 북쪽으로 흘러 광천에 합류한다. 광천은 운봉의 적산에서 흘러나와 동쪽으로 흐르다가 황산을 지나 풍천에 합류한다. 풍천은 비조치[31]에서 흘러나와 운봉현을 지나 인월역에 이르러 광천과 합류하여 남쪽의 산내동으로 흘러간다."고 기록하고 있다.

그러니 이 람천의 옛 이름은 동천이었다. 두류전지는 지리산의 물줄기를 세 개로 본다. 이 동천 그러니까 람천을 첫 번째 물로 보고, 두 번째 물줄기는 수분재[32]에서 발원하는 섬진강 그리고 천왕봉에서 발원하여 청천[33]이 되었다가 남강에 합류하는 물줄기를 세 번째 물줄기로 보는 게 그것들이다.

우측으로 수철리 들어가는 길이 보인다. 바래봉 자락 운봉면의 지리, 역사

30 이후 람천은 임천→엄천→경호강→남강→낙동강으로 이어진다.

31 백두대간의 봉화산(919.7m)에서 분기하는 임천지맥 상에 있는 고개로 남원시 아영면과 함양군 백전면의 경계에 있는 고개다.

32 두류전지는 전라북도 장수에 있는 이 고개를 섬진강의 발원지로 본다. 그러나 과학이 발달한 지금은 섬진강의 발원지는 팔공산 부근의 '데미샘'으로 보고 금강의 발원지를 이 수분재의 '뜬봉샘'으로 본다. -졸저 전게서 113쪽.

33 지금의 시천천이다.

등을 총정리한 '신운성지'를 보면 "약 1200~1300년 전 삼한시대부터 쇠를 녹여 솥을 만들었다 하여 수철리水鐵里라 하였다"고 한다. 세걸산世傑山 골짜기의 맑은 계곡물로 쇠붙이를 다루어 솥을 만든 곳이란 뜻에서 명명되었다 한다. "지금도 벌통몰랑(끄시기앞당 남쪽에 있는 산)에는 당시 쇠를 녹이던 쇠똥(철광석에서 쇠를 빼고 난 폐석)이 발견된다."라고 되어 있으나 현재의 한자의 뜻으로 해석한데 불과하다. 제6구간 산청 수철리를 지나면서 자세히 보도록 하자.

람천 제방 길은 벚꽃 길이다

좌측으로 서어나무 숲에는 그네도 보이고 작은 쉼터가 마련되어 있다. 참고로 이 행정마을에 있는 서어나무 숲은 '제1회 아름다운 숲' 대상을 받은 곳으로, 수백 년 된 서어나무들이 아름드리 줄지어 서서 마을을 지켜준다. 람천 제방 길을 따라 걷는다. 소로 좌우로 벚나무가 줄지어 서 있다. 봄이면 벚꽃이 둘레꾼들을 유혹할 것 같다. 운봉읍내로 들어가는 초입에는 남원양묘사업소가 들어서 있다. 밭고랑 같이 생긴 곳에 갖가지 묘목들이 심어져 있는 것을 볼 수 있다. 사업소를 빠져나와 좌회전하여 연립주택을 겨냥하여 60번 도로로 빠져 나가면 바로 운봉읍 시가지로 들어서게 된다.

운봉은 구름 운雲에 산봉우리 봉峰을 쓴다. 두류전지에 의하면 "운봉은 원래 신라 모산현이었다. 운봉 고을은 두류산의 뒤편 허리등성이에 의지하고 있는데 그 고도를 헤아려 보면 3분의 1 정도에 위치하여 항상 운기가 조망을 가린다. 그래서 운봉이라고 한다."고 적고 있다. 이 운봉의 옛 이름은 아막이기도 했다. 그래서 백두대간길에 아막산성이 있었고 그 아막산성은 신라와 백제의 격전지이기도 했다.

운봉읍내를 걸어 운봉사거리를 지난다. 여기서 좌회전하면 24번 도로를 따라 연재라고도 부르는 여원재를 지나 남원으로 갈 수 있다.

만약 이 지리산 둘레길을 필자가 기획했다면 둘레길은 분명 백두대간 상의 저 여원재를 지나게 그렸을 것이다. 그랬으면 이 둘레길은 역사지리의 한 부분으로서의 여원재를 볼 수 있었을 것이라는 아쉬움이 든다.

즉 여원재의 옛길인 '통영별로'를 지나는 이들의 안녕과 국태민안을 위하여 만든 고려 사람들의 '마애불'을 볼 수 있었을 것이며, 황산전투를 앞두고 부장들과 전략을 숙의하는 태조 이성계도 볼 수 있었을 것이다. 시대를 달리하여 무능한 선조로부터 고문까지 당한 뒤 서울을 출발하여 임지로 백의종군하던 이순신 장군이 이 여원재에 이르러 마침 쏟아지는 폭우를 맞으면서도 피난 가느라 우왕좌왕하고 있는 백성들의 안위를 걱정하는 장군의 우국충정도 느낄 수 있었을 것이다. 또한 동학농민혁명 당시 신분해방과 척왜양斥倭洋을 외치는 농민군과 이를 제압하려는 민보군과 관군 연합군의 격렬한 싸움의 현장을 매천 황현과 함께 바라볼 수 있었을 것이라는 아쉬움이 남는다. 또한 임진왜란 당시 왜군을 치기 위하여 참전하여 이곳을 두 번이나 지났던 명나라 장수 유정劉綎의 흔적을 보면서 한층 심도 있는 걸음이 되었을 것이다.[34]

유적의 보고 여원재

이렇듯 여원재는 태조 이성계와 떼어놓고 생각할 수 없다. 한편 지금의 운봉읍과 이백면을 잇는 24번 도로는 여원재 옛길과 조금 다르다. 여원재에서

34 졸저 전게서 90쪽 이하 '여원재와 이성계 그리고 고토 분지로' 참조.

남원 방향 도로로 약 100m 정도 내려가면 고려 전기의 것으로 추정되는 '여원재마애불(전라북도 유형문화재 제162호)' 안내 푯말이 보인다. 이곳에서 산자락 아래로 신작로 같은 너른 숲길이 이어진다. 산자락 아래가 이백면 양가리와 운봉읍 장교리를 잇는 '여원재 옛길'이자 지금의 '백의종군길'이고, 남원과 인월~함양을 잇던 조선시대 간선도로인 통영별로 '응령역~인월역' 구간 길이다. 숲길을 잠시 내려서면 오른쪽 절벽 바위에 음각으로 새겨진 마애불을 만난다. 이 마애불 오른쪽에는 1901년 운봉현감 박귀진이 태조 이성계와의 인연 설화를 새긴 명문이 있다. 즉 고려 말 이성계 장군이 노파(지리산 도고道姑 할미)의 계시를 받아 왜구를 섬멸하였고, 이는 지리산신이 나타났던 것으로 여겨 불각佛閣을 짓고 모시게 하였다는 이야기이다.

또한 420년 전인 1597년(정유년) 6월 9일(음력 4월 25일) 낮. 남명 조식의 제자 정탁鄭琢(1526~1605)[35]의 구명운동으로 풀려나 '백의종군길'에 오른 이순신 장군은 권율 도원수부가 있는 경남 초계(합천)로 가기 위해 이 길을 지나 운봉 박롱(혹은 박산취)의 집에서 유숙한다. 비가 몹시 내려 길을 멈추고 있는 사이, 권율이 전라도 순천으로 갔다는 소식을 접하고는 다음날 구례로 향하게 된다. 바로 남원~구례~하동~산청 방향으로 '지리산권역 백의종군로'가 바뀌게 되는 순간이다.

이 마애불에서 아래쪽으로 내려가는 옛길은 예전과는 달리 남원시에서 제초 작업을 하여 '백의종군길'을 활성화하려 한 흔적이 역력하다. 쓰러진 나무와 초목이 뒤엉켜 어지럽고 빽빽한 숲은 발 디딜 곳을 찾을 수 없어 진행하기가 어려웠던 곳이었는데 남원시 덕에 옛길을 찾은 것이다. 약 5분 정도 인적

---

35 정탁이나 유몽인 등은 임진왜란 기간 동안 명나라 상인들의 활동을 보고 조선도 상설점포를 세워야 함은 물론 수송능력의 확충과 가축 사육의 장려 등 실용주의 노선을 견지했다.

없는 편안한 길을 더 내려가면, 임진왜란 때 명나라 장수 유정劉綎(1558~1619)[36]이 두 번 이 길을 지나갔다며 '유정부과劉綎復過'라고 글을 새겨놓은 거대한 바위에 닿는다.

명나라 장수 유정이 두 번 지났다고 하여 새긴 '유정부과' 각자

임진왜란 당시, 이순신 장군의 수군과 함께 협공하기로 한 약속을 어겨 순천왜성에 주둔하던 일본군의 일망타진을 무산시킨 유정이 '여원재 옛길'을 두 번째로 지나간 것은 1594년 음력 3월이다. 그로부터 약 3년 뒤 백의종군을 하며 이 길을 지나가던 이순신 장군은 이 바위를 보았을까? 지리산권역의 '이순신 장군 백의종군로'와 맞물려 있는 이 '여원재 옛길'이 복원되어 한결 여유롭게 '백의종군길'을 지날 수 있게 되었다. 여기서 200여 m 더 내려가면 1593년 5월 그가 처음 이곳을 지나면서 '유정차과劉綎此過'라고 각자한 바위도 볼 수 있으니 이왕이면 조금 더 발품을 파는 게 나을 것이다. 두류전지에는 '유장군석각'이라는 대목에 나온다.

한편 선남대에서 국문학을 가르치고 있는 교수 조은숙은 지리산이라는 공간을 중심으로 펼쳐지는 송기숙의 소설 《녹두장군》에 주목한다. 그리고 그 중심에 여원재가 있음을 찾아낸다. 즉 이태조가 왕이 되기 위하여 지리산 산신에게 기도를 올린 곳이 바로 이 여원재이고 이 여원재에서 기도하는 숨은

36 임진왜란 때 참전하여 정유재란 때 이여송이 병부상서 석성에 의해 탄핵당한 후, 명군의 지휘권을 인계받아 총병總兵이 되었다. 유정은 난중잡록의 저자 조경남의 도움을 받기도 했다. 한편 석성은 지리동부능선에서 볼 석상용 의병장의 13대 조부이다.

지리산 둘레길 제2구간의 시작점을 알려주는 안내판

이유는 이태조가 그러했듯이 자신들 즉 동학농민혁명의 주재자들도 역성혁명을 꿈꾸고 있었음을 은근히 암시했다는 것이다. 동학이 주창하는 인내천人乃天이라는 것이 무엇인가! 사람이 곧 하늘이라는 명제 아니던가. 임금도 하늘이고 양반이나 상민도 하늘이며, 종도 하늘이니 그 주인도 하늘이요, 남자가 하늘이고 여자도 하늘이라는…….

소설 속의 손화중은 여기서 지리산의 '마고 할미'를 끌어들인다. 모든 산의 신이 남자임에 반해 이 지리산만큼은 여신이 주재를 하고 있다는 데 착안했을 것이다. 곧 그 지리산의 산신이라는 엄청난 '빽'을 끌어들였으니 추종하는 세력들의 믿음도 그만큼 더 확고해졌을 것이다. 나아가 유교사회에서 가부장적 이데올로기의 희생양이었던 여성들로 하여금 적극적으로 혁명에 참여할 수 있게끔 저변을 확대했다는 얘기도 된다. 그러니 이 여원재 길은 동학혁명 당시 혁명군과 민보군이 함께 드나들던 곳이기도 하다. 동학 얘기는 다음 구간에 나눠서 하자.

둘레길은 운봉사거리에서 직진하여 읍내를 거쳐 운봉초교 사거리로 진행한다. 그리고는 좌회전하여 직진하면서 제1구간 종료 안내판이 있는 곳에서 1구간 14.7km의 여정을 마치게끔 설계되었다. 역사의 현장을 도외시한 안타까움이 드는 구간이다.

제2구간

운봉초교~구인월교

운봉읍~서림공원(0.2km)~북천마을(0.8km)~신기마을(1.1km)~비전마을(2km)~군화동(0.8km)
~흥부골자연휴양림(2.9km)~월평마을(1.5km)~구인월교(0.2km)~인월안내센터(0.4km): 9.9km

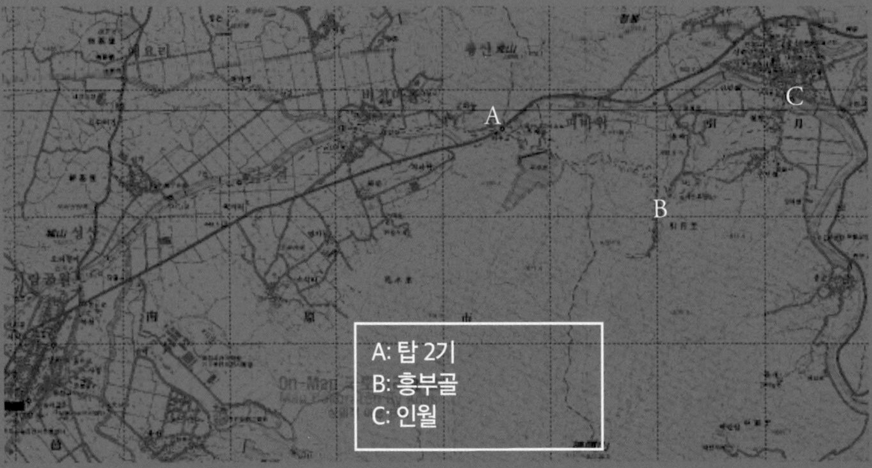

지리산 둘레길 제2구간의 포인트는 ①지리서부능선 조망과 ②태조 이성계의 황산대첩 ③그리고 면면이 이어져 내려오는 동편제에 관해 살펴보는 것이다. 아울러 제1구간에서 잠깐 언급한 고토 분지로가 비전마을을 지났던 것을 상기하며 이참에 고토 분지로의 산맥을 정리하기로 하며 곁들여서 산경표라는 것도 잠시 살펴보고 가는 것도 괜찮겠다. 그리고 이 운봉은 신라와 백제의 영토 싸움은 물론 동학혁명이나 임진왜란 때 전략의 요충지였던 곳이니만큼 관련 얘기도 많을 것 같다.

지리서부능선이라! 지난 구간 살펴봤고 또 제4부에서 자세히 볼 것이다. 이 서부능선은 성삼재~구인월에 이르는 구간이니 가는 이에 따라 인월이 들머리이자 날머리이다. 따라서 제2구간이 인월로 들어설 때까지 지리서부능선을 우측으로 끼고 진행할 것이며 운봉에서 정면으로 백두대간 상의 고남산을 보고 진행을 하니 좌측으로는 계속 백두대간을 두고 진행할 것이다. 그리고 람천 옆을 따르는 24번 국도와 엇비슷하게 옛 '통영별로' 길을 따라 둘레길은 진행하게 될 것이다. 그러나 무엇보다도 이성계가 역성혁명을 일으킬 수 있는 힘을 비축하는 계기가 된 황산대첩의 황산을 이 구간에서 확인하게 된다는 것이 무엇보다 큰 즐거움이다.

둘레길 제2구간 안내 표지판을 지나자마자 서림공원이다. 이 공원은 서천리 선두숲으로 불렀었다. 서림공원에 들어서면 서로 마주보고 있는 석장승이 먼저 눈에 띈다. 운봉 전체를 지키는 방어대장군과 진서대장군으로 운봉사람들이 각별히 아끼는 석장승들이다. 이는 마을 입구나 사찰 입구에 서 있으면서 잡귀를 막기 위한 것으로 우리나라 벽사신앙辟邪信仰의 한 유형이다. 이런 장승을 벽사장승辟邪長栍이라 한다.

서림공원의 비석들. 제일 좌측이 '박봉양의 갑오토비사적비.'

한편 둘레길 제3구간 부근에 있는 실상사에 가면 이런 돌장승 세 기를 볼 수 있는데 이 역시 마찬가지이다. 다만 이 공원의 두 장승은 순수한 벽사신앙이라고 본다면 벽송사의 그것은 사원장승이면서 토착 신앙과 불교 신앙과의 결합을 보여주는 실례라는 점에서 차이가 있다.

남쪽 방어대장군 뒤로 비석 여러 개가 줄지어 서 있다. 운봉 여기저기 흩어져 있던 것을 한군데로 모은 것이란다. 그 중 제일 좌측에 있는 우측 상단이 깨진 비석을 자세히 관찰할 필요가 있다. 일목장군 '박봉양 장군비'라고 표기된 이 비석에 새긴 글을 자세히 읽어보면 '갑오토비사적비甲午討匪事跡碑'라고 새겨져 있다. 갑오년에 도적을 때려잡은 공적을 기록한 비석이라는 말일 게다.

박봉양과 갑오토비사적비

1894년 11월 박봉양은 지방의 유생, 향리들을 주축으로 민보군을 편성하여 수성군과 함께 남원에서 경상도로 진출하려던 김개남, 최승우, 남응삼의 농민군에 대항할 준비를 한다. 당시 농민군은 요천이 뒤로 흐르는 남원 산동의 부동촌에 배수의 진을 친 다음 관암재에 진을 친 박봉양의 운봉 민보군과 맞서게 된다. 그러던 11월 14일 농민군이 백두대간 상의 방아치 전투에서 대패[1]를 하게 되었고 이 사적비는 민보군이 그날의 승리를 기념하기 위하여 만든 비석이다.

이왕 갑오농민항쟁 얘기가 나왔으니 지리산과 관련해 조금 더 들어가 보자. 이 지리산은 근대에 들어 집권세력에 반대하는 이들의 피난처가 된다. 부패한 관리들에 대항하는 농민항쟁은 지리산 남동쪽의 소읍 단성에서 시작되었는데 그 불씨는 환곡還穀 문제였다. 즉 단성현감 임병묵과 이서吏胥들의 폭정을 중앙정부와 대구 감영에서조차 모른 척하자 결국 단성농민항쟁이 터졌고 이는 1862년 진주농민항쟁[2]으로 이어지게 되고, 덕산농민항쟁을 거쳐 드디어 영호남이 합쳐져 동학농민전쟁으로 비화하게 된다.

1894년 1월 10일 전라북도 고부군수 조병갑의 탐학으로 시작된 전봉준의 동학농민전쟁은 농민군이 전라도를 장악하게 되자 일본군은 민씨 정권을 붕괴시키고 친일개화파 정권을 세우게 된다. 1894년 10월 공주 우금치 전투에

1 농민군이 대패를 하게 된 원인은 어디에 있을까? 물론 박봉양은 영남지방에서 막강한 지원을 받았을 것이다. 하지만 필자는 무엇보다도 이를 운봉고원이라는 지형에서 찾고 싶다. 즉 방아산성은 마한이나 백제 때 운봉지역이 고원지대라는 걸 염두에 두고 조성한 석성이다. 그런데 이 석성은 운봉 쪽에서 보자면 그저 나지막한 야산에 불과하지만 이백이나 산동에서 보자면 640m나 되는 상당한 고봉이다. 그러니 그 우측의 고남산이 846.8m이고 보면 운봉을 치고 인월을 지나 산청으로 진격을 하자면 어차피 여원재(477m)가 아닌 방아치가 유격전술에 용이했을 수도 있었겠다.
그런데 유복만, 남응삼이 이끄는 농민군은 해발 640m의 거친 서쪽 사면을 치고 올라가야 하지만 민보군은 100m 정도만 오르면 되며 더욱이 부근에 산재해 있는 직경 30cm 정도의 돌을 굴려 공격을 하니 농민군은 이미 이길 수 없는 전투가 되고 말았다.

2 제4부 지리산 세석평전 부근에 있는 청학연못과 관련성이 있다는 주장에는 도솔산인 이영규.

서 농민군이 일본군과 관군의 연합군에 의해 패하자 그동안 주눅 들어 있던 유생과 부호층들은 민보군을 결성하여 농민군을 학살하는데 참여한다. 이때 농민군이 들었던 기치와 지리산과는 어떤 관계가 있을까?

이이화(1937~)가 들려주는 얘기가 답이 되려나? 즉 "전라좌도와 경상우도를 품 안에 둔 지리산은 체제로부터 탄압받거나 배척당하던 민초들의 삶의 터전이 되어 주었고 새로운 세상을 건설하려는 변혁 세력들의 근거지로써 그 역할을 다해 왔다."[3]고 하였다.

누가 이겼느냐에 상관없이 송기숙은 소설 《녹두장군》을 통하여 농민군 전봉준, 김개남 등이 주둔하고 있던 지리산 권역인 남원의 교룡산성이나 태조 이성계의 설화가 깃들여져 있는 백두대간 상의 여원재 등을 설화적 공간으로 상정하여 역성혁명을 이루려는 민중들의 정치적 지향의식을 보여주고 있다고 표현한다.

동학농민운동을 부정적으로 보았던 매천

이에 반해 매천 황현(1855~1910)[4] 같은 유학자들은 대부분 '강상綱常[5]의 윤리倫理'를 부정하고 무력으로 관아를 점령하는 전봉준이나 김개남의 동학군을 붓으로 심판하는 입장을 취한다. 즉 당시 유교적 지식인들은 동학농민운동을

---

3 이이화, 지리산의 정신사와 저항사

4 광양 사람이었던 매천은 구례에 자리를 잡고는 시문 짓기와 역사 연구 및 경세학 공부에 힘쓴다. 그런 와중에 매천은 동학농민운동을 직접 겪게 된다.

5 삼강三綱과 오상五常을 아울러 이르는 말.

이른바 '동비東匪의 난亂'으로 비하해 불렀다.

매천 역시 신분제적 질서를 부정하는 농민군의 봉기인 이 동학농민운동을 결코 인정할 수 없었을 것이다. 동학운동의 소용돌이가 잦아들자 '춘추필법春秋筆法[6]'을 바탕으로 쓴 역사서를 통하여 이를 다시 신랄하게 비판하였는데 이 기록이 바로 '오하기문梧下紀文'이다. 다른 이도 아닌 매천 같은 사람도 동학농민혁명을 이렇게 비판적인 시각으로 바라보고 있었으니 당시 유학이라는 게 양반층 혹은 일부 계층의 의식 속에 얼마나 뿌리 깊게 자리하고 있었는가를 충분히 짐작하고도 남음이 있다 하겠다. 다만 동학운동에 부정적인 시각을 가지고 있던 매천이지만 긍정적인 면도 함께 보았다. 즉 그는 오하기문에서 농민군의 엄격한 규율, 질서 있는 행동 등을 실사구시적인 입장에서 객관적으로 기술하였다는 점만큼은 높이 평가할 만한 것[7]이라 하겠다.

매천은 1905년 11월에 일제가 을사조약을 강제 체결하자 구례에서 '호양학교'를 세우고는 신학문 교육에 참여하였으나 1910년 8월 한일합방이 되자 통분하면서 절명시 4수를 남기고는 치사량의 아편을 복용하고 자결한다. 지리산의 올곧은 정신을 죽음으로 표현한 것이다.

공원에서 우회전하여 람천 제방 길을 따라 걷는다. 그 람촌 뒤로 고남산(846.4m)이 한결 가까워졌다. 1380년 9월 진포대첩으로 퇴로를 잃은 왜구들을 토벌하기 위해 고려 우왕의 명을 받은 태조 이성계가 저 고남산에 올라 약수로 목욕재계를 하고 제를 지냈다는 이야기가 전해진다.

그래서 고남산은 태조봉으로도 불린다. 문헌에는 적산赤山[8], 고조봉高祖奉,

6 '춘추春秋'와 같이 비판적이고 엄정한 필법을 이르는 말. 대의명분을 밝히어 세우는 역사 서술 방법이다.

7 박맹수 논문, 지리산권 동학농민혁명의 실상과 동아시아적 의미.

8 두류전지는 "다시 한 줄기가 북쪽으로 흘러 유치柳峙와 적산赤山이 된다. 적산에서 남쪽으로 흘러 성산이 되니 운봉현의 주산主山이다."라고 하여 이 성산을 운봉의 주산으로 보았다. 한편 적산의 赤은 '박, 밭, 불' 등의 뜻을 가진 지명이 한자로 표기하는 과정에서 바뀐 이름이다. 그러니 원래는 '붉산' 즉 산악숭

제왕봉帝王峰, 일광산 등으로도 기록되어 있다. 정상에는 KT송신탑이 설치되어 있다. 정상에는 석축으로 쌓은 3층 천제단이 있는데 황산대첩시 태조 이성계가 이곳에 올라 전승을 기원하는 산신제를 지냈다고 한다.

람천 방죽 길에서 본 황산

신기교를 건너 도로를 따르다 잠시 뒤를 돌아 운봉의 진산인 성산(533.5m)을 보는 여유를 갖자. 저 성산은 운봉의 진산鎭山[9]이며 주산으로 본 반면, 반야봉은 운봉의 안산案山이라고 김선신은 두류전지에서 얘기했다.

그러고는 신기사거리이다. 좌측 표석을 보면 백두대간을 하는 산꾼들에게 익숙한 마을 이름이 눈에 띈다. 매요마을이라는 이름이다. 대간길에서 흔치 않게 막걸리 한 잔을 마시고 쉬었다 갈 수 있는 '매요 휴게소'가 있는 곳. 주인 할머니는 안녕하실까?

좌측 신기마을 방향으로도 백두대간이 낮게 깔려 이어가고 있다. 비록 낮게 깔려가는 듯이 보이기는 하지만 그래도 500~600고지를 넘나드는 봉우리들이다. 여기는 아직도 운봉고원이라는 이름으로 불리는 고지대이기 때문이다.

배사상의 소산인 '신성한 산'의 의미였다.

9 진산鎭山과 주산主山은 마을이 기대고 있는 뒤쪽의 산세를 이르는 말인데 거의 같은 의미로 사용하는 것 같다. 다만 굳이 구분하자면 진산은 전통적 산 개념의 독특한 표현이자 장소의 상징 정도로 본다면 주산은 풍수상 명당을 형성하는 주맥主脈의 개념으로 파악하는 점이 다르다 하겠다.

조선 개국의 기틀을 다진 황산대첩

드디어 진행방향 우측으로 황산(698.7m)이 그 위용을 드러내기 시작한다. 630년 전 왜구들을 치기 위하여 행군을 하던 늠름한 이성계 군사의 모습들이 눈에 선하다. 사반교를 건너 좌측 제방 길을 따른다. 람천 하변에 너른 반석들이 자주 나온다. 황산대첩의 한 무대였던 '피바위'도 사실 저런 반석에 불과하다. 다만 이곳에 비해 철분이 더 섞여 있어 붉은색을 띤다는 점이 다를 것이다. 곧게 뻗은 제방 길을 걷는다는 게 좀 심심할 수도 있겠다. 하지만 좌측 백두대간보다는 우측 지리서부능선을 보며 봉우리를 찾아본다면 그런 무료함은 없으리라. 고리봉, 세걸산, 바래봉, 덕두산….

정면으로 황산이 다가온다. 황산은 운봉과 인월 사이에 있는 큰 신산神山이다. 이성계가 저 황산에서 왜구들을 쳐부술 당시 고려의 백성들은 수십 척 혹은 수백 척의 배를 몰고 수시로 나타나서는 불을 지르고 곡식을 빼앗고 양민을 죽이거나 잡아가는 왜구들로부터 시달림을 받을 대로 받고 있었다. 귀족들은 민초들을 가렴주구苛斂誅求하는 데만 눈이 어두우니 어디에도 군사는 없었고 더욱이 바다 수비는 제대로 하지 않아 왜구들은 팔도강산을 제집 드나들 듯이 드나들고 있었다.

그 당시 왜구는 어떤 존재였을까? 우선 만파식적萬波息笛이 떠오른다. 만파萬波는 만 가지 풍파이고 식적息笛이 그것을 잠재우는 피리이니 통일신라시대 이후 나라의 '풍파의 뿌리' 혹은 '나라의 우환덩어리'는 늘 왜구였다. 그 왜구를 퇴치시키려 용을 통해서 보낸 물건이 바로 만파식적이라는 피리이니 왕들은 죽어서까지 저 왜구들의 노략질을 걱정해야 했을 정도였다. 그러니 점필재가 "참으로 잔악한 도적"이라고 한 취지를 백번 이해할 수 있겠다.

그 왜구들의 근거지는 주로 대마도, 일기도, 송포[10] 등이었는데 특히 대마도와 송포가 문제였다. 당시 대마도의 적정 인구는 4~5천 명 이하라고 한다. 그런데 신숙주의 '해동제국기'에 의하면 15세기 대마도의 인구는 36,000명이 넘었다고 한다.

즉 14세기 중반 남북조로 분열된 일본은 내란에서 패배한 인구가 대마도로 대거 몰려들었다. 거기에 자연스러운 인구 증가가 한몫 더 거들었으니 대마도의 이런 환경 변화는 생활난을 거들었고 결국 왜구들은 밖으로 눈을 돌릴 수밖에 없었을 것이다. 그럴 때 그 타깃이 바로 고려와 조선이 되었던 것이다. 그때 왜구들은 전란의 경험으로 이미 해적의 수준을 넘어 정규군 수준으로 발전해 있었다. 즉 장수는 말을 타고 갑옷을 입었으며 부대는 400~500척의 대 선단으로 꾸려졌으며 병력 또한 수만이나 되었던 것이다.

사실 왜구의 침공은 신라시대부터 꾸준했었다. 그런데 1223년부터 1392년 조선이 개국을 할 때까지가 가장 심했던 바, 연구에 의하면 특히 고려 충정왕 2년인 1350년부터 조선 개국 연도인 1392년까지의 출몰 횟수는 무려 400여 회에 달했다고 한다.[11] 진포대첩의 원인이 된 노략질이 그 사건 중 하나였고, 육지로 상륙한 진포대첩의 잔당을 격파한 사건이 바로 황산대첩이었고 그 전투의 현장이 바로 이곳이었던 것이다.

저 황산과 우측의 지리산 서부능선이 내려오는 그 사이의 맞닿은 듯한 좁은 곳으로 우측의 이 람천이 흘러간다. 그러니 함양 땅에 들어온 왜구들이 남원성을 공략하기 위해서는 저 병목 같은 곳으로 들어올 수밖에 없었을 것이다. 이성계는 그걸 노렸다.

---

10 일본 나카사키현 북쪽 바닷가에 있는 도시.

11 신명호, 한국사를 읽는 12가지 코드, 다산초당 간.

'운봉지雲峰誌'를 볼까?

신우辛禑[12]때 왜구가 함양을 도륙하고 다시 남원산성을 공격했다. 왜구는 물러나 운봉현을 불사른 후 인월역에 주둔하면서 북상하겠다고 큰소리를 쳤다. 나라의 안팎이 크게 진동하자 태조가 변안렬과 함께 남원에 이르렀다. 아침에 사람들을 경계시킨 뒤 동쪽으로 운봉을 넘어가니 적과의 거리가 수십 리밖에 되지 않았다. 황산의 서북쪽에 이르러 정산봉에 올랐는데 길 오른편 험한 지름길이 있었다. 험한 길로 들어서자 왜구의 기예부대가 갑자기 뛰어나왔다. 태조가 50여 발의 화살을 쏘아 그들의 얼굴을 맞히자 활시위를 당길 때마다 거꾸러지지 않는 놈이 없었다.
왜구가 산에 근거해 방어를 굳건하게 했는데 태조가 군사들을 지휘해서 요해처를 분담하고 다시 소라를 불어 병사를 정돈한 후에 개미처럼 달라붙어 올라가니 적이 몇 겹으로 포위했다. 태조가 즉시 여덟 명을 죽이자 왜구가 감히 앞으로 나오지 못했다. 겨우 열대여섯 살 정도 되는 아기발도라는 적장을 태조가 그의 용기와 기예를 아깝게 여겨 생포하려 하였으나 이두란이 "죽이지 않으면 반드시 사람이 상하게 될 것입니다. 아기발도가 구리 가면과 철갑을 입고 있어 화살을 쏘아도 들어가지 않습니다."라고 했다.
태조가 화살을 쏘아 그의 투구를 떨어뜨리자 이두란이 뒤이어 화살을 쏘아 죽였다. 그리하여 왜구의 기가 꺾였다. 마침내 분격하여 크게 격파하니 시냇물이 온통 붉은 빛이었다. 처음에는 왜구가 우리보다 열 배나 많았지만 겨우 70여 명이 지리산으로 달아났다가 성모상과 가섭석상을 벤 뒤에 떠났다.[13]

12 고려 32대 우왕을 폄하한 표현.
13 이들이 도망간 루트에 대해서는 졸저 전게서 91쪽 참조.

하여간 일본이라는 나라는 우리에게는 철천지원수와도 같은 나라이다. 한 걸음 더 들어가 보면 왜구들은 화개재에 올라 백두대간길을 타고 지금은 그 흔적만 남아 있는 영신봉 아래에 있는 영신사로 들어간다.[14]

영신사는 영신봉 바로 아래에 자리 잡고 있던 암자였다. 그 암자 바로 뒤에 가섭존자의 형태를 하고 있는 바위가 있는데 그걸 해하였다는 것이다. 점필재 김종직의 '유두류록'과 김일손의 '두류기행록'에도 이런 내용이 나온다.

그러다 보니 이제 비전마을도 거의 다 왔다. 좌측으로 어휘각이 보이고 그리고 연이어 황산대첩비가 모셔져 있는 비각도 보인다. 대첩교를 건너 먼저 어휘각을 본다. 이 어휘각은 태조 이성계가 1381년 황산대첩의 공이 자기 자신만의 것이 아닌 휘하 장수와 병사들의 공이라 하여 8원수 4종사의 명단을 바위에 새긴 후 그 위에 각을 세워 후손들에게 그 뜻을 기리고자 했다. 그리고 그 뜻은 565년이 지나는 동안 아무 탈 없이 잘 보존되고 있었다. 그러던 1945년 1월 17일 새벽 저 잔인한 왜적은 이런 귀한 뜻이 새긴 바위의 글자를 정으로 쪼아 그 흔적을 없앴고, 그것도 모자라 그 옆에 있던 황산대첩비를 다이너마이트로 폭파까지 하였던 것이다. 그래서 조각난 황산대첩비를 보관하고 있는 각閣의 이름이 대첩비각大捷碑閣에서 파비각破碑閣이 되었고 이런 연유로 어휘각의 바위는 지금 그 흔적만 볼 수 있게 됐다.

1901년 겨울 이곳을 지나던 일본의 지질학자 고토 분지로小藤分次郎가 쓴 '조선기행록'에도 자세한 내용이 기술[15]되어 있다. 그런데 이 고토 분지로는 누구인가? 생소할 수도 있겠지만 산줄기를 하는 산꾼들에게는 신경준이나 김정호 못지않은 유명한 인사다. 물론 부정적인 의미이지만….

14 제4부 지리주릉에서 다시 본다.

15 고토 분지로에 관해서는 졸저 전게서 103쪽 이하 참조.

황산대첩 사적지. 우측이 파비각이다.

여기서 고토 분지로를 등장시킨 이유는 그가 기존 우리나라의 산줄기 인식 체계를 근본적으로 흔들어 놓은 장본인이기 때문이다. 즉 의도했든 의도하지 않았든 그는 우리나라 지리교육의 근간을 완전히 바꾸게 된 근거를 제공했다. 애초 우리 민족은 백두대간 이하 1정간 13정맥이라는 산줄기와 그 주위를 에워싼 한강, 대동강, 낙동강 등의 물줄기들을 둘이 아닌 하나로 보며 거기에 기대어 살고 있었다. 백두대간이니 낙동정맥이니 하는 산줄기를 우리 산맥 체계로 알고 생활했다는 것이다. 그런 우리 민족의 산줄기 인식 체계를 일제는 식민지 교육을 통하여 지질학적 개념 가령 태백산맥이니 낭림산맥이니 하는 산맥 체계로 완전히 바꿔버린 것이다.

우리나라 산줄기의 중심 백두대간은 나라를 동서로 가르며 대륙의 관문인 민족의 성지 백두산에서 시작하여 남쪽의 최고봉이자 문수 신앙의 성지 지리산까지 간단없이 이어지는 나라의 근간을 이루는 산줄기이다. 고토 분지로는 그 백두대간이라는 나라의 큰 산줄기를 다섯 조각으로 토막을 냈다. 그러면서 그것도 모자라 그 토막에서 백두산은 완전히 빼버렸다. 그러고는 그 토막에 우리나라 고유의 지리 인식 개념인 산줄기를 한자화한 '산맥山脈' 개념을 도용하여 마천령산맥, 함경산맥, 낭림산맥, 태백산맥, 소백산맥 등이라 이름하였던 것이다.

비전마을은 국악의 성지이다

어휘각과 파비각이 있는 황산대첩 사적지를 빠져나오자마자 바로 이 부근이 비전마을碑殿村이라는 안내판이 나온다. 사실 지리산을 유람하던 옛 선비들에게 이 비전마을은 하나의 성지순례지 같은 곳이었다. 임진왜란 당시 의병장으로 맹활약을 펼치던 청계도인 양대박(1543~1592)은 1586년 9월 3일 이곳을 지나면서 비전마을의 유래를 설명한다.

느지막이 출발하여 길을 가다가 황산의 비전에서 잠시 쉬었다. 이 비석은 바로 우리 태조께서 왜구를 물리친 공적을 칭송한 비다. 전殿은 비碑를 지키는 사람이 사는 집이다. 이 비석으로 말미암아 비전이라는 이름이 붙여졌다고 한다.

이보다 25년 정도 지난 1611년 3월 29일 어우당 유몽인(1559~1623)[16]은 지리산 산행을 하고는 '유두류산록'을 남겼는데 그의 글에는 비전을 세우게 된 경위가 들어 있다.

요천을 거슬러 올라 반암을 지났다. 온갖 꽃이 만발하는 철인 데다 밤새 내린 비가 아침에 개이니 꽃을 찾는 홍취가 손에 잡힐 듯하였다. 정오 무

16 광해군을 얘기할 때 남명의 수제자 정인홍과 함께 거론된다. 북인학자의 일단으로 실용주의 노선을 지향했다. 유통경제에 관심을 갖고 이용후생을 강조했다. 이는 성리학에만 기대지 않고 다양한 사상을 포용하려는 개방적 성격으로 파악된다. 정인홍, 이지함, 이산해 등이 그런 부류이다.
그러니 가령 임진왜란 때 조선에 들어온 명나라 상인들은 지리산 주변에 야생으로 자라고 있을 만큼 지천으로 깔린 차나무를 보고는 "저것을 중국 북쪽 지방으로만 갖다 팔아도 무지무지한 돈이 될 텐데…"라는 말을 하며 군침만 흘렸을 정도였으며 또한 명나라가 은에 대해 눈독을 들이자 정인홍은 아예 "은광 가령 단천은광을 개발하여 시장을 열고 물화를 유통시켜 피폐한 민생을 재건하고 군량의 수송 부담을 줄여 명나라의 장기 주둔에 대비하자."고 역설했으나 무능한 선조와 서인 정권은 이에 부정적이었다. -한명기, 임진왜란과 한중관계, 역사비평사

송흥록 생가

렵 운봉 황산荒山의 비전碑殿에서 쉬었다. 1578년 조정에서 운봉 수령 박광옥의 건의를 받아들여 비로소 비석을 세우기로 의논하였다. 그리하여 대제학 김귀영이 기문記文을 짓고 여성위礪城尉 송인이 글씨를 쓰고 판서 남응운이 전액篆額을 썼다.

그러니 위와 같이 비전마을은 비전碑殿이 있어서 비전마을이지 비전碑前이어서 비전마을이 아니다. 비전을 지나 마을로 들어설라치면 판소리가 들리기 시작한다. 동편제의 가왕 송흥록과 송만갑의 출생지가 바로 이곳 비전마을의 첫 번째 집인 것이다. 송흥록의 생가는 잘 보존되어 있고 열린 문으로 들어서면 깨끗하게 정돈된 몇 채의 초가가 판소리에 문외한인 이들을 친숙하게 맞아준다. 근처 황산 기슭에 '국악의 성지'가 있으니 이 일대가 다 동편제의 메카라는 인식을 하게 된다.

운봉은 동편제를 탄생시킨 고을이며 송문일가의 고향임과 동시에 인간문화재였던 명창 박초월의 고향이기도 하다. 박초월이 살았던 집 역시 위 송흥록의 집과 함께 아직도 비전마을에 남아 있다. 이밖에 운봉은 남원이나 구례 등과 접해 있어 지리산을 중심으로 명창들은 서로 오가면서 공부도 하고 친하게 지냈을 것이다. 이렇듯 운봉은 국악인[17]들의 고향뿐만이 아니라 판소리의 고향으로 자리를 굳히고 있다.

17 참고로 송흥록의 부 송첨지는 정·순조 시대의 초대 명창 권삼득(1771~1841)의 수행 고수였다고 하는데 이 권삼득의 판소리 '흥부가'에는 지리산을 '망당산'으로 부르는 대목이 있어 지리산의 또 다른 이름을 듣게 된다는 점이 흥미롭다. '흥부전'은 판소리 '흥부가'에서 비롯된 판소리계 고전소설이다.

그런데 왜 이 남원과 지리산 일대가 판소리의 본고장이 되었을까? 어떤 역사적인 사건이 있지 않았을까? 뒤에 15-A구간에서 칠불사를 들를 때 거문고 얘기와 함께 다시 들어볼 것이다.

비전마을을 나와 발길을 재촉하면 좌측으로 국악의 성지가 보이고 그 뒤가 황산이다. 누누이 얘기하던 태조 이성계의 황산대첩의 황산이다. 앞에서 언급한 유몽인을 통하여 황산대첩의 또 다른 얘기를 들어볼까?

> 지난 고려 말 왜장 아지발도가 많은 병사를 거느리고 영남 지방을 침략하였는데 모두 견디지 못하고 무너졌다. 그 나라의 참위서讖緯書에 "황산에 이르면 패하여 죽는다."라고 하였는데, 산음 땅에 '황산黃山'이라는 곳이 있어 그 길을 피해 샛길로 운봉 땅에 들이닥친 것이다. 그때 우리 태조 강헌대왕께서 황산의 길목에서 기다리다 크게 무찌르셨다.
>
> 지금까지 그 고을 노인들이 돌구멍을 가리켜 "옛날 깃발을 꽂았던 흔적"이라고 한다. 적은 군사를 이끌고 감당하기 어려운 적을 대적하여 끝없는 터전을 우리에게 열어주셨다. 그 땅의 형세를 살펴보면 바로 호남과 영남의 목을 잡는 형국이다. 지난 정유년(1597) 왜란 때, 양원[18] 등이 이 길을 차단할 줄 모르고 남원성을 지키다가 적에게 크게 패하고 말았다.
>
> 비석 곁에 혈암血巖이 있었다. 이 고을 사람들이 말하기를 "임진왜란이 일어나기 전 이 바위가 피를 흘렸는데, 끊이지 않고 샘처럼 솟아났다."라고 하였다. 아! 이곳은 태조대왕께서 위대한 공을 세우신 곳이니 큰 난리가 일어나려 할 때 신이 알려주신 것인가 보다.

그리고 위 유몽인의 글에서 우린 뚜렷한 사실 하나를 발견하게 된다. '피바

18 정유재란 때 명나라 장수로서 부총병의 직위에 있던 사람이다.

황산대첩의 현장인 피바위. 사실은 철분 성분이 많아 붉은 색을 띤다고 한다. 산우 고남 김순 님 촬영

위'에 대한 얘기다. 즉 피바위와 관련한 안내 글이나 인터넷에 떠도는 이야기들을 종합해보면 "황산전투 시 아군이 수많은 왜구들을 죽이게 되어 그 피가 람천을 차고 넘쳤으며 이때 이 피가 바위에 물들을 정도였다. 그 이후로 이 바위를 '혈암血巖' 또는 '피바위'라고 부르게 되었다."는 것이다.

그런데 위 유몽인의 글을 보면 피바위는 황산전투가 있은 지 약 200년이 지난 임진왜란과 관련된 현상이라는 거 아닌가? 괜스레 황산대첩의 이성계와 피바위를 연결시킨 모양새이다. 그런데 아까도 얘기했지만 이 피바위가 붉은색을 띠는 것은 이 바위에 철분이 많아서 생긴 현상이란다.

군화동을 지나 구도로를 따라 걸으면 화수교를 건너기 전 좌측으로 두 기의 탑이 보인다. 좌측 비에는 '원명당 종범대선사부도탑'이라고 적혀 있고 우측에는 '남무대각세존석가모니불'이라고 적혀 있는데 우측 비에는 자잘한 글씨로 복잡하게 뭔가가 적혀 있다. 자세히 들여다보면 '과거칠불'부터 계승되어온 법통을 써 놓은 것이다.

쉽게 얘기하면 불가의 족보인 것 같다. 기독교로 얘기하면 구약성서의 창세기편인가? 제1불인 비바시불부터 7조인 석가모니불까지 적혀 있고 그 다음이 전법원류傳法源流 제1조 마하가섭을 시작으로 아난존자, 제27조 반야다라까지가 서천조사 즉 인도사람이고 제28조가 보리 달마를 시작으로 제33조 혜능을 거쳐 제56조 청공까지는 중화조사로 중국사람 그리고 우리나라는 제

57조 태고 보우를 시작으로 제61조 지엄, 제63조 휴정, 그리고는 제78조가 바로 이 원명 종범 스님으로 적혀 있다. 그런데 파派에 따라 제78조를 향곡 혜림, 제79조는 진제 법원으로 보기도 하는 것 같다. 어쨌든 이 불조정맥佛祖正脈을 순서대로 늘어놓으면 법계도法系圖가 된다.

종범대선사부도탑비와 법계도비

비석이 있는 곳을 나와 우측의 화수교를[19] 건너자마자 좌측 길로 들어 지금은 영업을 하지 않는 리조트 안내판 안으로 들어간다. 길 우측의 옥계호라는 이름의 저수지를 임도를 따라 오르다 뒤를 돌아보는 여유를 갖자. 그러면 뒤로는 고남산, 바로 우측으로는 황산을 볼 수 있다.

너른 임도를 따라가다 보면 간벌과 벌목 작업 현장이 여기저기 보인다. 그럴 즈음 좌측으로 드디어 인월면소재지가 보이기 시작한다. 이제부터 운봉을 지나 인월로 들어선다. 인월引月이라는 지명은 1380년 태조 이성계가 아지발도와 싸울 때 날이 어두워지자 달月을 끌어들여引 밝힌 다음 그 기운으로 승전하였다는 데에서 유래되었다고 한다. 이 역시 허무맹랑한 소리로 들리는 것이 그보다 약 440여 년 전인 940년 그러니까 고려 태조 때 교통의 요지인 이곳에 역驛을 설치하면서 남원부 운봉현 인월역이라 불렀다는 기록이 있는 걸 보면 "이성계가 달을 끌어 전쟁에 이용했다는 설"은 역시 그저 인터넷에 떠도는 얘기를 인용한 것으로 믿을 바 못 된다. 한편 지금의 인월면은 1998년까

19 피바위를 가려면 화수교를 건너지 않고 직진을 하여 조금 더 내려가야 한다.

지만 해도 남원군 동면 인월리라는 이름으로 불렸었다.

그 인월의 뒷산은 오봉산(878.5m), 옥녀봉(801.5m), 천령봉(558.5m)으로 이어지는데 상당한 고봉임에도 그다지 높게 보이질 않는다. 그러고 보니 아직도 운봉고원 지대에서 벗어나지 않았음을 알 수 있다. 그리고 이들 능선의 원천은 연비산(843.1m)~팔랑재~투구봉(1032.5m)으로 이어지는 임천지맥이라는 것도 인식해야겠다. 그리고 백두대간의 임천지맥 분기점인 봉화산부터 삼봉산까지는 경상남도와 전라북도의 도계가 되기도 한다.

인월로 내려오다 보면 멀리 남덕유산에서 가지를 쳐 내려오고 있는 남강지맥과 그 앞으로 백두대간 봉화산에서 가지를 쳐 내려오는 임천지맥의 모습이 한눈에 들어온다. 저 아영벌을 적시면서 흐르는 물줄기인 풍천을 중심으로 대가야 형제 소국들이 자리하였을 것이다. 그러니 아영 시가지 우측의 유곡리와 두락리에서 가야 고분군들이 여러 개 발굴된 이유도 이해할 수 있겠다. 저 풍천이 인월에 이르러 람천을 흡수하면서 임천이 되어 함양~산청으로 흐르게 됨은 지난 구간 때 살펴봤다. 즉 함양의 물은 풍천→람천→임천→엄천→남강이 된다는 것이다.

산모퉁이를 돌아드니 우측 아래로 흥부자연휴양림이 펼쳐지고 좌측으로는 멀리 임천지맥의 흐름이 보인다. 우측 투구봉으로 오르는 능선 바로 좌측의 고개가 바로 팔랑재(치)다. 그 고개를 넘으면 함양군 함양읍이니 저 팔랑재가 곧 경상남도와 전라북도의 도계가 되는 셈이다. 저 팔랑재가 왜 중요할까? 저 팔랑재는 백제와 신라의 국경이었던 곳이다. 곧 백제로서는 아막성[20]이라

20 백제에서는 아막성이라 부르고 신라에서는 모산성으로 불렀지만 지리산의 성모가 엄산→어미산→암악巖岳→아막阿莫이니 결국은 같은 뜻이다.

는 이름을 가졌던 성이 있던 곳이다. 삼국사기의 기록에 의하더라도 최소한 3차에 걸친 대공방전이 있었다고 하니 저 팔량재는 백제는 신라를, 신라는 백제를 치기 위한 전략적 요충지였음을 능히 짐작할 수 있겠다.[21]

그 팔량재가 고려시대로 들어오면 왜구가 등장한다. 진포대첩에서 패배한 잔류군이 김천, 상주를 거쳐 팔량재를 넘었고, 임진왜란 때 부산 동래로 들어온 왜구는 남원성을 치기 위하여 이 팔량재를 넘어야 했다.[22] 연전연승을 거두던 왜구들에게 나라의 정규군들은 다 도망을 가게 되자 나라의 방방곡곡에서 장정들이 자발적으로 의병[23]을 일으키기도 하고 그 의병에 가담하여 싸움터로 나아가기도 했다. 이때 주천면 은송리의 젊은 유생 조경남 장군[24]은 백전백승의 명의병장이었다. 산청, 함양, 곡성, 구례, 순창 할 것 없이 동에 번쩍 서에 번쩍 신출귀몰로 왜적들을 무찌르고 다녔다. 때마침 조장군은 전라도 출신 8명의 장사와 어울려 이곳 고개에 주둔하게 되었다. 그들은 힘을 합해 팔량재에 성을 쌓아 왜적과 대항하여 크게 이겼다. 이와 같이 8명의 어진 장사가 이 고개에서 왜적을 대파하였다는 유래로 그 후 고개 이름을 '팔량재八良峙'라 일컫게 되었다.

---

21 그러니 팔량재는 지난 구간 살펴 본 여원치(재)와 더불어 신라와 백제의 국경 전쟁으로 그 사이에 있는 운봉은 잠시도 숨고를 틈이 없었을 것 같다. 이를 달리 표현하면 영호남이 이보다 잘 융합한 곳이 없다는 얘기와 같다. 함양 땅인 옛 천령군에 속했던 운봉이 남원군 소속으로 관할이 바뀐 게 갑오경장 후인 1896년이니 얼마 되지도 않았다.

22 지리산으로 인해 경상도와 전라도를 잇는 통로는 3개뿐이라고 한다. 그리고 그 통로는 왜구들의 루트와도 일치한다. 북쪽부터 보자면 함양의 황석산성이 그런 역할을 수행했으며 중간은 저 팔량재가 그리고 지리산 남부로는 구례의 석주관 등이다. 석주관 얘기는 뒤에 제17구간인 가탄~오미 구간을 지나면서 다시 들을 수 있다.

23 도요토미 히데요시豊臣秀吉는 조선에서 의병이 일어설 줄은 꿈에도 생각하지 못했다고 한다. 육지에서는 남명의 제자 곽재우, 정인홍, 조경남 등의 의병이 강우지역 가령 황석산성, 팔량재, 석주관 등에서 호남으로 넘어오려는 왜구의 육군을 차단하고 바다에서는 이순신이 해상을 장악함으로써 호남의 곡창지대를 보호할 수 있었고 이는 이곳이 왜군의 병참기지화를 막은 결과가 된 것이다.

24 '난중잡록'의 저자 조경남은 지난 구간 이미 살펴봤고 제20구간에서 밤재에서 또 거론될 것이다.

이순신의 '난중일기' 못지않은 조경남의 '난중잡록'에는 특히 홍의장군 곽재우의 의병활동이 다수 나오는데 곽재우가 남명 조식의 외손주 사위이고 내암 정인홍, 김성일과도 연결이 되니 다 경의敬義를 중시한 남명학파의 영향을 받은 인물들이라고 하겠다.

홍부골 자연휴양림 정문 앞으로 내려온다. 휴양림 안으로 들어가면 덕두산과 바래봉으로 오를 수 있는 등로가 나온다. 그러니 구인월이나 이 홍부골 자연휴양림을 통하여 지리서부능선으로 진행할 수 있다는 얘기다. 여기서 안내판을 보고 왼쪽으로 돌자마자 바로 우측 계곡 방향으로 이정표가 보인다. 계곡에는 무인쉼터가 있다.

숲으로 들어 산모퉁이를 오솔길로 지나면 사과밭이 나오고 고갯마루에서 좌측 민가 뒤로 들어선다. 정면으로 조망이 터지면서 멀리 삼정산(1156.2m)이 우뚝 솟아 있다. 지리북부능선이다. 지리주릉의 삼각고지(1484m)에서 가지를 친 줄기가 영원령을 지나 삼정산을 거쳐 실상사로 내려오는 구간으로 지리남부능선에 대응하여 지리북부능선으로 부른다. 그리고 바로 우측으로는 바래봉~덕두산에서 내려오는 지리서부능선의 마지막 비알이 구인월로 향하고 있다.

조금 멀리 남쪽을 조망하면 지리주릉을 확실하게 볼 수 있다. 인월이 코앞이다. 기왓장들이 보이기 시작하면서 나무 계단을 따라 좁은 골목 안으로 들어간다. 월평마을이다. 담장은 산뜻하게 그림으로 장식이 되어 있는데 둘레길 때문에 마을 전체가 민박과 식당 그리고 커피숍으로 운영되고 있다는 느낌을 갖게 할 정도다.

이곳 월평마을에서 잠깐 우측으로 조금만 들어가 보자. 100여 m 정도 길을 따라 들어가면 나오는 마을이 구舊인월이다. 마을 입구에는 구인월 마을회관이자 경로당이 깨끗하게 자리하고 있다. 이곳이 이른바 '지태교智太敎의 신당神堂'이라 불리는 곳인데 제4부에서 자세히 본다.

여기서 인월교 앞으로 나가 제2구간을 마감한다.

제3구간

구인월교~금계마을

구인월교~중군마을(2.1km)~수성대(2.9km)~배너미재(0.8km)~장항마을(1.1km)~서진암(2.5km)
~상황마을(3.5km)~등구재(1km)~창원마을(3.1km)~금계마을(3.5km): 20.5km

인월은 예로부터 역이 설치되어 있던 곳일 정도로 교통의 요지였다. 인월의 둘레길 안내센터에 들러 지도 하나를 얻고는 구인월교로 람천을 건넌다.

제3구간은 람천 제방 길을 따라 시작한다.

람천은 주촌천이 발달하여 형성된 물줄기이다. 변화무쌍하게 변화하는 물줄기는 그만큼 지리산의 골이 많고 또 깊다는 반증이겠다. 우측으로 덕두산(1151.5m)이 보이고 그 아래 민박 마을이 달오름 즉 월평마을이다,

마을 입구인 람천 제방 길에서 지리산 둘레길 제3구간이 시작된다. 콘크리트 포장길 위로 경운기를 타고 농사일을 나가는 어르신과 인사를 나누고는 구간 길을 나선다. 안내 글에는 등구재와 다랭이논 정도가 보인다. 지리산 둘레길이 그렇게 단순할 것만 같지는 않다. 더욱이 둘레길 20.5km는 좀 길다. 어떤 얘기가 숨어 있을까? 궁금하다.

제방 길을 따라가면서 보는 주변 풍경

정면으로 멀리 보이는 봉우리와 이 둘레길의 사이에 람천이 흐르고 있다. 그 람천 건너 정면 우측 인월농공단지 뒤로 769.9봉이 높이 솟아 있는데, 그 줄기는 그 뒤 좌측 팔랑재에서 올라오는 임천지맥 줄기와 투구봉(1032.5m)에서 만날 것이다.

우측으로 구인월이 보일 즈음 그 뒤로 태조 이성계의 황산(698.7m)이 보인다. 구간을 시작한 지 10분 정도 지나면 좌측에서 풍천이 내려와 이 람천으로 합류되는 모습을 볼 수 있다. 백두대간의 봉화산(919.7m)에서 내려온 물이다. 람천과 풍천. 지리의 북쪽을 흐르는 물줄기들이다. 지리의 골이 많고 깊은 만큼 물줄기도 세기 어려울 정도로 많다. 우선 람천[1]을 중심으로 지리의 북쪽 물줄기를 살펴볼까?

백두대간 산줄기는 백두산을 떠나 금강산~설악산~덕유산을 지나 백운산에 접어들면서 지리산권에 진입을 하게 된다. 그러고는 남원시 운봉읍, 주천면, 산내면의 경계에 있는 고리봉(1305.4m)에 이르러 북동쪽으로 가지를 하나 치게 된다. 이 줄기가 소위 지리서부능선임은 제1구간 때 이미 봤다. 이때 백두대간과 이 지리서부능선 사이에 골이 하나 형성이 되고 그 골을 따라 물줄기 하나가 발원하게 됨은 자연의 섭리이다. 이 경우 ①주천면 쪽으로 흐르는 물은 원천천이 되어 요천으로 흡수된 다음 섬진강이 되고, ②운봉읍으로 흐르는 물은 주촌천이 되며, ③산내면 쪽으로 흐르는 물은 만수천이 된다. 지금의 산내면 원천리와 삼화리, 입석리 일대의 옛 지명은 만수동 또는 내원동이었다. 그러니 만수천이라는 이름이 여기서 나왔다는 견해도 있고, 지리산 일만 골짝의 물길이 모였다고 하여 만수천이라 부른다는 얘기도 들린다. 그 만수천의 그 이전 이름은 '황계黃谿'[2] 였다.

이렇듯 지리산 반야봉을 중심으로, 북쪽으로 람천, 임천, 엄천이라 불리는 샛강들이 지리산의 한 축을 이루는 천혜의 자연경관이다. 섬진강이 백사장을 이루고 황포돛대가 떠 있는 강다운 대하大河의 진정한 모습이라면, 지리의 북

1 영진지도에는 이 '람천'이 광천으로 표기되어 있다.

2 황계黃谿는 유몽인(1559~1623)의 유두류산록에도 나오는 이름이다.

동쪽을 흐르는 이 샛강들은 강의 이미지보다는 골짝을 감아 흐르는 전형적인 살여울의 모습을 하고 있다. 그러니 물굽이마다 한 폭의 동양화이고 여울목마다 역사와 전설이 서려 있다.[3] 이를 조금 더 자세히 들여다보면, 인월에서 경호강까지의 약 34km인 작은 하나의 산골짜기 샛강을 두고 여울목마다 이름을 달리 부르는 것은 산세를 닮아 기개가 드높은 지역민들의 고집이 배인 하나의 지리산 풍류를 엿볼 수 있음직도 하다.

우측으로 경애원이라는 노인요양시설이 보이면 바로 쉼터가 있는 삼거리가 나온다. 구인월에서 나오는 도로와 합류하는 삼거리이다. 60번 도로가 생기기 전 이 도로가 운봉과 마천을 이어주는 도로였으리라. 도로를 따라 고개 하나를 넘으면 좌측으로 60번 도로를 잇는 중군교가 보이고 직진하여 중군마을로 들어간다.

예전에는 전군前軍, 중군中軍, 후군後軍 식으로 전투부대를 편성했다고 한다. 황산 전투 때 이성계가 인솔하던 부대 중, 중군이 주둔하였던 곳이라 하여 중군마을이라는 이름을 갖게 되었단다. 중군마을은 본업인 농사 외에도 잣과 송이 채취로 부수입을 올리고 있다. 하지夏至를 지나도 비가 오지 않으면 동네 부인들이 머리에 키를 쓰고 마을 앞 냇가에서 통곡을 하면서 기우제를 지낸 풍습이 있던 마을이다. 중군마을의 담이나 집의 벽은 그림으로 치장되어 있다. 시멘트 길을 따라 마을을 빠져 나오면 마을 어른들이 밭일을 하느라 바쁘게 손을 움직인다. 인사를 드리면서 지나는 발길이 가볍다. 둘레길 위아래로 널려 있는 밭을 보노라면 고단한 농부들의 일상을 짐작할 수 있다. 구불구불한 길을 지나려니 좌측 길 아래로 '주랑흙집 팬션'이 하룻밤 유숙을 유혹한다. 둥그렇게 흙으로 만든 게 스머프의 동네에 온 듯한 기분이다.

---

3 지리99팀 기술에서 인용.

그러고는 바로 삼거리를 만난다. 이곳이 상신암으로 가는 지선支線이 갈리는 곳이다. 평이한 루트를 원할 경우 좌측 길로 진행하면 되고, 좀 가파른 산길과 옛 황매암의 정취를 느끼고 싶다면 우측의 선화사[4] 길을 따른다. 거리상으로는 0.7km가 더 멀다고 되어 있지만 산길이니만큼 소요되는 시간과 체력 소모는 그보다 조금 더할 것이다.

선화사 이정표를 따른다. 시멘트 포장이 되어 있는 그 길을 따라 오르다 보면 좌측으로 조망이 트이고 거기서 임천지맥에서 내려온 백운산(904.1m)이 쫑긋 솟아있는 것을 볼 수 있다. 10분 정도 걸어 돌로 쌓은 축대가 나올 즈음 둘레길은 좌측 계곡으로 떨어져 선화사를 비켜 지나가게 유도하지만 어차피 다시 만날 것이기 때문에 선화사를 들러 절 안을 둘러본다.

사실 선화사는 절집 같은 분위기라기보다는 그저 옛 한옥 같은 느낌을 준다. 잘 정비된 부드러운 둘레길은 자꾸 산속으로 깊이 들어갈 것만 같다. 산길로 접어들면 이내 삼거리가 나온다. 산허리를 지나 언덕을 치고 올라가면 바로 아래 시멘트 도로가 보인다.

시멘트 도로 우측으로 간이매점이 보이고 여기서 조금 전 헤어졌던 '상신암 지선支線'이 다시 합류한다. 이정표의 적색 화살표를 따라 오르면 우측으로 백련암[5] 길이 나오고 둘레길은 바로 좌측으로 떨어진다. 만연히 진행하면 직진하기 십상인 길이다.

계곡으로 떨어진 둘레길은 지리서부능선의 바래봉에서 내려오는 물줄기 하나를 나무다리로 건너게 된다. 무인판매대가 설치되어 있는 이곳이 수성대

---

4 예전 지도에는 황매암으로 되어 있는데 최근 선화사로 그 이름을 바꿨다.

5 특이한 내력을 알 수 없어서 그냥 패스하지만 이따 장항동에서 덕두산으로 오를 수 있는 이 백련암을 볼 수 있다.

이고 예전에 외성外城을 지키는 수성군[6]이 잠시 머물렀다고 하여 붙여진 이름이라고는 하는데 영 믿음이 가지 않는 설명이다. 모르긴 몰라도 중군마을에 영향을 받아 '군軍'을 또 써먹은 느낌이다.

수성대를 지나 산허리를 가로지르는 분위기 좋은 둘레길을 걷는다. 그러고는 쉼터 시설이 되어 있는 고갯마루 즉 배너미재舟踰岾를 넘는다. 이 배너미재는 운봉이 호수였을 때 배가 넘나들던 곳이라 하여 붙여진 이름이라고 하는데 사실 조금 의구심이 가는 것은 사실이다. 이는 제4부에서 지리동부능선을 볼 때 만나는 선암船巖과 해유령蟹踰嶺도 같은 생각이 들기는 마찬가지다.

그 주유재를 넘으면서 좌측 뒤로 드디어 임천지맥의 투구봉(1032.5m) 줄기가 보이기 시작한다. 그 우측으로 조금 이따 진행할 등구재와 백운산이 한눈에 펼쳐진다. 그러고 보니 이 주유재가 인월면과 산내면의 면계였다. 이제 산내면 면소재지인 장항리로 들어선 것이다. 지리산山 안內 깊숙이 들어앉은 동네面라 하여 산내면이다.

지리산은 민초들의 피란처이기도 했다

임진왜란이 발발한 지 5일이나 지나서야 왜구가 침략했다는 상황이 조정에 보고되었고, 그 5일 만에 왜구가 문경새재까지 진격할 수 있을 정도로 태평세월을 구가하고 있던 무능한 선조정권[7]이었다. 북쪽에서는 육로를 통해

---

6 수성군은 유생들로 이루어진 민보군과 연합하여 방아치 전투에서 동학농민군을 격퇴시켰던 그 수성군을 말한다.

7 전쟁이 끝난 후 정권은 북인으로 넘어가게 된다. 그런데 광해군과 영창대군의 세자 책봉 문제로 대북과 소북으로 갈리는데 선조 말기에는 유영경의 소북 정권이 실세였으나 선조의 급사로 광해군이 보위에

북진한 왜구의 육군을 피해 남쪽으로 피난을 가는 전라북도 사람들이, 남쪽에서는 전라도 해안가로 침투한 왜구의 해군을 피해 북쪽으로 피난 가던 전라남도 피난민들이 운봉에서 만나 뒤엉켜 오고가도 못하는 상황이 벌어졌다. 이는 정유재란 때도 마찬가지였다.

이 당시 상황을 김훈은 《칼의 노래》에서 이렇게 얘기한다.

"적들이 해안에 상륙하자 피난민들이 내륙으로 몰려들었다. 거꾸로 내륙의 피난민들은 남쪽 물가를 향해 내려갔다. 양쪽의 피난민들이 길에서 마주쳐 서로 떠나온 곳의 형편을 물었다. 피난처는 아무 곳에도 없어 보였지만 그들은 죽을힘을 다하여 어디론지 가고 있었다. 어디론지 가고 있다는 것만이 그들의 위안인 듯싶었다. 나는 그들의 행선지를 묻지 않았다."

김훈의 《칼의 노래》는 1597년 4월 1일 의금부에서 풀려나 백의종군하여 임지로 내려가던 때부터 1598년 11월 19일 노량 해전에서 전사할 때까지의 숨 막히는 상황을 그린 이순신의 얘기를 1인칭 화법으로 담았다. 그러다 보니 모든 얘기가 자신의 의식과 연결된 세상에 대한 몸짓이었고 목소리였다. 어쩌면 역사소설이라기보다는 차라리 이순신 자신의 가상고백imaginary confession[8]이다.

피난민들이 오갈 데 없이 방황하다 결국 밀려들어간 곳. 바로 지리산이었고 그 지리산에서도 안쪽 깊은 곳에 있는 산내면이었다. 산내면은 1914년 운봉군이 폐지되면서 남원군 산내면이 되었는데 그 이전에는 그저 운봉현 산내방이라는 이름을 가진 조그만 고을에 불과했었다. 신분제도가 무너지고 사회가 어수선할 때 역시 민초들은 화를 피하여 숨어들어갈 곳이라고는 지리산이

오르자 정인홍 등 남명의 제자들이 대북으로 실권을 장악하게 된다.

8 문학평론가 황종연은 "칼의 노래는 문학 장르상 역사소설보다 가상고백에 가깝다."고 하였다.

더없이 좋은 피란처[9]였던 셈이다.

이는 지리산이 변혁과 개혁의 장소라기보다는 어느 한 시기에는 피란처 즉 나라 어디에서나 볼 수 있는 그저 몰락해가는 시골 마을에 불과한 적이 있었다는 역사의 한 면도 보여주는 것이다.

장항동 당산나무

정면에 보이는 큰 건물이 일성콘도이니 그 뒤가 꾀꼬리봉(391.1m)이고 둘레길은 바로 그 좌측으로 진행할 것이다. 장항[10]마을로 내려오는 길에 당산나무를 만난다. 당산나무 앞에는 '노루목 당산 소나무'라는 안내판이 세워져 있다. 노루목과 장항. 같은 말이다. 노루목을 한자로 쓰면 獐項이니 말이다. 뒤에서 다시 보겠지만 이는 황장산의 황장이나 함양 유림면 장항리와도 같은 말이다.[11]

장항마을 입구의 시멘트 도로에 크게 자리하고 있는 안내판은 둘레길과 신선길을 안내한다. 여기서 출발한 신선길은 ①팔랑마을~뱀사골~달궁마을[12]을 잇는 길로 갈 수도 있고 ②바래봉으로 갈 수도 있는 길이다. 그러니 이

9 문순태는 마찬가지 이유를 들어 그 피란처로 피아골을 상정한다.

10 지리산에는 이런 이름을 가진 곳이 몇 곳 된다. 반야봉 입구의 노루목과 당재 옆의 황장산, 대원사 앞의 장항치 그리고 유림면 장항리 등이 그것이다.

11 노루목에 대하여 자세한 것은 졸저 전게서 64쪽 참조.

12 이 달궁은 조정래의 《태백산맥》에도 나오는 지명이며 제1구간 정지를 지날 때 달궁마을에서 남원장으

길을 따라 우측으로 올라가면 산내교를 건너 861번 도로와 만나게 되고 그 길은 곧 반선~달궁~성삼재로 이어지게 된다.

둘레길은 좌회전하여 람천을 장항교로 건너 60번 도로를 만난다. 우측으로 산내우정교육원 삼거리에서 좌회전하여 도로를 따라 올라간다. 이 지점에서의 키포인트는 뒤를 돌아봐야 한다는 데 있다. 지나온 길을 더듬어 본다는 것만큼 확실하게 지형 체크를 할 수 있는 것도 없다. 하나씩 더듬어 볼까? 우선 중앙 좌측으로 노루목 안내판이 있던 당산나무를 찾아보자. 그러면 그 뒤로 지리서부능선의 바래봉과 덕두산까지 확인이 가능하다. 저 바래봉 좌측으로 흐르는 줄기가 사실은 앞으로 휘어 오면서 984.3봉을 거쳐 람천까지 내려오는 인월면과 산내면의 면계面界가 되는 줄기이다. 조망은 덕두산 아래에서 아까 들르지 못했던 백련암까지 확인할 수 있는 기쁨이 있다. 주위를 둘러보며 봉우리나 고개 하나하나를 확인할 때마다 둘레길을 걷는 재미가 쏠쏠하게 묻어날 것이다.

또 가자. 우측으로 달성 서씨 가족묘를 지나고 이동식 기지국과 일성 콘도가 있는 꾀꼬리봉을 지나면 매동마을 삼거리가 나오고 여기서 좌회전한다. 서진암으로 올라가는 삼거리가 나오는데 여기서 서진암으로 올라가 좌회전하여 백장사를 다녀오거나 우회전하여 금강대~서룡산~투구봉으로 오를 수 있다.

백장사는 사실 불가에 있어서는 실천불교와 맞물려 사실상 상당히 의미가 있는 절집이다. 일일부작一日不作 일일불식一日不食[13]을 주창한 백장선사에 의하

로 가던 길목 얘기할 때의 그 달궁이다.

13 중국의 회해선사가 주창한 실천 정신이다.

여 건립된 이 절집은 실상사의 말사이다. 보물 10호 삼층석탑과 보물 40호 석탑이 있다.

실상사

서진암 삼거리에서 20분 정도 걸어 임도를 만나 여기서 우회전하면 마을이 나온다. 매점에서 좌회전을 하면 정면으로 백운산과 등구재가 보인다. 백운산이라! 우리나라에는 백운산이 참 많기도 하다. 지리산만 해도 저 백운산과 백두대간 상의 함양 백운산(1279m), 광양에 있는 호남정맥 상의 백운산(1228m) 그리고 제7구간에 지날 백운계곡의 백운산(516m) 등 4개나 있다. 신성한 산이기 때문이다.

우측으로는 지리북부능선의 삼정산 줄기가 드디어 모습을 드러낸다. 그 우측 아래 입석리 들판 한가운데 신라 천년의 고찰 실상사[14]가 자리하고 있다. 신라 5교9산의 선문 중 가장 먼저 실상산문으로 개창한 선종의 대표적 사찰이다. 잠깐 예전에 공부했던 국사 교과서를 더듬어 우리나라 불교에 대해서 살펴볼까? 지리산은 불교를 떠나서 얘기할 수 없기 때문이다.

---

14 실상사는 우리나라 여러 사찰 가운데에서 문화재가 가장 많은 사찰로 손꼽힌다. 한국전쟁 중에는 지리산을 무대로 한 빨치산과 토벌군의 전투로 수난을 겪었으나 사찰과 문화재에 피해를 입지는 않았다. 입구의 해탈교 건립 공덕비가 크게 세워져 있는데 정면 상단에 새겨진 '전두환·이순자'라는 이름은 누군가 얼룩을 입혀 놓았다. 지리북부능선을 할 때 또 본다.

불교의 전래

기원전 2년경 전한시대에 중국으로 전래된 불교가 우리나라에 들어온 것은 아무래도 고구려가 처음일 것이다. 물론 이전 고조선시대의 우리나라는 춘추시대부터 중국과 교류를 하였기 때문에 고조선 사람들도 이미 불교를 알고 있었을 것이다. 하지만 소수림왕 2년(372) 6월 전진前秦의 왕 부견이 승려 순도順道를 통해 불상과 불경을 보내온 것을 시작으로 2년 후 아도阿道가 들어와 성문사省門寺와 이불난사伊佛蘭寺를 지은 게 한국 사찰의 시작이라고 삼국사기에 기록되어 있다. 실제 이전에 민간에서 불교를 믿었는지 여부에 상관없이 이는 공식적인 나라간의 외교를 통하여 들어온 절차였다.

한편 백제에는 고구려보다 12년이 뒤늦은 침류왕 원년(384) 인도 승려 마라난타摩羅難陀가 동진에서 들여왔다. 이때 왕이 직접 나가 마라난타를 맞았으며 궁중에 초청해 환대했다. 이는 고구려는 물론 백제도 국가적 차원에서 불교를 받아들였음을 의미하는 것이다.

다만 신라의 경우는 대륙과의 소통이 없었음은 물론 문화적으로도 뒤떨어진 상태에 있어 백제보다도 수십 년 늦게 들어오게 되었다. 이는 고구려나 백제와는 달리 ①고유 신앙과 ②귀족들의 반발이 심했기 때문이었다. 이는 신라에게 있어서만은 국가 차원이 아니라 민간으로 먼저 불교가 들어왔다는 반증이기도 하다.

그러다 보니 전래된 날짜에 대해서는 설이 갈린다. 어쨌든 이는 민간의 승려가 들어와 공식외교를 통하지 않고 포교를 했다는 점만큼은 확실하다. 이것은 곧 이미 민중 사이에 불교가 널리 알려져 있어 후에 불교가 공인된 다음에는 쉽게 토착화土着化할 수 있게 되었음을 암시한다. 그러나 신라의 경우 그 전래는 이미 뿌리를 내린 토착종교와 완고하고 배타적인 집권계층의 반대에 부닥쳐 커다란 저항을 받게 된다. 그러다 잘 알려진 바와 같이 법흥왕 14년

(527) 이차돈의 순교를 계기로 왕실을 중심으로 한 귀족들이 불교를 받아들임으로써 신라의 고대 불교는 찬란한 황금기를 구가하게 된다. 즉 전국 곳곳에 사찰이 세워지고 국왕으로부터 일반 민중에 이르기까지 모든 사람들이 불교를 신봉하게 된 것이다.

그러면 고대국가에서는 왜 불교를 수용했는가? 아니 불교가 단기간에 삼국시대의 주류 종교로 부상하게 된 요인은 무엇인가?

첫째, 토착종교 문제를 극복했다. 즉 지리산 주변 국가인 마한, 진한, 변한 등 삼한 사회에는 소도蘇塗라는 토착종교[15]가 있었다. 소도는 토템신앙의 일종이라 할 수 있다. 여기서 종교의례를 주도하던 천군이 곧 부족국가를 주도하던 제사장이자 지도자였다. 곧 소도는 불교의 사찰과 같았고 천군은 종교의례를 주관한다는 측면에서 사찰의 승려와 같았다. 이런 상황에서 불교가 수용된다고 하니 천군의 반발은 불 보듯 뻔했을 것이다.

특히 신라는 6개의 부가 결합한 연맹체 국가였었다. 이는 각 연맹체에 소도가 따로 있었을 것이고 이 소도의 대표자가 곧 연맹체의 대표자였다. 그러니 이 연맹체를 초월한 강력한 중앙권력을 만들어야 한다는 필요성을 누구나 가질 수 있었고 그것을 실행에 옮긴 왕이 바로 법흥왕이었으며 그 수단이 곧 이차돈의 순교였다. 이차돈의 순교로 법흥왕은 연맹체의 상징이라고도 할 수 있는 천경림에 흥륜사라는 사찰을 세웠으며 이는 신라 왕실이 신성한 석가족이며 신라는 부처님 나라 즉 불국토로 이상화되었다. 그 결과 불교가 공인된 지 채 반세기가 지나지 않아 경주는 '사사성장寺寺星張 탑탑안행塔塔雁行' 즉 절

---

15 삼국지의 위서(지)동이전 마한 편에 나온다.

들은 별처럼 늘어서 있고 탑들은 기러기 떼처럼 많은 도시였다.

둘째, 지배계급에 영합했다. 이렇듯 불교는 집권세력에만 영합하는 종교였을까? 물론 불교에는 사종四種 즉 승려·무사·상공민·노예가 평등하다는 계급평등 사상이 있다. 그러나 한편으로는 인과응보설·윤회설과 같은 숙명사상 즉 현실 생활이 빈곤한 것은 전생의 죄악에 대한 업보라는 지배계급에 극히 유리한 설도 있었다. 그래서 귀족 계급들은 그들에게 절을 지어주고, 토지를 기부하고, 종까지도 주어 승려들의 생활을 보호해 주었으며 심지어 귀족 출신의 승려 가령 원측이나 원효, 의상 등에게는 높은 지위까지 주었으므로 그들은 귀족계급에게 불리한 설은 버리고 그들에게 유리한 사상만 전파하였다.

그러다 보니 승려 자신이 귀족화하게 되어 광대한 토지와 종들을 가지게 되었으니 백성들은 체념적이고 복종적인 민중이 될 수밖에 없었다. 다만 현실고現實苦와 사후의 생활에 대해서는 그들에게 극락왕생을 설명하여 안심케 하며 그들의 세계관을 넓혀주기는 했다.

불교와 토속신앙의 결합

이렇듯 지리산은 승도僧都였다. 문수보살이 일만 권속을 거느리고 상주했다고 전해지기 때문에 우리나라에서는 문수신앙의 발원지로 지리산 특히 반야봉을 꼽는다. 이렇게 불교가 전래되자 기존 지리산의 성모신앙과 산신신앙도 변화의 조짐을 보인다. 지리산의 토착신앙이 불교에 융합되어 가는 것이다.

즉 지리산에 불교가 들어오면서 산신이 부처나 보살로 대체되는 과정에서 무불巫佛 대립을 겪게 된다. 아니 대립이라기보다는 서로 조화롭게 융화하는 모습[16]을 지리산은 보여준다.

이 땅에 불교가 들어오기 전 거의 방사형으로 흩러진 이 골짜기의 구석구석은 무속인이 지키고 있었다. 즉 원래 지리산은 우리나라 무속신앙의 근거지였다. 그러다 풍수지리를 장착한 승려들이 들어오면서 산자수려山紫秀麗한 명당을 가려 역사상 수많은 명승名僧들이 배출된 거찰이 들어서기 시작했다. 지리산이 승도僧都로 변화를 하게 되니 지리산은 산까마귀도 염송念誦을 할 정도로 문수보살의 가피력이 충만한 곳이 되었다는 얘기다.

실상사 앞에 있는 석장승. 토착신앙과 불교의 융합을 설명해 준다.

다시 둘레길이다. 좁은 시멘트 도로를 따라 매점 하나를 지나면 전원주택 단지를 지난다. 날마다 지리의 주릉과 북부능선과 서부능선을 바라보며 살 수 있는 곳이니 지리를 사랑하는 사람들에게는 더없이 좋은 생활조건을 갖춘 곳일 것 같다.

전봇대가 두 개 서 있는 삼거리에서 좌로 270° 정도 크게 튼다. 그리고는 삼봉암 갈림길에서 우측 길을 택하면 이제 등구재가 목전이다. 등구재는 이 부근에 있다가 지금은 폐사된 등구사로 인해 생겨난 이름이다.

16 사찰에 있는 삼성각, 산신각, 칠성각 등이 그 예이다.

등구사 소고

영남학파의 종조인 점필재 김종직(1431~1492)은 함양군수로 있던 1472년 8월 14일 유호인, 조위 등과 함께 지리산 산행에 나선다. 예전 말로는 유람이었지만 그 유람이 지금의 산으로 오면 등산 아니겠는가? 그들은 천왕봉~영신봉 등을 들르고는 백무동으로 하산하였다. 점필재가 훌륭하게 4박 5일 일정의 산행을 마치고 귀가를 할 때 지났던 루트가 바로 이 길이다.

점필재는 일행들과 헤어져 등구재를 넘어 오도재를 거쳐 함양으로 돌아갔다. 점필재는 고려 말 정몽주와 길재의 학통을 이어받은 부 김숙자에게 수학하여 영남학파의 종조가 되었을 뿐 아니라 절의節義를 중시하는 조선시대 도학의 정맥을 이어가는 중추적인 역할을 한 인물로 알려져 있다. 그의 사상은 김굉필, 정여창[17], 유호인, 김일손, 남효온 등으로 면면히 이어지기도 한다. 특히 김굉필의 제자 조광조에게 학통이 계승되면서 점필재는 사림파[18]의 정신적 지주가 된다. 그러나 1470년 12월 함양군수로 재직할 때 함양 학사루에 있던 유자광의 현판[19]을 불태우게 되는데 이게 후에 무오사화의 원인이 되어

17 호는 일두一蠹(1450~1504). 물욕과 공리를 버리겠다는 뜻에서 지은 호. 고향인 함양을 떠나 악양에서 악양정을 짓고 후학들을 지도했는데 지리산을 지나는 많은 이들이 그의 뜻을 기렸다. 제16구간에서 보기로 한다.

18 훈구파勳舊派와 대립하는 정파政派. 훈구파는 신권臣權을 강조하는 사림士林과는 달리 조선 세조 공신 세력을 중심으로 형성된 절대적 왕권을 숭상하는 왕당파 관료 집단으로 정인지, 신숙주, 최항, 권람, 서거정, 양성지, 이석형, 강희맹, 이극돈 등이 여기에 속한다.

19 유자광은 종 출신 서자로서 세조의 총애를 받은 후, 예종을 거쳐 성종, 연산군 때까지 요직을 지냈다. 유자광은 경상도 관찰사를 지낼 때 함양에 들러 소고대와 학사루를 보고 절경에 감탄을 하고는 시를 짓고 그림도 그려 시를 현판으로 만들어 학사루에 걸어놓았다. 후에 함양군수에 오른 김종직이 학사루에 와서 이 현판을 보고는 분개하여 "감히 유자광 따위가 학사루에 현판을 걸 자격이 있느냐!"며 떼내어 불사르게 한 일이 있었다. 유자광은 이 내용을 뭇사람들로부터 전해 듣고는 평소에 자신을 비판하는 김종직을 못마땅하게 생각하게 되었고 그를 제거할 기회만 호시탐탐 노리고 있었다. 한편 성종(1457~1494)이 죽고 연산군이 즉위한 후, 사관들이 성종실록을 편찬하던 중 당시 사관인 김종직의 제자 김일손은 스승 김종직의 글을 사초에 올리면서 전라감사로 있던 이극돈(1435~1503)이 세조의 비 정의왕후의 상중喪中에 기생들과 놀아났다는 내용도 곁들여 올렸다. 이때 이극돈은 이런 자신의 비행 문제를 사초에서 빼달라고 김일손에게 부탁을 하게 되었는데 이를 김일손이 거절하자 이에 대하여 극

부관참시 당하는 수모를 겪게 된다. 여러 가지로 유명한 인사이지만 이쯤 되면 조의제문弔義帝文[20] 사건으로 35세의 짧은 나이로 생을 마감한 탁영 김일손(1464~1498)이 생각날 법도 하다. 탁영 김일손은 1489년 4월 14일 정여창, 김형종 등과 함께 산행을 나섰다. 천령天嶺 그러니까 지금의 함양을 출발한 세 사람은 등구사에 도착하여 하루를 묵는다.

그러고는 "등구사 터 아래 양진재養眞齋가 있고 이는 옛날에 개암介菴 강익[21] 선생이 살던 곳이다. 나는 말이 가는 대로 몸을 맡기고 등구사에 도착했다. 불룩하게 솟은 산의 형상이 거북 같은데 절이 그 등에 올라앉아 있어서 붙여진 이름이다. 오래된 축대가 우뚝한데 그 틈새에 깊숙한 구멍이 있었다. 석간수가 북쪽에서 그 속으로 졸졸 소리를 내며 흘러내렸다. 그리고 그 위에 두 개의 사찰이 있었는데 우리는 동쪽 사찰에 묵었다."고 등구사를 회고했다.

등구재로 오르는 길 우측으로 펼쳐지는 다랭이논에서는 농부들의 손놀림이 바쁘다. 다락논, 하늘네미, 청상네미, 공중네미라고도 부르는 계단식 논인 다랭이논은 고단한 옛 지리산 사람들의 생활상을 보여주는 것 같다.

도로 앙심을 품게 되었다. 이 일이 있은 후, 훈구파인 이극돈은 성종시대 관리들의 사초史草를 정리하다 김종직의 '조의제문'을 발견하게 된다. 김일손 등을 처단할 수 있는 기회라 여긴 이극돈은 김종직의 '조의제문'을 들고 사림파 특히 김종직과 적대관계였던 유자광(1439~1512)을 찾아간다. 조의제문을 손에 넣은 유자광은 이것을 이용 연산군을 흔들어 사림파를 제거하게 된다.

20 김종직이 28살 때 어느 날 밤 꿈을 꾸었다. 꿈에 의제가 나타나 항우에게 자신이 시해당해 강물에 수장됐음을 하소연하는 꿈이었다. 다음날 아침 김종직은 지난밤 꿈을 회상하며 초나라 의제를 추모하는 '조의제문弔義帝文'을 썼다. 이 글이 훗날 항우는 세조에, 의제는 단종에 비견된다며 무오사화의 단초를 제공하게 된다.

21 진주 사람으로 중종 18년인 1523년에 태어나 명종 22년인 1567년 사망한 조선 중기의 학자이다. 1552년에 남계서원藍溪書院을 건립하여 정여창을 제향하였는데 이는 우리나라에서는 소수서원 다음으로 세워진 것이다.

다랭이논은 높은 곳에 있어 다락논, 하늘네미라고도 불린다.

다랭이논은 하늘네미 또는 공중네미라고도 불렀다

그런데 이 다랭이논은 산내 중황리쪽보다는 마천 구양리쪽이 더 볼 만하다. 필리핀 이푸가오Ifugao 지방의 계단식 논이나 중국 운남성의 원양제전元陽梯田보다야 못하겠지만 상당한 규모임에는 틀림없다. 전쟁이나 전염병 그리고 과중한 세금과 부역에 시달리던 농민들은 생존을 위해 지리산으로 몰려든다. 대부분 경상도와 전라도 출신의 가난한 농민들로 그들은 벼농사에 대해 충분한 경험과 지식을 가지고 있었다. 조선 중기 이후에 들어 벼농사가 직파법에서 이앙법으로 전환이 되면서 도맥稻麥 이모작이 가능해졌다. 이러면서 기존의 밭을 개량하여 논으로 바꾸는 번답反沓, 飜沓 현상이 두드러지게 되었다.

하지만 경사면을 파 내리고 하부를 높여서 수평을 유지하여야 했고 하부의 경계에 두둑을 조성해야 하는 등 빈약한 농기구에 의존해야 했던 것만으로도 당시 민초들의 고된 삶을 엿볼 수 있겠다. 여기에 또 다른 어려움은 바로 관개용수의 공급 문제였다. 저수지 같은 수리 시설의 혜택을 볼 수 없는 곳인 만큼 물의 공급을 위해 개발된 방식이 바로 착정관개鑿井灌漑 즉 샘물이 나올 만한 곳을 찾아 작은 연못을 만들어 이 물을 농사에 이용하는 것이었다. 하지만 수온이 너무 낮을 경우 냉해를 입을 우려가 있으므로 이를 피할 수 있도록 작은 수로를 만들어야 하는 세심한 주의가 필요했다.

그러니 지리산 사람들은 물이 있는 10° 내외의 경사 지역을 우선적으로 찾을 수밖에 없었다. 그들은 돌로 논둑을 쌓았고 논바닥은 점토를 져다 날라와서 다져 넣었다. 이렇게 만든 논들을 특히 '구들논'으로 부른다고 하던가?

어쨌든 그러다 보니 논 모양이 등고선을 따라 구불구불하게 생기게 되는데 결국 농로와 수로 역시 그에 따라 같은 모양으로 만들어진다. 그런데 이는 산에서 내려오는 찬물이 농사에 부적합하므로 수로를 따라 고이거나 흐르는데 시간이 걸리게 함으로써 어느 정도 수온을 높여 냉해를 방지하려는 목적도 있었다고 한다. 지혜의 산물인 것이다.

상황소류지를 지나면서 좌측으로 삼봉산으로 향하여 올라가는 임천지맥을 보게 된다. 이때 중앙 우측으로 드디어 천왕봉이 눈에 잡힌다. 하봉에서 중봉을 거쳐 천왕봉으로 힘차게 올라가는 지리주릉의 힘이 느껴진다. 중황마을을 빠져나오면서 우측 아래로 다랭이논과 비닐하우스가 하황마을을 지나 60번 도로로 내려가는 모습이 보이고 언덕을 올라 마지막 민가와 식당이 있는 곳을 지나니 등구재다.

이 등구재는 탁영 김일손에게는 지리산 산행의 들머리로, 점필재 김종직에게는 날머리가 된 고개다. 또한 창원마을 사람들이 산내장을 보러 다니던 길이기도 하다.

해공은 군자사君子寺로 가고, 법종은 묘정사妙貞寺로 가고, 태허, 극기, 백원은 용유담龍游潭으로 놀러 가고, 나는 등구재登龜岾를 넘어서 곧장 군재郡齋

등구재. 삼봉산과 백운산을 잇는 고개이기도 하다.

로 돌아왔는데, 나가 노닌 지 겨우 5일 만에 가슴속과 용모가 확 트이고 조용해짐을 갑자기 깨닫게 되어, 비록 처자妻子나 이서吏胥들이 나를 볼 적에도 역시 전일과 다르게 보일 것 같았다.

5일간의 지리산 산행이 점필재 김종직에게는 배움의 길이자 자신을 성장시키는 길이라고 생각했다.

이런 생각은 탁영 김일손도 마찬가지여서 "선비가 나서 박[匏]이나 외[瓜]처럼 한 지방에 매어 있는 것은 운명이다. 이미 천하를 두루 구경하여 장래의 가질 것을 저축하지 못할진대, 제 나라의 산천쯤은 마땅히 두루 탐방探訪해야 할 것이나, 오직 사람의 일이란 어김이 많아서 노상 뜻을 두고도 이루지 못하는 것이 열에 여덟, 아홉은 된다."고 하였다.

이 등구재에서 좌회전하면 삼봉산으로 올라 임천지맥에 닿을 수 있고, 우회전하면 백운산~금대산[22]~금대암[23]으로 이어지는 루트가 된다. 등구재는 경상남도 함양과 전라북도 남원을 가르는 도계道界 역할을 하는 고개이다. 그러니 이제부터는 전라북도 남원을 버리고 경상남도 함양군 마천면으로 들어

22 금대봉에 오르면 지리동부능선 일부와 주릉 그리고 북부능선과 서부능선을 모두 볼 수 있는 더할 나위 없는 훌륭한 조망처이다. 이에 비해 백운산은 잡목 등으로 조망이 별로 없다.

23 두류전지의 저자 김선신은 경암의 금대암기를 인용하면서 "방장산의 여러 사찰 중에서 금대암이 유독 제일로 일컬어지는 이유는 정토경淨土經에 '염불의 공력이 높은 자가 임종할 때 서방의 부처님이 금대를 보내어 영접하고 은대 등은 그 다음이다.'라고 했으니 바로 그 의미라고 했다. 산세가 노승이 불탑에 절을 하는 형국이고 반야봉에서 천왕봉까지 이어지는 산맥이 병풍처럼 빛나고 비단처럼 펼쳐져 있다."고 하면서 "여기에서 보는 지리산의 모습이 제일"이라고 극찬을 한 곳이다. 이 금대암은 벽송사의 말사로 벽송사가 강원講院이었고 이 금대암은 선원禪院이었다.

서게 된다.

마천면 창원마을로 내려가는 길은 낙엽송 군락지이다. 발바닥에서 푹신하게 올라오는 감촉을 느낄 수 있다. 창원마을은 예전에 마천면에서 거둔 세금과 각종 물품을 보관하는 창고가 있는 창말이었다. 그러던 마을이 행정구역 통폐합 때 이웃 원정마을과 합쳐지면서 창원마을이 된 것이다.

소류지 하나를 지나면 정면 좌측으로 오도재[24]가 보이고, 그 우측으로 법화산 갈림 삼거리봉(992.9m)이 보인다. 오도재에는 지리산 제1관문이라는 멋진 시설물과 산신각[25]이 있다. 법화산[26]은 오도재 좌측의 임천지맥에서 벗어나 있는 봉우리로 용유담의 엄천과 어울려 화산12곡으로 유명한 봉우리이지만 사실 봉우리 자체는 별 볼품은 없다.

유유자적하게 내려오면 시멘트 임도 삼거리가 나오는데 안내 화살표는 좌측을 가리키고 있다. 우측으로 내려가는 길이 창원마을로 내려가는 지름길인데 임도 소유자가 둘레길로 이용하는 것을 허락해 주지 않은 모양이다. 둘레꾼이야 돌아가거나 곧바로 가거나 어차피 걷기 위해서 온 것이니 그저 이정표가 가리키는 방향으로 걸어가면 될 것이다.

좌회전한다. 외딴 집을 크게 우측으로 지나자 지리산은 이제 주릉이 이

24 오도悟道란 이름도 개암 강익 선생으로 인하여 얻어졌다 한다. 이 오도재와 관련하여 재미있는 설화 하나가 전해온다. 즉 변강쇠 얘기가 그것인데 그가 땔감을 구하지 못하자 오도재에 세워진 함양을 지키는 장승을 뽑아 태우니 전국의 장승들이 변강쇠에게 병을 준다. 변강쇠는 온갖 병을 앓다 결국 죽게 된다는 이야기이다. 변강쇠의 생활 터전이 마침 팔량재 부근이기도 하니 그와 연관된 얘기겠다.

25 오도재는 마천, 하동, 구례로 가는 고갯길이었는데 가야의 구형황후인 계화부인이 올라와 제단을 쌓고 망국의 한과 선왕들의 명복을 빌었다. 그 후 지나는 길손들의 안녕을 빌고 주민과 무당들이 지리산의 천왕신을 모시고 제를 지내던 곳으로 2006년 복원되었다. -산신각 복원비문

26 법화산은 '묘법연화경'에서 가지고 온 이름인데 이에 관해서는 다음 구간에 자세히 본다.

어가는 모습을 보여준다. 좌측으로는 임천지맥의 맹주 삼봉산(1186.7m)이 삼각형 모습으로 보이고 우측 백운산 좌측 끝으로는 뾰족한 모습의 금대산(851.5m)이 보이기 시작한다. 우측으로 백운산에 가렸던 천왕봉이 다시 보인다.

창원마을의 둘레길은 마을 안으로 들어가는 게 아니고 마을 외곽으로 통과하게끔 길이 개설되어 있다. 사당을 지나 당산나무가 서 있는 조망터로 오면 지리의 전모를 훤하게 볼 수 있다. 천왕봉에서 좌측으로 진행하는 줄기가 바로 지리동부능선이면서 덕천지맥이기도 하고, 지리태극종주 루트이기도 하며 신산경표에서는 웅석지맥이라고 부르는 산줄기이다. 그 줄기는 중봉, 하봉을 거쳐 쑥밭재를 지나 와불산臥佛山(1213.9m)으로 내려와 의탄리나 운서리 혹은 동강리로 진행하게 된다. 그 와불산 바로 앞쪽으로 '함양 독바위'[27]로도 불렸던 '독녀암(1117.5m)'이 명백하다.

점필재 김종직은 저 바위를 지나면서 "내 일찍이 산음(산청)을 오가며 이 바위를 바라보았는데 여러 봉우리와 함께 우뚝 솟아서 하늘을 떠받치는 기둥처럼 보였다."고 하였다. 그러면서 "전하는 말에, 한 부인이 이 바위 사이에 돌을 쌓아 거처를 만들고 그 안에서 혼자 살며 도를 닦아 허공으로 날아올랐다고 하여 독녀암이라 부르게 되었다. 그때 돌을 쌓아 놓은 것이 여태 남아 있었다."고 하여 아울러 그 독녀암의 유래도 설명하였다.

저 동부능선에는 '진주(산청) 독바위'라는 독바위가 하나 더 있다. 참고로 악양 뒤편에 있는 지리남부능선 상의 삼신산~쇠통바위 옆 독바위는 '하동 독바위'라 부른다.

27 위와 같이 '독녀암'이라는 명칭이 존재함에도 불구하고 굳이 '함양독바위'라고 부를 필요는 없어 보인다.

인터넷에서 퍼온 겨울의 와불산 정경

와불산臥佛山은 미타봉彌陀峰이다

한편 독녀암 뒷 라인의 모습이 심상치 않다. 지도를 보면 '와불산'이라고 표기되어 있다. 와불산은 말 그대로 석가모니 부처님이 열반에 들 때의 누워 있는 형상을 한 산이라는 것인데 그 참모습을 가장 보기 좋은 곳이 바로 송전리의 견불사이다. 마을로는 그나마 제대로 볼 수 있는 동네가 바로 휴천면 문정리의 견불동이라고 하지만 아무래도 제대로 보기에는 견불사見佛寺를 따라 오기는 어렵다. 어쨌든 견불사니 견불동이니 하는 이름이 괜히 생긴 게 아니고 저 와불산 때문에 생긴 것이다.

그런데 국토지리정보원 지도에 표기된 와불산에 대해서 논의가 있다. 와불산의 위치가 잘못됐다는 얘기다. 심지어 와불산을 상내봉이라 부르는 이들도 있고 또 국제신문이나 부산일보 산행 안내 개념도에는 1164.9봉에 상내봉이라고 표기되어 있기도 하며 2003년도 제작한 '사람과 산' 지도에는 삼거리 부근을 상내봉으로 표기하고 있는 등 제각각이다. 어찌된 일일까?

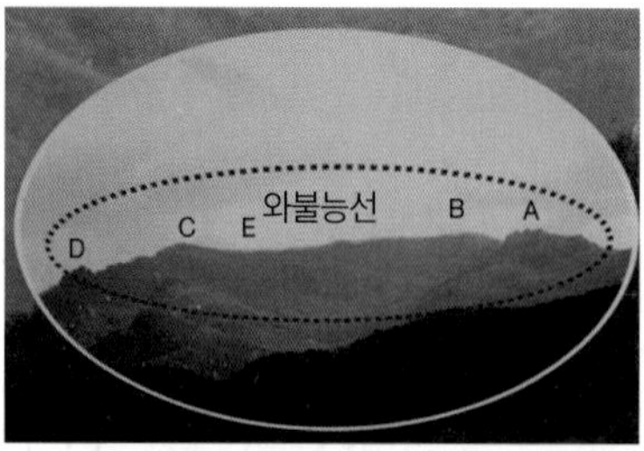

산청군에서 촬영한 와불산

먼저 옛 선인들은 이 부근의 지형을 어떻게 봤을까? 선조들이 부른 이름 그대로 불러주면 될 것이니 꼼꼼하게 산행 기록을 챙긴 점필재 김종직의 '유두류산록'을 보는 게 아무래도 믿음이 간다.

여기서 조금 서쪽으로 가 고열암古涅菴에 다다르니, 이미 해가 지고 어스름하였다. 의론대議論臺는 그 서쪽 등성이에 있었는데, 유극기 등은 뒤떨어져, 나 혼자 삼반석三盤石에 올라 지팡이에 기대어 섰노라니, 향로봉香爐峯, 미타봉彌陀峯이 모두 다리 밑에 있었다.

문제의 대목이다. 의론대 삼반석에 올라 서쪽을 바라보니 향로봉과 미타봉이 보였다는 것이다. 여기서 "이들 봉우리가 다리 밑에 있었다."는 말은 점필재가 산행기를 작성할 때 착각 내지는 착오로 인한 표현 같다. 실제 현장에 임해 보면 의론대 앞의 능선은 벽송사능선이 펼쳐져 있는데 그 능선에는 문제의 석봉 이외에는 이렇다 할 봉우리가 보이지 않기 때문이다.

위 사진의 A는 1164.9봉이며, B는 덕천(웅석)지맥의 새봉에서 가지를 치는 벽송단맥에서 독녀암 능선을 가지 치는 삼거리 좌측의 1213.9봉으로 국토지리정보원 지도에는 와불산으로 표기된 봉우리, C는 1193.3봉 그리고 D는 독녀암(1117.5m)이다. 사진에서 보다시피 부처님이 입적할 때의 누워 있는 형상을 하고 있는 봉우리는 명백하게 'A'의 곳이다. 굳이 와불산이라고 한다면 'A'가 되어야 한다는 것이다.

사실 함양군에서도 이 1164.9봉에 '臥佛山1161m'라는 정상석[28]을 세워놓기도 하였었고 그 들머리에는 누군가가 '와불'이라고 바위에 표기까지 해 놓았으며 산 아래 마을 사람들도 '부처바위'라고 부르고 있으니 '1164.9봉=와불산=와불'이라는 데 별 의심이 들지 않는다.

한편 택리지의 복거총론 산수편에 보면 "옛말에 이르기를 '천하의 명산을 중이 많이 차지하였다.'고 하는데 우리나라는 불교만 있고 도교가 없는 까닭에 무릇 이 열두 곳의 명산을 사찰이 모두 차지하게 되었다."고 적었을 만큼 우리나라의 산 이름은 불교식 이름이 많다(불교지명설). 산에 사찰이 많기 때문이기도 하다. 그러니 이 석가모니 부처님이 열반에 드시는 모습같이 생긴 봉우리도 승려들의 눈을 피하기 어려웠으리라.

일반적으로 부처님하면 석가모니 부처님으로 이해하고 누구나 부처가 될 수 있다고 하지만 통상 부처님이라고 하면 과거불인 비로자나불과 현생불인 석가모니불 그리고 서방극락세계를 주재하는 미래불인 아미타불로 구분되는데 이 아미타불은 그냥 미타불 즉 미륵불로도 부른다고 한다. 그렇다면 승려들 특히 점필재 김종직의 산행에 지로승 역할을 하고 있는 해공과 법종은 당연히 미타봉이라고 불렀을 것이다. 따라서 '1164.9봉=와불산=와불=부처바위=미타봉'으로 보면 될 것이다.

점필재의 '유두류록'에 나오는 미타봉은 해결되었다. 문제는 의론대에서 본 두 개의 봉우리 중 이제 남은 향로봉이다. 그리고 이 향로봉은 점필재가 한꺼번에 거론한 만큼 두 봉우리는 인접한 봉우리에 있어야 한다. 실제 산행에 임하면 위 참고도의 1213.9봉을 지나자마자 좌측으로 오뚝이같이 생긴

28 누군가에 의해 훼손되어 지금은 정상석이 없다.

국토지리정보원 지도의 와불산 주변

바위가 뚜렷하게 조망처 역할을 하고 있다. 혹시나 그 위로 안개구름이 피어오르거나 사람이 올라서서 두 손을 뻗는 모습을 한다면 영락없이 향로와 같은 모양새이다. 그러면 산 이름으로서의 향로봉과 상내봉과 어떤 관련이 있을까?

그런데 우연찮게도 이 문제는 이곳이 경상남도라는 사실을 떠올린다면 의외로 쉽게 풀린다. 그 힌트는 지리남부능선 상에 있는 악양의 진산 형제봉이 주었다. 즉 형제봉을 성제봉이라고도 부르는데 이는 경상도 사투리가 '형>성' 같이 'ㅎ'이 'ㅅ'으로 음운변화를 일으킨단다. 그러니 향로봉도 향로봉>상로봉>상내봉'으로 바뀔 수 있다는 점에 쉽게 수긍을 할 수 있다.

정리를 하자면 'A'는 와불산=와봉=미타봉=1164.9m, 'B'는 지금 부르는 대로 향로봉=상내봉=1213.9m로 보면 되겠다.[29] 그리고 'C'는 1193.3봉 그리고 'D'는 그대로 독녀암으로 보면 될 것이다.

너무 오래 외도를 했다. 언덕을 내려오면 진입금지 표시가 되어 있는 안내판을 볼 수 있다. 물론 조금 전 등구재를 내려와 만났던 삼거리에서 내려오는 길이리라. 마을 우측으로 다시 돌아나가면서 좌측 삼봉산에서 우측으로 진행하는 임천지맥은 가운데 오도봉에서 뒤로 넘어 지안치 쪽으로 떨어지는 모습과 그 오도봉에서 우측으로 오도재를 넘어 법화산 삼거리봉으로 진행하는 모

29 同旨 도솔산인 이영규.

습이 명백하다. 그 우측의 법화산이 보고 싶으나 여기는 법화산 삼거리봉에 가려 있으니 다음 구간인 동강에서 보면 보일라나?

역사지리의 현장인 추성동

소나무 숲을 빠져나오면 정면으로 의탄리가 보이면서 우리나라 최장 계곡이며 그 이름도 아름다운 칠선계곡으로 들어가는 입구가 보인다. 물론 그 입구는 추성동이다. 그러니 추성동에서 시작되는 추성계곡이 곧 칠선계곡이다. 추성동은 역사적으로 상당히 의미 있는 동네다.

가설이긴 하지만 어쨌든 추성은 말달린평전과 관련하여 많은 얘기[30]를 쏟아내고 있다. 이곳저곳에 산재한 조망바위에서 이 말달린평전이 천혜의 요새라든가 군사훈련장으로서는 더없이 좋은 곳이라는 얘기, 경사진 산비탈에 인위적으로 산줄기의 날등을 깎아서 말의 조련 길 즉 '말달린 길'을 만든 흔적과 그곳이 군마를 훈련시킨 훈련장이었다는 것 등은 아직 더 많은 연구와 자료 확인이 필요한 내용들이다.

위 내용은 원효나 의상이 화엄을 공부하기 위하여 화엄사로 가던 길과도 중복이 되기도 하니 다음 구간 벽송사를 얘기하면서 좀 더 들어가 보기로 한다.

좌측으로 돌을 쌓아놓은 야적장을 지나는데 360.2봉의 채석장 한편에서는 마애불 조성 공사가 한창이다. 우측으로 높이 솟아 있는 창암산(924.9m)은

30 추성리 얘기는 다음 구간 벽송사와 관련해서 몇 마디 더 늘어놓을 것이다.

창원마을에서 본 왕산

지리산 제석봉에서 내려오는 줄기로 제석봉(1809m)~소지봉(1499.1m)~망바위~장구목에서 이어지는 봉우리이다. 좌측으로는 백무동, 우측으로는 칠선계곡을 보며 내려오는 창암산 능선은 조망은 별로 없어도 능선을 밟는 이들을 언제든지 유혹하는 코스이다.

숲속을 빠져나와 채석장을 보면서 좌측을 보면 산청의 왕산까지 볼 수 있다. 나마스테 카페를 지나고는 이내 시멘트 포장도로를 만나 마천[31]면 창원리의 금계마을에 도착한다. 이 마을은 원래 이름은 노디목이었다. 엄천 너머에 있는 마을인 추성, 의중, 의탄, 의평 사람들과는 노디라는 징검다리를 건너가야 만날 수 있다고 하여 징검다리의 사투리인 '노디'를 써서 노디목이라 했다는 것이다. 그 순수하고 정겨운 이름을 풍수지리까지 동원하여 '금계金鷄' 라는 이름으로 바꿨다니 아무래도 일제의 잔재인 것 같아 씁쓸하기만 하다. 물론 지금은 그 징검다리 자리에 의탄교가 서 있다. 금계 쉼터 함양안내소 앞에서 제3구간을 마무리하고 옆 슈퍼에서 캔맥주 한 통을 사서 목을 적신다.

31 추성이 속한 마천馬川의 지명 역시 말달린평전으로 인해 얻어진 지명이라고 본다. 마천이라는 지명이 문헌상으로 처음 등장하는 것은 삼국사기 백제본기에서이다. 기록에 의하면 백제 무왕대(633년 2월)와 의자왕대(656년 7월)에서 각각 마천성馬川城을 중수하였다고 했다. 아마도 그때는 모산성 전투에서 승리를 한 후 지리산 일대가 백제의 수중에 있을 때 마천성, 즉 추성楸城을 중수했던 것으로 보인다. 그 외에도 마천지역의 도마, 외마, 내마 등 유난히 말馬자가 들어가는 지명이 많이 보이는 것과 하봉의 영랑대나 중봉 아래에 있는 마암馬巖, 즉 말바우도 말달린평전과 무관하지가 않다고 본다.

제4구간

금계마을~동강마을

금계~동강 구간 순한 길

금계마을~의중마을(0.7km)~모전마을(용유담, 3.1km)~세동마을(2.4km)~운서마을(3.3km)
~구시락재(0.7km)~동강마을(0.8km): 11km

금계~동강 구간 벽송사 경유지

금계마을~의중마을(0.7km)~벽송사(2.1km)~모전마을(용유담, 2.8km)~세동마을(2.3km)
~운서 마을(3.3km)~구시락재(0.7km)~동강마을(0.8km): 12.7km

마애불을 조성 중인 마천 석재 채석장. 그 뒤로 법화산이 보인다.

지리산 둘레길을 조성한 (사)숲길에서는 이 구간에서 세 가지 정도를 지적했다. ①벽송사를 지나면서 역사지리를 살펴보는 것과 ②옛 선비들의 유원지 역할을 하였을 용유담을 살펴보는 것 그리고 ③고즈넉한 숲길을 지나면서 지난 구간의 등구재나 법화산 자락을 살필 것 등이 그것이다.

주민의 증언에 의하면 예전에는 제4구간이 시작되는 금계동이나 의탄에서는 지금과 같이 임천 물길을 따라가는 길은 없었다고 한다. 인월장을 가려면 창원마을을 거쳐 등구재를 넘어야 했고 함양장을 가려면 오도재를 넘어야 했다고 한다. 그렇다면 지금의 60번 도로는 생긴 지도 얼마 되지 않았다는 얘기 같다. 그래서 경상도에서 전라도를 가려는 신라군이나 왜적들은 부득이 팔량재를 거쳐 인월로 진입을 해야 했다는 것인가? 등구재와 오도재가 얼마나 큰 역할을 했는지 짐작이 가는 대목이다.

의탄교를 이용하여 람천을 건넌다. 그리고 마천면으로 들어왔으니 이제부터는 이 물을 임천으로 불러야 한다. 이곳 주민들이 예전부터 부르던 이 물 이름이 바로 임천이다. 임천 부근의 지금 모습은 기록에 나오는 풍경과 사뭇 다르다. 예전과 달리 수차례 홍수와 태풍 등의 여파로 넓어진 강폭으로 수량이 그리 많지 않게 느껴지는 임천을 건너면서 좌측으로 창원리 채석장에서 조성 중인 마애불을 보게 된다. 물을 건너면서 저 임천의 어느 돌이 예전 그 '노디돌'이었는가를 유심히 살펴본다.

이 의탄교를 건너면 의평동, 의중동 등으로 형성된 의탄마을이다. 이 부근 마을이 조성된 경위를 찾아볼까? 살펴보면 마천면의 군자리나 덕전리의 ① 백무동은 '마고 할미'가 100명의 자식을 무당으로 보냈던 바, 이들과 접신을 위해 찾는 새내기 무당들과 치성을 드리기 위하여 전국 각지에서 몰려든 기도꾼들을 위하여 세워진 마을이다. 산내의 ②입석리는 실상사의 사하촌으로 그리고 이 함양의 ③의탄리나 금계동은 벽송사, 금대사, 안국사 등의 사하촌으로 형성된 마을이다. 그렇게 형성된 마을에 이런저런 이유로 흘러들어온 피란민들이 자연스럽게 모둠살이를 하게 된 것이다.

지리산 주위의 어느 마을이 안 그러겠냐마는 이 의탄마을은 천왕봉이 바로 올려다보이는 곳인데다 경관이 빼어나 540년 전 지리산 등정에 나섰던 점필재 김종직은 이곳을 보고는 바로 무릉도원[1]으로 표현했다. 점필재를 잠깐 만나볼까? 항상 지리산행에 목말라하던 그가 함양군수로 부임한 해가 1470년이다.

무릉도원이라 여겨졌던 의탄마을

그래서 그는 1472년 음력 8월 함양성을 나와 지리산 산행에 나선다. 유호인, 조위, 한인효 등 그가 아끼던 제자들과 사근역을 지나 휴천계곡 50리를

1 지리산의 무릉도원하면 불일폭포 부근, 청학동 그리고 세석평전 부근 등이 꼽히는데 점필재는 특히 이곳과 세석평전을 무릉도원이라 생각했던 것이다.

거쳐 도착한 이 의탄마을은 그를 유혹하고도 남음이 있었다. 오죽했으면 점필재는 동행했던 유호인에게 "그대와 더불어 결의의 계를 맺고 여기서 사는 것이 어떻겠는가?"라는 말로써 의탄마을의 강한 인상을 대변하기도 했다. 지금도 임천변과 의탄에는 아름드리 정자나무들이 서 있고 이들은 칠선계곡에서 흐르는 청정계류와 어우러져 으뜸 명소로 손꼽히고 있다.

한편 1611년 4월 3일 남원부사로 근무하던 어우당 유몽인도 인월쪽에서 백장암~군자사를 거쳐 지금의 송전리 부근에서 벽송사 능선을 넘어 어름터의 두류암에 들렀다가 천왕봉을 가는 도중에 이 의탄촌을 지나면서, "옛날 점필재가 이 길을 따라 천왕봉을 오른 것이다. 그분은 그분의 뜻대로 간 것이고 나는 나대로 가고자 하니 내가 굳이 이 길로 갈 필요는 없으리라!"며 점필재를 회상하기도 했다.

둘레길은 다리를 건너자마자 좌측으로 들어가야 하지만 직진하는 도로 위의 이정표에 낯익은 지명들이 눈에 들어온다. 추성은 지난 구간 자세히 봤고 그 아래 칠선계곡과 서암정사, 벽송사 등 귀에 익은 사찰 이름을 보게 된다.

칠선계곡의 명성은 너무나 잘 알려져 있어 이곳에서 거론하는 것이 오히려 새삼스럽다. 계곡 트레킹으로 이름 높은 울진 응봉산(999m)의 덕풍계곡과 더불어 우리나라 최장 길이를 가진 곳이 바로 이 지리의 칠선계곡이다. 또한 이 칠선을 설악산 천불동계곡, 한라산 탐라계곡과 더불어 우리나라 3대 계곡으로 손꼽는데 주저하는 이가 없다. 천왕봉에서 의탄에 이르는 약 18km의 등로인 칠선계곡은 제4부에서 다시 보기로 한다.

마을 입구 삼거리에서 이정목을 따라 왼쪽으로 방향을 틀면 100여 m 전방에서 우측으로 오르는 계단이 보인다. 계단을 올라 의평마을로 들어서면 600년이 넘은 느티나무가 반겨준다. 이 의평마을은 함양박씨 집성촌이다.

당산나무에 얽힌 사연을 듣고 경건한 마음으로 마을 뒷길로 돌아나가면 임천을 따라 진행하는 평범한 노선인 지선支線(4-1구간) 이정목이 직진하도록 안내를 한다.

본선本線은 서암정사와 벽송사를 경유하여 부용암도 보면서 지리북동부의 산줄기 중 하나인 벽송사 능선도 잠시나마 맛보며 걸을 수 있는 루트이다. 단조로운 의중마을~모전마을의 지선 구간보다는 역사의 한 장을 맛본다는 점에서 일단 벽송사 루트를 따라가 본다.

벽송사로 들어가는 둘레길은 사실 옛길로 산의 사면을 따라 가는 좁은 길이다. 의평동에서 추성리나 벽송사를 잇는 신작로가 생기기 전에는 뚜렷한 이 길이 마을 사람들과 절의 스님의 통행을 도와줬으리라. 부처님 말씀이 팍팍한 생활에 하나의 빛이 되기를 갈구하면서 지났을 그들의 마음이 집채만 한 바위에 각자한 '지장보살地藏菩薩'이라는 글씨에 담겨져 있는 것만 같다. 퇴색한 간판의 안내 글에도 그런 취지의 글이 적혀 있다.

서암정사는 색다른 사찰이다

좌측으로 몇 단 안 되는 계단에 올라서면 너른 주차장이 나온다. 서암정사瑞嵓精舍는 예상 외로 상당한 규모의 절집이다. 깔끔한 표지석 안으로 들어서면 마하대법왕摩訶大法王, 어삼천계御三千界라고 쓰인 두 개의 석물이 우측의 사천왕을 새긴 부조와 함께 범상치 않은 분위기를 자아낸다.

百千江河萬溪流(백천강하만계류)	수많은 강물 만 갈래 시냇물,
同歸大海一味水(동귀대해일미수)	바다에 가니 한 물 맛이로다.

서암정사의 석물들. 볼거리가 아주 많은 사찰이다

森羅萬象各別色(삼라만상각별색)	삼라만상 온갖 모습이여,
還鄕元來同根身(환향원래동근신)	고향에 돌아오니 본래 한 뿌리이니.

셀 수 없이 많은 강과 하천도 바다로 들어가면 하나가 되듯, 삼라만상도 깨달음의 눈으로 보면 결국 하나라는 뜻이니 이제부터 화엄의 세계에 발을 들여놓은 것이라는 의미 같다.

대방광문이라는 석문은 일주문 역할을 하는 듯하고 그 안으로 펼쳐지는 대웅전이나 금니법당, 석굴법당 등은 오히려 신비로움을 느끼게 한다. 이 절을 창건한 원응 구한 큰스님은 원래 이웃한 벽송사에서 행자생활을 거쳤다 한다. 그러던 어느 날 선정禪定에서 일어나 지금의 이 서암정사 자리에 오니 이곳의 상서로운 바위를 보고는 어떤 인연을 깨닫고 불사를 시작하게 되었다고 한다. 즉 유난히 민족의 비극이 치열하여 전쟁의 상흔이 아직도 남아 있는 이 지리산에서 바로 이곳을 억겁의 인연과 대자연이 빚어낸 조화의 인연지因

緣地로 여겼다는 것이다.

이곳에서 정면으로 금대암과 금대산(904.1m)을 보면서 좌측으로 창암산(924.9m) 아랫자락에 있는 두지터도 볼 수 있다는 게 산꾼들에게 있어 서암정사가 갖는 자랑이다. 대웅전 뒤의 현판에 쓰인 진공묘유眞空妙有 즉 '물질이 존재하지 않는 공간이 진공이니 모든 것이 실체가 없으면서 존재하는 모양'이라는 글이 범상치 않게 들린다. '색즉시공色卽是空 공즉시색空卽是色'과는 다른 말인가?

서암정사를 나와 좌측 된비알을 따라 오른다. 우리나라 선불교 최고의 종가를 자처하는 벽송사로 오르는 길이다. 경암의 벽송암기에 의하면 벽송사의 창건주 벽송대사가 스승인 법계정신대사로부터 가르침을 받고 깨달음을 얻은 지 3개월 후에 법계대사가 입적하자 벽송대사는 이곳에 조그마한 절을 짓고 벽송암이라고 이름을 지었다. 이때가 조선 중종 15년(1520) 3월이었다. 이와 관련하여 여러 얘기들이 들려온다.

가령 이곳에서 대사가 광주리를 만들었다고 하여 광주리점이라고 했는데 그 이름이 변하여 지금의 광점으로 부르게 되었고, 의탄리의 속칭 살바탕에서 광주리점으로 되돌아가 도를 받고 벽송대사가 되었다고 하여 이곳을 벽송정이라고 부르게 되었다는 얘기 등이 그것이다.

벽송대사는 이곳에서 수행을 하며 많은 제자를 교육해 고승으로 배출시켰으며 70세를 일기로 입적하였다. 숙종 30년(1704)에 실화로 불타버린 옛 절집을 환성대사가 중건하였다.

판소리 '변강쇠전'의 무대이기도 한 벽송사는 한국전쟁 당시 인민군의 야전병원으로 이용되었는데 국군이 야음을 타 불시에 기습, 불을 질러 당시 입

벽송사 정경. 실상사에 비해 보물이 없다.

원 중이던 인민군 환자가 많이 죽었다. 이때 다시 법당만 남기고 사찰이 소실되면서 석탑도 파괴되어 얼마 되지 않는 석탑의 사리와 유품마저 망실되었다. 지금도 절터 주변을 일구면 인골이 간혹 발견된다고 한다.

사실 벽송사는 실상사와 더불어 지리산 북부지역의 대표적인 사찰이다. 그러니 벽송사하면 빠질 수 없는 인물이 서산대사(1520~1604) 휴정이다. 이 절집의 청허당은 강원講院으로서 휴정의 뜻을 기리기 위해 그의 호를 따서 이름하였다. 위 벽송대사는 선종 60조이고 서산대사 휴정은 그의 법손격인 62조이다. 많은 선사를 배출한 절집이라는 얘기이다. 서산대사하면 빠뜨리기 어려운 게 바로 삼가귀감三家龜鑑이고 단속사[2]며 부사 성여신(1546~1632)이다.

삼가귀감三家龜鑑부터 볼까? 삼가三家란 동아시아의 가장 주요한 사유체계인 선가禪家(불가), 도가, 유가를 의미하는데 서산대사 휴정은 이들을 토대로 세 권의 귀감을 썼다. 하나가 선가귀감禪家龜鑑이고 둘이 도가귀감道家龜鑑이며

2 지금은 폐사가 된 단속사에 관해서는 선종禪宗과 관련하여 제8구간에서 자세히 본다.

마지막 하나가 유가귀감儒家龜鑑이다.

서산대사는 이 세 개의 귀감을 통하여 삼가를 회통하고자 했던 바, 그 회통의 기준이 이심전심, 견성성불, 즉심시불이라는 선禪의 정신이었다. 그는 이 선의 정신을 근거로 불교경전과 도가의 경전 그리고 유가의 경전을 일이관지一以貫之 즉 모든 것을 하나의 원리로 꿰뚫어 이야기하고자 했던 것이다. 그럼으로써 나의 마음과 본성이 그대로 부처(선가), 성인(도가), 군자(유가)임을 깨닫게 하고자 저술하였던 것이다.

그런데 이 삼가귀감과 단속사 그리고 성여신[3]은 어떤 관계가 있을까? 부사 성여신이 혈기왕성한 시절 단속사에서 공부를 할 때 이 삼가귀감을 보게 되었다. 그런데 삼가 중 유가儒家의 글이 맨 뒤에 편철되어 있는 것과 사찰에 형상이 괴이한 사천왕 등 불상을 조성한데 격분하여 불경을 간행하는데 쓰이는 목판은 물론 절까지 불질렀다는 것이다.

이병주의 소설 《지리산》에도 벽송사가 잠깐 등장한다. 주인공 박태영이 왜놈들을 피해 벽송사로 들어가는 장면에서이다. 벽송사에 은거하며 지리산 신선이 되고자 하는 이곳 지리에 밝은 최노인을 만나려는 목적이었다. 그때 추성리, 칠선계곡 그리고 국골 등의 지명이 나오기도 했다.

추성리의 추성楸城이나 박회성은 이곳에 성이 있었다는 얘기도 되며 이는 곧 신라의 역사이기도 하고 백제와의 전쟁의 결과물이기도 할 것이다. 신증동국여지승람 제31권 경상도 함양군 편에 이들 내용이 나온다. 신라 화랑이 노고단에서 무술을 연마했다는 얘기나 화랑 장교永郎였던 원효가 이 추성~영랑대~천왕봉~화엄사 루트를 이용해 적진인 화엄사에 가서 화엄사상을 접했

---

3 부사 성여신은 진양지, 문창대와 관련이 있어 뒤에 계속 나온다.

벽송사의 사원장승 두 기. 비보장승이다.

다는 얘기도 교종과 선종의 만남만큼이나 설득력 있게 들린다.

지금의 추성동은 등산객이나 피서객들의 편의도모를 위한 민박촌으로 그 역할을 하고 있으나 예전에는 칠선동, 두지터, 광점동, 어름터 등과 더불어 화전민들의 터전이기도 했으며 유명한 마천 곶감, 마천 산나물, 마천 한지(문종이) 등의 집산지 역할을 한 곳이었다.

벽송사에서 너무 오래 머물렀다. 미인송과 보물 제474호 삼층석탑[4]을 보고 벽송사를 빠져나오려는데 좌측으로 누각이 하나 보인다. 안을 들여다보니 장승 두 기가 서 있다. 예전에는 사찰 밖에 서 있던 것을 청허당 바로 뒤로 옮기면서 각閣을 세웠다. 좌측 장승은 금호장군禁護將軍[5], 우측 장승은 호법대신護法大神이라는 명찰을 각각 달고 있다. 이는 사찰에 들어오는 악귀의 퇴치를 막는 이른바 토속신앙의 비보裨補역할을 수행하는 신장상神將像이다.

그러니 이는 '법우화상'[6]의 설화와 실상사 입구의 상원주장군 등의 석장승과 함께 지리산의 토착적 고유신앙이 불교에 융합되어 가는 과정을 상징적으로 보여주는 것이라 할 것이다.

한편 이 장승은 우리나라의 산신숭배신앙에 뿌리를 두고 있다. 즉 이 신앙

4 실상사가 보물 박물관임에 반해 이 벽송사는 달랑 이 삼층석탑 한 기만이 보물로 지정되어 있다.

5 금호장군은 1969년 산불로 인해 머리의 상당 부분이 훼손된 모습이다.

6 법우화상 얘기는 조금 이따 용유담의 엄천사 얘기할 때 다시 보기로 한다.

은 잡신을 거쳐 수목신앙樹木信仰으로 이어지는데 특히 단군의 신단수는 신과 인간을 이어주는 다리 역할을 담당하고 있었으며 마을 어귀의 ①솟대나 ②장승으로 이어지고 이는 ③서낭당으로 발전이 되기도 한다. 특히 솟대는 삼한시대의 소도蘇塗의 다른 말로서 개인이 가정에서 임시로 세우는 신간神竿이나 과거에 급제한 이들이 세우는 것도 있겠지만 삼한시대에는 '삼국지위지동이전'에 나오는 바와 같이 '비록 도망자라 할지라도 체포할 수 없다諸亡逃至其中 皆不還之'는 취지의 기능이 우선이었을 것[7]이다. 이것이 시간이 흐르면서 마을의 경계를 나타내는 경계신의 역할도 하게 되었고 수살목水殺木[8]도 되었다.

또한 수목신앙은 장승으로도 발전하게 되는데 그 기능에 따라 세우는 곳도 다양하여 마을 입구(벽사장승), 사찰 입구(사원장승) 또는 풍수지리설에 따라 허한 곳(비보장승)에 많이 세웠다. 사실 보통 장승이라면 이정표나 마을의 수호신, 사찰의 경우에는 경계표지의 역할(노표장승) 등의 기능을 수행하기도 했다. 하지만 이 장승들도 지리산으로 오면 그 역할이 달라진다. 즉 불교가 지리산에 들어오면서 자연스럽게 민속신앙을 받아들이게 되었기 때문인데 가령 실상사의 석장승 3기나 벽송사의 목장승 2기 등이 토속신앙과 불교를 이어주는 예이다.

한편 남창 손진태(1900~?)는 선왕당이나 적석단을 누석단 즉 서낭당으로 명명하면서 "(서낭당은) 고대의 산신사 또는 산신제단이며 노 길 가는 이의 부적이기도 했으며, 마을 간의 경계였으며 그 자체로 신神이기도 했다."라고 정의한다. 그런데 지리산과 관련하여 흥미로운 것은 누석단 즉 서낭당의 신과 산신은 여신이고 성황신이나 칠성신은 남신으로 이해하면서 전자는 우리 고유의 신이며 후자는 중국 전래의 신으로 파악하였다는 점이다.

7 이필영의 논문, 민간신앙 연구의 성격과 의의.

8 시골 동네 어귀에 서 있는 돌이나 나무.

그런데 좀 주의할 게 있다. 이렇듯 지리산신은 여자이어서 이에 터 잡아 성모신앙이 발전하게 된 것인데 제석봉의 제석당만큼은 남신인 천신을 섬겼다는 점이다. 이는 위에서 잠깐 이야기한 바와 같이 부계 사회의 산물로 지리산도 고조선 이전 부족사회의 성모를 섬기는 모계사회에서 천신을 섬기는 부계사회로의 변환을 보여준다고 하겠다. 그러니 천왕성모는 그 전환기의 민간 신앙으로 보면 될 것이다.

누각 뒤로 둘레길 이정표를 따라 숲으로 든다. 부용암 입구를 지나 돌계단을 번갈아 오르면 이내 벽송사 능선에 다다르고 잠시 이 능선과 함께 가다가 바로 안부를 만나면서 둘레길은 능선길과 헤어져 좌측으로 내려선다. 평범한 길을 따르다 좌측 계곡 쪽으로 붙어 여유 있게 걷다보면 임도를 만나고 둘레길은 작은 개울을 조그만 다리로 건너게 된다. 하지만 수량이 적다면 그냥 징검다리를 건너는 게 더 나을 것 같다. 조경시설을 나오면 모전마을이고 여기서 아까 헤어졌던 둘레길 지선(4-1)과 만난다.

밋밋하다고 하는 지선은 어떨까? 다시 의중마을로 돌아가 볼까? 벽송사 루트 갈림길에서 좌측으로 들어간다. 좌측 어깨 너머로 임천 건너 금대봉과 백운산이 가깝고 그 우측 창원마을 지나 오도재에서 이어지는 법화산(992.9m) 자락이 크게 다가오기 시작한다. 노약자들의 보행권을 위함도 있었겠지만 (사)숲길에서는 이 조망을 놓치기 싫었을 것이다.

금계마을을 나와 평범한 산길로 들어선다. 산자락도 지나고, 작은 너덜경 지역도 지나는데 길이 조금 희미하고 길 안내를 하는 표지띠도 흔치 않아 초보자의 경우 집중을 요하는 곳이다.

지리산 유람의 명소였던 용유담

고개 하나를 넘으면서 한결 뚜렷해진 길을 따르면 이제 마천면을 지나 휴천면 안으로 들어서게 된다. 좌측으로 너른 강물이 보이게 되니 이곳이 바로 임천이다. 아니 이곳이 바로 용유담이니 여기부터는 엄천[9]이라 불러야겠다. 지금은 폐사되어 그 흔적을 찾을 수 없지만 예전에는 동강마을 맞은편에 엄천사라는 큰 절이 있어 이곳 주민들은 예전부터 임천이 아니고 엄천이라 불렀다. 엄천사하면 법우화상이 떠오르고 마적도사가 연상된다. 그리고 용유담이 있었으니 부근에 용(유)당이라는 당집도 있었다.

용유담과 용(유)당에 관한 선인들의 글을 볼까? 용유담이 지리산에서 차지하는 비중을 읽을 수 있을 것이다. '오후에 용담龍潭에 도착하였고 용당龍堂에 모여서 묵었다.(정경운, 고대일록, 1604)', '용유담에서 동남쪽으로 조금 치우친 곳에 용왕당龍王堂이 있었는데 지은 지 얼마 되지 않았다. 외나무다리를 설치해 왕래하는데…(박여량 1610)', '못의 서쪽 비탈에는 옛날 사당이 있었는데 무당들이 신령스러운 용에게 기도하던 곳이었다. … 삼남의 무당들이 봄과 가을이면 반드시 산에 들어와서 먼저 용유담의 사당에서 기도를 올리고 그 다음에 백무당과 제석당에서 차례로 기도하였다.(이동항 1790)', '용당龍堂이 건너편 언덕에 있어 나무를 엮어 다리를 만들었는데…(조구명 1724)'[10]

그러니 토속신앙을 주재하는 무속인들은 이곳의 용유당을 제1차 기도터

9 이곳을 막아 지리산댐을 만들려는 시도가 있어 환경단체는 물론 인근 주민들이 걱정도 컸다. 그런데 최근 정부에서 이를 백지화하기로 결정했다. 다행스러운 일이다.

10 용유담에 관해서는 한 권의 책으로도 모자를 분량이다. '지리99팀'이 이곳에 들인 공은 참으로 지대하고 그 내용 또한 탄탄하다. 그만큼 방대한 내용이고 따라서 용유담을 노래한 선인들도 그만큼 많다는 반증이기도 하다. 여기서는 지면 관계로 소개하는 것으로 그친다.

로 생각했고, 이곳에서 기도발이 먹히지 않으면 백무당이라는 하당으로 갔고, 거기서도 안 풀리면 제석당이라는 중당이 있는 제석봉[11]으로, 그러고도 안 되면 성모사라는 상당이 있는 천왕봉으로 간 것이었다.

아니 어쩌면 입문 단계 무속인들이 찾아야 하는 곳이 이 용유당이라고 하면 백무동의 당집들은 초급, 제석당은 중급 그리고 상당인 성모사는 고급 정도 수준을 갖춘 이들이 가는 곳이 아니었을까? 그런 토속신앙의 요람이라 할 이 용유담에서 불교가 들어오면서는 어떤 변화가 일었을까? 친일반민족행위자이긴 하지만 민속학자인 이능화(1869~1943)의 조선무속고를 보자.

> 무녀巫女가 굿을 할 때면 한 손으로는 금속방울을 흔들고 한 손에는 그림부채를 가지고, 웅얼웅얼 주문을 외우고 빙글빙글 춤을 추면서, 아미타불阿彌陀佛을 부르고 또 법우화상法祐和尚을 부른다. 여기에는 유래가 있다.
> 옛날 지리산智異山의 엄천사嚴川寺에 법우화상法祐和尙[12]이 있었는데, 불법佛法의 수행修行이 대단했다. 하루는 한가로이 있는데, 갑자기 비가 오지 않았는데도 개울이 물이 불어난 것을 보고, 물이 흘러온 곳을 찾아 천왕봉天王峯 꼭대기에 올랐다가 키가 크고 힘이 센 여인을 보았다. 그 여인은 스스로를 성모천왕聖母天王이라 하면서 인간세계에 유배流配되어 내려왔는데 그대와 인연이 있어 물의 술법術法을 사용하여 스스로를 중매하고자 한다고 말했다. 드디어 부부가 되어 집을 짓고 살면서 딸 여덟을 낳았고 자손이 번성했다. 이들에게 무당의 술법巫術을 가르쳐 금속방울을 흔들고 그림 부채를 들고 춤을 추면서 아미타불阿彌陀佛을 창하고 또 법우화상을 부르면서 방방곡곡을 다니면서 무당의 일을 하게 했다.

---

11 중봉으로도 불렸음.

12 다음 구간에 자세히 나온다.

이 때문에 세상의 큰 무당은 반드시 한 번 지리산 꼭대기로 가서 성모천왕에게 기도하고 접신接神을 해야 한다고 한다.

위 법우화상은 앞서 얘기한 엄천사를 창건한 '국사'라고 칭해지는 승려이다. 그리고 엄천사는 조금 전 본 점필재의 글에 나오는 '엄천리'라는 곳에 있었다고 하고, 국토지리정보원 발행 1/50,000 지도의 '함양군 휴천면 남호리 엄천교' 부근 '절터'라는 지명이 바로 그곳이다.

이 법우화상의 일화는 불교가 우리나라에 들어오면서 토속신앙과의 관계를 어떻게 설정했는가를 보여준다. 즉 불교는 우리 토속신앙을 배척하지 않고 그대로 포용하면서 조화로움을 택한 것이다. 그러니 지리산 실상사 앞의 석상이나 장승 조금 전 본 벽송사의 목장승 등이 다 이렇게 불교와 토속신앙과의 화해 혹은 융합을 보여주는 좋은 예라 하겠다. 모든 사찰에 삼성각, 칠성각을 둔 것이나 당집에 불상을 모셔 놓은 것 역시 마찬가지 이유에서이다.

이륙의 유지리산록(1463년)을 보면 "산 속에 있는 여러 절에서도 사당을 세우고 성모에게 제사[13]하지 않는 데가 없다."고 쓴 흥미로운 대목 역시 이러한 점을 반증해 준다.

그나저나 용유담이란 곳이 어떤 곳인데 이렇게 많은 풍류가객들이 이곳을 노래했을까? 용유담은 조선 말 유학자인 강용하(1840~1908)의 화산12곡에 나오는 지명 중 1곡에 해당하는 곳이다. 즉 1곡인 용유담부터 시작하여 12곡인 엄천강 하류의 함허정에서 끝나는 절경을 노래한 시에 나오는 지명이다. 여기서 화산은 물론 법화산이다. 법화산은 법화경 즉 묘법연화경에서 따온 불

13 석가여래의 어머니 마야부인을 지리산 산신령으로 모셨다는 설이 바로 이것이다.

다양한 모양을 한 용유담의 바위. 지리99팀 촬영.

교 용어인데 아무래도 유학자들이 불교적인 냄새를 지우고자 화산이라 불렀던 것 같다. 참고로 보통 마을의 진산을 화산이라고 부르는 경우가 많은데 이는 진산을 꽃봉오리에 비유하는 의미에서 많이 붙였다. 이 화산花山[14]을 좀 더 화려하게 부르려 화산華山이라 부르거나 아예 비단으로 두른 산이라고 하여 금산錦山이라고 부르는 경우도 있다.

어쨌든 이 강용하의 무산유집武山遺集 화산12곡에 나오는 지명은 각 그 부근의 바위에 각자刻字되어 있다. 그러니 그 각자 바위를 찾으며 강 하류로 내려가는 것도 흥미롭지만 무엇보다 이 각자와 시에 숨겨져 있는 일화나 설화를 알고 이해하는 것이 그 기쁨을 배가 시켜준다.

14 이런 취지에서 삼각산을 華山이라고 부르기도 했는데 속리산의 경우는 화산火山이라 썼다.

가령 2수 수잠탄水潛灘은 그저 다음과 같은 평범한 시에 불과하다.

古迹驢巖血(고적려함혈)	옛날 마적도사와 당나귀 바위의 핏자국을
野老至今說(야로지금설)	시골 노인은 지금도 얘기하네.
下上屬玉飛(하상촉옥비)	아래위로 해오라기 날고
出沒錦花列(출몰금화열)	아름다운 꽃무리 숨었다 드러났다 하네.
鐵杖何處拄(철장하처주)	쇠지팡이는 어디를 받쳤던가?
石局空留設(석국공류설)	바위에 새긴 바둑판만 헛되이 남아 있네.
俯看神魂懍(부간신혼름)	내려다보니 정신이 다 혼미하여
頻住行人轍(번주행인철)	자주 멈춰 서서 사람이 지나간 흔적을 따라가네.

여기서 당나귀驢와 철장鐵杖 그리고 국局이 도대체 뭐란 말인가? 숨기고 있는 내용을 알기 위해서는 이에 얽힌 고사를 알아야 재미있다. 함양군지에 소개된 내용을 본다.

즉 신라 무열왕(659년) 때 마적도사가 용유담 부근에 와서 마적사를 짓고 나귀를 기르고 있었다. 식량과 부식이 떨어지면 쪽지를 써서 쇠도장을 찍어 나귀에 부쳐 오도재를 넘어 관동장에 보냈다. 상인이 물품을 챙겨주어 싣고 다시 돌아와 나귀바위에서 울면 마적도사는 쇠지팡이로 다리를 놓아 나귀를 건너오게 하였다.

하루는 마적도사가 지리산 천왕 할매와 장기를 두는데 정신이 팔려 있었고 눈 먼 용을 제외한 여덟 마리 용이 여의주를 서로 차지하여 하늘에 오르려고 물고 뜯고 싸우는 소리 때문에 나귀가 우는 소리를 듣지 못했다. 나귀는 울다 지쳐서 죽고 말았다.

뒤늦게 나귀의 죽음을 알게 된 마적도사는 장기 때문에 나귀가 죽는 줄을 몰랐다며 화가 나서 장기판을 던지니 깨어져 한 조각은 나귀가 죽은 나귀 바위에 떨어졌고 한 조각은 마적동에 떨어져 바위에 장기판이 새겨졌다. 마적도사는 눈 먼 용 한 마리를 남겨놓고 여덟 마리 모두 쫓아버렸다.

참고로 화산12곡은 제1곡은 용유담, 제2곡은 수잠탄, 제3곡은 병담, 제4곡은 와룡대, 제5곡은 양화대, 제6곡은 오서, 제7곡은 한남진, 제8곡은 독립정, 제9곡은 사량포, 제10곡은 칠리탄, 제11곡은 동강대, 제12곡은 함허정이다.

지리산 둘레길은 용유담부터 화산12곡과 함께한다

이제부터 엄천강을 따라 내려가면서 이 화산12곡과 함께하게 된다.[15] 용유담을 빠져나오려니 도로변에 큼지막한 안내문 하나가 세워져 있다. 함양군에서는 아까 화산12곡과 관련하여 알아본 마적도사를 테마로 탐방로를 만들어 놓았다. 거북바위니 나귀바위 그리고 마적도사와 아홉 마리 용의 전설까지 탐방로 구석구석 재미있는 설명을 빠뜨리지 않았다. 거기에 마적동과 터만 남아 있는 마적대까지 표시해 놓은 것을 보면 함양군청에서 상당히 자료조사를 많이 한 느낌이다. 함양군수였던 점필재 김종직의 영향을 다분히 받은 모양이다.

점필재 김종직이 함양군수로 있을 때 이 용유담에서 기우제도 지냈다고 하니 아마 그 장소는 용유당이 아니었을까? 모전마을 입구에서 본선과 지선이 합류하는 지명선원을 지난다. 좌측으로 엄천이 계속 따라온다. 송대동 견

15 함허정이 행정구역상으로는 함양군 휴천면 손곡리에 있으니 다 함양 땅이라 보면 되겠다.

불사[16]로 올라가는 길을 버리고 직진하여 우측 경로당 앞을 통과하여 좌측으로 2곡인 수잠탄까지는 나무 데크가 설치되어 있다.

용유교 앞에 있는 마적도사 관련 안내판

이 구간은 부분적으로 마적도사 탐방로와 겹친다. 둘레길은 엄천 옆으로 바짝 붙어 진행하다가는 다시 도로로 나온다. 엄천 건너 고정동 마을이 보인다. 마을 안으로 들어가는 도로는 견불동으로 들어가는 길이다.

송전마을로 들어가 마을회관 앞을 지나 문수암 입구 삼거리를 지난다. 좌측으로 계속 법화산자락이 따라온다. 세동마을을 지난다. 엄천 건너 백련동을 보면서 이 좌측 소나무 숲에 영언대永言臺라 각자된 바위가 있고 바로 아래 강변의 일군의 바위가 병담屛潭이라는 것을 인식하면 되겠다. 이 병담 역시 바위에 각자가 되어 있으나 희미하여 찾기가 쉽지 않다.

둘레길이 우측으로 휘어지면서 송문교가 보인다. 엄천 가운데 바위섬[17] 방향으로 작은 다리가 하나 더 놓여 있는 모습이 보이는데 소나무와 바위가 멋진 조화를 이루는 와룡대臥龍臺[18]이다. 물론 와룡은 삼국지에 나오는 제갈량이다. 와룡대 거북바위 옆에 비가 세워져 있는데 이는 화산12곡의 주인공 강

---

16 이 견불사에서 와불산 즉 미타봉을 가장 선명하게 볼 수 있다.

17 지금은 엄밀하게 얘기하면 섬은 아니다. 하지만 옛날에는 와룡대가 엄천 가운데 있던 섬이었다 한다. 한국지명총람의 설명도 그렇다. 지금처럼 돌덩이들이 밀려와 쌓이기 전에는 섬 주변이 모래밭이었다는 얘기다.

18 이하 화산12곡과 관련한 내용 즉 시와 해설은 '지리99팀'의 연구 성과를 참조했다.

와룡대에 모인 계원들 이름이 새겨진 각자.

용하(1840~1908) 등 8인이 계契를 조직했다는 내용이 담긴 유적비로 1985년 후손들이 세운 것이다. 이 계는 일반적인 친목계와는 그 성질을 달리하는 계이다.

1905년 을사보호조약으로 나라를 잃은 백성의 슬픔에 현인 즉 제갈량을 그리워하는 마음[19]을 담아 이 대臺를 와룡이라 이름한 것이다. 그러니 이는 자결이나 의병활동은 하지 못하더라도 일제에 부역하지 않겠다는 계원들의 최소한의 다짐이자 저항이었을 것이라는 평이다.

如龍踞石臥川陽(여룡거석와천양) 용이 웅크린 듯한 바위가 냇가에 누웠는데
誰錫嘉名意自長(수석가명의자장) 누가 아름다운 이름을 지어 그 뜻이 오래 가게 했나.
無柰遺民多曠感(무내유민다광감) 나라 잃은 백성은 지난 감회를 가눌 수 없는데
豈令神物老空場(기령신물로공장) 어찌 신물[20]만 늙어 빈 곳을 지키도록 두었나.
晦翁當日尊眞影(회옹당일존진영) 회옹은 지난날 진영을 그려 존숭했고
皇叔何年訪草堂(황숙하년방초당) 황숙이 초당을 찾았던 것은 그 언제였던가?
難禁英雄無限淚(난금영웅무한루) 영웅으로 하여금 눈물을 그치지 못하게 하니
高風千載動遐方(고풍천재동하방) 높은 풍모는 천년 후 먼 곳까지 감동시키네.

그러나 강용하의 시에는 그런 다짐 외에 이곳을 가거지可居地로 여겼던 일

19 조선 사람이 우리나라 영웅을 그리워하지 않고 중국이라는 나라의 한 사람을 그리워한다는 게 참 이해가 가지 않는 대목이다. 당시 유학자들의 뿌리 깊은 모화사상을 엿볼 수 있겠다.

20 여기서 신물은 와룡대 바위를 얘기하며 회옹은 주자, 진영은 제갈량 그리고 황숙은 유비를 가리킨다.

두 정여창(1450~1504)과 사관이었던 탁영 김일손[21]을 그리는 시도 운치가 있고 글도 멋있다.

산이 북쪽에서 뻗어 내리다 우뚝 솟아 세 봉우리가 된 곳이 있었다. 그 아래 겨우 10여 호쯤 되는 민가가 있었다. 탄촌이라고 하였다. 그 앞에 시내가 흐르고 있었다. 정백욱[22]이 "이 마을은 살 만한 곳입니다."라고 하여 내가 말하기를 "문필봉 앞이 더 살 만한 곳입니다."라고 하였다. 앞으로 5~6리 정도 더 가면 오래된 절이 있는데 엄천사라 하였다.[23]

송문교를 코앞에 두고 우측으로 "커피 무료입니다."라는 안내판과 주차장이 보인다. 한 주민이 둘레꾼들이 파라솔 아래에서 커피나 녹차를 마시면서 쉬어 갈 수 있게끔 온수통과 종이컵 그리고 휴게시설을 해 놓은 것이다. 고마운 마음을 가지고 지난다.

와룡대를 지나는 물길은 좌로 크게 휘어져 흐르는데 정면으로 절벽이 병풍처럼 서 있다. 화산 5곡 양화대다. 강용하는 저 절벽을 창벽蒼壁이라 불렀고 석양이 내릴 때의 그 모습을 "蒼壁多夕暉(창벽다석휘) 즉 푸른 절벽 가득 석양이 비치네."라고 노래했다. 풍류를 모르는 사람도 머릿속으로 이 절경을 그리노라면 자연스럽게 감탄사가 나올 만하다,

그런데 양화대라는 이름에 대하여 논의가 좀 있다. 사실 이 양화대에는 버드나무가 보이지도 않고 있을 만한 곳도 아니건만 선인들은 버드나무를 노래

21 앞서 얘기한 무오사화의 그 탁영 김일손이다.

22 백욱은 정여창의 아명이다.

23 김일손 두류기행록.

했다. 왜 그랬을까? 이는 우리말의 어원에서 찾아야 한다.

본시 우리나라의 옛말은 단순했다. 산이면 그저 높은 것이고 사람 사는 곳이면 다 마을이었을 것이다. 그러다 보니 바다나 강 그리고 호수 등을 향해 뾰족하게 내민 땅의 끝부분도 눈에 띄었으리라. 그것을 옛 사람들은 '곶, 공, 꽂' 등으로 불렀다. 그러니 코가 우리 얼굴에서 뾰족하게 나온 부분이며 송곳이나 곡괭이, 꼬챙이, 곶감, 꼬치 등이 그런 의미를 간직하고 있음을 이해할 수 있겠다.

우리 땅에 한자가 들어오면서 이를 한자로 표기할 필요성이 생기게 되었고 특히 신라 경덕왕은 모든 지명을 한자화하였다. 그러는 과정에서 곶 안에 있는 마을은 '곶안'이니 '고잔'이 되어 '串安'이나 '古棧'이 되었고, 꽃은 '花'를 썼고 더 아름답게 표현하기 위해서는 '華'를 쓰기도 했다. 화개장터의 화개花開가 바로 이런 취지에서 생긴 말이다.

그런데 양화대는 여기서 한 걸음 더 나아가야 한다. 이곳이 버드나무와는 아무런 관계가 없기 때문이다. 다만 이곳의 옛 이름이 '버들곶' 정도의 이름을 가진 곳이었다는 추론은 가능하다. 즉 '벋延~+을(어미)+곶串'이니 바깥쪽으로 벌어졌다는 뜻의 '버드러지다'에서 온 말이라는 것이다. 그래서 우리나라 지명 중 '버드러지'나 이와 유사한 이름을 가진 마을 가령 강화도 화도면의 '버드러지' 마을이나 청주시 남일면의 '버들고지' 마을 같은 것이 이런 곳이며 서울의 양화대교의 양화진은 '벋을곶나루/버들곶나루'에서 '버들'을 '楊'으로 받아서 생긴 이름인 것이다.

어쨌든 강용하는 연약한 버드나무 운운하며 양화대楊花臺라 하였으나 조금 더 후대 사람인 강민영(1859~1925)은 양화대陽和臺라 부르고는 그렇게 각자刻字를 하였다. 楊花 즉 버드나무꽃도 좋지만 양화陽和는 따스한 봄기운을 말하며 때로는 태평성대를 뜻하기도 할 것이니 암울한 시기인 일제강점기를 지내면서 좋은 시절을 꿈꾸며 기다리는 작자의 마음이 실린 창조적 변형[24]이라 할 수 있을 것 같다.

다시 또 걷자. 우측으로 물줄기 하나를 보고 정자가 있는 운서쉼터를 지난다. 우측으로 들어가는 길을 따르면 장제동을 지나 운암 쪽으로 진행하게 될 것인데 이 길이 운암~지장사터~고혈암터를 지나 상내봉[25]을 경유 독바위~청이당~하봉~천왕봉에 이르는 이른바 점필재 루트와 연결이 된다. 정면으로 상내봉에서 내려오는 꽃봉산(733.9m) 산자락 뒤로 왕산(925.6m)이 보이기 시작한다. 좌측으로는 야산 하나가 한남동을 보려는 시야를 방해한다.

고개를 하나 넘으니 좌측 엄천 끄트머리로 건물 몇 채가 보이면서 한남동 일부가 보인다. 세종대왕의 12번째 왕자인 한남군이 수양대군의 등극을 반대하다 유배된 마을이어서 한남동이고 한남마을이다. 그래서 화산12곡 중 제7곡인 한남진이 되었다. 한남진漢南津에는 특별하게 나루라고 불릴 만한 곳이 눈에 띄지 않는다는 말이기도 하다. 한남군은 백두대간의 고치령과 관련이 있는 금성대군 복위사건에 연루되어 위리안치圍籬安置 되었다가 1459년 사망하였다.

눈을 조금 더 앞으로 끌어올리면 60번 도로에 절개지 같은 곳이 보이고 그 우측으로 바위 사면이 보인다. 이 앞이 도로 확·포장 공사가 아니었으면 지금까지도 존치되어 있을지도 모를 독립정이 있었던 곳이겠고, 그 우측 바위에

---

24 同旨 '지리99팀'

25 국토지리정보원 지도에는 와불산으로 표기되어 있으나 이는 상내봉으로 봐야 함은 지난 구간에서 자세히 봤다.

'華南臺'라는 각자가 있는 화남대다. 화산의 남쪽에 있는 대라는 뜻일 게다.

우측 산길로 접어들어 계단 논들이 있는 마을을 지나 구시락재를 넘는다. 점필재가 쉬어 갔다는 화암花巖[26]으로 추정되는 꽃봉산을 우측으로 보며 동강마을로 내려오게 된다. 민박집이며 식당 그리고 슈퍼까지 있는 상당한 크기의 마을이다. 엄천교를 건너면 운기마을이고 거기에 동강대桐江臺가 있다.

그런데 여기는 엄천인데 웬 동강?

---

26 다음 구간에 자세히 본다.

제5구간

동강마을~수철마을

동강마을~자혜교(1.2km)~산청함양 추모공원(1.5km)~상사폭포(1.8km)~쌍재(1.7km)
~산불감시초소(0.9km)~고동재(1.4km)~수철마을(3.6km): 12.1km

그런데 여기는 엄천인데 웬 동강?

람천이 백두대간의 봉화산에서 내려오는 풍천과 노고단과 반야봉에서 내려오는 만수천 등을 받고 흐르다 마천에 이르러 삼정산과 천왕봉에서 내려오는 덕전천과 의탄천을 받고는 임천이 된다. 그러다가 여기에 삼봉산에서 내려오는 구양천을 받고는 용유담에 이르러 엄천으로 개명을 하고 임천지맥(엄격하게는 엄천지맥)이 끝나는 함양 유림면과 산청 생초면이 마주보는 곳에 이르러 남강에 흡수된다.

이게 임천과 엄천의 역사다. 그런데 느닷없이 동강이라니? 桐이라면 오동나무를 말하는데 그렇다면 이 지역에 오동나무가 많이 나서 특별하게 이 구간만 동강이라고 하는 건가? 그런데 이 지역에는 오동나무가 눈에 띄지도 않을 뿐더러 더욱이 이렇게 작은 마을에 강江이라는 글자로 마을 이름을 만드는 경우도 없어 이도 맞지 않는 것 같다.

그러면 또 중국에서 가져온 얘긴가? 화산12곡 전문가 '지리99팀'의 얘기를 들어보자.

동강桐江의 지명이 중국 고사에 비롯되었음은 마을 주변에 동강桐江과 유관한 엄뢰嚴瀨가 있기 때문이란다. 1170년 무렵 중국 남송시대에 평생 벼슬을 하지 않고 강호를 떠돌면서 시인으로 이름을 떨친 대복고戴復古(1167~?)의 낚시터釣臺 라는 시 한 편을 살펴보자.

萬事無心一釣竿(만사무심일조간) 세상일에 무심한데 오직 하나 낚싯대라

三公不換此江山(삼공불환차강산) 삼공 벼슬 준다 해도 이 강산과 안 바꾸네.

平生誤識劉文叔(평생오식유문숙) 평생에 유문숙을 잘못 안 까닭에

惹起虛名滿世間(야기허명만세간) 헛된 명성만 세상 가득 드러냈네.

엄뢰대. 감수재 박여량의 글을 참조하자.

이 시는 후한後漢 때의 은자隱者인 엄광嚴光(BC37년~AD43년)을 위한 헌사獻詞다. 그러니 엄광의 입장이 되어 쓴 시라는 얘기다. 엄광은 후한을 세운 광무제光武帝 유수劉秀(BC6년~AD57년)와 친구였다. 광무제(자字가 문숙文叔)는 황제가 되자 믿을 만한 사람을 곁에 두고자 어린 시절의 친구 엄광을 불렀다.

절친한 친구가 황제가 됐음에도 오히려 엄광은 이름을 바꾸고 부춘산으로 들어가 나오지 않았다. 광무제 유문숙이 사람을 보내 찾았으나 엄광은 양가죽 옷을 걸치고 냇가에 앉아 낚시질을 하고 있었다. 그는 끝내 조정에 나아가지 않고 그렇게 촌부로 살다 죽었다.

권력 앞에서 흔들리지 않고 의연하게 살다 간 엄광의 모습은 '동강수조桐江垂釣', '동강조어桐江釣魚' 혹은 '엄릉거조嚴陵去釣' 등의 제목으로 시와 그림에 자주 등장한다. 엄광이 낚시질하던 곳이 절강성浙江省 동려현桐廬縣의 엄뢰嚴瀨였기 때문이다. 남송南宋의 시인 대복고가 '낚시터釣臺'를 쓴 이유도 그의 절개를 찬탄하기 위함이다.[1]

---

1 지리99팀 해설.

이렇듯 이 시는 엄뢰嚴瀨와 관련된 고사임을 알 수 있는데, 아름답고 운둔하기 좋은 곳을 지칭하는 지명이기에 엄천변의 마을 이름으로 삼았을 것이다.

그러면 엄뢰는 어디 있는가? 감수재 박여량은 1610년 9월 2일부터 8일까지 7일간의 지리산 산행을 마치고 쑥밭재를 거쳐 지리동부능선을 타고 진행하다 방곡으로 하산을 해서는 마지막 날을 손곡(엄뢰 바로 옆 마을)에 있는 최함씨의 계당溪堂에서 보내고 다음과 같이 그 날을 기록했다.

> 좌수 최응회가 우리에게 아침 식사를 대접하였다. 최군은 어려서부터 나와 친한 사이였다. 중풍으로 걷기가 어려웠지만 우리들을 위하여 엄뢰대嚴瀨臺까지 찾아왔다. 엄뢰대 아래에는 큰 내가 있었는데 이 내는 두류산에서 흘러 내려온 물이다. 이곳에 이르러 몇 리나 되는 맑은 못을 이루었는데, 물고기를 헤아릴 수 있을 정도로 맑고 배를 타고 다닐 수도 있을 정도로 깊었다. 시험 삼아 대추를 던져보았더니 돌아다니던 물고기가 많이 모여들었다. 물결 위로 유유히 헤엄치는 비단 물고기도 많았다

그러니 엄뢰는 이 엄천이 동강마을을 지나 베리산(373.6m)의 적벽에 부딪히며 휘돌아 가는 곳이란다. 지금은 60번 도로가 지나가면서 옛 정취를 많이 잃어버렸지만 그래도 그 위에서 바라보는 엄뢰대는 선인들이 벼슬에 대한 욕망을 버리고 은둔해 살면서 세월을 낚는 모습을 그릴 수 있을 것 같다. 무위자연을 좇는 노장사상이 저변에 깔린 분위기이다.

자, 이제 제5구간을 시작하자. 동강리 평촌동 마을 한가운데를 지나는 길을 따른다. 엄천교 앞 도로변에는 '지리산 가는 길'이라는 이정표가 설치되어

있다. 이 방향으로 지리산 산행에 나서는 사람들은 지리산을 어느 정도 아는 사람들이겠다.

그런데 이 길이 점필재가 지났던 길과 맞물린다. 즉 이미 얘기한 바와 같이 1472년 8월 14일 근무지인 함양 관아를 떠나 지리산으로 드는데 지로승指路僧으로 해공과 법정을 앞세우고 일행들과 함께 엄천을 건넜다. 그러고는 첫날은 엄천을 지나 화암花巖 아래에서 쉬고憩于花巖[2] 환희대에 오른 후, 신열암, 독녀암, 의론대를 지나 고열암에서 첫날밤을 보내고 이튿날은 아홉 고개를 넘어 지리동부능선 혹은 덕천지맥의 청이당에 이른다.

의론대 바로 아래에는 마지막 빨치산 정순덕(1933~2004)이 은거하고 있던 선녀굴이 있다. 선녀가 살았어야 할 선녀굴이 이 시대의 아픔을 간직하고 있는 굴이 되었다는 자세한 얘기는 제7구간에 있는 그녀의 고향인 삼장면 내원리 안내원에 가서 들어보자.

엄천 건너 좌측 한남동 마을 뒤로 법화산(992.9m)이 보인다. 그리고 그 좌측으로 높이 솟아 있는 봉우리가 삼봉산(1188.7m)이다. 그 법화산은 임천지맥에서 가지를 친 줄기이다. 즉 지맥의 삼봉산에서 오도봉(1039.5m)을 지나면서 오도재로 가지를 친 단맥이 법화산을 향한다. 단맥은 계속하여 476.2봉을 지나 베리산(373.6m)[3]을 거쳐 엄뢰대 부근에서 맥을 다하게 된다. 그리고 그 줄

---

2 화암花巖의 위치가 현 지명과 일치하지 않아 문제이다. 도솔산인 이영규는 '巖'이 바위나 언덕, 낭떠러지라는 뜻뿐만 아니라 '산봉우리'라는 의미도 가지고 있으니 花巖은 곧 꽃봉산으로 해석한다. 그러면 동강마을 뒤편의 733.9봉의 현 지명이 꽃봉산이니 옛 지명과 정확하게 들어맞는다고 한다. 예전 사람들이나 지금 사람들은 특별한 일이 아니면 우회하는 코스보다는 지름길을 이용하여 산길을 걷는다는 것은 당연한 처사일 터. 그렇다면 점필재 일행은 위와 같이 화암 즉 꽃봉산 아래 어딘가에서 쉬고 엄천강을 따라 진행하다 적조암 루트를 타고 바로 능선으로 달라붙었을 것이다. 바로 이 길이 암자와 암자를 잇는 곧 당시의 산길이자 등로였으며 천왕봉으로 오르는 지름길이었으니 말이다.

3 베리산은 국토지리정보원 지도에는 나오지 않는 산 이름이다. 엄천사가 있던 절터 뒷산으로 엄천 쪽으로는 상당히 급경사이다. 이런 '벼랑'을 뜻하는 말을 우리 중세국어에는 '벼ᄅᆞᆰ' 또는 '벼로'라고 썼다. 지금

기가 함양군과 산청군의 군계가 된다. 그러고 보니 이제 함양 땅을 지나 산청 땅으로 접어든다.

좌측 엄천 너머 손곡리로 올라가는 길이 보인다. 그 길 우측에는 옛 엄천사 절터가 있는데 국토지리정보원 지도에는 '절터'로 표기되어 있다. 문화재청 조사에 의하면 엄천사는 신라 때 창건되어 19세기 중엽까지 운영되다 화재로 소실되었다고 한다. 유물이 발굴되는 장소로 보아 대규모 사찰로 운영되고 있었음이 확인되었다고도 한다. 그러니 이 엄천사 때문에 이 강이 엄천이라는 이름을 가지게 된 것이다.

이 엄천사[4]는 신라 헌강왕 때 창건한 사찰로 선왕들을 추모하기 위하여 세운 사찰이다. 효성이 지극했던 헌강왕은 초대 주지로 당시 금산사 주지였던 법우화상[5]을 임명하는데 이 법우화상이 엄천국사가 된다. 헌덕왕은 낙성식에 참석하여 '(신라 왕실은) 부처님 뜻을 엄하게 가져 냇물이 쉬지 않고 흐르듯 후세까지 그 복을 받으리라.'는 의미로 친히 엄천사라 명명하였다.

정면으로 자혜교 건너 자혜마을 입구에 당산나무가 보인다. 둘레길은 여기서 우회전한다. 용유담부터 같이한 유서 깊은 엄천과도 이제 작별이다. 국토지리정보원 지도에는 물론 영진지도 등 일반지도에도 사라진 그러나 1530년에 탈고한 신증동국여지승람에 분명히 기록되어 있는 엄천이 언제나 다시

의 '빗'과 같은 말이다. 여기서 같은 뜻의 단어가 지방마다 다르게 변화하는 과정을 겪는데 '벼루', '베르', '베리', '비리', '비랭이', 벼락', '베틀', '비락' 등이 이 예에 속한다. 그러니 베리산은 상당히 경사가 급한 산이라는 말일 것이니 산의 지세와 이름이 꼭 같다. 제18구간의 '배틀재'나 위 꽃봉산~상내봉 코스의 베틀재도 다 같은 의미의 고개이고 경기도 가평의 조종(명지)지맥의 빗고개도 결국 같은 내력을 가진 고개이다.

4 엄천사는 제10구간에서 수정사와 연결이 된다.

5 이능화의 조선무속고에 나오는 그 '법우화상'이다. 이 책 전편全篇에 걸쳐 자주 나오는 인물이다.

자기 이름을 되찾을 수 있을까? 근 천 년의 역사를 지닌 신라 고찰 엄천사가 흔적도 없이 사라졌듯이 지금도 지리산 북부를 적시고 있는 엄천이 이제는 뜻있는 이들의 입으로만 전해질 운명에 처하게 된 것이다.

이렇듯 엄천은 휴천면 모정리에 위치한 수많은 전설과 절경을 지닌 용유담에서 산청군 생초면 강정리까지 약 17km가 되는 지리산 동북 자락의 관문인 것이다.

도로를 따라 산청군 금서면 방곡리로 들어선다. 함양군 휴천면과 산청군 금서면의 군계가 애매하다. 군계를 이루는 산줄기가 덕천(웅석)지맥의 새봉~상내봉에서 내려오는 줄기이긴 하지만 오봉천과 엄천이 만나는 합수점이 아닌 곳으로 진행을 해서 그런지 감이 제대로 오지 않는다.

산청·함양 학살사건- 견벽청야堅壁淸野 작전

우측으로 '산청·함양사건 추모공원 1.2km'라는 안내판이 나온다. 경건한 마음으로 걸어야겠다. 제주 4·3사건이 국가에 의한 과도한 진압으로 이루어진 사건이었던 것처럼 이 산청·함양사건 역시 이에 못지않은 민간인에 대한 극악무도한 국군의 학살 현장이다. 이 사건은 거창양민사건과 더불어 한국전쟁 기간 중 국군이 양민을 학살한 대표적 사건들 중 하나이다.

때는 중공군 개입 뒤 1·4후퇴 시기인 1951년 2월 7일이었다. 음력 정월 초이튿날이었던 이날 지리산 동쪽 큰 산들 사이, 해 뜨고 지는 것으로 시간을 아는 두메산골인 가현·병곡·점촌(산청군 금서면)과 서주리(함양군 휴천면) 등 네 마을 양민 705명(어린이, 여성, 노인 85%)이 남원·진주를 중심으로 활동

산청·함양사건 추모공원. 국군에 의한 민간인 학살 현장이다.

하던 11사단(사단장 최덕신) 9연대(연대장 오익경 중령)의 '보11사 작명5호 견벽청야堅壁淸野'[6] 명령을 3대대(대대장 한동석 대위)에 의해 2월 7일 아침부터 11일 사이에 수행한 양민 학살 작전 닷새 만에 느닷없이 떼죽음을 당하고 세 마을 133가구가 잿더미가 된다.

학살 작전을 벌인 이유가 최덕신 11사단장의 민간인에 대한 '견벽청야' 전술, 4·3사태 진압군이었던 9연대의 쓸데없는 자부심 그리고 여기에 지휘관과 전쟁 자체의 부도덕성이 얽혔고 거기에 더하여 양민을 통비분자로 몰아 죽여야 할 만큼 전세가 다급하고 전과가 부실했던 탓도 있었다고 하니 기가 막힐 따름이다.

좌측으로 미니 태양광 발전소를 보면서 걷는다. 산청·함양사건으로 마음이 무거우니 발도 따라서 무거워진다. 우측으로 도로를 펴는 공사가 한창이

6 삼국지三國志의 '순욱전筍彧傳'에, 위魏의 조조曹操가 영주의 복양에 진을 치고 있는 여포呂布를 강하게 공격하였으나 여포는 무리한 싸움을 피하고 지구전持久戰으로 맞섰다. 이때 서주목사 도겸陶謙이 죽었다는 소식을 들은 조조는 서주를 빼앗기 위해 군사를 돌리려 하였다. 그러나 명참모 순욱이 이 작전을 말렸다. 순욱이 견벽청야 전술을 모를 리 없는 조조에게 진언하였고 이에 조조는 서주탈환 작전을 취소하고 여포 공략에 힘을 쏟아 결국에는 성공을 거둘 수 있었다. -견벽청야堅壁淸野(두산백과)

다. 급커브길 때문인지 새로운 연결 도로를 내느라 산을 또 깨부수고 있다.

좌측 오봉천 건너편에도 공사가 한창이다. 산청·함양사건 추모기념관 앞의 '점촌마을 주민 희생터'와 '산청·함양사건 추모기념관'에 들러 잠시 경건한 마음으로 묵념을 드리고 지난다. 기념관을 나오자마자 정면 좌측으로 보이는 표지판을 따라 바로 좌회전한다. 올라오던 습관대로 만연히 직진하기 십상인 곳이다. 공사 현장인 오봉천(왕등재봉에서 흘러내려오는 물줄기)을 건너면 뚜렷한 이정표도 없어 조심스럽게 간이 이정표를 보고 진행하여야 한다. 이름만큼이나 봄이 아름다운 곳일 방곡리가 예전에 피로 물든 학살 현장이라는 게 믿어지지 않는다. 임천의 지류인 오봉천을 건너 쌍재동으로 들어간다. 도로 건설 현장에서 좌회전하여 걷다 우측 계곡으로 들어서면서 본격적으로 산길로 접어든다.

이제부터 둘레길은 왕산 등로와 겹친다. 계곡 우측으로 난 둘레길은 흙길과 돌길이 번갈아가며 나타난다. '추모공원 1.4km' 이정표는 좌측으로 상사폭포를 안내하고 있다. 2분 정도 안으로 들어가면 시끄러운 물소리와 함께 제법 규모가 있는 폭포를 볼 수 있다.

시원한 물소리를 듣고 다시 되돌아 나와 폭포 상단부로 올라간다. 폭포로 내려오는 물은 나무다리를 이용하여 건넌다. 깨끗하게 정리된 둘레길은 누구나 부느럽게 걸을 수 있게끔 조성되어 있다. 우측 산허리에 있는 외딴집 개가 이방인의 출현에 심하게 짖는다. 우측 억새밭을 지나 펜스를 따라 오르면 좌측으로 쉼터 하나가 보이고는 바로 임도다. 우회전하여 임도를 따르다 보면 삼거리가 나오면서 좌측으로 왕산을 가리키는 이정표가 서 있다. 쌍재다. 하지만 실질적인 쌍재는 이곳이 아니라 5분 정도 더 올라가서 만나는 사거리다.

여기서 지리산 덕천지맥 상의 왕등재봉에서 이어진 지능선支稜線이 이 루트를 따라 왕산(925.6m), 필봉산(858.2m)과 이어진다. 참고로 쌍재에서 왕산을 오르기에는 길도 희미할 뿐만 아니라 워낙 된비알이라 상당히 어려운 루트다. 웬만한 고수 아니면 이 등로 즉 쌍재~왕산 루트는 권하고 싶지 않다. 즉 지리산 환종주 루트[7]를 선택했거나 특별하게 왕산단맥을 기획한 경우가 아닌 일반 명산 산행의 경우에는 피해야 할 루트라는 얘기다.

산불감시초소가 있는 641.4봉은 훌륭한 조망처!

둘레길은 우회전하여 편안한 길을 따른다. 여기서 둘레길 고동재까지는 덕천지맥의 지능선인 왕산단맥이다. 낙엽송 숲을 여유롭게 걷다가 좌회전하여 돌계단을 오르면 산불감시초소가 있는 641.4봉이다. 오랜만에 조망이 터지는 대단한 곳이다. 여기서 사방을 다 돌아볼 수 있다.

남동쪽으로 천왕봉과 중봉 등 지리주릉이 다 보이고 새봉에서 상내봉으로 내려가 동강마을로 떨어지는 능선 뒤로 벽송 능선까지도 볼 수 있다. 그 우측 뒤로 좀 희미하긴 하지만 삼봉산과 법화산 능선도 읽을 수 있으며 왕산과 필봉산은 너무 가까이 있다는 느낌이다. 필봉산 우측으로 산청의 와룡산에서 상여봉 지나 우측으로 정수산과 둔철산을 읽을 수 있으니 정수산 좌측 고봉이 황매산이라는 것도 쉽게 짐작이 간다. 둔철산 우측이 웅석봉이니 그 좌측이 기산이고 그 우측이 도토리봉임을 쉽게 찾을 수 있으니 이만한 조망처가 어디 있을까!

---

7 2012년 6월 '무한도전 산너머' 팀에서 개척한 루트로 백두대간(봉화산~천왕봉)+덕천지맥(천왕봉~왕등재봉)+왕산단맥(왕등재봉~산청)+산청+임천지맥(화장산~봉화산)을 잇는 약 131km의 장거리 코스다.

고동재로 내려가는 길 역시 너무 좋다. 느닷없이 족보에도 없는 삼각점이 나오지만 이미 폐쇄된 그것이라 이를 무시하고 걷는다. 비목나무 등 이름을 알 수 있는 나무들 이름표가 달려 있어 그들을 식별하기도 무난하다.

고동재. 장승에서 안내 멘트가 흘러나온다.

그러고는 돌무덤과 장승이 서 있는 고동재다. 고개가 고동같이 생겨서 붙여진 이름이라고 하는데 정말이지 믿기 어려운 말이다. 비교할 게 없어서 고동까지 동원했다니…. 그저 지명을 대고 거기에 어떤 것이 연상이 되면 그걸 갖다 붙인 꼴이다. 초등학생 수준이다. 금서면 수철리와 오봉리를 잇는 이 고동재는 일반 승용차도 오르내릴 수 있을 정도로 임도 상태가 좋다.

구형왕이 지나던 길

어쨌든 이 고동재는 왕등재봉과 왕산을 이어주는 고개인 것만큼은 확실하다. 이 고개가 있음으로써 왕산과 필봉산은 간신히 지리산 가족관계등록부에 이름을 올릴 수 있게 된 것이다. 그런데 여기서 '왕'이라는 접두사가 눈에 들어온다. 들리는 말에 의하면 왕등재의 '왕'이나 왕산의 '왕' 모두 가락국 금관가야의 마지막 왕인 구형왕을 일컫는 말이라고 한다.

나라를 고스란히 신라에 넘겨 '양왕讓王'이라고까지 불리는 구형왕은 이 왕등재[8] 아래에 토성을 쌓고 끝까지 저항했다[9]는 얘기가 이곳 주민들에게는 구전으로 전해온다고 한다. 실제 왕등재 너머 외곡 방향으로 그 성의 흔적도 볼 수 있고 나아가 이 성에는 성문도 볼 수 있으며 부근에 도장골(식량 창고)이라든가 망생이골(말을 키우던 곳), 국골國谷 등의 이름도 이와 무관치 않다는 것이다. 그런 구형왕이 더 쫓겨가 왕산에 이르러 결국 최후를 마친 것이라고 하는데 학계에서는 사료가 없다는 이유로 무시하는 것 같다.

이 고동재를 대동여지도는 본통치라고 표기한다. 여기서 직진하여 사면을 치고 올라가면 지리산 왕등재봉으로 바로 이어진다. 둘레길은 임도를 따라 좌회전하여 수철리로 향한다. 내려가는 임도 우측으로는 사면斜面이고 좌측으로는 간간이 조망이 트인다. 가끔 이 임도를 오르내리는 차량을 만날 수 있다.

왕산과 필봉산을 조망하면서 15분 정도 내려오면 지리 덕천지맥에서 내려오는 상당한 수량의 물을 만날 수 있다. 좌측으로 쉼터 한 곳을 지나면 전원주택지와 이국적인 모습의 카페를 지나게 된다. 밭이 간간이 나오며 수철리 마을로 들어간다.

---

8 일반적으로 재岾는 '嶺, 峙' 등과 함께 고개를 이르는 한자어이다. 그런데 구형왕이 올랐다고 하여 이름 지어진 왕등재王登岾는 사실 고개가 아니라 봉우리이다. 그래서 필자는 꾸준히 '왕등재봉'이라고 표기하고 있다.

9 왕산 아래 수정궁(홍수로 관련 유적들이 다 떠내려가서 현 덕양전에 옮겨서 새로 지은 것)은 사리탑 4기만 남아 있지만 이곳이 구형왕이 마지막까지 살던 곳이라는 설이 있다. 그리고 지난 구간 지나온 칠선계곡이 있는 추성동의 국골이 이 구형왕과 연결하여 생각하는 이들도 있다. 즉 이 구형왕릉과 추성동의 추성산성 등이 이 역사의 비밀을 풀 수 있는 열쇠가 되지나 않을까?

제6구간

수철리~성심원

수철~지막(0.8km)~평촌(1.8km)~대장(1.6km)~내리교(3.4km)~내리한밭(1.6km)
~바람재(0.9km)~성심원(1.9km): 12km

수철리에 있는 둘레길 안내판.

제6구간의 시작은 수철리의 수철마을회관 앞이다. 산청 땅 그중에서도 금서 땅으로 들어온 지 상당히 오래됐지만 느낌은 아직도 함양 땅에 있는 것 같다. 쌍재와 고동재 때문이다. 지리산이 산청과 함양을 구분하고 있다는 느낌이 둘레꾼을 지배하고 있으니 고동재 북쪽은 함양 땅일 것 같다는 생각이 지워지지 않아서란 얘기다.

수철리는 그저 하천가의 마을이라는 뜻이다

그러고 보니 지난 둘레길 첫 구간 즉 주천~운봉구간에서 수철리라는 이름을 본 것 같다. 운봉읍 행정리에서 세걸산 옆의 세동치로 올라가던 길목에 있던 마을이었다. 그 수철리나 여기 수철리나 모두 산자락의 물가 마을이다. 두 수철리가 각 공안천이나 금서천을 끼고 있으니 그렇게 볼 수도 있겠다. 하긴 우리나라 어느 땅이 조그만 개천 하나 끼고 있지 않은 곳이 있을까? 그래서 그런지 이곳 수철리도 예전에 대장간 혹은 쇠를 제련하는 공장이 있어서 생긴 이름이라는 말이 들린다. 제련소와 풍부한 물은 떼어놓고 생각하기 어려워서 생긴 말이니 그런 것 같다. 어쨌든 이 부근에 그런 시설이 있었을까?

'물'의 고대어는 '믇' 혹은 '묻'이었으며 따라서 물 옆의 골짜기나 마을의 경우 '뭀울' 혹은 '뭇막'이라 하였다. '뭇+울>무싀울>무시울', '뭇+막>무수막>무쇠막' 등으로 변하여 오늘날에도 무싀울, 무시울, 무쇠막 등의 마을 이름이 많이 남아 있는 것이다.

짐작하다시피 우리나라에 한자가 들어오면서 이를 한자로 표기하다보니 무水+쇠鐵=수철리水鐵里가 된 것에 불과하다. 지리산 자락의 두 군데 이외에도 '수철리'라는 지명은 전국적으로 상당히 많은데 모두 하천가에 있는 마을이다. 비슷한 예로 필자의 고향이기도 한 서울의 한강 가에 있는 금호동金湖洞도 원래 이름이 '무수막'이었고 도봉동의 한 골짜기 마을도 무시울이었다. 물의 마을이란 뜻으로 물막>무수막>무쇠막이라 불리다가 훗날 사람들이 무쇠솥 운운하며 말을 지어내어 한자화하는 과정에서 쇠 '금金'을 따와서 금호동이라 한 것이다.

초기 철기시대는 말할 것도 없고 지금도 제철산업은 국가적으로 지원하고 관리해야 가능한 일이다. 현재 제철산업이 항구 도시에서 발달하듯이 그 당시에도 대부분 큰 강가에서 주로 발달하였다. 중국에서는 이 기술을 외국에 반출하지 못하도록 법으로 철저하게 금지시킬 정도였다. 국가 권력과 지원이 미치지 않는 지리산 골짝 마을에서 제철製鐵을 할 수도 없었으며 할 이유도 없다.[1]

따라서 '수철리'는 무쇠솥과는 전혀 무관하게 무쇠막이라는 옛 지명대로 '물 옆에 있는 마을' 정도의 뜻이다. 영동고속도로가 지나는 섬강 주변 마을 이름인 '문막'도 동일한 어원에 속한다.

마을회관을 지나 바로 좌회전하여 마을을 빠져나가면 시멘트 농로를 따라 걷게 된다. 논과 밭이 혼재하는 곳을 논두렁을 따라 지나며 자연스럽게 뒤를 돌아보면 필봉산과 왕산 그리고 쌍재를 한눈에 볼 수 있다.

1 同旨 '지리99팀'

고동재 좌측으로 고개를 돌리면 멀리 왕등습지 부근(왕등재봉)이 보이며 바로 앞의 756.3봉이 거대하게 다가온다. 언덕을 내려가 지막마을로 들어선다. 다리가 나오고 우측 개천을 따르는 방향으로 '지막계곡 야영장'이라는 펼침막을 볼 수 있다. 936.5봉 부근에서 모아져 내려오는 물줄기가 향양천이고, 그 물줄기를 따라 조성된 소위 '지막계곡 유원지'이다. 여름철이면 시원한 계곡을 찾는 피서객들로 인산인해를 이루는 곳이다.

지막 마을은 딱(닥)종이를 만들었던 곳으로 전해지며 지막골 또는 지막동이라 하였다. 지막 마을에는 덕계 오건 선생(1521~1574)[2]과 남명 조식 선생에 관한 이야기가 전해지는 춘래대와 춘래정[3]이 있다.[4]

지막2교 앞에서 좌회전하여 도로를 따라 걷다가 지막교 앞에서 좌회전하여 잠시 오건의 춘래대와 춘래정을 감상하고 올 일이다. 가까우니 잠깐만 발품을 팔면 된다. 그러는 것이 남명 선생과 오건의 고사[5]도 감상하는 일이 될 것이다. 돌아 나와 지막교를 건너 '지막마을' 표지석이 세워져 있는 마을 입구로 나오면 여기서 59번 도로를 만나게 된다. 이 도로는 지맥꾼들에게는 낯익고 반가운 길이다. 지리산 동부지역의 주요 포인트 중 하나인 밤머리재[6]로 오르는 길이기 때문이다. 이 도로가 생김으로써 '천왕봉 오르기보다 더 힘든 웅석봉'이라는 얘기는 이제 사라지게 되었다. 즉 이 도로를 그저 교통수단으로만 이용한다면 밤머리재를 지나 천왕봉으로 가는 삼장면과 시천면으로 가는

2 덕계 오건은 최영경, 정인홍, 김우옹, 정구 등과 함께 '남명 오현'으로 꼽힐 만큼 남명 문하의 뛰어난 제자 중 한 명이다.

3 제9구간 덕산으로 가면 송객정이 같은 사연을 가지고 있다.

4 (사)숲길 소개 글. 춘래대에는 '덕계선생장구지소'라 하여 오건의 쉼터 역할을 하던 곳이었는데 이 부근을 자연동천紫煙洞天이라고 이름하여 명승지로 여겼다. 오건의 고향 덕촌과 가까운 곳에 있다.

5 두 사람의 고사故事에 관해서는 제9구간에서 자세히 본다.

6 대동여지도에는 율현栗峴으로 표기되어 있다.

길이지만 산꾼들에게는 자신의 목적에 따라 지리동부능선, 지리태극종주, 덕천(웅석)지맥을 걷는 산행의 들머리로 오르는 길이 되기 때문이다.

지막마을 표지석에서 길을 건너자마자 안내판 하나가 나온다. '지리산 둘레길 임시노선'이라는 제목의 안내판인데 '59번 도로~평촌마을' 부근의 약 2.3km 구간에 항노화抗老化산업단지[7]가 조성되고 있으니 안전을 고려해 그 공사가 어느 정도 마무리되는 2019년 4월까지는 우회하여 진행해 달라는 취지의 글이다. 우회하는 도로는 따로 보도가 설치되어 있지 않으니 안전사고에도 유의하라는 당부의 말도 잊지 않았다. 2019년 4월 이후에는 이 임시 이정표는 필요 없이 산단 안으로 걸을 수 있겠다. 그러면 오히려 둘레길이 더 단순해지겠다.

어쨌든 임시 둘레길을 따를 경우 우회 도로는 항양교를 건너면서 필봉산을 보고는 삼거리에서 우회전하여 59번 도로를 따라간다. 도로를 따르다 뒤를 돌아보면 덕천지맥과 우측 끝으로 왕등재봉이 보이고 진행방향 우측으로는 기산(616.1m)을 볼 수 있다.

둘레길 바로 옆으로 폐교를 개조한 '해동선원'이라는 절집 마당에 불교 관련 각종 석물들이 흩어져 있고 입구에는 '세상 모든 일에 선禪 아닌 것이 없나.'는 뜻의 '세상선世上禪'이라는 글씨가 눈길을 끈다. 교사校舍로 쓰던 건물 앞에는 이순신, 이승복, 세종대왕 동상이 그대로 서 있어 보는 이로 하여금 잠시 옛 추억을 떠올리며 미소를 흘리게 한다.

평촌교를 건너 우측으로 고개를 넘으면 공사장의 먼지가 날리고 있고 저수조 앞에서 좌회전하면서 원 둘레길을 회복한다. 함양 오씨 가족묘를 지나

7 anti-aging industry, 抗老化産業. 생활의 질과 수명연장과 관련한 산업이다.

대장마을에서 본 꽃봉산. 그 뒤로 둔철산이 보인다.

면 슬레이트 지붕이 눈에 띄는 대장마을이다. 이 대장마을도 산업단지가 생기면 어떻게 바뀔지 두고 볼 노릇이다. 마을 좌측으로는 한국항공우주와 오뚜기식품이 크게 자리하고 있고 그 우측으로 대전·통영 고속도로를 질주하는 차량의 소리가 공사장 소음보다 더 시끄럽다. 고속도로 뒤로는 산청의 진산 꽃봉산(237.5m)이 손짓하고, 그 뒤로 둔철산(823.4m)이 바로 앞으로 다가왔다.

대장교를 건너 고속도로를 경호강 2교 교각으로 통과하면 우측으로 지막리의 향양천을 흡수한 금서천이 경호강(남강)에 합류되는 모습이 보이고 정면으로는 경호강 1교와 그 뒤로 와룡산이 보인다. 와룡산 우측으로는 정수산(829.8m) 줄기가 병풍처럼 길게 서 있다. 남강지맥에서 가지를 쳐 내려온 이른바 양천(정수)지맥이다. 양천지맥은 소룡산 부근에서 갈라져 나와 정수산~둔철산을 지나 양천과 남강이 합쳐지는 합수점에서 맥을 다하는 약 34.7km의 지맥枝脈이다.

고속도로 교각 아래 고수부지는 훌륭한 휴식처이다. 차량 통행이 가끔 있기는 하지만 경호강을 코앞에 두고 쉬면서 산청읍내의 야산과 꽃봉산(237.5m) 정자의 어울림 등을 보는 것도 쏠쏠한 즐거움이다. 경호1교 들머리 좌측으로 지리산 둘레길 산청센터가 있어 필요한 정보를 얻을 수 있다. 그 경호1교를 건너면서 금서면을 떠나 산청읍으로 들어서게 된다.

남강이 산청에 들어오면 경호강이 된다

이 산청의 예전 이름은 산음이었다. 중국을 사대事大하다 못해 모화慕華까지 한 경덕왕(?~ 765)은 지품천현이었던 이 산청을 산음으로 바꿨다. 고려사 지리지에 의하면 산양이라고도 불리다가 영조 43년 그러니까 1767년에 이르러서야 지금의 산청으로 부르게 되었다고 한다. 현재 우리가 쓰는 지명은 대부분 신라 경덕왕 때 정비된 이름이다. 경덕왕은 한화정책漢化政策을 실시하여 우리나라의 모든 지명을 한자화하는 작업에 몰두한 인물이다. 전제왕권을 강화하기 위한 수단이었다.

이 산청의 옛 이름 산음은 중국 절강성 소흥현 산음(상해 바로 아래의 소흥시紹興市)의 빼어난 산수와 비견比肩된다고 하여 거기서 따온 이름이란다. 그래서 중국 산음에 경호강이 있으니 이 남강도 산청으로 들어서면 특히 경호강이라 부르는 것이다. 단성의 끄트머리까지는 그렇게 부른다.

그러니 경호강의 본 이름은 남강이다. 이 남강이 하는 역할 중 하나는 지리산의 동쪽 영역을 한정하는 것이다. 즉 남강을 만나면서 지리산의 모든 맥들은 다 끝나게 된다. 그러니 덕천지맥이나 지리태극종주, 남강태극종주, 하다못해 진양태극종주는 물론 지리동부능선까지도 모두 그 맥의 끝은 이 남강까지인 것이다. 남강과 지리산과의 관계는 이것만 이해해도 된다.

경호1교를 건너면서 좌측을 보니 성호교 앞 우측으로 산청초등학교가 보이는데 그 초교 본관 자리에 예전에 '환아정換鵝亭'이라는 정자가 있었다. 밀양의 영남루, 진주 촉석루와 더불어 영남 3대 누각으로 알려진 큰 정자였다. '환아換鵝'하니까 중국 산음의 대표적인 인물로 문학가이자 서예가인 왕희지(307~365)가 떠오른다. 환아정과 관련한 얘기를 들어볼까?

영남 3대 누각 중 하나였던 환아정. 인터넷에서 퍼왔다.

환아정이라는 정자

김선신의 두류전지는 "산청지에는 객관 서쪽에 있으며 강가(경호강)에 임해 굽어보고 있다. 현감 심린이 건립할 때 당시 저명한 선비였던 화산花山 권반權攀(1419~1472)이 우군 왕희지의 고사를 취해 이름을 지었다. 우암 송시열과 백헌 이경석의 기문이 있다."고 적었다.

권반이 '백아환자白鵝換字' 즉 '유난히 거위를 좋아했던 왕희지가 흰 거위白鵝를 얻기 위해 '도덕경'을 자신의 필체字로 써서 그 둘을 바꿨다換.'는 유명한 고사에서 따와 '환아정換鵝亭'이라 이름 지었고, 그 현판의 글씨는 당대 최고의 명필 한석봉(1543~1605)이 썼다. 그러나 정유재란 때 소실됐고 다시 복원된 것이 1950년 3월 1일 원인 불상의 화재로 또 소실되었으나 지금까지 복원되지 못하고 있다가 최근 들어 복원 작업이 진행 중이다.

1489년 4월 봄이 무르익는 계절에 탁영 김일손도 지리산 산행을 떠나면서 이곳을 지났다. 그는 환아정에 올라 기문記文을 보고는 "북쪽으로 맑은 강을 대하니, 유유하게 흘러가는 물에 대한 소회가 있었다. 그래서 잠시 비스듬히 누워 눈을 붙였다가 일어났다. 아! 어진 마을을 택하여 거처하는 것이 지혜요. 나무 위에 깃들여 험악한 물을 피하는 것이 총명함이로구나. 고을 이름이 산음이고 정자 이름이 환아換鵝니, 아마도 이 고을에 회계산會稽山의 산수를 연모하는 사람이 있었나 보다. 우리들이 어찌 이곳에서 동진東晉의 풍류를 영원히 이을 수 있겠는가."라고 말했다.

그 규모에 대해서 정유재란 뒤 복원한 환아정을 본 김회석(1856~1934)은 "매우 웅장하고 아름다웠다."고 그렸는데 이런 환아정을 지나면서 시를 지은 사람들이 어디 한둘이었겠는가?

남주헌(1769~1821)은 함양군수 재직 중이던 1803년 3월 산청현감 정유순鄭有淳, 진주 목사 이낙수 등과 함께 지리산을 올랐다. 산행 도중 산음에 들러서는 이 환아정에 올라 주변을 이렇게 그렸다.

"정자 아래로 강물이 흘렀고, 강가에 절벽이 임해 있었으며, 예쁜 꽃과 길쭉한 대나무가 주위를 둘러싸고 있었다. 이곳의 옛 지명은 산음山陰이다. 그래서 산은 회계산會稽山이라 일컫고 물은 경호강鏡湖江이라 이름하며, 왕일소王逸少(필자 주: 왕희지)의 고사를 본떠 환아정을 지은 것이다. 여기는 내가 어려 치례 본 곳이다."

그렇게 둘러보고는 산음을 떠나면서 시 한 수를 읊는다.

稽山鏡水繞空臺(계산경수요공대)　회계산과 경호강이 빈 누대를 감싼 자리
癸丑春年上巳會(계축춘년상사회)　계축년(353년)의 봄날이 상기일과 겸해 돌아왔네.

그러면서,

籠鵝已去沙鷗至(농아이거사구지) 거위 안고 떠나가니 갈매기만 날아오고

道士難逢洞客來(도사난봉동객래) 도사 상봉 어려우니 동객만 찾아오네.

그런데 그 경호강과 어우러진 멋진 모습을 보여주는 회계산이 어디인가? 대동여지도와 조선지도에도 나와 있는 이 회계산이 현대 지도에는 위치가 불분명하다. 대동여지도에 의하면 회계산은 '동산'의 북동쪽 정곡마을 좌측에 있다고 하고, '비변사인방안지도'와 '광여도'에 의하면 '관문으로부터 5리 거리'라고 되어 있다. 그럴 경우 '동산'이 현재 산청의 진산인 꽃봉산(237.5m)이라고 하니 회계산은 지금의 산청군 하수 종말 처리장 옆에 있는 231.7봉이라는 견해가 있으나 이 정도의 조망의 봉우리에 그 수려한 이름을 갖다 붙였을까?

깊게 살펴보면 백두대간에서 가지를 친 남강지맥이 소룡산 부근에서 양천지맥을 다시 분기시키고 이게 비득재 부근에서 다시 우측으로 가지를 친 줄기가 상여봉(506.9m)~와룡산(416.7m)으로 내려오다 마지막에 빚은 산이 바로 꽃봉산이다. 또 꽃봉산에서 5리 정도라면 와룡산이 거의 맞을 거 같다. 그런데 사실 와룡산은 그렇게 풍치가 없으며 경호강변에 위치한 곳도 아니다. 사실 강변에 있으며 정곡마을 왼쪽에 있다고 하면 당시의 지형이 지금과 똑같다고만 볼 수는 없을 것이다. 그렇다면 사실 아까 얘기한 231.7봉밖에는 없다.

경호1교를 건너서는 우측으로 붙어 기산 바로 아래 부분의 남강을 따라간다. 좌측 상가에는 레프팅 관련업소가 즐비하다. 여름이라면 레프팅을 즐기는 꾼들이 북적일 것이고 봄·가을이라면 플라이 낚시를 즐기는 이들의 여유로움을 부러워할 것이다.

우측으로 기산을 보면서 지나노라면 정면으로는 서서히 웅석봉 부근이 눈

꽃봉산 정상의 정자

에 들어오기 시작한다. 내리교 들머리 좌측으로 유신헌법 그러니까 제4공화국 당시 '통일주체국민회의 대의원'이었던 분이 내리교 건립에 상당한 액수의 기부를 하였는지 그분 송덕비가 세워져 있다. 경호강을 건너면 둘레길은 두 방향으로 나뉜다. 선녀탕 방향과 경호강 강변 방향이다.

제6구간의 본선인 강변 방향으로 진행한다. 강변길은 산책로이다. 경호강변을 따라 걸으면 이제 웅석봉이 정면으로 보인다. 밤머리재에서 올라오는 루트가 우측으로 방향을 틀어 기산으로 향하는 모습도 확연하다. 그 우측으로는 아직도 왕산과 필봉산이 시야에서 사라지지 않고 있다.

지곡1교를 건너면서 좌측 경호강 너머를 보면 외송마을 부근에서 둔철산으로 오르는 능선이 선명하다. 바람재로 오른다. 이곳에서 우측에서 내려오는 선녀탕 지선을 만나서는 직진하여 개울을 만나자마자 좌측을 택해 과수원을 따라 걷는다.

산청 축산물 폐기처리장을 지나 좌측으로 정곡천이 경호강에 합류하는 모습을 보면서 걸으면 성모마리아상이 보이고 여기서 우측으로 틀어 진입하면 성심원 관련시설들이 나온다.

이 성심원은 한센인 요양시설로 1959년 개원하였으니 벌써 만 60년이 다 되어간다. 재단법인 프란체스코회에서 운영하는 사회복지시설로 지금은 한센생활시설인 '성심원'과 중증장애시설인 '성심인애원'이 하나로 운영되고 있다. 뒤로는 웅석봉이, 앞으로는 경호강이 흐르고 있는 천혜의 자연환경에 설립된 성심원은 처음 개원 당시에는 40여 명으로 시작을 하였으나 지금은 600명이 넘는 큰 천주교 공동체 마을이 되었다. 스페인 출신의 유의배 알로이시오 신부님이 본당 주임신부로 40년을 한결같이 이들 옆에서 자리를 지키고 있다.

제7구간

성심원~운리마을

성심원~아침재(2.3km)~웅석봉 하부 헬기장(2.5km)~점촌마을(6.4km)
~탑동마을(1.5km)~운리마을(0.7km): 13.4km

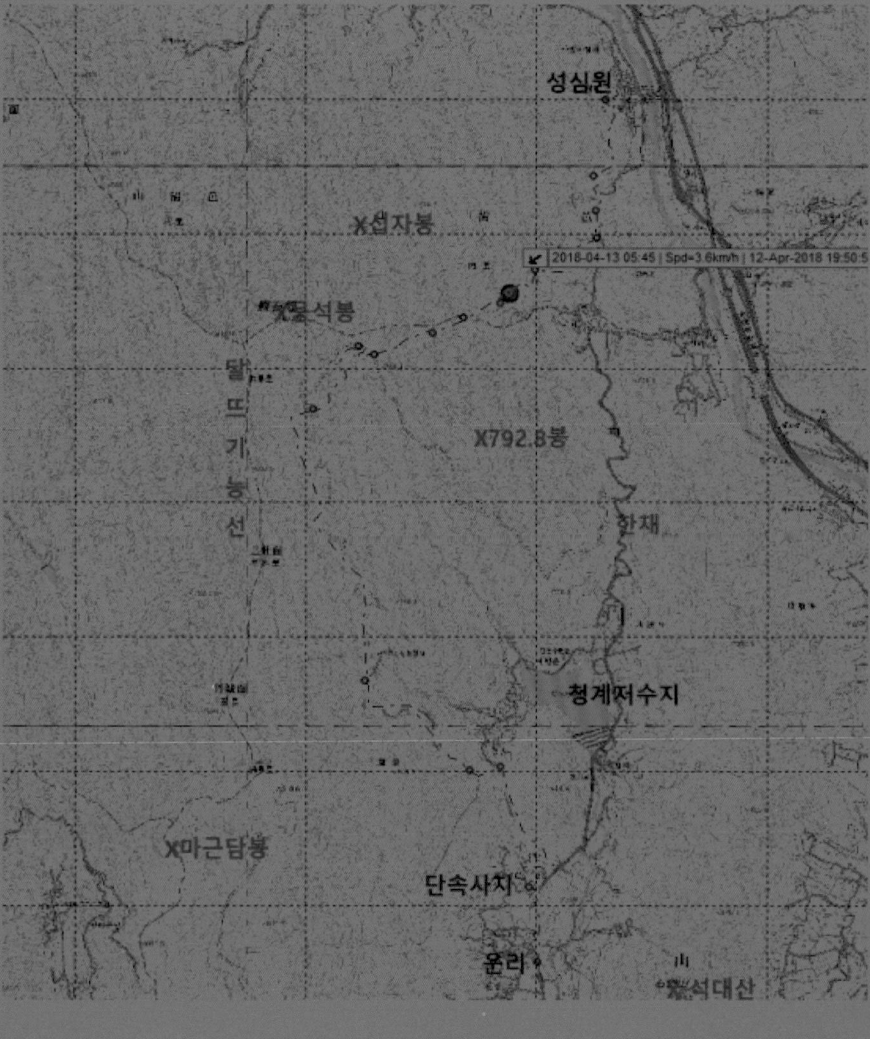

성심원 정경

지리산 둘레길 구간 중 목아재~당재 코스인 제15-A구간과 더불어 유이하게 '산 맛'을 볼 수 있는 코스이다. 지리동부능선의 중심 웅석봉(1099.9m)을 지나는 곳이니 말이다. 아울러 역사지리의 현장 단속사지를 들를 수 있다는 것도 제7구간이 갖고 있는 자랑이다. 이 구간에서 지리산의 여러 개의 등로를 만날 수 있으니 마음속으로 잘 정리해 놓고 이 부근을 다시 찾을 때 둘레길에서의 자신의 옛 흔적을 찾을 수 있다면 그것도 상당한 기쁨이고 희열이다.

이 성심원은 지리동부능선의 들머리이자 날머리이기도 하다. 성심원 본관에서 바로 우측으로 들어가면 (사)숲길에서 운영하는 지리산 둘레길 '성심원 쉼터'가 있다. 그 쉼터 앞마당을 지나면서 우측을 보면 정면으로는 예쁜 소나무 숲이 보이고 둘레길 이정표는 우측을 가리키고 있다. 우측으로 오르자마자 왼쪽으로 이어지는 시멘트 포장길을 따르면 둘레길 우측 사면을 축대로 막아 안전하게 이용하도록 해 놓았다.

이내 시멘트 길은 '십자봉 입구'로 안내한다. 십자봉은 국토지리정보원 지도는 물론 '김형수555'에도 나오지 않는 산 이름이다. 다만 이곳 주민들 혹은 이 부근 산꾼들에게만 특유하게 사용되는 산 이름인데 특히 지리동부능선을 하던 꾼들에게는 널리 회자膾炙되는 그것이다.

어차피 나중에 지리동부능선에서 볼 거 잠시 예습이나 하고 갈까? 십자봉이 '십자'를 궁금해할까 봐 그렇다. 간단하게 생각하면 된다. 봉우리의 생김새가 '십자' 모양이 아니라 이 봉우리 정상에 성심원에서 십자가를 세워두고 거기에 피뢰침까지 설치해 놓았다. 그래서 십자봉이다. 파주 감악지맥의 주봉 감악산이나 백두대간에서 가지 친 감천(기양)지맥 상의 국수봉을 떠올리면 되겠다.

각설하고 이 등로를 이용하면 752.7봉을 거쳐 십자봉~웅석봉으로 진행이 가능하고 그 루트가 지리동부능선길이기도 하다. 둘레길은 시멘트 도로를 따라 직진을 한다. 아까 십자봉으로 올라가는 지능선支稜線들을 피해 진행하다 보니 상당히 꼬불꼬불 굽어져 있다. 십자봉과 관련이 있는가? 우측으로 '기도의 집'도 보인다.

좌측으로 폐가 한 곳을 지난다. '절대 출입금지'라는 지봉智峰님의 팻말이 붙은 삼거리를 지나면서 이제 고도를 조금씩 높여간다. 그럴 즈음 어천마을로 빠지는 삼거리가 나온다. 좀 어려운 내용이긴 하지만 이 삼거리에서 어천마을로 진행하는 길이 예전에는 지리태극종주 루트였다. 그것을 'J3의 배병만'이 태극 모양에 충실하게 그려서 수양산 방면으로 정비한 것이 지금의 '지리태극종주 루트'로 정착된 것이다.

정면으로 어천마을 건너 뾰족하게 튀어나와 있는 792.8봉이 눈에 들어온다. 경호강 래프팅의 하선장이 있는 어린내와 연결이 되는 저 어천마을은 이렇듯 둘레길이나 산행과 관련하여 상당히 중요한 곳이다. 즉 저 어천마을에서 1001번 도로를 만나게 되는데 그 도로는 단성면 청계리의 청계저수지를 지나 탑동의 단속사지로 이어지기 때문이다. 그 어천마을 입구에는 '지리산 웅석봉 백두대간 들머리'라는 표지석이 산꾼들을 반긴다. 1001번 도로를 따르다 보면 어천과 청계의 중간 정도 고갯마루에서 만나는 한재는 웅석봉(1099.9m)과 석대산(535.9m)을 이어주는 고개로 이 루트가 소괴산(239.2m)~망해봉(257.9m)을 잇는 이른바 남강태극종주 루트이기도 하다.

민가 옆 차단기를 지나 맑디맑은 개울을 건너자마자 둘레길은 바로 우측 능선으로 달라붙으면서 여기서 산청읍을 버리고 단성면으로 들어가게 된다.

단성은 신성한 마을의 의미이다

단성이라. 예전에는 단성현이었다. 단성면의 옛 지명 단성현은 신라시대에는 적촌현과 궐성현이었다. 결국 '赤'이 '丹'으로 바뀐 것이다. 무슨 뜻일까? 이 '丹'이나 '赤'은 우리나라의 '붉'사상의 산물이라 봐야 한다. 육당 최남선의 불함문화론에 의하면 신라의 개국 당시부터 '박朴'이란 제사장을 뜻하는 계급이었다. 남자무당인 '박수'도 여기서 비롯된 것이며 '붉'의 변형이 곧 '박', '밭', '불', '발' 등인 것이다. 그것들이 한자가 들어오면서 '光', '明', '赤', '朱', '足'이 되었으며 '붉을 赤'의 경우 단순하게 같은 색깔의 한자어인 '붉을 丹'으로 바꿔 쓴 것이지 그 뜻은 다를 게 없는 것이다.

그러니 지리산을 신성시하였던 신라인이나 가야인들은 '赤村' 즉 지리산 아래의 신성한 마을인 '赤村'을 '丹村'으로 바꿔 부르게 된 사연도 쉽게 추론할 수 있을 것이다. 이는 백두대간 상의 소백산을 끼고 있는 충청북도 단양의 경우도 크게 다르지 않아 단양의 옛 이름이 赤山이었으며 '陽'은 산이나 고개를 나타내는 말이니 적산=단양이므로 이 단성의 옛 이름이 적촌이었음도 같은 맥락인 것이다.

가파른 비알이 이어진다. 둘레길을 걷는 이들에게는 좀 힘든 구간일 수 있겠다. 하지만 길이 워낙 좋아 지매꾼들에게는 난이도 '중' 정도로 분류된 곳이다. 어쨌든 이 정도면 둘레꾼들에게는 등산의 묘미를 만끽할 수 있는 오늘 구간의 유일한 곳이라 보면 될 것이다.

무리하지 말고 쉬엄쉬엄 오르자. 다만 이런 곳에서는 한 가지 유념할 게 있다. 뒤로 터지는 조망이 있다면 반드시 확인하고 가야 한다는 것이다. 웅석봉으로 오르는 이곳에는 뒤로 경호강이 흐르고 있으니 반대편에 있는 산줄기들을 파악하는 게 필수라는 얘기이다.

우선 경호강 건너 바로 앞 외송마을과 심거마을에서 능선과 계곡을 따라 올라가면 둔철산(823.4m)이 눈에 들어온다. 정상의 키 큰 안테나가 랜드마크 역할을 해준다. 그 좌측으로 뾰족한 바위가 세신바위이고 그 좌측이 정수산(829.8m)인데 그 뒤에 있는 황매산(1113.1m)까지 보려는 건 아직은 욕심이다.

조금 더 땀을 흘리면 사방이 뻥 뚫린 곳으로 오르게 되니 바로 웅석봉 하부 헬기장이다. 성심원에서 약 90분 정도 소요된다. 여기서 길이 어지럽게 갈린다. 먼저 헬기장 좌측으로 진행하는 능선은 아까 보았던 792.8봉으로 가는 길이다. 즉 아까 얘기한 한재를 지나 석대산으로 이어지는 이른바 남강태극종주 길이다.

웅석봉에서 여러 길이 갈린다

정면으로는 웅석봉 전위봉이 보이고 그 웅석봉으로 가는 길은 바로 우측의 좁은 산길 즉 산청읍과 단성면의 면계를 따라 오르거나 중앙의 둘레길을 따라 걷다가 우측으로 빠져도 좋다.

웅석봉은 지리의 동쪽을 책임지고 있는 만큼 참 중요하고 꼭 들러봐야 할 산이다. 예전에는 지리동부능선의 대장 봉우리라는 직책을 가졌었다. 그러다가 2004년 박성태 선생의 신산경표가 발표된 이후 웅석지맥을 책임지는 봉우리였는데 최근에는 대한산경표의 덕천지맥 책임자의 직을 겸하고 있다. 또한 능선의 방향을 달리하여 'J3클럽'의 배병만이 '지리태극종주'[1]라는 장거리 산행 코스를 개척한 후에는 그 이름으로 지나기도 한다.

그 웅석봉이 사실은 지리산국립공원에서 밀려나 산청군 군립공원으로 지정되어 있다. 좀 기분 좋지 않을 모양새이지만 그런 만큼 꾼들은 '비탐구간'이라는 불안감에서 벗어나 자유롭게 발걸음을 할 수 있는 구간이라는 얘기도 된다.

헬기장에서 정면으로 나 있는 시멘트 포장도로를 따른다. 웅석봉에서 좌측 삼장면과 단상면의 면계가 되어 내려가는 산줄기는 997.5봉을 지나 백운산(516m)을 지나게 되는데 웅석산~910.6봉을 지나는 능선을 '달뜨기 능선'[2]이라고 부른다. 예전 빨치산들이 이 '달뜨기 능선' 위로 떠오르는 처연한 달을 보며 고향의 가족들을 그리워하는 마음에서 붙인 이름이라고 한다. 즉 하봉 아래의 '조개골'과 '쑥밭재' 언저리에 마련한 비밀 아지트(비트)에서 덕천강 건너 웅석봉 남쪽 능선 너머로 떠오르는 처연한 달을 바라보는 빨치산들의 한과 설움이 그 이름에 그대로 담겨 있는 듯하다. 필경 '딸띠기'라 불렀을 그 능선은 지금 오히려 너무 밝은 달빛으로 우리에게 다가온다.

시멘트 포장으로 된 임도로 들어선다. 좌측 아래 마을 방향으로 청계저수지가 보이고 멀리 진양호가 보인다. 이내 웅석봉으로 오르는 길을 보내고 좌

---

1 그러니 조금 전 얘기한 '남강태극종주'는 이 '지리태극종주' 코스에서 웅석봉 이하 구간의 날머리를 달리한 일종의 변형 코스이다.

2 제4부 지리동부능선에서 자세히 본다.

측으로 들어선다. 이 임도를 따르다 보니 새로 조림하는 나무들이 길 양옆으로 너무나 많다. 여기서는 길을 놓칠 위험도 없으니 여유롭게 많은 것을 보고 느끼면서 걸어도 좋다. 우선 아주 여유로운 임도의 우측 능선이 바로 '달뜨기 능선'이라는 사실을 인식하면서 좌측 능선이 남강태극종주길이라는 사실도 생각하자. 바로 아래 청계저수지가 보이니 석대산(535.9m)을 찾아보는 것도 그렇게 사치스럽지만은 않다.

임도차단기 좌측으로 성불정사를 지나고 15분 정도 더 내려가면 또 차단기가 나온다. 민가 두어 채가 나오고 삼거리를 지나면서 시멘트 임도에서 시멘트 도로로 바뀐다. 좌측으로 들어가면 청계저수지가 나오고 바로 점촌마을이 나올 것이다. 점촌마을은 청계저수지를 싸고돌아 아까 어천마을에서 출발하여 한재를 거쳐 내려오는 1001번 도로와 연결된다.

점촌마을과 탑동마을을 잇는 도로를 따라 내려오노라면 가벼운 흥분을 느낀다. 단속사에 대한 기대 때문이다.

단속사 소고

8세기경 신행이 창건하여 북종선을 받아들이고 고려 무신정권 최우의 아들 만종이 출가한 그곳은 과연 지금 어떤 모습으로 남아 있을까? 강회백의 정당매는 비록 그의 증손 강용휴가 다시 심은 것이긴 하지만 그 오랜 세월을 어떤 모습으로 버티고 있을까? 호기로운 성여신의 모습을 조금이라도 느낄 수 있을까?

1001번 도로를 만나는 사거리 우측으로 마을이 보인다. 탑동마을이다. 한

단속사지에 있는 정당매각.

가운데 탑도 보인다. 바로 저곳이다. 단속사지 동탑이다. 탑이 있는 마을이어서 탑동 마을이다. 우측 금계사에서 직진하여 탑동마을 안으로 들어선다. 금륜대라는 작은 절집을 지나면 바로 좌측으로 정당매각이 나온다.

비각 안에는 두 기의 비석이 있는데 좌측의 '통정대부 강선생 수식 정당매비'는 1847년에 후손인 강세주, 강택주가 세웠고, 우측의 비는 1915년 새로 지은 것으로 이 비를 세울 때 비각도 함께 세웠다. 비각 안에는 강회백의 시에 차운하여 지은 시를 걸어놓았다. 이 비에서 얘기하는 매화나무는 비각 바로 맞은편에 있다. 비록 시멘트로 덧씌워져 있어 매화나무 본래의 모습은 아니겠으나 650여 년이 지난 지금도 매년 꽃을 피운다. 이 매화나무의 주인공 강회백의 손자 강희안의 양화소록養花小錄을 보면 이 나무는 자신의 할아버지 강회백이 이 단속사에서 과거 공부를 할 때 절의 뒤뜰에 심었던 것이라 한다.

"우리 조부 통정공께서 과거에 급제하여 벼슬이 정당문학[3]에 이르렀다. 조정에서 '조부께서 정사를 바르게 하여 조화를 이루고 임금을 보필하여 백성을 구제한 일이 많았기에 단속사 스님들도 조부의 덕을 생각하고 그 깨끗한 풍채와 고매한 품격을 사모하여 그 매화를 보면 곧 조부를 본 듯하였다. 그러므로 오늘에 이르도록 정당매[4]라 부른다.'고 하였다."

3 고려 때에는 내사문하성과 이를 개칭한 중서문하성中書門下省의 종2품 문관 벼슬이다.

4 김일손에 의하면 '정당매'라는 이름은 단속사의 승려가 붙였다고 한다.

이렇듯 강회백의 손자 용휴가 심은 나무도 세월을 이기지 못해 2013년 이 정당매의 일부를 다른 나무에 접목하여 후계목으로 관리하고 있다. 사람도 자손으로 그 가계를 이어가듯 이 정당매도 이제는 손자를 본 모양새다. 그러니 굵은 모습의 시멘트 옆에 새롭게 올라오고 있는 나무가 바로 후계 정당목이다. 이 정당매는 하즙 선생의 원정매, 남명 선생의 남명매와 함께 '산청삼매山淸三梅'라고 불린다.

우측 단속사지로 나간다. 단속사의 단속斷俗은 속세와의 인연을 끊는다는 말일 게다. 금계사였던 원래 이름을 단속사로 바꾸면서까지 용맹정진하려는 수도승의 의지가 자못 결연해 보인다. 이 단속사의 창건과 관련해서는 두 가지 설이 있다.

"신라 경덕왕 7년(748) 대내마 이순이 임금에게 총애를 받고 있었는데 어느 날 관직을 버리고 승려가 되어 단속사를 창건하고 그곳에 거처했다."는 '이순'설과, 삼국유사 신충괘관조의 763년 신충이 벗들과 함께 지리산에 들어가 왕을 위하여 단속사를 짓고 죽을 때까지 왕의 복을 빌었다고 하는 '신충'설 등이 그것이다.

1489년 김일손의 두류기행록에서 단속사 승려의 말을 인용하여 "신라의 유순(이순의 오기인 듯)이 녹봉을 사양하고 불가에 귀의해 이 절을 창건하였나." 고 한 것을 보면 '이순'설이 맞는 것 같다.

이 단속사는 한국 불교사에서는 상당한 비중을 차지하는 사찰이다. 즉 통일신라시대나 고려시대를 통하여 선종이나 교종과 관련하여 아주 중요한 임무를 수행했던 사찰이라는 것이다. 여기에 8세기 초 신라 승려 신행(704~779)이 등장한다. 그는 당나라에서 북종선을 배워 와 신라에 그 불법을 전했는데 그 최초의 선종사찰이 바로 이 단속사이기 때문이다.

중국의 선종을 볼까? 인도의 불교를 중국으로 가지고 온 달마대사가 세운 중국의 선종은 8세기 초 크게 북종선과 남종선으로 나뉜다. 북종선은 중국 선종 4대 조사 도신의 법맥을 계승한 선종 불교로서 당시 교종이 성행하던 신라사회에 불교사상의 폭을 넓히는 계기가 됐다.

이전의 단속사는 신라 왕실이나 귀족사회와 교종을 통하여 깊숙하게 연결이 되어 있었다. 이런 단속사가 위 신행과 그의 스승인 법랑으로 인해 중요한 역할을 수행하게 된다. 이들의 활동은 김헌정金憲貞(신라 하대의 왕족으로 생몰년 미상)의 '단속사 신행선사비'에서 잘 나타나 있다.

학창시절에 배운 교종과 선종을 잠깐 보자.

교종은 경전에 의거한 교리해설을 위주로 한다. 그러기에 문자에 대한 이해가 필요하다. 교종은 삼국시대에 불교 경전이 유입되면서 수용되었다. 불경에 대한 이해가 있어야 하기에 식자층識者層인 지배계급을 위주로 전파가 되었다. 원효의 법성종, 보덕의 열반종, 자장의 계율종, 의상의 화엄종, 진표의 법상종 등이 교종에 속한다.

반면 선종은 인도사람으로 중국으로 들어온 달마대사의 "편안한 마음으로 벽을 바라보면서安心觀壁" 깨달음을 구한 후 참선하라는 가르침을 중시하였다. 그 후 혜능이 "문자에 입각하지 않으며不立文字, 경전의 가르침 외에 따로 전하는 것이 있으니 사람의 마음으로 직접 터득하고敎外別傳 直指人心, 본연의 품성을 보고 부처가 된다見性成佛."라 이야기하고, 마조도일이 "타고난 마음이 곧 부처自心卽佛"라 하며 인간의 평등과 인간성의 고양을 강조하면서 체계화된다.

이러한 선종을 익힌 도의 국사[5]가 신라 헌덕왕 때 당나라에서 귀국하면서

5 중국 6조 혜능의 남종선을 신라에 최초로 전래한 스님으로 현재 대한불교조계종의 종조로 추앙받고 있다. 신라 제37대 선덕왕(780~784) 대에서 제41대 헌덕왕(809~826) 사이에 활약하였다.

신라에 전해지나, 당시 왕즉불王卽佛 즉 '왕은 곧 부처'라는 의식이 팽배해 있을 때여서 왕권 불교인 교종의 탄압을 받아 그 세력을 펼 수가 없었다. 그 후, 선종은 신라 하대로 접어들면서 새로이 대두하던 6두품 및 지방호족 세력의 환영을 받는다.[6] 선종이 복잡한 교리를 떠나 심성의 도야에 치중하는 단순한 수양 방법을 택하고 있어 호족과 평민들의 호감을 산데다가 선종 자체가 개혁성을 띠고 있었기 때문에 새로운 사회 건설을 꾀하는 6두품과 호족의 환영을 받을 수 있었던 것이다.

잠깐 남효온(1454~1492), 김일손과 같이 걸어보자. 1487년 9월의 남효온이나 1489년 4월의 김일손은 우리와 같이 산청에서 곧바로 웅석봉을 통하여 점촌을 지나 단속사로 온 게 아니라 당시는 단성현이어서 현내리란 이름으로 불렸을 단성면 소재지를 통하여 들어왔다. 웅석봉이 길을 막고 있기 때문이었다.

광제암문廣濟嵒門은 고운의 필체가 아니다!

그들이 출입하던 예전 단속사 입구는 고운 최치원이 썼다는 광제암문廣濟嵒門이라는 각자가 새겨져 있는 곳이었다. 단속사지에서 약 2.7km 정도 떨어진 곳이었으니 "광제암문에서 짚신을 갈아 신고 절을 한 바퀴 돌고 나오면 다 헤졌다."라거나 "쌀뜨물이 10리 밖에서도 보였다."는 말들로 단속사의 규모를 짐작할 수 있겠다. '널리 세상을 구하라!'라는 취지의 이 글을 사찰에서는

6 법랑法朗, 신행信行으로부터 비롯된 북종선의 전래는 다시 도의, 홍척洪陟 등을 대표하는 남종선으로 방향을 틀게 한다. 이러한 남북종南北宗의 선들은 당시 유행하던 교학인 유가 내지 화엄교단으로부터 강력한 반발을 불러일으켰지만 시대의 흐름은 점차적으로 선불교로 방향을 전환하고 있었다.

광제암문 각자와 명문들

주로 대문 입구에 새겨 놓아 오가는 사람들로 하여금 마음가짐을 다지게끔 해주었다.

그런데 고운 최치원이 새긴 걸로 알려진 이 글에 대해 논의가 있다. 사실 이 글이 고운의 필체라는 근거는 중종 25년(1530) 발간된 신증동국여지승람新增東國輿地勝覽 진주晉州편 불우조佛宇條에 있었다. 즉 '불우 단속사 지리산 동쪽에 있다. 골 입구에 최치원이 쓴 '광제암문廣濟嵒門' 네 글자를 새긴 돌이 있다.'는 글이 그것이다.

남효온은 "진주 여사등촌을 출발하여 단속사로 향하였다. 동구에 '廣濟嵒門'이라는 네 개의 큰 글자가 바위 표면에 새겨져 있으나 누가 쓴 것인지는 모른다."고 하였는데, 그 뒤 김일손은 "단성에서 서쪽으로 약 15리쯤 험한 길을 구불구불 다 지나고 나면 널찍한 언덕이 나온다. 거기에서 단애를 따라 북쪽으로 3, 4리쯤 가면 곡구谷口가 나오는데, 그 입구에 바위를 깎아 새긴 '廣濟嵒門'이라는 네 글자가 있다. 글자의 획이 힘차고 예스러웠다. 세상에서는 최고운의 친필이라고 전한다."라고 두류기행록에서 적고 있다.

그래서 그렇게 알려져 왔다. 그런데 일제강점기인 1919년 발행된 조선금석총람의 단속사동동구석각斷俗寺東洞口石刻에 의하면 이 글은 고려 성종 14년(995)에 석혜? 스님이 쓰고 석효선 스님이 각자한 것이라는 게 밝혀졌다. 즉 일본인 학자가 이 글을 탁본하는 과정에서 이끼를 걷어내다 바로 옆에 새겨진 문장을 발견하게 된 것이다.

단속사지 석탑. 보물로 지정되어 있다.

그 내용을 들여다보면 '統和十三年乙未四月日(통화십삼년을미사월일) 즉 성종 14년(995) 4월일, 書者釋惠? 刻者釋曉禪(서자석혜? 각자석효선), 즉 글을 쓴 자는 승려 석혜?이고, 새긴 자는 승려 석효선'이라는 것이다. 신증동국여지승람을 쓸 때 자료를 수집해 온 사람의 성격이 좀 덜렁대는 스타일이었나?

그 정도였던 단속사가 김일손이 방문했을 때인 1489년 4월에는 절이 황폐화되기 시작하여 승려가 거처하지 않는 방이 수백 칸이었다고 그리고 있다. 억불숭유 정책과 사찰에 대한 과도한 노역, 세금 등으로 쇠락하다가 1568년 이 절에서 공부하던 유생들이(특히 성여신)[7] 불상을 훼손하고 경판을 불태운 사건이 있은 후 그 쇠락의 속도가 더해지다 1598년 정유재란 때 완전히 소실되어 현재의 터만 남아 있다.

즉 지금은 보물 72호와 73호로 지정된 동·서 삼층석탑 두 기만이 예전의

7 부사 성여신은 23세 때 이곳에서 공부를 하다가 서산대사 휴정의 삼가귀감三家龜鑑에 불만을 품고 책판과 단속사에 불을 지른 사건에 대해서는 벽송사 얘기할 때 이미 봤다.

화려했던 영욕의 역사를 보여주고 있다. 또한 이곳에 있다던 화승畵僧 솔거의 유마상은 찾을 길이 없고 다만 고려시대 최고의 명필 탄연의 비는 숙명여대에 소장되어 있다 하니 그나마 다행이다.

남명의 시 증유정산인贈惟政山人

단속사지를 빠져나오려는데 좌측으로 작은 안내판이 보인다. 남명 조식(1501~1572)이 사명대사 유정(1544~1610)에게 주었다는 시를 적은 시비詩碑이다. 즉 贈惟政山人(증유정산인)이다.

평소 의와 경을 중시하며 제자들에게나 본인에게 엄격했던 남명이 누더기 승복을 걸친 총기 넘치는 사명당과 단속사에서 만났다가 그와의 이별의 안타까움을 그린 시라서 더 각별하다.

花落槽淵石(화락조연석)	조연의 암반 위에 꽃잎 떨어지고
春深古寺臺(춘심고사대)	단속사 축대엔 봄이 깊었구나.
別詩勤記取(별시근기취)	이별시를 부지런히 기록하게.
靑子政堂梅(청자정당매)	지금 정당매의 푸른 열매 맺은 것을.

유정뿐만 아니라 고운 최치원, 서산대사 휴정, 진각국사, 탄연 등 많은 유명 인사들이 이 단속사에서 머물면서 공부를 하였다 하니 대가람이었던 것만큼은 확실하다.

1001번 도로를 따라 나올 때 우측 축대 위 무덤 앞에 있는 단속사 당간지주는 놓치기 쉽다. 단속사의 영화는 어디 가고 탑 두 기와 이 당간지주만 덩그러니 놔두고 실의 흔적은 없어졌으니 안타까운 마음만 가득하다.

착잡한 마음으로 다물평생교육원을 지나니 운리마을 버스정류장이다. 정류장 옆에 있는 슈퍼는 필요할 때만 문을 여는지 굳게 잠가져 있다. 운리雲里는 탑동, 본동, 원정 등 3개 동네를 말한다. 이중 둘레길은 탑동과 원정마을을 만난다.

제8구간

운리마을~덕산

운리마을~백운계곡(5.6km)~마근담 입구(2.1km)~덕산(6.2km): 13.9km

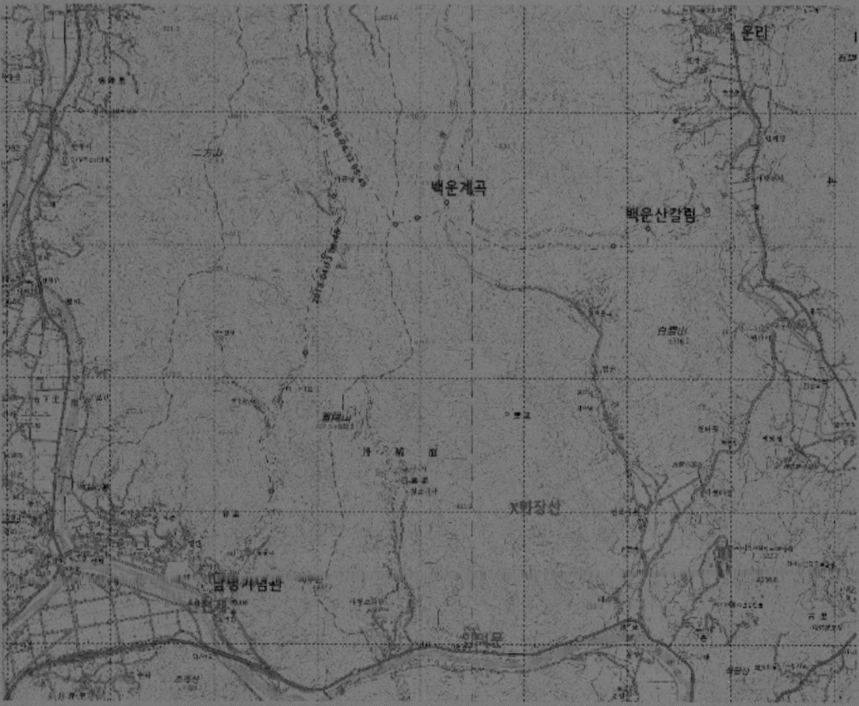

제7구간의 날머리이자 제8구간의 들머리인 운리마을은 이름이 갖는 뜻 그대로 구름과 관련이 있는 마을이다. 서西는 지리태극종주 능선이, 동東은 덕천(웅석)지맥이 그리고 북北은 웅석봉이 가로막고 서 있으니 사람들이 드나들 수 있는 곳은 남사천을 따라 입석리로 드나드는 통로가 유일했을 것이다. 그나마 언덕이 조금 낮은 곳인 백운산 들머리나 마근담재 등을 이용하여 사리나 백운동으로의 탈출은 그나마 답답한 숨통을 트여주는 역할을 하였을 것도 같다.

그 길로 고운이나 휴정, 유정, 김일손, 남명 조식, 성여신 등 이름만 대면 누구나 다 알 만한 인물들이 출입하던 곳이라 생각하니 그들이 그리워진다. 어쨌든 분지 형태의 운리는 풍부한 수량의 남사천이나 지맥 능선 너머 경호강 덕에 아침이면 안개 혹은 구름이 덮인 고즈넉한 분위기를 연출하기에 충분하였을 것이다. 그래서 운리雲里이다. 이런 기후 조건에는 감 농사가 제격인가? 산이 온통 감나무 단지이다.

이 구간의 하이라이트는 역시 백운계곡과 남명 선생으로 대변되는 사리마을 즉 덕산이다. 지명만으로도 대강의 분위기를 읽을 수 있는 운리, 백운, 마근담, 덕산이다. 실제는 어떨까?

슈퍼와 버스정류장이 있는 운리 주차장[1]을 출발하자마자 개천을 건너 바로 우측으로 들어가 SK텔레콤 이동기지국을 지난다. 삼거리에서 좌측으로 진행하면 원정마을의 당산나무가 둘레꾼을 맞이해 준다. 마을 한가운데로 지난다. 좌측의 낮은 봉 우측으로 틀어 우측에서 내려오는 산자락 사이로 진행한다.

1 광제암문 각자를 보려면 둘레길을 벗어나 1001번 도로를 따라 1.5km 정도를 더 내려가야 한다.

원정마을을 나오면서 바라본 운리. 우측 봉우리가 석대산이다.

콘크리트 수로를 우측에 두고 진행하면서 해체된 아스팔트를 무분별하게 깔아놓은 임도를 따르면 정자가 있는 쉼터를 지나게 되는데 여기서 지나온 길을 돌아볼 수 있다. 운리마을이 낮게 자리하고 있는데 둘레길은 그 뒤에 있는 작은 봉우리 우측으로 돌아 나왔다. 그 봉우리 뒤가 탑동마을이고 거기에 단속사지가 있다. 지난 구간 성심원을 빠져나오면서 보았던 중앙에 뾰족하게 튀어나온 792.8봉을 이번에는 반대 방향에서 보게 된다. 그 좌측에 움푹 파인 곳이 한재로 어천마을에서 넘어오는 1001번 도로가 지나는 곳이며 웅석봉에서 석대산을 잇는 고개이다. 그 우측으로 시선을 돌리면 아까는 높아서 보이지 않던 석대산(535.5m) 정상 부분도 어느 정도 제 모습을 보여준다.

임도를 따라가는 길은 좀 무료하다 싶다. 정자 쉼터를 떠나 그렇게 10여 분 꾸불꾸불한 임도를 걷다보면 좌측으로 돌계단이 보이는데 둘레길 이정목은 그 방향을 가리키고 있다. 임도를 버리고 돌계단으로 밟고 올라선다. 주의를 요하는 곳이다.

이제부터 둘레길은 좁아진다. 계단을 오르자마자 평탄한 길이 이어지며 우측 언덕에서 내려오는 길이 보이는가 싶더니 그 길은 좌측 언덕으로 올라간다. 그러고 보니 이곳이 조금 지대가 낮다. 백운산 갈림길로 이른바 백운산 갈림사거리이다. 아주 중요한 곳이다. 여기서 지리 3대 지맥 중 하나인 '덕천(웅석)지맥'을 만나게 되고 최근 '지태꾼'들에 의해 회자되고 있는 '진양태극종주' 루트를 만나게 되는 곳이다. 여기서 약 500여 m 떨어진 곳에 위치한 백운산은 웅석봉을 지난 덕천(웅석)지맥이 삼장면 법계리와 덕산면 운리의 경계에 있는 960.6봉에서 가지를 친 줄기에 있는 산이다.

지맥이니 태극종주니 하는 얘기들은 뒤로 미루고 여기서는 백운산 얘기 좀 해야겠다. 복습을 하자는 것이다. 백운산은 여기도 있지만 지난번 남원시 산내면 중황리에서 등구재를 오르며 우측으로 백운산(904.1m)을 보았으며 제15구간을 할 때 화개를 지나면서 섬진강 건너의 호남정맥의 피날레를 장식하고 있는 백운산(1228m)을 볼 수 있다. 몇 개만 더 짚어볼까? 경상남도 함양과 전라북도 장수의 경계에 있는 백두대간 상 백운산(1278.9m), 제천시 백운면에 있는 섬강지맥 상의 백운산(1086.1m) 그리고 경기도 이동면과 강원도 사내면 경계인 한북정맥상의 백운산(903m) 등이 굵직한 명함을 내민 우리나라의 주요 백운산[2]들이다. 하나같이 그 지방에서는 고봉이며 중요한 역할을 하는 굵직한 산들인데 '밝'사상과 무관치 않아서라고 보면 된다.

참나무 군락지를 지나는데 좌측 참나무 사이로 백운산이 얼핏 모습을 보여준다. 좁은 사면을 따라 조심스럽게 진행하면 좌측으로 계곡물 소리가 시끄럽게 들려온다. 깨진 바위들로 둘레길을 만들어 놓은 작은 너덜지대를 지나자마

---

2 백운산에 대해서 더 자세한 것은 졸저 전게서 110쪽 이하 참조.

자 바로 백운천이다. 경상대학교에서 만들어 놓은 안내판이 눈길을 끈다.

경의敬義는 남명 학문의 양대 지표

백운동까지 왔으면 이제 남명의 고장 덕산에 다다랐다는 얘기가 된다. 조선시대로 들어오면서 지리산이 배출한 걸출한 선비. 바로 남명 조식(1501~1572)이다. 남명의 사상과 삶은 실천을 강조한 '경의敬義'로 대변된다.

즉 안을 밝히는 것을 경敬, 밖을 결단하는 것이 의義라고 보아 이 경의敬義를 그의 학문의 양대 지표로 삼았던 것이다. 덕산에 산천재를 짓고 살았으니 늘 가까이 보이는 지리산 천왕봉은 그에게는 구도의 극처極處였다. 독실한 수신修身의 방법으로서 '경敬'을 중시한 것은 퇴계 이황과 같으나 철저한 실천의 방법으로서 '의義'를 강조했던 조식의 유풍儒風은 그의 제자들에게도 고스란히 전해져 남명학파를 일구게 된다.

그러고 보니 이제 경상대학교는 지리산은 물론 남명과는 떼려야 뗄 수 없는 사이가 되어버린 것 같다. 최석기 교수나 최원석 교수 그리고 강정화 교수 등의 연구활동 덕일 것이다. 짐작건대 그들의 지리산에 대한 열정은 남명 조식에 대한 연구에서 시작됐을 것 같다.

그들이 안내판에 소개한 남명의 시 한 수를 감상한다.

天下英雄所可羞(천하영웅소가수) 천하 영웅들이 부끄러워하는 바는

一生筋力在封留(일생근력재봉류) 일생의 공이 유留 땅에만 봉해진 것 때문

青山無限春風面(청산무한춘풍면) 끝없는 청산에 봄바람이 부는데

西伐東征定未收(서벌동정정미수)　서쪽을 치고 동쪽을 쳐도 평정하지 못하네.

대부분의 중국 한시漢詩가 그러하듯 우리나라의 한시에도 여러 가지 얘기가 곁들어 있어 그걸 이해해야 올바른 감상이 가능하다. 부끄러운 얘기지만 그 얘기라는 것도 대개 중국인들에 관한 얘기들이다. 이른바 중국 고사故事다. 이 시도 거기서 크게 벗어나 있지 않다.

인터넷을 검색하여 그 해설을 본다. 예상대로 중국 얘기다. 그것도 한나라 때 얘기다. 얘기인즉슨 한漢나라 고조가 공신功臣들을 책봉할 때 장량張良에게 제齊나라 땅 3만 호에 왕을 봉하였다. 그러나 장량은 유留 땅에 봉해지는 즉 유후留侯만으로 충분하다며 사양하였다. 그 후 장량은 모든 걸 다 버리고 적송자赤松子를 따라 신선술을 배워 일생을 깨끗이 보전하였다. 그러나 사양할 줄 몰랐던 한신과 팽월 등은 천하를 평정하지도 못하고 결국 토사구팽兎死拘烹을 당하고 말았다. 이것을 두고 한신이나 팽월 같은 천하 영웅들은 장량에게 부끄러움을 느꼈을 것이라는 얘기다.

명종의 등용에 자신의 무능을 내세워 상소문[3] 즉 이른바 단성소丹城疏를 올리면서까지 애써 벼슬을 고사하는 남명과 비견되는 대목이다. 결국 장량을 닮고자 하는 선생의 뜻을 읽을 수 있는 한 수의 시이다.

계곡의 물이 너무도 맑고 물가의 너른 반석이 꾼을 붙잡는다. 이 물은 백운천이 되어 덕문교 아래에서 덕천강에 흡수될 것이다. 백운폭포를 위시하여 목욕을 하면 모든 걸 알게 된다는 '다지소', 다섯 개의 폭포와 담이 있다는 '오담폭포', 물살이 하늘로 오른다는 '등천대'가 있는 이곳은 사실 남명 선생의 놀

3 남명은 두 가지 이유를 내세워 벼슬을 마다했다. 첫째 나이도 많고 학문도 거칠며 무능함을 내세웠고 둘째는 당시 조선 정부가 부정부패로 어지러운데 남명이 벼슬을 한다 해도 혼자의 힘으로 변혁을 도모할 수 없음을 들었다. 그러고는 더 유능한 사람을 등용하여 왕도정치를 행하라는 비판도 아끼지 않았으니 이 글은 남명의 기개와 그나마 남아 있는 조선의 언로 문화를 살필 수 있는 명문장이다.

백운계곡

이터였을 것이다. 그래서 이 백운동을 달리 삼유동三遊洞이라고도 부른다.

이곳에서 민박집이나 식당이 있는 백운마을까지는 약 2km를 더 내려가야 한다. 백운마을은 백운산 아래에 있으니 붙여진 이름일 것이다. 사실 이 백운동은 남명이 산천재에 터를 잡기 전 말년을 지낼 자리를 물색하러 다니던 중, 한 번 들렀던 곳이란다. 산천재에 터를 잡은 후 두 번 더 들렀다고 하니 무던히도 백운계곡에 갈증을 느꼈던 듯싶다.

백운동은 남명 선생 놀이터?

그런데 사실 이런 말은 믿기 어렵다. 선생은 이 백운동을 유람하며 소나무 한 그루를 심어 시의 소재로까지 삼았음은 물론 후학들이 선생이 쉬던 곳이라 하여 각자까지 해놓았다. 시를 좋아하고 사람 좋아하고 자연을 즐기는 선생이 그 더운 여름의 복날 이곳을 뿌리치기가 그리 쉽지만은 않았을 것 같다. 물론 산천재에 터 잡은 때가 선생의 말년이니 거동이 예전만큼 했겠냐 하는 반론이 있을 수 있겠지만 선생의 지리산 사랑은 남다르지 않았겠는가! 그저 삼유동三遊洞의 '삼三'은 유별나게 '3'이라는 숫자를 즐기는 우리 민족이 습관적으로 쓰는 숫자라 생각하고 넘기자.

바쁜가? 좀 바쁘더라도 여기까지 왔으니 20분 정도만 더 시간을 내서 백운동 아래로 내려가자. 그러면 '남명 선생 장구지소 가는 길'이라는 안내판이 둘레꾼을 반겨 준다. 남명 선생은 지리산으로 오르기 위해 이곳을 한 번 찾았다고 유두류록에 적고 있다. 선생이 유두류록을 쓴 해가 1558년으로 선생의 나이 57세일 때이고 4년 후 산천재에 뿌리를 내렸으니 굳이 지리산을 오르기 위해서는 아니더라도 그 후 10년 간 지척인 거리에 있는 백운동의 답사 횟수는 헤아리기 쉽지 않을 것 같다. 이를 뒷받침하는 근거가 바로 이 각자이다. 선생이 여기 와서는 지팡이를 놓고 신발을 벗고 쉬어갔다는 '南冥先生杖履之所'라는 각자刻字이다.

사실 남명 선생은 "바위에 이름을 새겨 자신을 만고에 알리려는 선비의 정신"을 비판했다. 지난 구간 자세히 본 부사 성여신 역시 스승인 남명의 제명題名에 대한 비판을 언급함으로써 간접적으로 자신도 같은 생각을 가지고 있음을 피력했다. 반면 점필재 김종직은 쑥밭재를 지나면서 바위에 이름을 새기게 했으며 감수재 박여량은 상류암 암자의 벽에 일행들의 이름을 썼으니 남명과는 생각이 좀 달랐던 것 같다.

그렇다면 선생이 별로 내키지 않아 했던 각자 행위는 누가 했을까? 살펴보니 백운동칠현이라는 선비들의 이름이 나온다. 1893년 단성 법물에 거수하던 백운동칠현 중 1인인 물천 김진호(1845~1908)는 스승의 문집인 선재집 장판각을 마치고 백운동에 들어와 평소 존경해 마지않던 남명의 흔적을 남기고 싶어 한다. 그러고는 기억 속의 문창대 같이 '南冥先生杖履之所'라고 그 각자를 흉내 냈다. 이게 그 각자인 것이다.

너무 길어지니 일단 덕산에 들어가서 선생을 다시 만나기로 하자. 목장승의 배웅을 받으며 산죽 밭으로 들어선다. 그 백운동계곡을 나서자마자 만나는 곳. 바로 도상 거리 약 90.5km의 지리태극종주길이다. 지리태극종주의 정통 코스인 구인월~수양산 코스인 것이다. 하지만 최근에 이 지리태극종주 코스에 변화가 생겼다. 즉 취미들도 고상하고 제각각인 산꾼들은 지리태극종주의 한 끝을 네 군데로 나눠서 진행을 하는 것이다.

제5부에서 자세히 살펴보기로 한다. 이 지리태극종주길 더 자세히는 수양태극종주길과 헤어지면서 단성면을 버리고 이제부터는 삼장면이다. 표지띠가 날리는 좌측 수양산 방향을 확인하고는 직진을 한다. 소로를 따라 걸으면 시멘트 임도를 만나게 되고 이내 마근담 임도 안내판도 볼 수 있다.

마근담은 '막힌 담'이라는 말이라고 하거나 마을의 생김새가 '마麻의 뿌리根 모양'과 비슷하다는 뜻에서 왔다고도 하는데 영 믿음이 안 간다. 두 채의 민가와 정자가 있는 삼거리에서 크게 좌회전하여 지루한 길을 걷는다. 우측 계곡으로 흐르는 물소리만 시끄러울 뿐 잡목에 가려 그 계곡의 모양도 확인하기 어렵다. 좌측으로 가건물을 두어 동 보며 걷다보면 우측으로 상당한 양의 양봉 벌통이 보이면서 민가가 나오기 시작한다.

마근담교를 건너면 우측으로 수천 ㎡는 될 법한 정원에 수석전시장을 방불케 하는 아주 아름다운 집을 지나게 된다. 바로 좌측으로는 지리태극 능선길의 수양산이 바짝 붙어 따라온다. 문수암[4]을 지나고 좌측 감나무 단지를 지나면서 시무산으로 올라가는 능선이 보인다. 마을을 빠져나오면 20번 도로와 만난다.

---

4 문수암 뒤로 진행하면 '이방태극종주'길에 접근할 수 있고 남명 조식 선생의 묘소도 만날 수 있다.

입덕문은 스승을 만나러 들어가는 문

둘레길은 우회전하여 인도를 따라야 한다. 하지만 여기서 잠깐만 외도를 해야겠다. 중요한 공부거리를 놓치기 아쉬워서이다. 이 삼거리에서 좌측으로 내려가면 덕산교를 지나 지리태극종주의 끝이자 시작인 시무산으로 오르는 등로가 보이고 조금 더 내려가면 '곡점 13km, 시천 4km'의 교통 표지판 좌측으로 수준점(105.6m, 점의 번호 01-00-31-02) 옆에 '입덕문入德門[5]'이라는 각자가 새겨진 표지석이 보인다.

예전에는 덕천벼리德川遷[6, 7, 8]라 하여 좁은 석문이 있었던 곳이라 한다. 일반 백성들은 이곳을 두류산 온갖 골짜기로 드나들 수 있는 입구로 여겼겠지만 남명을 흠모하는 선비들은 스승의 체취가 남아 있는 덕산으로 들어가는 문이라 여겨 몸가짐을 새롭게 하는 곳이었으리라. 되돌아 나와 그 좌측 덕천강을 따라 덕산 쪽으로 올라오다 보면 너른 반석은 남명 선생이 처음 덕산동을 찾았을 때 지리산 대문 격인 이곳에서 마음가짐을 새롭게 하기 위하여 갓

---

5 입덕문기를 보면 남명 선생이 1561년 삼가에서 이 덕산으로 이사를 올 때 천연석문이 있던 이곳을 입덕문이라 부른데서 유래한다고 했다. 덕산德山 즉 지리산으로 들어가는 문이라는 네서 시은 이름인 깃이다. 일반적인 풀이인 '입덕入德'은 '중용'에 나오는 말로 '성인의 덕으로 들어간다.'는 뜻일 게다.

6 덕천의 골짜기 물은 두 산의 협곡 사이를 빠져나간다. 시내를 따라 5~6리를 가다 보면 돌을 깎아놓기도 하고 흙을 붙여 놓기도 하면서 겨우 통행할 수 있는 길이 있는데 덕천벼리라 한다. 도구陶丘 이제신李濟臣(1510~1582)이 바위 면에 '입덕문入德門' 세 글자를 새겨 놓았으니 덕산으로 들어가는 자는 모두 이 길을 말미암기 때문이다 -김선신, 두류전지

7 '비리', '벼리'란 '벼루'의 사투리이다. 강이나 바다의 벼랑을 얘기하는데 문경새재의 토끼비리가 가장 유명하다.

8 이 각자를 쓴 이에 대해서 논란이 있다. 남명학연원에서는 두류전지 기록에 의하여 도구라고 하였는데, 이에 분성 배씨 종친회가 분연히 들고 일어난 것이다. 즉 눌암訥庵 박지서의 도구대기陶邱臺記를 보면, '德川遷公題其巖曰入德門 其後裵參知大維書而刻 즉 덕천벼리는 공公(도구 이제신)이 그 바위의 이름을 입덕문이라 지었는데, 그 후 參知 배대유가 繼書하여 그걸 새겼다.'는 내용 때문이다. 이는 하진달(1778~1835)의 역헌문집에도 나오고, 성섭(1718~1788)의 교와문고에도 나오는 내용이라 한다. 'J3클럽'의 배병만 방장도 필자에게 이를 직접 확인해 주었다.

입덕문 표지석과 입덕문기

끈을 씻었다는 탁영대濯纓臺와 제자들과 시를 나누던 곳인 덕암德巖 등이 옛 모습을 보여준다. 다만 일제강점기 시절인 1930년경 도로공사를 하면서 자연석문인 입덕문은 없어졌다. 이를 1960년경 후학들에 의해 결성된 '입덕문보승계入德門保承契'의 계원들이 도로변에 세워 놓았던 '入德門'이라 새겨진 표지석을 1982년 확장공사를 하면서 안쪽으로 다시 옮겼는데 이런 내용을 담은 '입덕문기'도 함께 세워져 있다.

다시 삼거리로 돌아가자. 마근담골 입구를 지나 우측 인도로 올라서면서 뒤를 보면 지리산 국립공원사무소가 보인다. 이제 덕산 시내로 들어서게 된다. 덕산은 곧 남명마을이다. 이 마을이 남명마을로 불리게 된 이유는 비단 남명기념관, 산천재, 한국선비문화연구원, 덕산 문화의 집 그리고 원리교 건너 덕천서원 등 굵직굵직한 남명의 흔적들이 여기저기 서 있기 때문만은 아니다. 또한 천왕봉이 바로 올려다보이고 거기서 흘러내린 물줄기 두 개가 어우러지는 산자수명한 자연의 경개景槪가 돋보여서 그러는 것도 아니다. 사실 덕산德山은 지리산 산세와 풍모의 미학적 장중함을 드러내는 표현으로 지리산의 다른 이름이기도 하다. 그러다 보니 덕산이라는 마을 자체가 남명의 장중한 사상적 무게와 그가 일상에서 견지한 공경敬과 의로움義이 깃들여져 있는 곳이다. 거기에 더하여 비록 늦은 나이인 61세일 때이더라도 선생이 덕산 자락에 터를 정해 산천재에 거처하고 스스로를 방장산인으로 여기면서 자연스럽게 지리산과 한몸이 된 결과 때문일 것이다.

천왕봉에서 흘러내린 세 개의 산줄기 중, 써리봉~구곡산을 잇는 황금능선이 덕산 서쪽을, 하봉~웅석봉으로 이어지는 덕천지맥의 수양산 줄기가 북동쪽을 그리고 영신봉을 지나 주산으로 이어지는 낙남정맥의 줄기가 남쪽을 감싸고 있고 그 사이로 청정지수인 덕천강과 시천(살)천이 흐르니 겨울에는 따뜻하고 여름에는 시원한 이곳이야말로 이상향으로 느끼기에 부족함이 없다는 남명의 13대손 조재영의 말에 고개를 끄덕이게 된다.

같은 것 같으면서도 너무 다른 남명과 퇴계

사실 남명하면 대비되는 이가 바로 남명과는 갑장인 퇴계 이황(1501~1570)이다. 학창시절 우리에게 더 익숙한 인물은 물론 남명보다는 퇴계이다. 벼슬을 할 만큼 했고 도산서원까지도 세웠으며 온건하기도 한 인물로 알려졌으며 더욱이 우리가 쓰고 있는 지폐의 모델이기도 하니 더 이상 무슨 말이 필요할까? 제도권 안의 재조在朝세력이었기 때문일 것이다.

하지만 그 모든 것들이 이 지리산으로 오면 달라진다. 퇴계뿐만 아니라 율곡이 퇴계와 함께 온다고 해도 사정은 그리 달라지지 않을 것이다. 그만큼 지리하면 남명이다. 누누이 강조하건대 남명은 처사적 생활로 현실을 비판하며 수기修己의 방법으로 '경의敬義'를 중시하여 '실천'을 강조하였다. 평생 관직에 나가지 않으면서 비판자적인 위치에서 현실모순을 인식하고 그것을 직설적으로 표현하는 '실천성'을 강조하였다. 반면 퇴계는 평생 관직 생활을 통하여 수하의 많은 문인들을 정계에 포진시켜 놓았던 만큼 현실 개혁보다는 안정적인 현실생활을 강조하였다. 이게 두 사람의 가장 큰 차이점일 것이다.

경상우도를 기반으로 호남의 유림과도 폭넓게 교류를 한 남명의 이러한 사상은 '남명학파'로 불리게 됐다. 임진왜란 당시 손주사위인 고령의 곽재우[9]와 김면, 합천의 정인홍, 청도의 박경신 등이 경상우도의 남명학파 의병장들이고 순천의 박성무와 김천일이 남명의 문하를 출입한 호남의 의병장들이다. 이런 그의 개방적인 사고는 불교에 대해서도 그러하여 서산대사 휴정, 사명대사 유정과도 교분을 가졌고 성리학 이외의 학문에 대해서도 자유로운 입장을 가졌다. 이는 자칫하면 성리학 일변도에서 획일화 될 수 있는 위험성을 탈피하고자 부단히 노력했던 남명의 마음가짐을 읽을 수 있는 대목이라 하겠다.

일찍이 성호 이익(1681~1763)은 "조선의 기개와 절조의 최고봉"으로 남명 조식을 꼽았다. 재야의 처사로 살면서 경의敬義라는 두 글자의 독행篤行에 일생을 바친 사람으로 무사적 기상을 선비적 기품과 조화시킬 것을 강조한 그를 높이 평가한 것이다. 그러니 그의 제자들이 임진왜란과 정유재란 당시 의병으로 활약하여 국난을 극복하는데 크게 기여하였음은 역사가 증명하고 있으며 이는 또 당연한 결과라 하겠다.

남명의 제자 중 이순신과 관련한 중요 인물로 제1구간에서 잠깐 본 정탁鄭琢이 있다. 정유재란이 발발한 1597년 권율의 장계[10]로 이순신이 체포되었던 바, 이순신의 죄목은 ①군공을 날조해서 임금을 기만했다고 하는 공문서 위조 및 동행사 죄와 ②가토의 머리를 잘라오라는 군통수권자인 선조의 출격 명령에 응하지 않은 명령불복종 등이었다. 당시 선조는 이순신을 사형시키기

9 곽재우는 낙동강을 건너려는 왜군을 적절하게 유격전으로 물리쳤는데 논공행상 과정과 이몽학의 난 당시에 김덕령의 죽음을 보고 자신도 토사구팽 당할 것을 우려해 전쟁이 끝난 후 비슬산으로 들어가 소나무 잎만 먹고 살며 도인 행세를 하며 목숨을 부지했다고 한다.

10 狀啓. 왕명을 받고 지방에 나가 있는 신하가 자기 관하管下의 중요한 일을 왕에게 보고하던 일. 또는 그런 문서.

로 작심했었다.

그런데 당시 판중추부사로 있던 정탁은 이순신을 구명하기 위하여 상소를 올렸다. 당시 조정 내부에서 이순신은 정치적으로 고립되어 있었다. 이순신에 대한 우호적인 여론이 조정에는 없었다는 얘기다. 류성룡만이 이순신의 인물됨과 무죄를 믿고 있었으나 그도 정쟁에 휘말리지 않기 위해 적극적인 변론은 삼갔으니 결국 정탁의 상소만이 유일한 이순신의 구명을 위한 공론화된 의견이었던 셈이다. 어쨌든 정탁의 상소로 이순신은 단 한 차례 고문을 당한 다음 결국 같은 해 음력 4월 1일 출옥을 해 '백의종군' 길에 오르게 된다.

수제자 내암 정인홍

남명 얘기가 나오면 빠뜨릴 수 없는 인물이 있다. 합천에서 의병장으로 이름을 떨쳤던 인물로 남명이 운명殞命을 하면서 김우옹에게는 경敬의 표시로 '성성자惺惺子'를, 이 사람에게는 의義의 표시로 검을 주었을 때의 그 내암 정인홍이다. 수많은 남명의 제자들 중에 합천 사람 내암 정인홍이 거론되는 이유는 무엇일까?

돌이켜보면 당파 싸움의 여파로 남명학파가 한때 위축된 일이 있었다. 하지만 광해군의 등극으로 살아나는 듯싶던 남명학파는 1611년 정인홍이 회재 이언적과 퇴계 이황을 싸잡아 비판한 이른바 '회퇴변척소晦退辨斥疏'[11] 사건이

11 남명의 제자인 정인홍이 남명의 문묘 종사 추진을 하는 과정에서 광해군 3년인 1611년 이른바 회퇴변척소를 올려 "(회재 이언적과 퇴계 이황) 두 사람은 모두 유학을 공부하는 사람으로 소인이 득세하여 군자를 해칠 때 이들을 구하지 못한 수치스러운 행동을 하였다."는 이유 등으로 남명과의 차별성을 부각하면서 남명을 문묘에 모시기 위한 상소를 하였으나 실현되지 못했다. 이후 나라의 분위기가 강경파인 정인홍의 대북세력과 멀어지는 듯하자 인조반정과 남명 문하의 유생들이 관직에 대한 욕심 등으로 퇴계학파로 이동하는 경향을 보였다.

터지면서 거의 궤멸의 위기까지 처하게 된다. 그러다가 인조반정[12]과 1728년에 발생한 무신란으로 남명학파의 본산인 강우[13]지역은 반역향으로 지목되면서 더욱 위축되었다.

회퇴변척소라…. 내암 정인홍을 알기 위해서는 기축옥사己丑獄死 사건[14]을 얘기해야 한다. 선조 22년(1589) 정여립(1546~1589)을 비롯한 동인東人들이 모반의 혐의로 박해를 받은 사건이다.[15] 기축옥사를 두고 혹자는 조선왕조의 정치·사회적 구조 속에서 일어날 수밖에 없었던 당연한 귀결이라거나, 지역 내 사림 사이의 갈등[16]과 개인적인 감정 대립의 결과 또 어떤 사람들은 정여립이 당파 싸움의 희생양이지 모반사건이 아니라고도 하며 한편에서는 모반을 하기는 했는데 거사 직전에 발각되어 실패한 미완의 혁명이라고도 하는 등 설이 갈린다.

어쨌든 1589년 무려 1천여 명이 희생당한 기축옥사 사건의 정확한 실체가 무엇인지 아직까지 제대로 밝혀진 것은 없다. 다만 기축옥사로 인해 서산대사西山大師 휴정은 정여립과 역모를 모의했다는 죄목으로 묘향산에서 끌려와 선조로부터 직접 국문鞠問을 받았으며, 사명당四溟堂 유정은 오대산에서 강

12 실제로는 왕위찬탈이므로 쿠데타로 봐야 하지 않을까?

13 강우江右 지역의 '강'이라 함은 낙동강을 가리키는 말로서 낙동강 우측 그러니까 경상도 우측 지방을 얘기하는데 그 기준이 바로 낙동강이다.

14 1589년 10월 황해도관찰사 한준과 재령군수 박충간 등이 전 홍문관수찬이었던 전주사람 정여립이 역모를 꾀하고 있다고 고발을 함으로써 시작되었다. 당시 정여립의 역모죄상은 그가 벼슬에서 물러난 뒤, 전주와 진안·금구 등지를 내왕하면서 무뢰배와 공·사노비들을 모아 '대동계大同契'라는 단체를 만들어 매월 활쏘기를 익힌다는 것과 당시 민간에 유포되어 있던 도참설을 이용해 민심을 현혹시킨 뒤, 기축년 말에 서울에 쳐들어갈 계획을 세우고, 공범끼리 역할까지 분담해 놓았다는 내용이었다.

15 최근 '발로 걷는 인문학자'인 신정일 선생을 중심으로 전라북도의 문인 등 전주의 여러 단체들이 세계 최초로 공화주의를 주창한 정여립의 죽음을 재평가하는 작업이 시작되고 있다. 그 첫 작업이 신정일 선생의 '조선의 천재들이 벌인 참혹한 전쟁'이라는 책의 출간과 '정여립 선생 동상 건립'으로 서인·노론 중심의 기존 사관에 어떤 변화가 일어나게 될지 그 귀추가 주목된다.

16 특히 서인이었던 정철에 의한 조작이라는 설.

릉부로 끌려가 조사를 받는 등 많은 인사들이 고초를 겪었다.

이 사건의 뒤처리는 서인西人 중에서도 강경파에 속했던 좌의정 정철이 담당하였는데 정철은 동인東人 중 평소 과격한 언행을 했던 인사들을 죽이지 아니하면 귀양을 보내는 등 매우 가혹하게 다스렸다. 그 때문에 그는 사건이 끝난 후 동인들에게 '동인백정'이라는 말로 미움을 받게 되었고 결국 세자책봉 문제로 실각하여 유배를 가게 된다.

정철이 귀양 간 뒤에 영의정 이산해[17]는 동인 가운데에서 정철에게 쫓겨났던 사람들을 불러들여 조정의 관직에 앉히고, 또 정철을 따르던 서인을 쫓아냈다. 이것이 신묘년에 있었던 일진일퇴의 정국이었다. 이로부터 동인이 국정을 전담하게 된다.[18]

한편 이 동인은 서인에 대하여 강경파인 북인北人과 온건파인 남인南人으로 나뉜다. 이 중 퇴계의 제자들이 남인인 반면 남명의 제자들은 북인北人으로 분류된다. 이 북인도 광해군의 책봉을 지지하는 대북과 영창대군을 지지하는 소북으로 갈라지는데 대북은 또 골북骨北과 육북肉北으로 갈라지는 바, 이는 하통이 당파가 되는 성리학의 특성 때문이었다.

위와 같이 광해군이 등극함에 따라 대북이 집권을 하게 되고 이 세력의 산림山林[19]이었던 정인홍은 앞장서서 스승인 남명의 추중推重작업에 나서게 된 게 바로 이 '회퇴변척소 사건'인 것이다. 임진왜란 당시 많은 공훈을 세웠던

17 기축옥사 사건으로 이산해, 정인홍, 유성룡 등이 처형되거나 유배되었다.

18 신정일, 다시 쓰는 택리지

19 학식과 덕이 높으나 벼슬을 하지 아니하고 숨어 지내는 선비. 매천 황현은 '매천야록'에서 정인홍을 산림의 원형으로 파악했다.

정인홍은 학자이자 정치가 그리고 의병장[20]으로서 곽재우, 최영경, 오건 등과 함께 남명학파를 대표하는 사람이다. 그는 민생, 민심을 중시하여 왕권 강화를 주창하였던 바, 기축옥사로 인해 광해군 2년(1610) 이른바 5현이라 불리던 김굉필, 정여창, 조광조, 이언적, 이황 등을 문묘에 종사[21]하자 스승인 남명이 제외된 것에 불만을 품고, 1611년에 이른바 회퇴변척소晦退辨斥疏를 올렸던 것이다.

회퇴변척소 사건 이후 사류士類들의 공론이 정인홍에게서 멀어져 가자 이탈하는 숫자가 더욱 많아지게 되었다. 결국 1620년 인조반정으로 정인홍이 처형되면서 김우옹, 정구 등은 아예 남명학파를 이탈하기까지 하였다. 이후 남명학파는 쇠락의 길로 접어들었다. 더욱이 1728년 무신란이 안음(함양의 옛 이름)과 합천을 중심으로 일어나자 강우지역은 아예 반역향反逆鄕으로 찍혀 더욱 위축될 수밖에 없었다.

이런 정인홍에 대해 평가 또한 제각각이다. 율곡 이이는 "강직하나 식견이 밝지 못하니 용맹에 비유한다면 돌격장이 적격이다."라고 폄하하였으나, 단재 신채호는 "정인홍의 평전을 쓰지 못한 게 아쉽다."고 그의 행적을 높이 평가했고, 근자에 들어 이이화는 동인 그 중에서도 북인 나아가 대북의 영수領袖였던 그를 두고 "당색으로는 소북과 남인 그리고 서인의 적이 되었고, 사림士

20 정인홍이 합천에서 계속하여 왜적을 무찌르는 전과를 올리자 청백리 재상 오리 이원익(1574~1634)의 추천으로 선조로부터 '의병대장'의 직함을 받게 된다. 그러나 정인홍은 이를 사양하면서 오히려 왜나라가 전쟁에 휘말리고 이를 감당을 못하는지에 대한 원인을 분석하고 앞으로의 전쟁 극복 방안, 전후에 국가를 재건하는 방법 등을 상소하였다.(권인호, 서원의 역사와 유학사상)

21 문묘에 종사한다 함은, 유교의 나라인 조선시대의 역대 왕가의 신주를 모신 왕가의 사당을 종묘라고 한다면 문선왕文宣王 즉 공자의 위패를 모신 사당을 문묘라고 한다. 곧 문묘에 종사되었다는 말은 사후에 그 위패를 모시게 되었다는 말이니 이는 유학자로서는 더없는 영광스러운 일일 것이다. 우리나라 유학의 종조인 고운 최치원과 성리학의 시조라 할 문성공 안향의 위패도 모셔져 있으나 위와 같이 남명 조식만큼은 없다.

林으로는 퇴계 이황과 회재 이언적의 제자들과 적이 되었고, 이념으로는 사대주의자와 주자학파의 적이 되었다. 이것을 두고 망나니로 몰아붙일 수는 없을 것이다. 그러므로 그와 그의 적들을 이분법으로 구분하면 도가와 유가, 자주파와 사대파, 혁신 세력과 보수 세력, 산림처사 세력과 권력 추구 세력으로 나눌 수 있다."고 하였다.

결론적으로 정인홍은 남명의 출처관出處觀의 영향을 받은 인물로 산림의 대부로서 국가에 대한 의리(의병), 왕에 대한 의리(광해군), 스승에 대한 의리(조식)를 일관되게 지켜나갔다. 특히 그의 삶에 있어서 스승 남명과 국왕 광해군은 그가 존재하는 목표이자 이유였다. 정인홍이 무리수를 두면서까지 이언적과 이황에 대한 문묘 출향黜享(위패를 거두어 치우는 일)을 주장하고, 토역討逆(역적을 토벌함)의 논리를 전개하면서 궁중에 피를 부른 것은, 스승에 대한 무한한 존경심과 왕에 대한 의리와 충성의 발로였다. 그러나 그의 급진성과 과격성, 반대세력을 조금도 용인하지 않는 비타협성은 오히려 반대세력을 결집시켜 주는 빌미를 제공해 주었다.[22]

남명기념관

덕산에 들어서면 마을 전체가 남명의 향기로 가득 찬 느낌이다. 그 입구에 너른 주차장이 보이면서 남명기념관이라는 큰 현판이 붙어 있다. 깨끗하게 정돈된 기념관으로 들어가 볼까.

22 신병주, 정인홍 평전

남명사적비. 산천재 앞에 있다.

남명기념관은 남명 선생 탄신 500주년을 기념하여 선생의 학덕을 추모하고 선생이 추구하고자 하였던 경의사상敬義思想을 계승, 발전시키고자 사업을 추진하여 2004년 8월에 개관하였다. 기념관 내부에는 남명 선생과 관련된 유물 전시실과 영상정보실, 교육관, 세미나실 등이 있으며, 외부 공간에는 신도비, 남명석상, 여재실 등이 있다.

● 제1전시실

남명 선생이 실천하는 학문으로의 전환점이 된 서적들과 경의검敬義劍, 성성자惺惺子 등 남명의 수행과 실천에 관련된 유물들이 전시되어 있다.

● 제2전시실

남명의 가르침을 따랐던 제자들을 주제로 한 전시실로 제자들의 유물과 미니어처 연출, 의병활동과 관련한 조형물을 설치하여 그의 업적을 돌아볼 수 있는 공간이다.

● 제3전시실

남명정신을 기리고 이어받기 위한 오늘날의 노력과 이에 대한 실천의지를 표현한 공간으로 사숙 및 문인의 유물과 사적의 전경모형을 볼 수 있다. 좌측으로 남명 선생의 동상과 선생의 이력을 담은 글이 비에 새겨져 있다.

길을 건너 산천재로 간다. 안으로 들어가 산천재와 남명매를 본다. 남명은

산천재와 남명매

그가 머물면서 후학들을 지도한 곳[23]을 산천재山天齋라 이름했다. 산천이라는 말은 주역에 나오는 말이라고 한다. 사辭에 해당되는 간괘艮卦와 하늘을 상징하는 건괘乾卦가 합쳐진 모양이라는 것이다. 괘사卦辭 즉 그 말을 풀어보면 "날마다 덕을 새롭게 한다."는 뜻이 담겨 있다고 한다. 그러니 남명은 이러한 뜻을 함께할 수 있는 동반자로 지리산 천왕봉을 택한 것이며 산천재는 지리산 천왕봉을 가장 가까이 두고 좌로는 수양산(502.3m)을, 우로는 검음산(현재의 비룡산으로 추정)을 각각 둔 천혜의 길지로 자신의 뜻을 실천할 수 있는 공간이었던 것이다. 산천재란 이름을 이렇게 복잡하게 보는 것보다 그저 선생이 평소 경외해 마지않던 지리산의 '山'과 천왕봉의 '天'에서 가져온 이름이라고 하면 너무 단순한가? 물론 필자의 시각에서 바라본 해석이긴 하다.

23 진양지를 보면 이 서당은 단칸 초옥으로 '집 앞에 대들보가 없이 한 칸 초정을 세우고 거기서 시를 읊었는데 그 집을 도토리집이라 불렀다.'고 적었다.

남명매는 지난 구간 단속사에서 본 정당매를 떠올리게 된다. 남명이 손수 심었다는 매화나무는 남명매로 불리며 원정 하즙이 심었다는 원정매, 정당매와 더불어 '산청 3매'라고 한다는 것은 이미 얘기했다.

남명의 고향은 합천 삼가이다. 처가인 김해에 '산해정'을 세우고 문인들 양성에 힘을 기울이던 남명은 12차례에 걸친 지리산 산행을 통하여 지리산을 경외하며 지리산에 빠져들게 된다. 그러고는 백운동 등 세 곳 정도를 물색하다 결국은 이곳에 정착을 하면서 진주 일대는 남명학파의 중심지가 되었다. 그에게 있어 덕산은 구도의 극처極處인 지리산 천왕봉이 올려다보이는 이상적 장소였다. 물론 덕산이라는 명칭은 그 이전에도 사용되고 있었겠지만 조식이 거주하면서 명실상부하게 '덕이 있는 인물이 사는 골짜기'로 인식되었을 게다. 그런 남명은 12회에 걸친 지리산 산행을 바탕으로 유두류록을 씀으로서 지리산을 그의 삶에서 영원한 지주이자 표상 그리고 신앙의 대상으로 삼았다. 이쯤 되면 남명의 시 한 수를 들어봐도 크게 사치스러울 것 같지는 않다. 그 유명한 두류산가頭流山歌이다.

두류산頭流山 양단수兩端水[24]를 네 듣고 이제 보니,

24 兩堂水냐 兩端水냐? 남명의 이 시가 남명문집에 실려 있지 않아서 논쟁의 대상이 되고 있는 것이다. 즉 구전口傳되어 온 시조들이 그대로 사라질 것을 염려하여 편찬한 문집 즉 김천택의 청구영언靑丘永言(1728)과 김수장의 해동가요海東歌謠(1755)에만 실려 있어 남명의 작품이 아니라는 것이다. 또한 양단수에도 설이 갈린다. ①兩端水라고 하는 설은 "중산리 계곡에서 흘러 내려오는 물과 대원사 계곡에서 흘러온 물이 각기 덕산에서 만난다."하여 이르는 말이다. 즉 시천천과 덕천강이 이 덕산에서 만난다는 이른바 '합수점'설이다. ②兩堂水라고 하는 설은 시조집에서 양당수를 양단수로 오기誤記한 것이라는 주장이다. 즉 현재 덕천서원 앞 산천재 근처에 있는 '양당兩塘'마을 앞을 흘러가는 여울물을 말하는 고유명사에서 따왔다는 것이다.
생각건대 '양당수兩塘水'라고 한다면 양당마을 때문이라기보다는 오히려 제석당과 성모사의 양당兩堂을 떠올리는 게 맞다. 그런데 이 두 당집을 혹세무민하는 무당들의 소굴이라 여기던 남명이 이를 기릴 리는 절대 없다. 또한 남명을 그리워하던 시인묵객詩人墨客들이 이곳에 들러 많은 시를 지었음에도 양당수라는 시어가 들어간 흔적이 보이지 않고 오히려 (양당 마을) "앞의 시내는 아마도 무릉도원으로 통하리라前溪疑是武陵通(이상규, 1846~1922)"이라 하여 덕천 혹은 시냇물 정도로 인식하고 불

도화桃花 뜬 맑은 물에 산영山影조차 잠겼에라.

아희야, 무릉武陵이 어디메뇨 나난 옌가 하노라.

남명의 지리산에 대한 경외심의 일부가 위 시에 담겨 있다. 도화나 무릉 같은 시어詩語는 굳이 노장사상을 들추어내지 않더라도 당시의 유학자들에게는 만연한 풍조였을 것이니 우리는 둘레꾼 혹은 산꾼의 입장에서만 파악하면 될 것이다. 당시 관인官人 즉 벼슬아치들 또한 도연명(365~427)의 귀거래를 '물러남'의 가장 모범적인 미덕으로 생각하고 있을 정도였다니 이 정도면 그들의 탈속의지脫俗意志를 어느 정도 엿볼 수 있을 것 같다. 그러니 두류산은 지리산의 다른 말이며 양단수는 좁게는 시천천과 덕천강으로 볼 수도 있으나 지리산이라는 큰 산을 중심에 놓고 거시적으로 봤을 때에는 남강과 섬진강을 이르는 시어로 이해할 수도 있다. 한편 '자연에 귀의한 은둔자, 세속과의 완전한 단절' 같은 참고서적 풀이는 '실천'을 중시한 남명에게는 사치스러운 단어의 나열이며 사실 어울리지도 않다. 다만 그런 시어는 지리에 대한 경외심의 다른 표현이라 이해할 수는 있겠다.

산천재를 나와 원리교로 향한다. 좌측으로 '한국선비문화연구원', '덕산 문화의 집'을 보면 그 뒤로 구곡산(961m)이 크게 보이고 그 우측 뒤로는 천왕봉이며 중봉이 연이어 보인다. 구곡산에서 천왕봉으로 향하는 줄기가 바로 구곡능선이라 불리던 황금능선이다.

40여 년 전 세석산장[25] 관리인이었던 정원강은 낫 한 자루를 들고 산죽 밭

렸다. 兩端水에 한 표를 던진다.

25 지금은 국립공원관리공단에서 관리를 하면서 '대피소'라는 이름으로 운영을 하지만 예전에는 일반인이 '산장'이라는 이름으로 운영을 했었다.

으로 악명이 높던 써리봉~구곡산 등로 개척에 나섰다. 그 가을 어느 날 오후 해가 저물 무렵 써리봉에서 마지막 작업을 마치고 뒤를 돌아보며 땀을 닦을 때, 써리봉에서 국수봉을 지나 구곡산으로 '之'자 모양으로 휘어져 가는 능선이 덕천강가로 이어지면서 누런빛으로 반짝이는 모습을 보고 스스로 황금능선이라 이름했다. 당장이라도 구곡산으로 올라 써리봉으로 뛰어 올라가고 싶은 마음만 그득하다. 황금색으로 물결치는 산죽밭의 지루함이 오히려 멋진 분위기를 연출하는 빛의 조화로 그 이름도 구곡능선에서 황금능선으로 바뀌게 된 것이다.

> 구곡산은 천왕봉에서 중봉, 중봉에서 서흘산, 서흘산에서 구곡산이니 산이 구곡의 층단으로 포개져서 마치 병풍을 둘러놓은 것 같다. 덕천서원의 뒷산이다.[26]

우측으로 남명 선생의 묘소 입구를 지나면 덕산 시내는 시외버스 터미널이 있고 시천면사무소와 그 유명한 덕산장이 서는 시장을 지난다. 덕산장은 4일과 9일에 열리는 5일장이다. 산청 사람뿐만 아니라 하동의 옥종과 청암 그리고 쌍재[27]를 넘어온 함양 사람들까지도 이 장을 이용했다. 특히 산청 곶감이 거래되는 곶감장이 유명하다. 시장 우측 골목에는 새롭게 단장한 목욕탕이 있는데 목욕탕 입장료를 알게 되면 당장이라도 땀에 전 몸을 씻기 위하여 들어가지 않을 수 없을 것이다.

26 김선신, 두류전지. 여기서 서흘산은 서뢰봉 즉 써리봉을 가리킨다. 써레봉으로 불러야 한다는 이견에 대해서는 다음 구간 때 자세히 살펴본다.

27 제5구간 수철리로 넘어오던 그 쌍재이다.

제9구간

덕산~위태마을

덕산~천평교(0.4km)~중태안내소(3.1km)~유점마을(3.1km)~중태재((1.3km)~위태(상촌, 1.8km): 9.7km

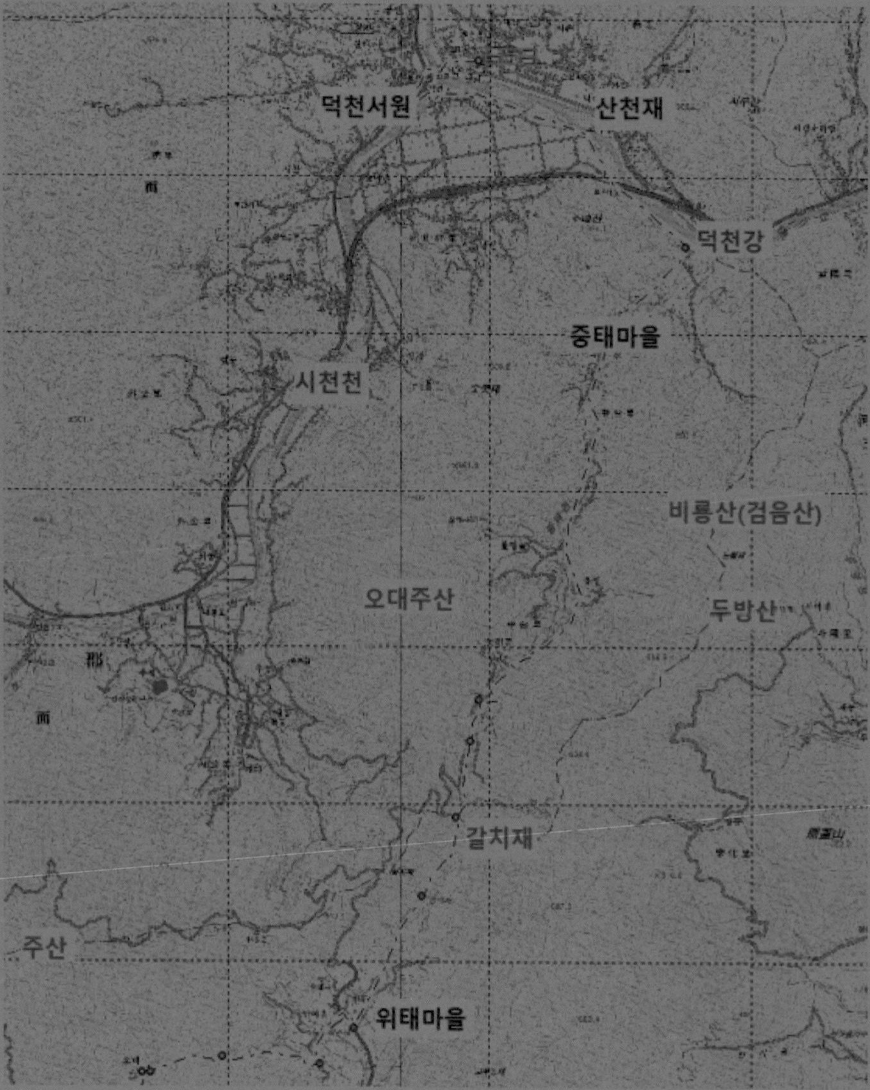

삼장천과 살천은 양당촌에서 합류하여 덕천이 된다고 했다. 덕산에 있는 남명 조식 유적지를 보고 원리교를 건너 덕천서원으로 들어선다.

정인홍 등이 세운 덕천서원

서원 앞에는 수령이 400년 넘는 은행나무가 서 있다. 서원은 남명 사후 4년 뒤인 1576년 제자인 정인홍, 최영경, 하응도 등이 세웠다. 서원 앞에 있는 세심정과 제자 덕계 오건[1]과의 아름다운 일화가 전해지는 송객정, 면상촌[2]도 놓쳐서는 안 될 곳이다. 후세 문인들에게 있어 덕산은 남명의 상징이었다. 그들은 남명을 만나기 위해 덕산을 찾았고, 그곳에서 남명을 그리는 글들을 읊었다. 특히 구한말을 전후한 시기에 지리산 권역 글쟁이들은 지역의 선현인 남명을 정신적 지주로 삼아 난세를 극복하려는 의지를 가졌음은 당연하였을 터. 이 시기에 많은 이들이 이 덕산에 와서 남명이 생전에 찾았던 지리산의 여러 유적을 탐방하고 작품을 남겼다. 그런 면에서 덕산은 남명 문학 및 지리산권 한문학의 보금자리였다.

임진왜란 때 소실되어 찾는 이도 없어 적막하였던 이곳이 1870년 흥선대원군의 서원철폐령에 의해 훼철되었다가 1920년에야 겨우 복원되었다. 하지만 서원의 존폐 여부에 상관없이 이곳을 찾는 후학들은 여전히 어려운 시

1 남명의 제자였으나 후에 김우옹, 정구 등과 함께 남명학파를 이탈했다는 평가를 받기도 하지만 남명의 장례 때 수제자로서 장례를 관장하였음을 볼 때 지나친 억측인 것 같다.

2 항상 '오선생'이라 부르며 덕계의 학문을 높이 평가했던 남명은 승진을 하여 고향을 잠시 떠나는 덕계와의 이별을 아쉬워하여 삼장사에서 송별연을 베풀어 주었는데 이마저도 모자라 다시 10리를 더 함께하여 지금의 삼장면 덕교리 시냇가의 나무 아래(송객정)에서 전별주 한 잔을 더 하고 밤머리재로 향하는 오계를 보내주었다. 술에 취한 오건은 지금의 평촌리 명상마을에 이르러 낙마하여 얼굴에 상처를 입게 되었는데 이로 인해 이 농네가 '면상촌面傷村'이라는 이름을 얻게 되었다.

대를 살아가는 지식인의 책임의식과 처세를 남명에게서 찾고자 했고, 이를 문학작품[3]으로 승화시켰다.

덕천서원의 경의당

돌이켜보면 이 서원은 1609년 사액서원이 됐으며 1614년에는 남명에게 영의정 추증과 문정이라는 시호까지 내려졌는데 이는 순전히 수제자 내암 정인홍의 노력 결과이다. 강성强性의 정인홍이 정적들로부터 자유로울 수 없었던 내용은 지난 구간 살펴봤다. 국가지정문화사적 제305호, 경상남도 유형문화재 제89호로 지정된 덕천서원 안으로 잠깐 들어가 볼까?

서원 안으로 들어가면 정면으로 경의당敬義堂이 보인다. 경의당은 서원의 각종 행사와 유생들의 회합 및 토론장소로 사용되던 곳으로 '德川書院' 현판이 걸려 있는 서원의 중심 건물이다. 정면 5칸, 측면 2칸 팔작지붕 집으로 중앙에 대청이 있고 그 양쪽으로 툇마루와 난간이 달려있는 2개의 작은 방이 있다.

그 뒤로 내삼문內三門을 들어서면 사당인 숭덕사崇德祠가 자리하고 있다. 정면 3칸, 측면 1칸 규모에 맞배지붕 집으로 처음엔 남명 선생의 위패만 모셨으나, 그 뒤 그의 제자인 최영경崔永慶을 추가 배향했다.

그 좌측에는 서원에서 찍어낸 각종 목판을 보관하는 전각인 장판각藏板閣이 있다. 예전에는 웬만한 서원이나 사찰에는 나무로 책판을 만들어 서적을

3 가령 경상대 최석기 교수는 이를 모아 '도학의 성지 덕산에서'라는 시 해설집을 편찬했다.

만들고 이 책판은 장판각에 보관하였으니 그 대표적인 것이 해인사에 있는 장경각이다. 덕천서원에서는 매년 음력 3월과 9월의 첫 정일丁日에 제사를 지내고 매년 양력 8월 18일에는 남명 선생의 탄생을 기념하는 남명제가 열린다.

머리가 깨끗해짐을 느낀다. 서원 앞에는 세심정이 있다. 선생의 높은 학문과 고매한 정신을 이어가는 후학들이 선생을 경배하기에 앞서 다시 한 번 마음을 가다듬기 위하여 세웠을 것 같다.

그런데 이 덕산은 지리산 천왕봉의 들머리이다. 천왕봉을 가장 가까운 곳에서 볼 수 있는 곳. 그러기 때문에 천왕봉을 오르려면 이곳을 지나야 한다. 덕산초등학교 옆을 지나 구곡산[4]의 황금능선 코스를 이용할 수도 있고 아니면 삼장면으로 들어가 그 길고도 긴 유평계곡을 통하여 대원사에서 화대종주 코스[5]로, 아니면 조금 더 올라가 '한판골' 혹은 '윗새재'를 이용하여 말도 많은 '치밭목대피소'[6]를 지나거나 그것도 싫으면 아예 중산리로 들어가 가장 빠르게 천왕봉으로 오를 수도 있는 그야말로 지리산의 관문인 것이다.

이 중 중산리 코스는 천왕봉으로 가장 빨리 접근할 수 있는 루트이다. 관리동에서 법계교를 건너면 속세에서 법의 세계 즉 부처님 세계로 들어서게 된다. 굳이 부처님 세계가 아니더라도 적어도 속세는 떠난다는 얘기다. 그러

4 지리산 대부분의 봉우리는 '峰'이라는 계급장이 붙어 있다. 그런데 몇 안 되는 '산'이름을 가진 봉우리 중 동부지리에서는 유독 구곡산만큼은 '山'이라 불러준다. 남명 선생 덕분인 것 같다.

5 제5부에서 따로 본다.

6 치밭목대피소의 이력은 진주사람 민병태 씨 부부와 함께한다. 1971년 정부의 국립공원 산장 설치 계획의 일환으로 세워지기는 했으나 교통이 불편하여 가장 늦게 개발된 동쪽 코스에 있는 대피소이다. 또한 이 부근에 최후의 빨치산 정순덕, 이홍이 등이 1963년 말이나 되어 사살되거나 체포되었지만 그때까지도 이들에 대한 거부감이나 두려움 등도 한몫했을 것이다. 무인산장으로 장기간 방치되던 이곳을 지킨 이가 바로 민병태로 1986년부터 이 대피소를 보수하여 관리하였다. 최근 필자가 이곳을 들렀는데 최신식 건물로 신축되었다. 이곳도 노고단대피소의 고 함태식 선생 케이스 같이 민병태 씨도 공단 직영의 미명하에 밀려났다는 얘기가 들린다

면 영원히 지리산의 신선이고자 했던 우천 허만수 선생의 추모비에 묵념을 한 번 올리고 갈 일이다. 우리가 산 그것도 지리산에 드니 그렇다.

법계교를 건너자마자 만나는 우천 허만수 선생 추모비

"산을 사랑했기에 산에 들어와 산을 가꾸며 산을 오르는 이의 길잡이가 되어 살다 산의 품에 안긴 이가 있다. 님은 평소에 '변함없는 산의 존엄성은 우리로 하여금 바른 인생관을 낳게 한다.'고 말한 대로 몸에 배인 산악인으로서의 모범을 보여주었으니 풀 한 포기 돌 하나 훼손되는 것을 안타까워한 일이나 … 그런데 어찌된 일이랴. 님은 1976년 6월 홀연히 산에서 그 모습을 감추었으니 지리영봉, 그 천고의 신비에 하나로 통했음인가? 이에 님의 정신과 행적을 잊지 않고 본받고자 이 자리 돌 하나 세워 오래 그 뜻을 이어가려 하는 바이다."

이 중산리의 직등코스로 오르다보면 우선 만나는 곳이 법계사[7]이다. 연곡사, 화엄사, 대원사 등과 함께 연기조사가 창건한 절집인 이 법계사는 1380년 고려 우왕 때 이성계의 황산대첩의 왜구 잔당에 의해 불태워졌을 때 일시 무속인들이 들어와 '법계당'이라는 이름으로 가건물을 운용한 적이 있었는데

7 법계사는 병란과 화재로 수난을 많이 당한 절이었다. 이병주의 대하소설 《지리산》을 보면 제7권에 토벌군을 피해 이동하던 춥고 배고픈 남부군이 법계사에 들른 장면이 나온다. '도중에 천왕봉 중턱에 있는 법계사 마당을 지났다. 가람은 불에 타 없어지고 절터만 남았다. 천왕봉을 등지고 남해를 굽어보는 기막힌 조망이다. 어느 대원의 말이다. "이 절은 부유한 절이었다. 가을이면 시량柴糧이 그득하게 광에 쌓였다. 눈이 내리는 날이면 모든 길이 막힌다. 이듬해 해동될 때까지 외계와의 왕래가 일절 단절된다. 중들은 뜨뜻한 절방에 앉아 떡이요, 엿이요, 단술 등을 해먹으며 겨울을 보냈다. 얼마나 팔자 좋은 중들이었던가.'

이때에는 제석당과 같은 당집의 형태였다.

한편 여기서 놓치지 말아야 할 곳이 바로 문창대이다. 고운 최치원이 법계사에 머물 때 책을 읽고 시를 지으며 명상에 잠겼던 고대高臺로 장터목을 향해 활시위를 당겼던 곳[8]이라고도 하며 기도발이 받는다는 지리10대 중 하나이다. 문창이란 고려 헌종이 고운 최치원을 '문창후'라 시호한데서 유래하며 신라 말기 혼란스러운 정국을 보고는 '신라는 누른 잎이요 혹령鵠嶺(松岳 즉 개성을 얘기함)은 푸른 소나무다.'라고 하여 왕씨의 고려 창업을 예언했다는 데서 이런 예우를 받은 것이다.

문창대 논란

그런데 이 문창대는 국토지리정보원 지도에는 1373.9봉이 아닌 망바위 바로 위로 표기되어 관심 있는 이들로 하여금 실소를 자아내게 한다. 그런데 1978년 10월 26일 로타리산장[9](지금의 로타리대피소) 기공식에 앞서 이 산장을 건립하는데 지대한 공헌을 한 남명의 13대손 조재영은 진주산악회와 함께 기존 문창대에 대해 다른 곳을 문창대(기존 문창대에 대하여 '신 문창대'라 함)라고 제시한다. 즉 '진양지 2권'의 내용 즉 '門西數十步許 有文昌臺 崔孤雲所遊地 해석해 보면 (법계사) 절 서쪽 수십 보 거리에 최고운이 놀던 큰 바위가 있는데 이것이 문창대이다.'를 첫째 근거로 든다. 이는 법계사에서 천왕봉으로 오르는 방향으로 나무계단을 오르자마자 나오는 좌측의 너럭바위를 얘기한다. 그

---

8 그래서 '시궁대矢弓臺'라고도 불렸다.

9 로타리대피소는 남명 조식 선생의 13대손인 조재영의 주도로 설립되었다. 그 후 공단으로 기부 채납되었다. 천왕봉 아래의 천왕샘도 '지리산의 인간 백과사전'이라 불린 그의 작품이다.

러고는 두 번째 근거로 그 바위 아래 '고운최선생장구지소孤雲崔先生杖屨之所'라는 각자를 제시한다.

신 문창대에서 본 원 문창대

그런데 이 문창대를 처음 알린 이는 바로 진양지[10]를 발간한 부사 성여신이다. 그의 칠언고시 형태로 쓴 '유두류산시'를 보면, '황혼 무렵 겨우 법계사에 이르렀네. (중략) 동쪽에 걸터앉은 세존봉에는 우뚝한 바위가 사람이 서 있는 듯, 서쪽에 문창대 솟아 있으니 고운이 옛 자취 남긴 곳이네. 바위에 고운의 필적 새겨 있다 하는데 험하고 가파른 절벽이라 가볼 길이 없네.'라고 문창대를 그렸다.

이렇듯 문창대는 법계사 동쪽에 있는 봉우리 즉 세존봉에 사람이 서 있는 듯 서쪽에 우뚝 솟아 있다고 하였으니 법계사에서 바라본 문창대의 모습과 같다. 반면 신 문창대는 사실 ①위와 같이 성여신의 표현대로 험하고 가파른 절벽이 있어야 하는데 그렇지 못한 점, ②대臺의 외형을 갖추지 못한 점 가령 내려다보았을 때 수려한 경관을 볼 수 있는 곳이거나 사방을 관망할 수 있는 바위 꼭대기의 넓고 평평한 반석盤石도 아니며, ③孤雲崔先生杖屨之所라는 각자 주변에는 日出峰 혹은 陸象山 등 조잡한 각자들이 많이 새겨 있어 이 각자 역시 이들 중 하나로 여겨지며, ④이 각자의 제작 연대 또한 그리 오래된

10 진양지晋陽志는 성여신이 향우들과 함께 광해군 14년(1622)에 시작하여 10년 만인 인조 10년(1632)에 완성된 것으로 전하는 진주 지역의 인문지리서이다. 그러나 이때의 필체본은 세상에 전하지 않고 17세기 전반에 편찬한 것으로 추정되는 권지 1, 2로 된 진양지의 필사본만이 전한다.

것 같지 않은 점 등으로 미루어 볼 때 신 문창대는 그저 각자가 되어 있는 바위 정도로만 인식되어도 무난할 것 같다. 그러나 무엇보다도 선인들의 산행기에 원 문창대가 지금의 장소와 너무 똑같이 묘사되어 있다는 점이 '구 문창대'를 '원 문창대'로 보게 하는 이유이다.[11]

덕산 사람은 이데올로기 투쟁의 희생자

이런 곳이 덕산이니 아무래도 덕산 주민들에게 지리산에 대한 사랑이나 외경심은 대단할 것이다. 면면이 '지리산 정신'이 흐른다고 봐도 무방하다는 것이다. 다른 어느 곳보다 일찍 '두류산악회'라는 단체를 결성하여 지리산을 바라보며 사는 것만 봐도 그렇다. 매년 이어지는 천왕제가 그걸 반증한다.

반면 이들은 이데올로기의 희생자이기도 하다. 빨치산이 지리산으로 쫓기듯이 몰려 들어왔을 때 지리산의 다른 곳과 마찬가지로 이 덕산도 이데올로기의 틈바구니 속에서 자유로울 수 없었다. 이들도 수많은 희생을 치렀음에도 지리산이 베풀어주는 것에 비하면 지엽적인 문제에 지나지 않는다고 애써 자위한다. 그래서 지리산을 떠나지 못한다고까지 이야기한다.

이 수많은 희생자들 중 세인들의 기억에 떠나지 않는 인물이 정순덕이라고 하면 좀 지나칠까? 제5구간 점필재 루트를 걸을 때 의론대 바로 아래에 있던 선녀굴이 마지막 빨치산 정순덕(1933~2004)의 은신처라고 할 때 잠깐 얘기했던 그 정순덕이 바로 이곳 사람이다.

---

11 同旨 '지리99팀'

정순덕은 누구인가? 경상남도 산청군 삼장면 내원리에서도 더 깊숙이 들어가면 안내원이라는 마을이 있다. 그곳이 정순덕의 고향이다. 1949년 그녀의 나이 16세 때 반란군이라는 사람들이 마을로 들어온다. 좌익이 무엇인지 우익이 무엇인지도 모를 그 시골구석에 그들이 들어옴으로써 그녀의 평화는 깨지기 시작한다. 토벌군의 소개령疏開令에 따라 조상 대대로 살아오던 마을을 떠나게 된다. 살림이 어려워지자 입이라도 하나 덜기 위해서 1950년 5월 그녀 나이 17세에 3명의 동생을 돌보며 살고 있던 까막눈의 18세 성석조와 혼인을 한다. 얼마 뒤 한국전쟁은 발발했고 인민군이 삼장면에도 들어왔다. 피난 가지 못한 사람들은 부역을 해야 했는데 얼마 되지 않아 인민군들은 떠났고 국군이 들어오자 부역자들 색출 작업이 시작됐고 빨갱이로 몰린 남편 성석조는 지리산으로 떠났다. 그다음 얘기는 뻔하다. 빨갱이 가족이 된 정순덕은 경찰과 국군으로부터 모진 구타와 위협을 받게 되고 이를 견디다 못한 그녀는 남편을 찾겠다며 무조건 지리산으로 들어가고 이후 상상도 못한 빨치산 생활이 시작되는…. 문제는 1953년 전쟁이 끝나고 이듬해인 1954년 6명의 빨치산이 남게 되었고 이후 1963년 11월 12일 함께 있던 남자 빨치산 이홍이는 사살됐고 정순덕은 그녀의 고향인 내원리에서 체포됨으로써 그 긴 빨치산 생활은 막을 내리게 된다는 것이다. 전향서를 쓰지 않아 무기징역을 선고 받고 수감되었다가 옥중에서 전향서를 작성하여 23년간의 감옥생활을 마치고 출소하였다가 2004년 인천에서 사망한 게 마지막 빨치산이라는 정순덕 여인의 일생이다. 이념이 무엇인지 사상이 무엇인지 철학이 무엇인지 아무것도 모르던 시골 여자가 이데올로기의 소용돌이 속에서 헤어나지 못하고 휘말려 망친 그녀의 인생은 누가 보상할 것인가!

서원을 나서 천평교로 시천천을 건넌다. 좌측으로 덕천강 건너에 있는 덕산을 보면서 도로를 따라 걷는다. 20번 도로를 지나는 차량의 질주하는 소리가 귀에 거슬린다. 이제 덕산을 빠져나왔다.

덕천강 건너 수양산이 보이고 진행방향 좌측으로 예전에는 검음산이라고 불렸던 비룡산(554.6m)[12]을 본다. 경사가 급한 두 봉우리 사이에 교묘하게 산천재가 들어서 있다. 남명 선생은 이 두 산을 사이에 두고 천왕봉을 볼 수 있는 길지로 그 자리를 택했다고 한다.

선생은 그렇게 산천재를 지은 다음 덕산 시냇가 정자 기둥에 다음과 같은 시를 적는다題德山溪亭柱.

請看千石鐘(청간천석종) 원컨대 천석들이 큰 종을 보고 싶었네.

非大扣無聲(비대고무성) 큰 공이로 두드리지 않으면 소리를 내지 않는…

萬古天王峰(만고천왕봉) 만고불변의 천왕봉은

天鳴猶不鳴(천명유불명) 하늘은 울리어도 오히려 울리지 않는다네.

그러고 보니 여기서 보는 천왕봉이 큰 종의 모습으로도 보인다. 그렇게 큰 종을 울리려면 거기에 걸맞은 큰 공이 혹은 북채가 있어야 할 것이다. 여태껏 단 한 번도 울린 적이 없는 저 천왕봉. 세상의 모든 근심과 바람을 다 받아주는 천왕봉. 저 천왕봉보다 더 큰 정신세계를 이루겠다는 남명의 결연한 의지에서 지리산과 같은 너그러움과 자애로움을 배우고 싶다.

그 강 건너 시무산(402.7m)을 뒤로 하고 조례산(324.1m)을 끼고 돌아 중태천이 흘러나오는 곳으로 들어가 중태마을로 들어선다. 우선 마을 안내소에 들

12 김선신의 두류전지에 의하면 "덕산동은 (덕천이) 깊지도 얕지도 않은 채로 수양산과 검음산의 양 협곡 사이로 들어갔다가 벽천벼리로 나가는 곳에 있다."고 적고 있음에 지금의 비룡산을 검음산으로 본 것이다. 참고로 비룡산은 한자로 飛龍山이라고 쓰지만 원래 우리말 '(소원을) 빌다' 혹은 '비탈지다'에서 온 말에 불과하다. 된비알인 산세를 보고 지은 이름에 적당한 한자를 갖다 붙인 것이다.

러 둘레길 조성에 협조를 아끼지 않은 주민들에게 고마운 마음을 확인하고 둘레꾼 스스로 안전 답사를 다짐하는 글을 하나 쓰고 가도록 하자.

좌측으로 검음산인 비룡산(554.6m)을 두고 걷다보면 온통 감나무만 눈에 들어온다. 그러니 중태마을이나 유점마을 전부가 감나무골이다. 이곳에서 생산되는 감을 특히 고동시라 부르는데 일반 감보다 달고 크기는 작은 게 특징이다. 이른바 토종감이다. 그러니 일본에서 들어온 곶감용 감과는 생태적으로 다른 감인 것이다. 산청감은 단성감이 유명해서 그런지 단성시라고 불린다고 한다. 산청군의 남쪽 끝에 시천면이 있고 그 면에서도 가장 끄트머리에 있는 마을이 중태리 유점마을이다.

중태천의 좁은 계곡을 따라 길이 나 있고 민가들은 그 좌우측에 한두 채씩 자리하고 있지만 꽉 막혀 조금은 답답한 마음이다. 유점마을을 지나면 당산나무와 정자가 있는 놋점마을이다. 이내 시멘트 도로는 끝나고 차단기를 지나자마자 바로 산길로 접어든다. 포장길을 걸었던 답답한 마음에서 벗어나 이제부터는 흙길을 걷는 자유로움을 만끽한다. 하지만 임도를 너무 오래 걸었나? 이내 고개라고 보기에는 좀 너르고 평평한 평지 같은 곳이 나온다. 좌우측으로 오르내리는 길도 선명하다. 위태마을(상촌)로 가는 길에 넘어야 하는 이 갈치재가 산청군과 하동군의 군계가 되는 곳이다.

그런데 사실 지금이야 이 중태리가 시천면 소속이 되어 산청 땅이 됐지만 1983년까지만 해도 이 중태리는 하동 땅이었다. 그러니 예전 중태리 사람들이 이 갈치재를 넘어 하동으로 나가기가 어디 쉬웠겠나? 주민들의 편의를 생각하면 백번 타당한 결정이었을 것이다. 반면 하동 사람들이 덕산장을 보려면 이 갈치재를 넘어야 덕산으로 올 수 있었다니 상당히 중요한 고개인 것만

갈치재 정경

큼은 틀림없다.

한편 갈치재는 사실 이곳이 아니라 위태마을과 산청의 내공리를 잇는 고개가 맞다. 적당하게 갖다 붙인 꼴이다. 산꾼들 소행일 것이다. 아니면 이 둘레길을 만들면서 이 중요한 고개가 이름이 없어 좀 난감했었을까?

이 갈치재는 둘레길 꾼들 뿐만이 아니라 산꾼 특히 지맥꾼들에게 주는 의의는 사뭇 각별하다. 이 줄기 가까이 낙남정맥이 지나고 있기 때문이다. 정맥에서 가지를 친 줄기가 주산~갈치재를 지나면서 두 갈래로 갈라지는데 한 줄기는 오대주산을 거쳐 시천천과 삼장천이 만나는 합수점으로, 다른 한 줄기는 두방산~비룡산을 지나 중태천과 덕천강이 만나는 합수점으로 진행하게 된다. 지맥꾼이 아니더라도 오지 산행을 즐기는 이들에게는 군침 넘어가는 곳이 아닐 수 없다. 그런데 이 고개 이름이 왜 갈치재인가? 한자로 쓰면 葛峙峙일 것인데 이 '갈'의 유래에 대해서는 제1구간 노치마을에서 자세히 봤다.

그러니 이 갈치재는 낙남정맥 같은 주줄기에서 가지를 쳐 내려오는 가지줄기에 있는 고개라는 의미에 불과하다. 갈치재를 넘어서자마자 빽빽한 대나무 숲 안으로 들어간다. 축대까지 정성스럽게 쌓아 대나무밭으로 조성해 놓은 곳을 빠져나가니 평범한 소로로 편하게 걸을 수 있는 길을 맞는다. 작은 소류지인 중택지를 지나면 59번 도로가 나오고 이 구간은 조금 싱겁다는 생각이 들 정도다. 위태마을 버스정류장에서 제9구간을 마무리한다.

제10구간

위태마을~하동호

위태(상촌)~지네재(1.9km)~오율마을(0.6km)~궁항마을(2.2km)~양이터재(2.2km)
~나본마을(2.6km)~하동호(2km): 11.5km

산꾼들이 지리산 둘레길을 진행한다면 이번 구간이 가장 감개무량한 구간이 될 것이다. 그렇다고 해서 특별히 대단한 것은 아니다. 우리 강산 어디든 특별하고 새롭게 느껴지지 않은 곳이 있을까마는 다만 이번 구간에서는 색다른 산줄기를 만나기 때문이다. 우리나라 남한에 있는 9정맥 중 백두대간 지리산 구간에서 가지를 치는 정맥. 바로 지리산 영신봉[1]에서 갈라지는 낙남정맥이 그것이다. 그리고 거기에 더하여 보너스로 횡천지맥까지 보게 되니 산꾼으로서는 더없는 행복이요 눈요깃감임에 틀림없다. 지맥을 만나는 건 다음 구간으로 넘기더라도 그 줄기의 이음을 상상하는 것만으로도 산꾼들은 행복한 것이다.

낙남정맥이 지나는 제10구간

더군다나 낙남정맥이 어떤 곳인가? 우리나라 정맥 중 지리산을 가지고 있는 산줄기 아니던가!

백두산은 단 하나 백두대간만 가지고 있고 여타한 정맥이나 지맥 하나 제대로 못 거느리고 있지만 지리산은 어디 그런가! 백두대간만으로는 성에 차지 않았던지 지리산은 낙남정맥이라는 걸출한 정맥을 가지고 있으며 거기에 덕천지맥, 서시지맥, 횡천지맥 등 세 개의 지맥을 거느리고 있는 것도 부족해 섬진강과 남강이라는 큰 강 두 개도 품고 있으니 어디 대놓고 충분히 자랑할 만하다.

여기에 더하여 낙남정맥은 겨레의 아픈 상처를 모두 견디며 이겨냈다. 산 곳곳에 새겨져 있는 이름 가령 '칠중대고지', '방화고지', '여항산 전투' 등이 그

1 신산경표는 신낙남정맥이라고 하여 낙남정맥이 신백두대간의 옥산 부근에서 가지를 친다고 본다.

런 걸 대변해 주고 있다.

위태마을에서 지리산 둘레길 제10구간을 시작한다. 버스정류장을 지나 바로 좌회전을 한다. 그런데 직진하는 길에 오대사가 있다. 이 오대사는 조금 이따 볼 궁항리 가는 길에 있는 오대사 즉 수정사와 구별하여야 한다. 동명이사同名異寺이다.

백궁선원 입구. 옛 수정사가 있던 곳이다.

작은 소류지인 상촌제를 지나면서 뒤를 돌아보면 지난 구간 내려온 갈치재가 보인다. 시멘트 도로를 따르다 칠성암 안내판에서 우측으로 틀어 지네재로 오르면 '주산 1.5km' 이정표가 둘레꾼을 맞아준다. 하동군 지명지에는 상촌에서 오율 넘어가는 고개를 지네 모양 같이 생겨 지네고개라고 부른다고 하였는데 지자체에서 붙인 다른 지명이 그러하듯 이 역시 믿을 바가 못 된다. 어쨌든 여기서 얘기하는 곳은 425.9봉 부근일 텐데 하동군에서는 강력하게 이곳을 지네재로 못박아 버린 것 같다.

지네재를 내려가면 온통 대나무밭이다. 운치 있는 대나무밭을 빠져나가면 삼거리가 나오고 백궁선원 안내판이 세워져 있다. 예전의 오대사이자 수정사다. 터만 남아 있다가 지금은 그 터에 새롭게 백궁선원이라는 국선도 수련장[2]이 들어섰는데 CCTV로 감시를 한다며 엄격하게 출입을 통제하고 있는 것으

2 이 수련장도 부근에 있는 청학동과 관련이 있는 것은 아닐까?

로 보아 아마 지금은 운영을 하고 있는 것 같지 않다. 그 뒷산이 주산(828.2m)으로 보통 오대산으로 불리는 산이다. 중태리의 오대주산(642.6m)과도 구별해야 한다. 이 두 산의 구별의 기준은 생긴 모양이다. 지리산에서 볼 때 유별나게 삼각형으로 뾰족하게 보이는 게 이 오대산 즉 주산이다.

폐사廢寺된 수정사 이야기

그 오대산은 수정사로 더 알려져 있다. 진양지에 따르면, "오대산에 있다. 살천(시천천)에서 고개를 하나 넘으면 다섯 봉우리가 줄지어 서 있는데 그 형상이 돈대처럼 생겼다. 오대사는 수정사라고도 하는데 고니알만 한 수정 구슬이 있어서 여의주라고도 불렀다. 은실로 묶어 보물로 전해져 내려왔다. 오대사 승려의 말로는 물이 반 정도 담긴 동이에 구슬을 담그면 물이 즉시 넘친다고 한다. 오대사 뒤편에는 국가 소유의 대밭이 있다."고 적고 있다.

신증동국여지승람에는, "수정사 주지 진억으로부터 지리산에 폐사한 오대사가 있다는 말을 들었다. 그곳은 수많은 봉우리가 둘러싸 있고 온갖 골짜기가 함께 모여들어 성현이 은거하는 곳이 있는 듯했다. 대각국사[3]가 '여기는 큰 법이 머물 곳이다.'라고 한 말을 듣고서 용기를 내어 찾아갔다. 그리하여 시주할 사람을 모집하고 순현이 몸소 장인들을 거느리고 도끼를 잡아 서둘러 조성하니 모두 86칸이었다. 수정 구슬 하나를 끈으로 묶어 무량수불상 앞에 매달아 신심을 보여주는 표시로 삼았고 그 모임의 이름을 정했다. 1123년 7월에 공사를 시작하여 1129년 10월에 마쳤다. 낙성법회를 사흘간 열었다."라는 기록이 있다.

3 대각국사 의천義天(1055~1101)으로 고려의 천태종天台宗을 창종創宗한 고승이다.

이 내용은 지리산 수정사기에도 나오는데 이는 권적(1626~1679)이 수정결사水精結社[4]와 창건주인 진억이 폐사되었던 오대사를 새롭게 창건하게 된 내력[5]을 쓴 글로 동문선 제64권에 실려 있다. 여기에도 대각국사 얘기와 수정사라는 이름을 가지게 된 경위[6]가 나오며 한 가지 특기할 만한 것은 이 수정사 낙성법회 때 지금은 폐사되어 없어진 함양 엄천의 엄천사 주지가 초빙 강사로 왔었다는 얘기도 나온다는 것이다. 엄천사의 존재를 다시금 확인해 주는 글이다.

탁영 김일손은 1489년 4월 14일부터 보름간 지리산 산행을 하면서 4월 20일 이곳을 들렀다.

"문에 들어서니 오래된 비석이 있는데 그 머리에 '오대산수륙정사기五臺山水陸精社記'라고 씌어 있었다. 읽으면서 좋은 글임을 새삼 깨달았다. 다 읽어보니 고려 때 학사 권적이 송나라 소흥 연간에 지은 것이었다. 절에는 누각이 장대하고 방이 매우 많으며 깃발이 마주보고 있었다. 오래된 불상이 있었다. 한 승려가 말하기를 "이 불상은 고려 인종이 주조한 것입니다. 인종이 쓰던 쇠로 만든 여의도 남아 있습니다."라고 하였다."

오대(수정)사 삼거리를 나와 임도를 따라 걷다 시양골을 우측으로 진행하여 마을 외곽을 돌아 봉우리 사면을 따라 걸으면 걷기 편안한 숲속이다. 다시 임도로 나와 시멘트 도로를 따라 내려간다. 600여 년 전 이 길을 청파 이륙(1438~1498)이나 추강 남효온(1454~1492)이 쌍계사 불일암에서 불지령을 지나

---

4 결사結社는 고려시대 불교의 정화운동 차원에서 일어난 모임을 말한다.

5 오대사는 지리산의 남쪽에 있는데 그 산의 기복이 다섯 겹이어서 마치 누대를 포개놓은 듯 깊숙하다고 하여 오대산이라 하였고, 그 이름을 따 오대사라고 하였다.

6 악보惡報에 빠진 대중들을 구하기 위해 수정水精 하나를 무량수불상 앞에 매달아 밝은 신표로 삼게 하였는데 그로 인해 수정사라고도 부르게 되었다. 남효온은 이 '수정'을 여의주如意珠라고 했다.

묵계재에서 오대(수정)사로 갈 때 걸었던 길이다. 반면 탁영 김일손은 거꾸로 지나던 길이기도 하다. 묵계재를 지나 내대리를 거쳐 천왕봉으로 오르던 길이라 생각하니 문득 그분들이 그리워진다. 여기서 묵계재는 낙남정맥이 지나는 곳인데 이곳을 지나는 이들이 산줄기에 대한 인식이 전혀 없음이 안타깝다.

1014번 도로는 청학동 가는 길

한편 임도를 따라 전원주택지를 지나면 1014번 도로가 지나는 궁항마을이다. 이 도로가 '유불선합일경정유도儒佛仙合一更定儒道'라는 좀 이름이 긴 종교를 신봉하는 사람들로 이루어진 마을인 청학동으로 가는 길이다. 그런데 이곳 궁항마을에서는 하동으로 가는 차편보다 옥종면 경유 진주로 나가는 버스의 횟수가 더 많다. 관습 때문일 것이다. 원래 이곳은 진주군 운곡면 관할이었는데 리里를 붙이고 떼어내는 과정에서 북평면, 옥동면을 거쳐 지금의 하동군 옥종면이 되었으니 어르신들 머릿속의 이곳은 여전히 '진주 땅'일 것이다.

ET의 우주사고 현장

궁항弓項은 활목을 한자로 표기한 것에 불과하다. 아주 편한 시멘트 도로를 따라 오르면 양이터 마을을 지난다. 바로 위의 양이터재에서 가져온 이름일 것이다.

양이터재로 올라가는

시멘트 임도를 따르다 보면 좌측으로 자전거 하나가 보이고 '우주사고'라는 양철 안내판이 조그맣게 붙어 있다. ET가 자전거 타고 자기 고향으로 돌아가다 지리산에 부딪쳐서 불시착했다는 얘기로 들린다. 아이들과 함께 걷는 둘레길이었다면 이걸 소재로 많은 얘기를 나눌 수 있으리라. 시멘트 임도는 이내 다시 흙길로 바뀐다. 그리고 고갯마루가 나온다. 드디어 양이터재다.

양이터재에서 낙남정맥을 만나다

양이터재는 아주 중요한 고개이다. 둘레길로 따진다면야 하동군 옥종면에서 청암면으로 넘어가는 것으로만 생각하면 간단한 일이지만 산경표 즉 우리 산줄기로 따지면 그렇게 만만한 게 아니다. 바로 낙남정맥[7]이 지나가는 곳이기 때문이다. (사)숲길에서는 이 구간을 이렇게 안내해 주고 있다.

> 하동군 옥종면 위태리와 하동군 청암면 중이리 하동호를 잇는 11.5km의 지리산 둘레길. 위태~하동호 구간은 낙동강 수계권에서 식생이 다양한 섬진강 수계권인 지리산 남쪽을 걷는 길이다. 지리산을 사이에 두고 흐르는 물들이 북쪽은 낙동강이 되고 남쪽은 섬진강이 된다.

위 소개 글에서 수계권水系圈이 바뀌게 되는 그 경계에 낙남정맥이라는 큰 산줄기가 있고 그 산줄기가 하는 역할에 대해서는 침묵하고 있다. 몰라서 뺀 것이 아니라 독자로 하여금 쉽게 이해시키기 위함일까? 하지만 이런 점이 필자는 불만이다. 우리 산줄기 가령 백두대간이나 이런 낙남정맥조차도 제도

---

7 둘레길을 진행하는 이들에게 산경표를 깊게 다루기에는 사실 너무 어렵다. 그렇다고 안 다루기는 그렇고 제3부에서 자세히 살펴보기는 하겠지만 그에 앞서 다음 구간에서 간단하게 볼 것이다.

권에 있는 지리학자들은 의식적으로 무시하고 있다. 그래서 교과서에도 이름 정도만 살짝 나올 정도다. 이렇듯 일본인이 알려준 산맥에 비해 푸대접을 받고 있는 것이 우리 산줄기인 것이다. 그렇다면 우리라도 활성화시켜 우리 자녀들이 산맥이 아닌 산줄기가 우리 생활에 더 편리하고 유용하다는 것을 인식시켜야 하지 않을까? 정작 우리 옆에 있는 것이 얼마나 중요하고 귀중한 것인지 모르고 살아왔다. 일제 식민지 교육 때문이다.

산경표에서 낙남정맥은 지리산의 취령鷲嶺에서 분기하는 산줄기로 표기되어 있다. 그러고는 황치~옥산을 거쳐 여항산~구지산을 지나 분산에서 맥을 다하는 것으로 적고 있다. 19세기 초에 만들어진 산경표의 지명을 지금의 그것과 비교하기란 여간 힘들지 않다. 다만 이를 현대인의 시각에서 과학적으로 분석하면 지리산 영신봉에서 분기하여 삼신산~길마재~칠중대고지~양이터재~방화고개~돌고지재~옥산삼거리~배토재를 지나 여항산 방향으로 진행하는 산줄기이다.

어쨌든 이 산줄기의 이음이 의미하는 것은 백두대간 상 지리산 영신봉 좌측으로 흐르는 물들은 모두 이 낙남정맥에 막혀 남해 바다로 흐르지 못하고 모두 북동진하여 낙동강으로 들어간 다음 남해로 흘러 들어가게 된다는 것이다. 반면 이 낙남정맥 우측으로 흐르는 물들은 섬진강으로 들어간 다음 남해로 들어가거나 직접 남해로 들어가지 낙동강을 만나는 일은 절대 없다.

이를 좀 달리 표현하면 이제 남강 수계권역 더 넓게 얘기하자면 낙동강 수계권역에서 섬진강 수계권역으로 넘어가는 것을 의미하기도 한다. 조금 어렵다. 어쨌든 산경표는 산줄기와 물줄기를 엄격히 구분하여 자연의 위치 혹은 배치에 순응하며 거기에 기대어 살아가는 사람들의 모습을 보여준다. 인문지리 자체인 것이다.

화장실과 나무 의자 등 편의시설이 되어 있는 양이터재 양쪽으로는 정맥꾼들을 위한 표지띠들이 많이 날리고 있다. 그러고는 작은 바위들이 몇 개 흩어져 있는 모습을 볼 수 있는데 그 바위에 씌어져 있는 글씨들이 예사롭지 않다.

둘레길 개통 기념석

"'진리가 삶을 자유롭게 한다.'고 하신 스승의 말씀을 새기며 길을 걷습니다." 어디서 많이 듣던 말이다. 스님이 쓰신 글 같은데 요한복음에 나오는 말씀을…. 하긴 지리에 종교의 구분이 있겠는가?

이 임도는 많은 선인들이 덕산에서 하동이나 악양을 오갈 때 이용하던 길이다. 둘레길은 우측 나무 의자 있는 곳으로 떨어진다. 계곡길이다. 더운 여름이라면 쉼터 역할을 할 수 있는 곳이다. 물이 풍부하고 깨끗하니 물 보충 장소로도 손색이 없다. 거기에 편백나무까지 숲을 이루고 있고 편백나무가 끝나는 곳에서는 키 큰 대나무가 그 바통을 이어받으니 그야말로 힐링 장소로는 제격이다.

그런 숲을 약 30분 정도 내려오면 마을 입구에서 좌측으로 작은 개인 사찰을 지나면 삼거리가 나오고 이제부터는 하동호 순환도로를 따라 걷게 된다. 하동호 건너편 멀리 삼신봉(1290.7m)에서 내려오는 횡천지맥의 칠성봉(905.8m) 연봉들이 보이기 시작한다. 저 칠성봉의 옛 이름은 검남산이었다. 아주 중요한 봉우리로 악양을 지날 때 다시 보기로 한다.

하동호의 아름다운 풍광을 보면서 내려온다. 하동호의 중앙 비바체리조트 뒤로 봉긋 솟아 있는 칠성봉(905.8m)이 참 잘생긴 봉우리라는 생각을 갖는다. 저 칠성봉을 따라 올라가면 거사봉(1133m)을 지나 삼신봉(1290.7m)으로 오르게 되고 거기서 낙남정맥을 만나게 된다. 조금 더 올라가 볼까? 그 라인을 타고 계속 더 올라가면 바로 영신봉(1651.6m)을 만나게 되고 거기가 바로 백두대간이다. 그러니까 백두대간〉낙동정맥〉횡천지맥이 되는 것이다.

제11구간

하동호~삼화실

하동호~평촌마을(2km)~화월마을(1.2km)~관점마을(1.1km)~상존티 마을회관(3.2km)
~존티재(0.7km)~삼화실(1.2km): 9.4km

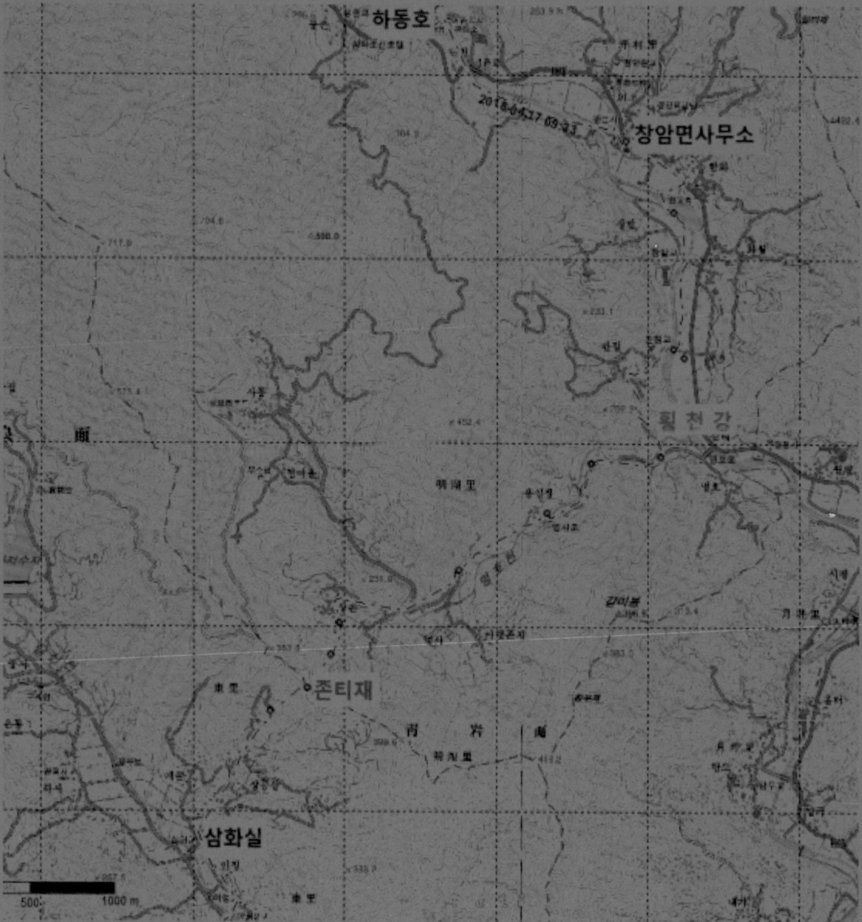

하동군의 청암면으로 넘어와 적량면으로 진행하는 길이다. 하동호에서의 멋진 풍광을 뒤로 하고 한국농어촌공사 사무실이 있는 주차장 좌측 계단을 통해서 제방 옆으로 난 길을 따라 내려온다. 제방 우측 끝으로 낙동정맥 방화고지(668.6m)에서 흘러 내려온 봉우리가 삼각형으로 뾰족하게 보이니 그 산줄기 좌측으로 내려가면 지난 구간 자세히 보았던 양이터재가 나오리라!

좌측 하동호의 물을 이용한 간이수력발전소 시설을 보고 녹색 펜스를 빠져나와 좌회전하면 계속 널찍한 길이 축구장과 농구장 등의 운동시설이 되어있는 체육공원으로 안내한다. 특별히 날을 잡아 오지 않는 다음에야 누가 여기까지 와서 이 시설을 이용할까 하는 점에 의문부호가 찍힌다. 너무 좋은 시설을 놀리는 게 아깝다는 생각 때문이다.

뒤로 잠깐 고개를 돌려 체육공원과 하동호의 비바체리조트 건물의 배웅을 받는다. 시멘트 도로를 따라 내려오면서 좌측 횡천강의 물의 흐름을 본다. 횡천강이라…

횡천지맥은 낙남정맥에서 가지를 친 지맥枝脈

지난 구간 낙남정맥이라는 산줄기 이름도 나왔었고 횡천지맥이라는 이름도 잠깐 나왔었다. 낙남정맥이라는 이름이나 횡천지맥이라는 산줄기가 궁금해진다.

낙남정맥의 '낙'은 낙동강이라는 강에서 온 것이고, 덕천지맥의 덕천은 역시 덕천강이라는 고유명사에서 온 것이다. 그렇다면 보통명사인 듯한 정맥이나 지맥은 무엇일까? 사실 지맥을 자세히 살피기에는 초보자에게는 조금 어렵다. 상세한 이야기는 뒤로 미루고 여기서는 잠깐 맛보기 수순으로 보기로 한다.

부언하거니와 지맥支脈은 큰 산줄기에서 다른 작은 줄기가 가지 쳐 나갈 때 즉 주맥主脈에서 좌우로 뻗어나간 가지줄기를 지맥이라 부르는 것이니 이는 보통명사이다. 주맥이라 부르니 우선 떠오르는 게 산맥山脈[1]이다. 그런데 이 산맥이라는 개념은 일본인 지질학자 고토 분지로小藤文次郎가 붙인 그것이다. 우리 땅 이름을 일본인이 만들어 주었다니 별로 달갑지 않다. 어쨌든 '산맥山脈'에도 지맥이라는 개념은 존재한다.

반면 우리가 산줄기에서 이야기하는 지맥은 '枝脈'이라는 한자를 쓴다. 그리고 이 枝脈은 '산맥'이라는 지질학적 개념에서는 이해할 수 없는 그것이다. 산줄기 개념이기 때문이다. 산줄기와 산맥은 다른가? 다르다. 간단히 얘기해서 산줄기는 우리들 눈에 보이는 산의 이음이다. 반면 산맥은 땅 속에 있는 것을 추측해서 땅 위로 끌어올려 그린 그림이다. 가령 땅속의 지질구조선이 생성 연대나 생성 방법이 같으면 같은 산맥이라 했다. 그러다 보니 산줄기는 곡선인 반면 산맥은 무조건 직선이다. 다시 말해서 산줄기는 자연의 선인 반면 산맥은 인공의 선인 것이다.

우리가 산줄기 즉 산경보다 산맥에 익숙한 이유는 그것이 절대적으로 옳아서가 아니라 교과서에서 그렇게 배웠기 때문이다. 1910년대부터 일제에 의해 교과서에 오른 산맥은 일반적인 개념으로 받아들여지고는 있으나 많은 비판을 받기도 한다. 즉 완전한 학설은 아니라는 얘기다. 하지만 학자들의 편의상 무리 없이 사용되고 있기는 하다. 그러나 지질구조선을 반영하면서도

1 원래 우리 조상들이 산줄기의 한자어로 사용하던 개념 즉 산줄기=산맥山脈이었으나, 일본인 지질학자 고토 분지로가 '조선선맥론'이라는 논문을 발표하면서 이를 도용하여 지질구조선을 '산맥'으로 번역하면서 지질구조선=산맥으로 굳어지게 되었다. 자세한 것은 졸저 전게서 177쪽 이하 참조.

산지의 지리적인 특성을 반영하는 보다 나은 산맥체계가 연구되고 제시되어야 한다는 논의[2]가 진행 중이다.

이러한 산맥과 산줄기는 어떤 관계에 있을까? 정확하지는 않지만 좀 억지를 부려 한마디로 얘기한다면 산맥이 아기라면 산줄기는 현재의 우리라고 보면 어떨까? 즉 태초에 지구가 생긴 다음 융기, 습곡, 단층, 화산 운동 등으로 지구 표면에 어떤 변화(구조적tectonic 요인)가 생긴 다음 그것의 높은 부분의 이음이 시간이 흐르면서 풍화와 침식(기후climatic 요인)으로 지금과 같은 산들의 이음이 되었을 때 전자는 산맥으로 보고 후자는 산줄기로 본다는 것이다.

그러니 산맥도 현재 움직임이 있으므로 생물이긴 하지만 외형 즉 분수계로 돌출되어 있는 산줄기에 비해서 그 움직임은 크지 않을 것이다. 산경표[3]의 대간, 정맥 그리고 하위 개념인 지맥 등이 궁금하긴 하지만 너무 어려우므로 뒤로 미룬다.

산경표에 나온 산줄기는 1대간 1정간 13정맥이 된다. 여기서 간幹은 줄기[4]이고, 맥脈은 줄기에서 뻗어나간 갈래를 말한다. 위와 같은 산지 분류 체계는 강의 수계水系를 기준으로 하고 있는 점, 국토 전체가 산줄기의 맥으로 연결되어 있는 점, 백두산을 출발점으로 하고 있는 점 등 조선시대 이전부터 전해 내려오는 우리 선조들의 자연에 대한 인식 체계를 보여주고, 지금과 다른 과

2 김상호 1977, 권혁재 2000, 손일 2002.

3 대간이나 정맥 등에 관하여 자세한 것은 졸저 전게서 479쪽 이하 참조.

4 이 때문에 정간 즉 장백정간을 정맥과 달리 특별하게 볼 필요가 있냐는 의견(조석필, 박성태, 박흥섭)이 제시되고 있다. 또한 간幹은 이러한 의미이고 나아가 대간은 그 간幹이 유일하고도 백두산이라는 성스러운 영산靈山에서 출발한 그것이기 때문에 특별히 숭상하는 의미에서 대大를 덧붙인 것이다. 그러므로 우리나라에 대간은 백두대간 하나밖에 없는 것이니 지역의 조그만 산줄기 그것도 맥으로서의 위상도 갖지 못하는 것에 장난스럽게 '대간'을 붙여 가령 의왕대간, 인천대간 등으로 부르는 불경스러움이 있어서는 안 되겠다.

거의 산줄기 이름[5] 등을 알려주는 등 중요한 의미를 지니고 있다.

산줄기의 다른 말은 물줄기이다. 그러니 산줄기를 보기 위해서는 수계 즉 물줄기를 보는 게 빠르고 정확하다. 두 물줄기가 만나는 두물머리라고도 불리는 합수점合水點을 거슬러 올라가면 반드시 산줄기의 끝이 보이고 그 끝은 자기보다 큰 세력을 가진 지맥이거나 정맥 혹은 백두대간이기 때문이다.

재삼 언급하지만 산과 산의 이음 즉 산-산-산이 산줄기이다. 그 산줄기를 일정한 기준으로 재단裁斷한 것이 대간이나 정맥이고 그것을 정리한 책이 산경표이다. 그 산경표에는 1대간 1정간 13정맥이 수록되어 있다고 했다. 하지만 우리 선조들의 산줄기에 대한 언급은 거기까지였다.

횡천지맥은?

한편 대한산경표에서 보는 지맥의 요건은 어떠한가? 의외로 단순하다. 산줄기의 도상 길이가 30km 이상이면 지맥으로 본다. 그러면서 산줄기가 물을 만나 맥을 다하는 형태에 따라 세 가지 요건 즉 ①합수점형, ②울타리형, ③산줄기형 등으로 구분한다.[6] 여기서는 우선 30km 이상의 산줄기 중 대간과 정맥이 아닌 그것을 지맥으로 한다고만 알아두자.

---

5 다시 강조하자면 지금 교과서에 나오는 산맥山脈은 산줄기 개념이 아니라 지질학적 개념의 지질구조선을 이야기하는 것이다. 그리고 태백산맥이니 소백산맥이니 하는 산맥 이름 또한 자원 침탈을 목적으로 우리 땅에 들어온 일본인 지질학자 고토 분지로가 그의 논문에서 실험적으로 사용한 용어에 불과하다. 이것을 일제강점기 식민지 지리교과서에 그대로 실은 것이고, 그것을 해방 후에도 무비판적으로 그대로 사용하고 있는 것일 따름이다. 산줄기와 구분하기 위하여 지리학자들 사이에서도 산맥 개념을 버리고 산괴 혹은 지괴로 봐야 한다는 논의(박수진, 권혁재)가 있다.

6 제3부 '산경표로 본 지리산'의 지맥 편에 자세한 설명이 있다.

자, 그러면 저 횡천지맥의 실체를 파악해 보기 위하여 횡천강을 거슬러 올라가 볼까? 반복되는 감이 없지 않다. 횡천강은 낙남정맥 남쪽으로 흐르는 물줄기 중 최대 유역을 자랑하는 강이다. 고운호가 지리산의 지형을 이용하여 양수발전揚水發電을 한다면 이 하동호는 그저 횡천강의 물을 모아두었다가 발전을 하는 댐식 소형발전소이다.

그 발원지는 당연히 낙남정맥이라는 큰 줄기가 가지를 치는 삼신봉[7]이다. 그러니 삼신봉 좌측은 낙남정맥이 진행을 하는 방향이니 시천천이 되어 덕천강으로 합친 다음 남강으로 가서는 낙동강에 합류될 것이다. 한편 그 우측으로 가지를 치는 줄기와의 사이에서 발원하는 이 횡천강이 섬진강을 만나는 합수점까지 진행하는 줄기가 이 지맥支脈이 되며, 그 지맥의 도상 거리가 약 31.7km로 도상거리 30km가 넘으니 지맥枝脈이라는 계급을 얻을 수 있는 자격조건을 충족한다. 그래서 枝脈이고 그 주된 강 이름이 횡천강橫川江이니 횡천지맥橫川枝脈이라는 이름을 갖게 되는 것이다.

시멘트 다리를 이용하여 그 횡천강을 건넌다. 소로를 따라 걸어 마을 골목을 빠져나오면 하동호를 내려오면서 헤어졌던 1003번 도로를 다시 만나고 그러고는 평촌마을로 들어서게 된다. 이 평촌마을은 청암면 면소재지이다. 식당과 슈퍼가 있으니 요기를 할 수도 있고 간단한 먹거리 등을 준비할 수도 있다. 1003번 도로는 인도와 차도의 구분이 명확하지 않으니 차량 통행에 각별히 유의하며 걸어야 한다. 마을 어귀에 있는 전봇대 우측으로 이정목이 보인다. 우회전하여 돌다리를 이용하여 다시 횡천강을 건넌다. 여름철 장마 때

---

7 존경하는 박성태 선생은 그의 명저 '신산경표'에서 가장 널리 알려진 봉우리인 삼신봉의 이름을 따서 '삼신지맥'이라 명명한다. 필자가 이야기를 이끌어가는 박흥섭의 '대한산경표'도 사실은 이 '신산경표'에 터 잡아 엮은 것임은 누구도 부인하지 못하는 사실이다. 나아가 필자도 선생으로부터 산줄기를 배우고 터득했으니 과연 선생은 우리나라 산줄기에 관한 한 선구자이자 태두泰斗라 불러도 조금도 부족함이 없다.

나 하동호의 물을 방류할 때에는 돌다리가 물에 잠길 수 있으므로 1003번 도로를 따라 우회하여야 하겠다.

청암면 평촌마을의 횡천강은 징검다리로 건넌다.

횡천강을 건너 곧게 뻗은 방죽을 따라 걷는다. 잠밭교를 건너 다시 1003번 도로를 따라 걸어야 하나 최근 횡천강 우측으로 시멘트길이 완공이 됐다. 그러니 그 도로를 따라 위험하게 걷느니 그냥 이 제방을 따라 걷는 게 낫다.

좌측 비닐하우스 단지 건너 1003번 도로를 달리는 차량의 질주 소리가 시끄럽다. 1003번 도로의 가로수는 벚나무라 봄이면 벚꽃 속을 걷는 맛이 상당하리라. 반면 아직 이 제방 길은 황량하기 그지없다. 관점교를 이용하여 횡천강을 건너면 좌측으로 청암면과 횡천면의 면계에 위치한 갈미봉(396.6m)이 눈에 들어온다.

우측 관점마을을 보면서 좌측으로 틀어 202.3봉을 좌측 고개로 넘어 명호리로 들어선다. 고개를 넘으면서 흙길이 시멘트길로 바뀌더니 비닐하우스 몇 동을 지나면서 명호천을 건너 아스팔트 도로로 들어선다. 명사마을 표지석 몇 개를 보면서 도로를 따르다 보면 좌측 갈미봉에서 내려오는 작은 물줄기가 폭포가 되어 흐르는 것들이 눈요깃감으로는 그만이다.

마을 입구가 예쁜 하존티마을

좌측 하존티마을 입구의 당산나무가 있는 정자에서 잠시 땀을 씻고 가자. 정자 옆에는 수준점이 있는데 주변의 빨간색 나무가 상당히 인상적이다. 이 명사마을은 존티, 상촌 등 마을 여러 개를 묶어서 부르는 이름이다. 명사마을은 옥토망월형玉兎望月形이라고 토끼가 달을 바라보는 듯한 명당에 있는 마을이라고 한다. 그 명당은 갈모봉 혹은 갓모봉이라고도 불리는 봉우리 바로 아래에 있다고 한다.

이곳은 마을이 생긴 이래 마을의 안녕과 풍요를 기원하며 마을 제사로 당산제를 지내고 있다. 일제강점기 공동체 신앙에 대한 탄압으로 잠시 중단된 것을 제외하고는 지금까지도 계속되고 있단다. 2010년부터는 정부의 지원을 받아 지내고 있으니 경제적인 문제도 해결되었다. 명사마을에는 두 곳에서 신을 모시고 있다. 이 두 신은 '당산 할배'와 '당산 할매'로 불리는데 '당산 할배'는 뒷산 중턱에 있는 약 200년 정도 된 느티나무이며, '당산 할매'는 마을 입구에 위치해 있으며 돌무덤이라고 한다.

마을을 빠져나가면서 고도를 높이면 대나무밭으로 들어선다. 이 마을 아이들은 청암 쪽이 아니라 적량의 삼화초등학교로 학교를 다녔다고 한다. 키가 크고 빽빽하게 우거져서 햇볕이 들어올 틈이 보이질 않는다. 숨을 깔딱거리며 존티재를 오르내렸을 아이들이 걸었던 고개 부근은 다 솔숲길이다.

돌무덤과 장승 두 기가 서 있는 이 고개가 재미있다. 이 고개 우측 능선으로 오르면 그 능선의 끝은 횡천지맥을 얘기할 때 나오던 칠성봉(905.8m)이다. 그러니까 이 고개가 횡천지맥에서 가지를 친 산줄기라는 것이다. 이른바 '단맥短脈'이라는 줄기다. 칠성봉에서 더 올라가면? 그러면 삼신봉이고 거기서 더 올라가면 지리산 영신봉이며 거기서 계속 북으로 올라가면? 그러면 그 끝은 백두산이다. 우리나라 모든 산의 끝은 백두산이고 그 백두산으로 가기 위해서는 백두대간으로 올라서야 한다. 그렇게 나라의 산줄기들은 다 하나로 연결이 된 것이다.

존티재의 이정목

이제 청암면을 버리고 적량면 안으로 들어선다. 좌측으로 잘 정돈된 무덤을 보고 좌측으로 틀면 포장도로가 나오고 이른 봄이라면 고사리를 말리느라 여기저기 널려 있는 비닐 매트를 흔히 볼 수 있다. 우측으로 폐교된 삼화초교를 리모델링한 생태아트파크를 보면서 제11구간을 마무리한다.

제12구간

삼화실~대축마을

삼화실(삼화실안내소)~이정마을(0.4km)~버디재(1.3km)~서당마을(1.6km)~신촌마을(3.3km)~신촌재(2.7km)~먹점마을(1.9km)~먹점재(1km)~미점마을(1.8km)~대축마을(2.7km): 16.7km

삼화실은 三花室이다

구간의 시작은 삼화실이다. 그런데 마을에 들어가면 삼화교와 삼화저수지는 있지만 정작 삼화실이란 마을은 없다. 삼화실이란 칠성봉에서 내려오는 남산천을 따라 형성된 골짜기의 동촌, 하서, 이정 등 세 마을을 뭉쳐 부르는 이름이라는 얘기가 들린다. 그런데 마을 안내판에는 조금 다른 얘기를 써놓았다. 즉 이 세 마을 외에 망천, 중서, 동점, 도장골 등 네 개의 마을을 더하여 일곱 개 마을로 이루어져 있다는 것이다.

그러니 삼화실이란 마을 세 개를 얘기하는 게 아니라 이 마을에 많이 피는 꽃인 복사꽃, 살구꽃, 배꽃 등 세 가지 꽃을 얘기하니 삼화三花이고, 실室은 동네 즉 마을을 얘기하는 한자어이니 이들 세 가지 꽃들이 아름답게 피는 마을이라 하여 삼화실三花室이라는 예쁜 이름을 붙인 것 같다.

둘레길은 이제 본격적으로 남부지리에 들어서는 모양새다. 에코하우스 앞 정자를 지나면 우측으로 구재봉(773.7m)이 보이고 그 구재봉 좌측으로 이 둘레길 제12구간이 진행하는 길이 보인다. 이때 서당마을을 지나면서 자세히 보도록 한다. 구재봉 우측의 고개가 삼화실재이다. 저 삼화실재의 예전 이름은 삼가식현三呵息峴이었다. 악양에서 적량으로 넘어오는 고개인데 아주 된비알이어서 세 번을 걷고는 한 번씩 숨을 몰아쉬었다는 데서 온 이름이다.

1558년 4월 24일 악양을 출발하여 횡천으로 가던 남명 선생의 거친 숨소리 좀 들어볼까?

새벽에 흰죽을 먹고 동쪽 고개를 올랐다. 이 고개는 '삼가식현'이라 부르는데, 고개가 높이 솟아 하늘에 가로놓여 있어서, 올라가는 사람이 몇 걸음

못 가서 세 번이나 숨을 내쉰다 하여 그렇게 이름을 붙인 것이다. 두류산의 원기가 여기까지 백 리나 뻗어왔건만, 여전히 높이 솟아 작아지거나 낮아지려 하지 않는다.
이우옹은 이강이의 말을 타고 채찍질하여 혼자 먼저 올라갔다. 고갯마루에 올라 말을 세우고 말에서 내려 바위에 걸터앉아 부채질을 하고 있었다.

삼화교회를 지나 마을 가운데 큼지막하게 세워 놓은 '지리산 둘레길' 표지석을 본다. 당산나무 옆 '동화재'라는 재실을 지나 삼거리를 지나 버디재로 오른다. 이 버디재도 지난 구간 지나온 존티재와 같은 형식으로 산줄기를 볼 수 있다. 즉 우측 368.7봉 능선으로 진행하면 354봉을 지나 구재봉으로 진행하게 되고 그 구재봉은 횡천지맥 상에 있는 봉우리이니 조금 전 삼화실 마을에서 본 그 줄기이다.

버디재를 넘어 주위의 작은 돌들을 주워 만든 돌계단을 따라 내려간다. 고개 하나를 넘고 임도를 버리고 사면치기로 산자락을 타고 돌아가면 평분으로 조성된 밀양 박씨 규정공파 가족 무덤을 지나게 된다. 시멘트 길을 따라 내려가노라면 우측으로 분지봉(627.8m)이 보이고 진행하는 둘레길은 그 분지봉 옆의 신촌재를 넘어 악양으로 가게 될 것이다.

고도를 낮추니 마을이 내려다보이고 우측으로 우계저수지 제방이 살짝 보인다. 그 저수지 뒷산 줄기가 아까 보았던 횡천지맥이고 이 줄기가 바로 분지봉으로 이어진다. 그 능선 우측으로 낮게 떨어지는 방향이 옥산재이고, 그 고개에서 약 1km 정도만 더 가면 분지봉이 나올 것이다. 서당마을 '주막갤러리' 골목 우측으로 빠져나와 서동마을로 들어선다. 그런데 이곳에서는 서당마을로 부른다. 뒷골 큰 대밭 가운데 서당이 있었다고 하여 서당마을이라 부른다는 것이다.

서당마을에서 바로 하동읍으로 나갈 수도 있다

바로 좌측으로 마을회관이 나오고 이 회관 좌측 골목길이 둘레길 기선岐線으로 하동읍으로 나가는 12-A구간이다. 그리고 지금 이곳이 지리산 둘레길 중 12-A구간을 제외하고는 가장 남쪽 꼭짓점에 있는 곳이기도 하다.

기선岐線의 의의와 역할에 대해서는 제12-A구간에서 자세히 알아볼 것이다. 그러니 우리는 그 기선에 관계없이 지금까지 걸어온 구간을 계속 이어서 신촌마을 경유 신촌재~먹점마을~먹점재로 이어 대축마을까지 진행하기로 한다.

이제 횡천지맥의 분지봉을 왼쪽으로 보고 진행하게 된다. 직진이다. 7번 도로에서 계속 직진을 하여 신촌마을로 진행하거나 좌회전하여 우계저수지 제방 길을 따라 우회하는 선택은 둘레꾼이 각자 알아서 선택할 문제이다. 이 정표는 좌측으로 괴목마을을 가리키고 있다. 이 마을로 오르는 길에 갓논이라 불리는 작은 논들이 보인다. 지리 북쪽의 논을 '다랑이논'이라 부른다면 지리 남쪽의 이곳에서는 '갓논'이라 부른단다. 갓처럼 조그맣다는 말일 게다.

한편 예전에 이 마을에 키가 큰 기목나무(귀목나무의 현지 발음)가 많이 서식하고 있다 하여 기목마을로 불리다가 한자 표기를 하면서 비슷한 이름을 갖다 쓴다는 것이 어정쩡하게 '괴목槐木'이라는 이름을 쓰게 됐단다. 풍수로 따져보면 마을 뒷산의 능선이 '말이 뛰어 내려오는 형상'인데 그 산이 실타래에 실을 감아놓은 듯한 실봉이란다.

횡천지맥과 만나는 신촌재

우계천을 건너 괴목마을을 빠져나와 아까 걸었던 7번 도로를 다시 만나면 신촌마을이다. 상당한 고지에 있는 이 신촌마을은 이름이 얘기해 주듯 새로 정착한 마을임을 암시해주는 듯하나 오히려 괴목마을보다 더 오래된 마을이라고 한다. 구재봉의 너른 품이 북풍을 막아주고 남쪽으로는 대문처럼 확 열려 있고 분지봉과 삼화실 방향의 물래재가 마을을 감싸고 있다. 신촌마을을 한가운데로 통과하여 임도를 따라 오른다. 신촌재로 올라가는 길은 숲길이지만 여전히 시멘트 포장도로이다. 인적 없는 고요한 임도를 묵언수행 하듯 묵묵히 걸으면 푹신한 둘레길은 이내 신촌재로 둘레꾼을 안내한다.

신촌재에는 이정표가 두 개다. 둘레길을 알려주는 이정표만 있는 게 아니라 구재봉과 분지봉을 오르는 산꾼들을 위한 이정표가 하나 더 있기 때문이다. 누누이 얘기했듯이 둘레길이 횡천지맥과 만나는 곳이 바로 이곳이다. 이 신촌재는 적량면과 하동읍의 면계가 되는 곳으로 산행 이정표를 따라 좌측으로 내려가면 분지봉(627.8m), 우측으로 올라가면 구재봉(773.7m)으로 진행하게 된다.

신촌재에서 만나는 횡천지맥

지난 구간 못다 한 횡천지맥 이야기를 해보자. 우선 분지봉을 볼까? 분지봉은 구재봉에서 가지를 친 줄기 위에 있는 봉우리라 하여 分枝峰이라고 부른다. 그런데 예전에 이 봉우리 정상에 못이 있었다고 하여 못 지池 자를 써서 分池峰이라고도 부른다고 한다. 하지만 국토지리정보원 지도에는 엄연히 전 자로 표기되어 있다.

우측으로 진행하여 구재봉을 따라 북진을 하면 시루봉을 지나 삼신봉에 이르게 되고 그 줄기는 다시 지리산 영신봉에 다다르게 된다. 그러니까 이 분지봉과 구재봉을 잇는 능선이 낙남정맥에서 가지를 친 횡천지맥이 된다는 얘기다.

다른 산줄기와는 달리 횡천지맥만큼은 두 곳에서 둘레길을 만나게 된다. 이곳 외에 제12-A구간인 기선에서 또 이 횡천지맥을 만난다는 것이다. 정확하게는 하동읍의 하동 중앙중학교 바로 옆 삼거리에서 만날 것이다. 이 기선은 지리산 둘레길이 타원형으로 생긴 특이한 구조 때문에 생긴 노선이다. 환형環形인 지리산 둘레길이 점과 점의 이음인 선線 즉 맥脈과 만나는 곳이 두 군데 이상이라는 것은 사실 이치에 맞지 않는다. 하지만 이는 지리산 둘레길이 갖는 특성 즉 기선岐線을 두었기 때문이라는 점을 상기하면 될 것 같다. 기선의 특성이다. 교통의 접근성과 둘레길의 상징성 등을 고려하여 서당마을~하동읍 구간을 두었기 때문이다.

북한의 백두대산줄기

산맥과 산줄기에 대해서는 지난 구간 어느 정도 자세히 살펴봤다. 그런데 구재봉이 나왔으니 하나만 더 살펴볼까? 우리보다 일찍 일제의 잔재를 극복했다고 하는 북한에서는 이 지질학적 개념의 산맥이나 백두대간을 어떻게 보고 있을까?

북한은 1996년 '국가과학원 지리연구소'에서 학자들을 내세워 우리나라 산줄기를 전면적으로 조사, '백두대산줄기'를 기본 축으로 하여 산줄기 체계를 새롭게 정립했다.

즉 우리의 백두대간에 해당하는 '백두대산줄기'를 '백두산의 장군봉(2750m)에서 시작하여 경상남도 하동군 구재봉에 이르는 총길이 1,470km인 산줄기'라고 하면서 이를 모두 8개의 산줄기로 나누었다. 그들은 "오랜 옛날부터 우리 선조들은 백두산을 '조종(뿌리가 되는 거룩한 존재)의 산'으로 숭상하여 왔으며 백두산에서부터 지리산까지 하나의 산줄기로 보고 백두대간이라고 일러왔다"며 일제가 우리 민족을 말살하기 위해 백두대간이라는 말 자체를 없애 버리고 산줄기 체계를 왜곡했다고 지적하고 북한 학자들이 이를 연구, 바로잡았다고 했다. 이에 의하면 '지리산줄기는 장수와 함양의 경계에 있는 백운산(1278.9m)으로부터 경상남도 하동군 구재봉(773.7m)에 이르는 산줄기를 말한다.'고 하였다. 그러니 이 구재봉이 북한에서 얘기하는 백두산에서 시작한 백두대산줄기의 종착역인 셈이다.

그런데 이 구재봉을 악양면과 적량면에서는 서로 다른 뜻으로 부른다. 이 산의 이름은 구자산龜玆山이었다고 '조선지지자료'는 기록하고 있다. 그리고 그 산의 산등에는 거북 모양의 바위가 있어 구자산龜子山이었던 것이 지금은 구재봉龜在峰이라 불린다고 하니 이 龜在峰은 적량면 사람들이 거북바위 모양의 바위를 보고 부르는 이름인 셈이다. 한편 악양에서 볼 때 이 봉우리는 비둘기 형상으로 보인다고 한다. 그래서 '비둘기 구鳩'를 써서 '鳩在峰'이라 부른다. 그러니 구재봉 정상에 오르면 악양면과 적량면에서 세운 정상석이 서로 다른 한자어로 표기되어 세워져 있는 것을 확인할 수 있다. 국토지리정보원에서는 악양면의 손을 들어주어 鳩在峰으로 표기하였다. 그런데 이 두 개의 정상석으로 인해 말들이 많았었나 보다. 최근 두 개의 정상석을 없애고 아예 한글로 표기된 '구재봉' 정상석이 새로 세워졌다. 그러나 적량면에서는 그래도 미련이 남았던지 그 정상석 이수螭首 부분에 거북이 형상의 돌을 얹었었다.

먹점마을은 광양 다압에서 봐야

신촌재를 넘으면 적량면에서 하동읍으로 들게 된다. 그러니까 하동읍 홍룡리의 먹점마을로 든다는 얘기다. 내려오는 중간중간에 편백나무 숲을 따르게 된다. 그러나 둘레꾼이 밟는 길은 모두 시멘트 길이다. 좀 삭막하다는 생각을 지우기 어렵다.

그런데 이 먹점마을의 생김새가 좀 특이하다. 사실 이 먹점마을의 생김새를 보기 위해서는 섬진강 건너 다압면 쪽으로 가야 한다. 이 마을이 양옆으로 커다란 산줄기들을 거느리고 있기 때문이다. 다시 말해서 분지봉에서 내놓는 능선과 구재봉에서 가지를 친 680.6봉 능선 안에 싸여 있는 모양새라는 얘기이다. 위 다압면의 물형物形이 필봉筆峰인 고로 이에 문방사우에 대칭되는 물형을 갖기 위하여 이 마을을 먹점墨店이라고 불렀다는 것이다. 그래서 그런가? 필자가 강 건너 호남정맥에서 이 마을을 볼 때 집들이 산자락에 점점이 박혀 있는 모습이 인상적이었다는 기억이 있다.

선조들은 지명 하나하나에 이렇게 공을 들여 지었다. 지명이라는 것은 그

악양벌과 섬진강. 인터넷에서 퍼왔다

지역을 대표하고 그 지역에 사는 사람들뿐만 아니라 다른 지역에 사는 사람들에게 알리기 위해 정해지는 것이다. 그래서 지명은 그 지역 주민들의 의지, 염원, 주관 등에 의해 결정되기 마련이다. 그러니 보통 생김새보다는 종교, 풍속, 생활상 등이 녹아들어 있을 것이고 그 이름을 파악하는 것은 곧 그 지역의 역사를 아는 것과 같다고 할 것이다.

그런 지정학적인 이유가 둘레꾼으로 하여금 아무래도 분지봉 산줄기와 구재봉 가지줄기를 넘으려면 어느 정도의 난이도 정도는 각오하라는 의미로 들린다. 웅석봉 다음으로 힘이 드는 코스다. 먹점마을을 내려다보면서 우측 외곽으로 빠지며 고도를 높인다. 이 마을은 섬진강 건너 광양 매화마을처럼 매실 농사가 많은 것 같다. 곳곳에 매실농장 간판이 자주 눈에 보인다.

구재봉 활공장으로 오르는 삼거리를 만난다. 먹점재다. 사실 구재봉 활공장이라고 해서 활공장이 구재봉 정상에 있는 것은 아니고 이 임도를 따라 우측으로 조금만 더 올라가서 임도가 끝나는 곳으로 보면 될 듯싶다. 둘레길은 직진한다. 여기서 하동읍을 버리고 드디어 악양면으로 들어서게 된다. 악양면 미점리다.

드디어 섬진강이고 악양이다!

삼거리 고개를 내려가는데 좌측으로 조망이 트인다. 드디어 섬진강이다. 남쪽으로의 조망은 절대 놓쳐서는 안 되는 그림이다. 전라북도 임실군과 완주군 그리고 진안군이 갈리는 삼군봉인 565.3봉(일명 조약봉)에서 시작한 호남정맥의 큰 줄기가 백운산(1228m)에서 마지막 기지개를 켠 다음 쫓비산~망덕산을 지나면서 남해와 섬진강이 만나는 망덕포구로 그 맥이 잠기는 모습을 보여주기 때문이다. 이른 봄이라면 그 쫓비산 아래에 있는 다압면 도사리 매화마을의 10만 그루 넘는 매화나무에 눈이 온 듯한 진풍경을 보면서 앞에는 섬진강, 그 뒤로는 쫓비산의 어우러짐에 눈이 호강을 하게 된다. 화심리에는 섬진나루가 있고 섬진강 건너 광양 땅에는 섬진마을과 섬거마을도 있다.

섬진강의 이전 이름은 두치강豆恥江[1]이었다. 그런데 임진왜란 당시 왜적이 들어와 이 강의 나루터에 도착하자 나루터 일대에 수많은 두꺼비가 몰려들어와 울부짖었다. 이 때문에 왜군들이 육지에 상륙하지 못하고 후퇴했다. 이에 두치강이라 부르던 강 이름을 이때부터 섬진강으로 바꾸었다.

1 섬진강의 단군조선 때의 이름은 '모래내'였다고 한다. 그 이후에 모래가 자꾸 쌓여 '다사강'으로 부르다가 고려 초에 '두치강'이 되었다가 고려 말에 '섬진강'이 된 것이다. 홍수가 나면 흙탕물투성이라 적강赤江으로도 불렸다.

섬진강이라는 이름이 생기게 된 전설이다. 유사한 전설이 또 있는데 다 비슷비슷하다. 그런데 우리가 옥편을 보면 섬蟾에는 '두꺼비'란 뜻 말고 '달月'이라는 뜻이 하나 더 있음을 찾을 수 있다. 그래서 하늘에 있는 달을 섬궁蟾宮이라고도 부르는데 예로부터 달에는 두꺼비가 살았다고 하는 설화에서 유래하는 말이다. 섬토蟾兎라는 말도 달을 이르는 말인데 이 역시 달나라에 금두꺼비와 옥토끼가 살고 있다는 말에서 유래한 것이기도 하다. 결국 섬진이라는 이름은 달月+나루津의 조합임을 눈치 챌 수 있다. 그러니 '높다'라는 뜻을 가지고 있는 우리말 '달'을 月이나 鷄를 쓰는 대신 蟾을 쓴 것에 불과하다는 것을 알 수 있다. 이럴 경우 예전 이름 두치강의 두치도 한자의 뜻과는 무관하게 우리말 '머리재' 즉 '높은 고개'에서 왔다는 추론이 가능해진다. 즉 豆恥는 頭峙였다는 것이다. 지리산의 웅장함에서 이렇게 일반적인 이름이 조금 색다르게 변화한 것이라 이해하면 될 것 같다. 그러니 섬진강을 머리재강이라 불러도 무방할 것이다. 지긋지긋하게 시도 때도 없이 약탈을 일삼는 왜구[2]에 대한 지겨움에 두꺼비까지 끌어들인 것이다.

미점리 개치마을 삼거리에서 우회전하면서 '무단 건축물 신축금지'나 '임산물 채취금지' 등을 알리는 안내판을 자주 보게 된다. 이 정도에서 지도를 보면 시멘트 임도를 버리고 산길로 들어설 준비를 하여야 한다. 이곳이 마을 주변을 지나는 길인 만큼 둘레길 이정목에서 눈을 떼지 말아야 한다. 그만큼 갈림길이 많다는 얘기다. 그림 같은 산길로 들어선다. 310.5봉 좌측 사면에서 다시 보는 섬진강이 발목을 잡는다. 악양벌과 섬진강이다.

2 제2구간 황산대첩을 얘기하면서 어느 정도 왜구에 관해서 살펴는 봤다. 반복되는 감이 있기는 하지만 조금 더 보자. 왜구는 삼국시대 때부터 조선에 이르기까지 끊임없이 우리를 괴롭혔기 때문이다. 신명호의 연구에 따르면 이에 대비해 고려 정부는 ①전함을 건조하고 수군을 강화하는 한편, ②1375년 2월 나홍유를 일본에 파견하는 등 외교적인 노력도 기울였다. 조선 태종 때 명나라가 왜를 일본국으로 인정을 하여 조선과 일본이 교린체계를 이룬 것이나, 세종 1년(1419) 이덕무로 하여금 대마도를 정벌하게 한 후, 계해약조(1443년)를 체결한 것도 이들을 달래기 위한 것이었다고 한다.

악양! 드디어 악양이다! 악양은 중국 악양에서 가지고 온 이름이다. 산청과 같은 이유에서이다. 악양은 중국 호북성의 한 현으로 악양루, 동정호, 군산 등의 명소가 있는 곳이다. 호북성은 동정호의 북쪽에 있는 성省, 호남성은 그 남쪽에 있는 성省이라고 이름 지을 만큼 동정호는 아름답고 장엄함으로 유명하다.

악양은 소다사현이었다

당나라 소정방이 이곳에 와서 주변을 둘러보고는 중국의 악양과 같다고 하여 '악양'이라고 불렀다는 일화가 전해지기도 한다. 하지만 '진양지'에 의하면 "고소성과 한산사 그리고 동정호·소상·평사·군산 등의 지명이 있는데 악양이 신라 '소다사현'일 때 이런 명칭이 있었다. 소상팔경[3]이라 한 것은 대략 중국의 악주와 같기 때문이라고 한다."라고 적었다. 그러니 필자의 개인적인 의견으로는 모화사상에 젖은 말발이 어느 정도 서는 선인이 당나라를 다녀온 후, 이 동네가 중국의 악양과 같은 모습을 닮았다 하여 그 이름을 붙였다고 이해하고 싶다. 삼국사기 지리지에 의하면 "악양현嶽陽縣은 경덕왕 16년(757) 때 개명하여 지금도 그대로 되어 있다."고 기재되어 있는 바, 지금은 岳陽으로 표기되므로 한자어만 바뀌었을 따름이다. 진주 땅이었던 악양은 숙종 때 하동으로 편입되었다.

그러니 악양에 들어서면서 박경리의 대하소설 《토지》의 평사리를 떠올려

---

3 소수瀟水와 상강湘江의 대표적인 8가지 아름다운 경치 가령 소상야우瀟湘夜雨(소수와 상강에 밤에 뿌리는 비), 동정추월洞庭秋月(동정호에 뜬 가을 달) 등을 이르는 말로 두 물줄기의 앞 글자를 따서 소상팔경이라 부르게 되었다. 소수와 상강은 모두 동정호로 흘러 들어간다.

도 좋고 두보를 떠올려도 좋고 뇌계 유호인(1445~1494)을 떠올려도 좋다. 동으로는 낙남정맥에서 가지를 친 횡천지맥이, 서쪽은 지리남부능선에 둘러싸여 있는 악양은 그 자체가 얘깃거리다.

악양에 들어서면 학창시절 그렇게도 외워댔던 두보(712~770)의 시 '등악양루登岳陽樓'가 들려온다. 당나라 시인 두보가 57세 때 유랑 중 악양루에 올라서 느낀 그 감상을 읊은 5언율시인데 여기서 잠깐 기억을 더듬어 보자.

昔聞洞庭水(석문동정수) 옛날 동정호에 대해 말을 들었더니
今上岳陽樓(금상악양루) 오늘에야 악양루에 오르누나.
吳楚東南坼(오초동남탁) 오나라와 초나라는 동남쪽으로 갈라졌고
乾坤日夜浮(건곤일야부) 하늘과 땅은 항상 호수 위에 떠 있구나.
親朋無一字(친붕무일자) 친한 벗은 한 글자 편지도 없으니
老去有孤舟(노거유고주) 늙어감에 외로운 배만 떠 있도다.
戎馬關山北(융마관산북) 군마는 고향 관산의 북쪽에 있으니
憑軒涕泗流(빙헌체사류) 악양루의 난간에 기대어 눈물을 흘리노라.

악양루에 올라 말로만 듣던 동정호를 바라보며 그 광대하고 장려한 모습에 감탄을 할 수밖에 없는데 처해진 나라의 현실과 병들어 늙어 방랑하는 자신의 처지에 눈물을 흘리는 두보의 모습이 눈에 선하다.

우리의 하동 땅 악양에서 뇌계 유호인이 같은 이름으로 읊은 시조도 이 악양마을의 동정호에서 느껴보는 것도 좋을 듯하다. 다음 구간이 기대된다.

시멘트 길을 따라 내려오면 우측으로 조그만 봉우리가 보인다. 이름하여

아미산峨眉山이다. 중국 사천성 아미현의 남서쪽에 있으며 중국 불교의 성지인 아미산峨眉山(3092m)을 차용하였다. 원래 아미산은 오대산, 보타산, 구화산 등과 함께 중국 불교 4대 성지로 꼽히는 곳 중 하나인데 특히 보현보살普賢菩薩의 영장靈場으로 알려져 있는 곳이기도 하다. 그런데 별 볼 일 없어 보이는 이 대축마을의 뒷동산이 호사가들에 의해 그런 이름이 붙여졌다는 것은 순전히 악양 때문일 것이다.

천연기념물 제491호인 문암송

그것을 뒷받침해 주듯 문암정이라는 정자가 나오고 그 뒤로 천연기념물 제491호 문암송이 나온다. 높이 12m, 둘레 3m 크기의 이 문암송文岩松은 수령 600년으로 추정된다. 소나무의 씨앗이 바위틈에 떨어져 그것을 비집고 올라와 이런 규모로 컸다고 하니 마을 사람들에게는 신성하게도 보였을 것도 같다. 주민들은 계契를 조직하여 보호할 정도로 문암송에 대한 사랑이 남다르다고 한다.

한편 지금의 동정호에 있는 악양루는 1937년경에는 이 부근에 있었다. 오랜 세월 비바람을 이기지 못하고 거의 폐사 직전의 것을 1947년 지금의 악양교 옆으로 옮겼으나 이 역시 제대로 관리가 안 돼 2012년 동정호 안에 새로 지어 이전하였다.

그럼 우리에게 전혀 낯설지 않은 고을이자 대하소설 《토지》의 무대인 악양으로 들어가 볼까? 그 악양의 첫 번째 마을이 바로 대축마을이다. 행정구역상으로는 악양면 축지리의 대축마을이다. 대봉감으로 유명한 마을이다.

제12-A구간

하동읍~서당마을

하동읍~바람재(2.5km)~관동(2.3km)~상우(1.4km)~서당(0.8km): 7km

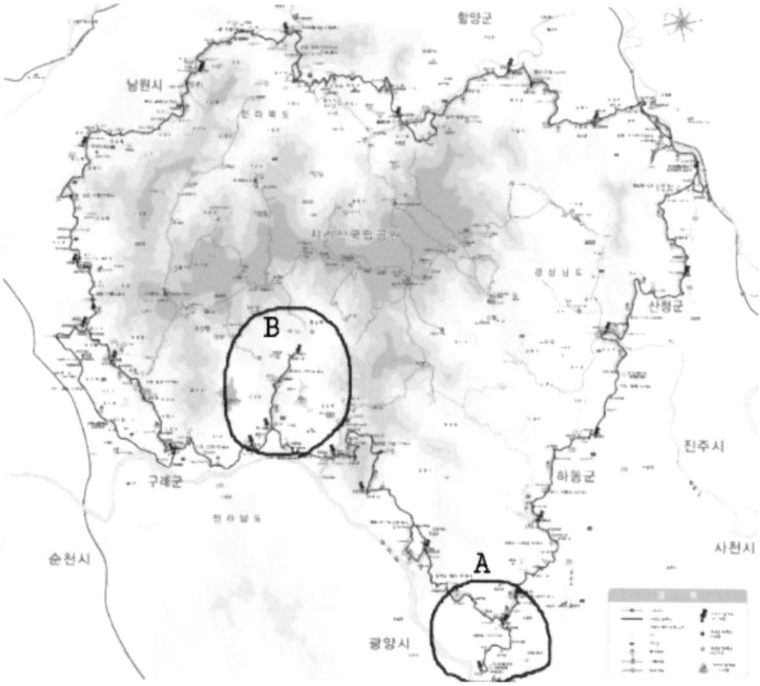

지리산 둘레길 개념도. 인터넷에서 가져왔다.

지리산 둘레길은 크게 20구간으로 나눌 수 있다. 중간에 지선支線이 다섯 곳 정도 있지만 지선은 선택의 문제이기 때문에 지선의 진행여부가 이 둘레길 전체 진행에 크게 영향을 미치지 못한다. 또한 지선은 그 구간이 그리 길지 않기 때문에 두어 시간만 더 할애하면 중복 운행도 가능하다. 즉 지선들은 어느 곳으로 진행하든 상관없는 곳이고 둘레꾼의 의지에 따라 빠뜨려도 크게 문제될 것도 없다. '지支'라는 글자 그대로 생각하면 된다. 하지만 ①'하동읍~서당마을' 구간이나 ②'목아재~당재' 구간 등은 특수한 이유 때문에 설치한 것이어서 이를 지선과 동일시하는 것은 좀 위험해 보인다. 위 개념도의 'A'와 'B' 구간이 바로 그곳이다.

기선岐線은 본선本線의 아류亞流이다

이 두 노선은 그 자체로서 본선과 같은 독자적인 의미가 있는 구간이다. 가령 ①'하동읍~서당마을' 구간(A)은 이 둘레길을 기획하고 시행한 (사)숲길의 본부Headquarter가 있어 둘레꾼들에 대한 기록이나 진행상의 편의들을 총괄적으로 관리하여 주는 상징성을 가지고 있는 구간이다. 둘레꾼이라면 이곳에 들러 '생명평화 지리산 둘레길' 순례수첩을 발급 받고 스탬프도 찍도록 하자. 소속감도 갖게 되며 구간에 맞춰 빈칸을 채워가는 재미도 쏠쏠하다.

더불어 이 구간은 읍소재지인 하동과 맞물려 있어 교통 편의를 위해 들머리 혹은 날머리까지 고려한 판단이라 보인다. (사)숲길의 말을 들어보면 하동읍에서 차밭 길을 통해 서당마을에 이르는 아기자기한 구간을 빠뜨리기 너무 아쉬워 부득불 선정한 구간이라고 한다. 또 하동읍의 시원한 너뱅이들과 적량들판의 모습에서 넉넉한 농촌의 삶을 오롯이 느끼며 걸을 수 있는 여유를 둘레꾼들에게 꼭 주고 싶었단다. 그러니 봄이면 산속 오솔길에서 매화향이 진동하는 비교적 짧은 구간을 부담 없이 산책하듯 걸으면 되겠고 여름이면 숲과 마을을 오가며 살아 숨 쉬는 농촌의 모습을 보고, 가을이면 가을걷이의 기쁨을 같이 나누며 걸으면 될 것이다.

하지만 가장 중요한 것을 빠뜨리면 곤란하다. 즉 지난 구간 얘기했듯이 하동 중앙중학교 옆에서 횡천지맥을 만나서는 이 지맥길을 따라 진행하면 제12구간 신촌재를 만나게 된다는 것을 인식함으로써 산줄기와 조금 더 친숙하게 하려는 의도도 있었음을 추가하고 싶다. 산줄기 얘기가 나왔으니 하나 더 덧붙일까? 비록 호남정맥의 끝자락이지만 백운산에서 망덕포구로 내려오는 쫓비산을 볼 수 있는 유일한 곳이 이곳이니 그냥 무심코 넘길 일만은 아니다.

한편 ②'목아재~당재' 구간(B)은 지리주릉에서 남부지리로 내려오는 힘찬 산줄기의 흐름을 느끼기에 꼭 필요한 곳이다. 더욱이 이 구간 주변에는 연곡사와 칠불사라는 걸출한 두 개의 사찰이 있다. 그러니 연곡사에 들러서는 연기조사를 만나봄으로써 지리산의 중심 사상의 한 축인 화엄사상을 느껴보는 기회도 가져보아야 하고 고광순도 봐야 하며 피아골도 들러야 한다. 그리고 당재 들머리 부근에 있는 신흥동에서 신라시대로 돌아가 고운 최치원도 봐야 하고 고려로 가서는 이인로도 만나봐야 한다. 나아가 연기조사와의 인연으로 연곡사나 화엄사 조금 멀리는 우리나라에서 두 번째 높은 곳에 위치한 천왕봉 아래 법계사까지도 잠시 살펴보는 여유로움도 가져보아야 한다. 그리고 칠불사에 들러서는 허황후와 일곱 왕자에 얽힌 얘기도 들어봐야 하며 또한 신라가 아닌 가야에 불교가 전래된 '불교남방전래설'도 살펴봐야 한다.

그러니 그 정도의 구간을 갔다가 다시 복귀하기에 하동구간의 14km+α나 목아재 구간의 16km+α의 거리는 너무 멀다. 부득불 특별하게 시간을 내어 따로 걷거나 두 구간으로 나눠 환종주하는 방법을 택하든지 하여야 한다.

이런 이유로 이들 구간을 지선으로 하거나 혹은 간선間線으로 하기에는 이 노선이 갖는 역할이 본선 못지않다. 그렇다고 하여 독립적인 구간번호 가령 12구간 다음이니 13구간이라는 별도 구간번호를 부여하기에는 연속성을 갖는 지리산 둘레길이라는 취지에 맞지 않을 것 같다. 그래서 필자는 이런 특별한 의미를 가지고 있는 두 구간을 지선과 구별하여 기선岐線이라 부르기로 한다.

그렇다면 그 구간번호는 12-A 혹은 12-가 구간 정도로 붙이는 게 어떨까? 어떤 기호나 부호로 붙여 불러도 되겠지만 관련된 구간번호와의 연속성을 고려하여 필자는 본서에서만큼은 12-A, 15-A로 붙여 구분하기로 한다.

12-A구간의 시작은 사단법인 숲길 본부이다

하동읍내에서 하동우체국을 찾으라 했다. 산길이 아니고 도심일 경우 길 찾기가 조금 난해해진다. 다행히 하동읍은 생각보다 작은 도시이다. 하동읍내로 들어가는 차 안에서 하동우체국을 눈여겨봤으니 들머리를 찾는 일은 의외로 간단하다. 터미널에서 우체국을 지나 바로 첫 골목 우측으로 들어선다.

골목으로 들어서자 우측으로 눈에 익은 글자체가 눈에 띈다. '지리산 둘레길'이다. 이곳이 (사)숲길의 본부 건물이다. 지리산 둘레길에는 총 8개의 탐방안내센터나 안내소를 운영하고 있는데 이곳이 지리산 둘레길을 찾는 이들에게 구간지도 제공, 지역정보 제공, 체험 프로그램 소개와 더불어 다양한 주제를 담은 전시도 진행하는 총괄 업무를 관장하고 있는 곳이다. 또한 지역교류의 장이자 지리산 둘레길을 찾는 이들의 쉼터이기도 하다. 물론 지역 센터도 그 기능은 마찬가지이다. 꾼들이 지리산을 바라보며 걸어가는 지리산 여정에 안전하고 든든한 길잡이가 될 것이라 믿는다.

하동읍내에 있는 (사)숲길의 본부

직진하여 삼거리에서 좌회전한 다음 너른 동네 길을 따라간다. '기쁜소식선교원' 교회를 지나 우회전하여 산기슭이 보이는 곳으로 오르는데 빌라 우측으로 조망이 트인다. 이른 아침이라면 횡천지맥이 꼬리를 내리고 있는 능선 뒤 봉우리의 성상에 있는 공군기지에 불이 켜져 있는 게 보인다.

금오산(875.1m)이다. 이미 자세하게 살펴본 바와 같이 지리산의 한쪽 축이자 박성태 선생의 신백두대간의 끝, 대한산경표로 볼 때 섬진동지맥 상에 있는 금오산이다. 금오산이 이렇게 가까이 있다니! 그러고 보니 이곳이 경남에서도 한참이나 아래에 있는 하동이다. 저 금오산이 우리나라 산줄기에서는 커다란 비중을 차지하고 있는 산이다. 신백두대간, 대한산경표, 북한의 백두대산줄기 등과 관련해 들려주어야 할 얘기는 많은데 내용이 좀 복잡하다.

빌라를 지나니 고갯마루에 예쁘장한 집이 보인다. 그 좌측으로 오른다. 그 집 뒤로 바윗덩어리 두 개가 나오고 그 좌측으로 표지띠가 붙어 있다. 좌측으로 붙어 과수원 안으로 들어서서는 낮은 나무들 사이로 꾸불꾸불 지나는데 좌측으로 한라봉 꼭지처럼 생긴 봉우리가 "나 여기 있소!" 하며 둘레꾼을 부른다.

둘레길에서 보는 호남정맥

억불봉(1007.5m)이다. 아무렴! 여기까지 왔는데 그대를 안 보고 어찌 가리요. 그러고 보니 바로 좌측으로 흐르는 물이 섬진강이니 그 뒤의 큰 줄기가 호남정맥으로 그 줄기가 광양의 망덕포구로 고도를 급격히 낮추고 있다. 사실 호남정맥을 하다보면 백운산(1216.3m)에서 그냥 억불봉으로 막 가야 하는 게 아닌가 싶은 생각이 들기도 하던 곳이다.

그리고 지리남부에 오면 백운산보다 억불봉이 먼저 눈에 띄기 마련이다. 저 모양 때문에 그렇다. 바로 위에서 내려다보면 모든 봉우리의 참모습을 보

횡천지맥과 둘레길이 만나는 삼거리

기 어렵다. 하지만 올려다보면 사정이 다르다. 바로 저 억불봉을 바라보는 것처럼. 그것도 웬만한 산꾼이 동쪽에서 억불봉을 바라볼 수 있는 기회가 있기나 할까? 그러나 둘레길에서는 볼 수 있다. 바로 이 점이 둘레길이 갖는 강점이다.

고개를 하나 지나는데 이정표가 나오며 좌측으로 '분지봉'이라는 봉우리 이름이 눈에 들어온다. 지맥꾼들을 위한 이정표가 아니라 일반 산꾼이나 동네 분들을 위한 등로 안내용이다. 분지봉이라! 누누이 얘기한 그곳이다. 횡천지맥의 거의 마지막에 있는 봉우리로 하동호를 지나오면서 언급했고 지난 제12구간에도 얘기했던 곳이다. 그 횡천지맥의 그 분지봉이다. 그렇다면 이제 곧 횡천지맥 줄기를 만날 수 있겠다. 어딜까? 반가운 지맥꾼들의 표지띠도 만날 수 있겠다. 지도를 보니 조금만 더 가면 지맥길과 만나게 되어 있다.

오밀조밀 바위를 모아놓은 곳을 지나 고개 하나를 넘으니 남서쪽으로 드디어 호남정맥의 백운산(1216.3m)과 매봉(866.9m)이 보인다. 그러니 그 앞으로 이어지는 그 호남정맥 줄기에 갈미봉과 쫓비산이 있을 건데 여기서는 보이지 않는다.

10여 분 정도 더 걸으니 둘레길 이정표와 아까 보았던 분지봉 이정표 두 개가 같이 나온다. 하지만 같은 분지봉을 가리키는 이정표이지만 아까 보았던 그것과 이곳의 그것이 주는 의미는 사뭇 다르다. 물론 이 이정표를 제작한 하동군은 이 이정표에 특별한 의미를 부여하기보다는 그저 '등산로'라는 의미로 제작을 하였을 것이다. 그러나 필자 같은 산꾼들은 아까 분지봉 이정표는 일반적인 등산로의 분지봉 그리고 이 이정표는 횡천지맥의 분지봉을 가리키는 걸로 이해를 한다. 즉 이 이정표는 우리가 온 방향을 '중앙중학교 1.5km'로 그리고 좌우로 갈리는 방향을 '홍한아파트 2.3km'와 '분지봉 4.7km'로 각각 표기하여 놓았다. 별거 아닌 것 같지만 지맥꾼들은 이것을 보고는 "여기서 횡천지맥에 접속했다."라는 인식을 가지며 자신이 가야 할 방향을 체크하게 되는 것이다. 둘레길을 걷는 사람이라도 이런 걸 이해하고 지나는 게 둘레길 나아가 산행에 많은 도움을 준다.

좌회전을 한다. 그러고 보니 여기서 적량면을 만났다. 곧 이 횡천지맥이 행정구역상으로는 하동읍과 적량면의 경계인 셈이다. 백두대간이 경상도와 전라도 그리고 충청도를 나누듯이 이 지맥이라는 작은 산줄기도 보통은 군계가 되거나 면계가 된다. 산줄기를 중심으로 군이나 면을 나눴다는 것이다. 그런 중요한 산줄기를 잠시 면계를 따라 진행한다.

아주 평범한 등로이자 지맥길이면서 둘레길이다. 사실 이 정도로 평이한 길이니 둘레길로 선정이 된 것이기도 하다. 시멘트 임도가 나오면서 둘레길과 지맥길은 헤어진다. 겨우 5분 같이한 지맥길이지만 앞으로도 둘레길을 진행하면서 계속 지맥을 관찰할 것이니 그렇게 아쉬워만 할 것도 아니다.

지맥길은 직진하여 분지봉으로, 우리는 우회전하여 적량의 밤골 즉 율동栗洞으로 간다. 그러니 이제부터는 하동읍을 버리고 온전하게 적량면으로 들어간다.

마을회관 벽의 그림을 주민들이 직접 그리셨단다. 천왕봉도 있고 구재봉도 있다. 칠성봉까지도 아신다. 확실히 그 지방의 산의 이름은 그 지방 분들이 제일 잘 안다. 그래서 산 이름을 알기 위해서는 촌로村老에게 물어보는 게 제일 확실하고 또 그게 정답이다. 그분들이 불러서 만들어진 이름이니까 말이다.

마을회관을 지나면서 좌측 길을 따른다. 우측으로 이어지는 정안산(447.6m) 줄기는 섬진동지맥에서 가지 친 줄기이다. 왼쪽으로 들어가면 이제는 관동마을이다. 너무 마을이 깨끗하다. 마을회관에서 우회전하면서 좁은 마을길을 따라가다 보면 키 큰 서어나무가 마을 어귀를 지키고 있는 상우마을이다. 지나는 상우마을 뒷산은 산봉우리 옆에 있는 바위가 떡시루를 얹어 놓은 모양이라고 하여 시루봉이라 부른다고 한다. 정말 그럴까? 개울 하나를 건너면 수령이 350년이나 된 마을 밖 당산나무를 본다. 수종이 이팝나무라고 하던가?

정면으로는 우계저수지의 뚝이 보이고 그 뒤로는 횡천지맥의 연봉들이 보인다. 지리산 둘레길이 환형環形이고 지금 걷는 이 둘레길은 기선岐線이므로 한 차례 더 저 지맥을 신촌재에서 만나게 될 것이다.

시멘트 길을 따라 올라가면 삼거리이고 이 도로가 7번 도로이다. 버스도 다니는 길이다. 이곳이 예전에 서당이 있었다고 해서 불려진 이름이라고 한다. 국토지리정보원 지도에는 서당이 아니고 '서동'이라 표기하였다. 영진지도에도 서동이라 표기하였는데도 주민들은 서당으로 부른다나?

마을회관 우측으로 보면 예전에 마을회관이었던 것을 개조해 무인 쉼터로 만들었다. 누구나 들어가서 필요한 것을 먹거나 마시고 가면서 알아서 계산을 하도록 한 시스템이다. 이름하여 '주막 갤러리'이다.

여기서 좌측으로 가면 우계저수지를 넘어 신촌마을~먹점재~대축마을로 이어가게 되고 이 골목길로 올라가면 버디재~이정마을을 지나 삼화실로 연결이 된다. 이 구간이 바로 지리산 둘레길 제12구간인 것이다.

마을회관을 개조한 둘레길 쉼터

그러니 이 서당마을~하동읍 구간은 제12구간에 나뉜 독자적인 구간이기에 기선岐線이라 부르자 했던 것이다. 일단 기선인 제12-A구간은 여기서 마무리하고 본선인 제12구간의 어느 방향으로든 둘레꾼 각자의 몫이다.

제13구간

대축마을~원부춘

대축마을~입석마을(2.2km)~아랫재(2.7km)~원부춘마을(3.6km): 8.5km

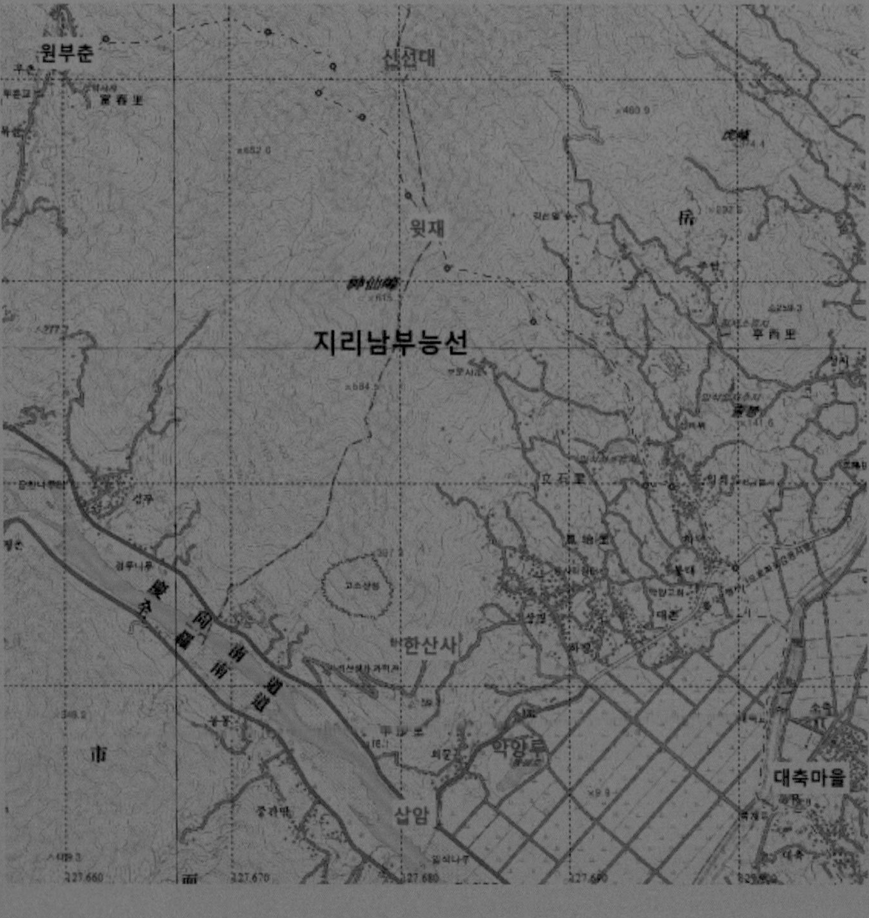

대축마을을 빠져나와 축지교로 악양천을 건넌다. 이 악양천은 횡천지맥에서 지리남부능선이 갈라지는 거사봉(1133m)에서 발원하는 물줄기이다. 이제 악양의 평사리로 접어든다. 평사리라는 지명에서 소상팔경의 하나인 평사낙안平沙落雁 즉 섬진강의 평평한 백사장으로 날아와 흩어지는 기러기의 모습이 연상된다. 소상팔경은 지난 구간에 언급했듯이 중국의 소주와 삼강지방의 절경 여덟 곳 가령 소상야우瀟湘夜雨 즉 소상강에 밤에 내리는 비, 동정추월洞庭秋月 즉 동정호의 가을 달빛 등에 대한 이름이다.

악양은 소설《토지》의 고향이다

둘레길은 선사시대의 유적이 있는 입석리로 들어서지만 지선支線인 동정호 길을 놓칠 수 없다. 잠시 동정호로 발길을 돌린다. 무림이들이라 부르는 평사리의 너른 들판을 지난다. 이 들판이 한국 문학사상 가장 방대하다고 하는 박경리의 대하소설《토지》의 무대가 된 곳이다. 고향이 통영인 박경리는 정작 평사리를 한 번도 와보지 않고 소설을 썼다고 한다.

"내가 경상도 안에서 작품의 무대를 찾으려 했던 이유는 언어 때문이다. 통영에서 자라 진주에서 성장한 나는 '토지'의 주인공들이 쓰게 될 토속적인 언어로 경상도 이외의 다른 지방 말을 구사할 능력이 없었다. 그러나 만석꾼의 토지란 전라도에나 있었고, 경상도에서는 그만큼 광활한 토지를 발견하기 어려웠다. 평사리는 경상도의 어느 곳보다 너른 들을 가지고 있었으며 섬진강의 이미지와 지리산의 역사적 무게도 든든한 배경이 돼 줄 수 있는 곳이었다. 나는 그래서 평사리를 '토지'의 무대로 설정했다."

동정호와 악양루

무림이들에 들어서서 동정호를 보고 걷노라면 우측으로 동산 하나가 보이며 나란히 서 있는 소나무 두 그루가 보인다. 부부송夫婦松이며 우리나라에서는 이 동산을 군산이라 부르던가? 그리고 이 부부송을 사람들은 소설 《토지》의 주인공을 따라 서희와 길상이라고 이름 붙였다.

"'진주지'에는 군산은 악양현 앞에 있다. 넓은 평야에 홀로 선 산이 우뚝하다. 서쪽에는 섬진강의 상류가 흐르고 있어 중국의 동정호와 비슷하다. 군산의 북쪽에는 높은 구릉들이 두르고 있다. 100여 보를 걸어 올라가면 백여 명이 앉을 만한 곳이 있다. 풍경이 아름다워 은근히 중국의 파릉과도 비슷하다."고 적혀 있다고 두류전지는 전한다.

악양루 내부에는 창건하게 된 내력, 중건과 관련한 희사자喜捨者들의 이름과 금액 등을 쓴 판들이 즐비하다. 그 중 현판 바로 아래 구봉龜峰 조헌우 선생이 소상팔경을 해설해 놓은 현판이 눈에 띈다. 좌로부터 소상야우瀟湘夜雨, 동정추월洞庭秋月, 산시청람山市晴嵐, 원포귀범遠浦歸帆, 연사만종煙寺晩鐘, 평사낙안平沙落雁, 강천모설江天暮雪, 어촌석조漁村夕照….

악양루에서 나와 1003번 도로를 따라 화개 방향으로 내려가면 외둔마을 표지석이 보이고 이내 한창 확·포장 공사 중인 19번 국도를 만난다. 도로 건너 좌측이 평사리공원이다. 이곳이 지리남부능선의 종착지이기도 하다. 이 삼거리의 소상낙원 석비에서 화개 쪽으로 약 20m 정도 올라가면 섬진강 쪽 바위 위에 비석 2기가 서 있다. 안내판은 "주민들은 이 삽암鍤巖(꽂힌 바위)을 '섯바구'라고도 부르고 '선바위'라 부른다."고 들려준다. 바위가 있는 곳은 옛날부터 영호남을 연결하는 나룻배가 다니던 곳 입석나루이다.

삽암과 모한대와 취적대

입석나루로 내려서는 일은 쉽지 않다. 바위 즉 삽암 앞에는 대숲이 우거져 접근할 길도 없어 대숲 사이 비탈을 타고 내려가야 하는데 내려가더라도 잡목 때문에 비석 주위를 온전하게 보기가 쉽지 않다. 조심스럽게 바위 윗면을 살펴보면 바위 끝에 '모한대慕韓臺'라는 세 글자가 새겨져 있다. 그 좌측에 송남松南 이세립李世立이라는 글자도 보이는데 이는 악양의 부자 이세립이라는 사람이 한유한의 절개를 사모해 새겼다 한다.

사실 이 '한유한(생몰년 미상)'을 밖으로 나오게 만든 건 순전히 남명 조식 선생의 공로이다. 즉 남명은 1558년 4월 지리산 유람에 나서서는 산행기 형식으로 '유두류록遊頭流錄'을 쓰면서 삽암과 한유한의 삶을 기록하였던 것이다.

> 눈 깜짝할 사이에 악양현岳陽縣을 지나고, 강가에 삽암鍤岩이라는 곳이 있었는데, 바로 녹사錄事 한유한韓惟漢의 옛 집이 있던 곳이다. 한유한은 고려가 혼란해질 것을 예견하고 처자식을 데리고 와서 은거하였다. 조정에서 징초하여 대비원大悲院 녹사로 삼았는데, 하룻저녁에 달아나 간 곳을 알 수가 없었다. 아! 국가가 망하려 하니 어찌 어진 사람을 좋아하는 일이 있겠는

삽암의 이세립이 각자한 모한대. 모한대 상단에 取適臺라는 글자가 희미하다.

가. 어진 사람을 좋아하는 것이 착한 사람을 선양하는 정도에서 그친다면 섭자고葉子高[1]가 용龍을 좋아한 것만도 못하니, 나라가 어지럽고 망해가는 형세에 보탬이 되지 않는다. 술을 가져오라고 하여 가득 따라놓고 거듭 삽암揷巖을 위해 길게 탄식하였다.

지리산의 은자隱者였다가 임금의 부름을 받고 다시 관직에 등용되었던 정여창과 조지서는 갑자사화 때 각각 부관참시와 참형으로 비참한 죽음을 맞게 되었고, 임금의 부름에 불응하였던 한유한은 관직을 피하여 더 깊숙한 지리산으로 들어가 흔적을 감추고 말았다. 술 한 잔에 그 아픔을 달래려는 안타까운 마음이 남명의 탄식[2] 속에 다 들어 있는 듯하다.

絲綸入洞踰垣走(사륜입동유원주)	임금 명이 고을에 들어감에 담 넘어 달아나니
方丈千秋獨一仙(방장천추독일선)	방장산에는 천년 동안 유독 이분만 신선 같다

한유한을 노래한 조선 중기의 문인 박민朴敏(1566~1630)의 시이다. 이후 삽암은 조선시대 남부지리를 유람하는 선비들이 반드시 들러야 하는 명소가 되었다.

1744년 황도익은 '두류산유행록'에서 "또한 녹사대錄事臺가 있으니 한유한

1 춘추시대 초나라 섭현의 수령이었던 심재량을 말한다. 용을 매우 좋아하여 자기 주변 곳곳에 용을 새겨 놓았는데 용이 이 소문을 듣고 하늘에서 내려와 창문에 머리를 내밀고 마루에 꼬리를 올려놓자 심재량은 기겁을 하여 도망갔다고 한다.

2 남명이 명종의 부름에도 단성소를 올리고 벼슬을 고사한 것은 어쩌면 이들의 교훈 때문인가?

韓惟漢이 은거하며 살던 곳이다. 사람은 떠나가고 축대만 덩그렇게 남았는데, 강물은 변함없이 도도하게 흘러간다. 한유한의 맑은 풍모를 상상하자 감회가 절로 일어났다. 바위 벼랑에 새겨진 취적대取適臺 세 글자는 자획이 거의 마모되어 있었다."고 기록했다.

한유한은 누구인가? 위에서 잠깐 얘기했지만 한유한은 고려 무신집권기 당시 도교, 신선사상에 관심을 기울인 대표적인 학자로 알려져 있다. 최충헌이 전횡을 휘두르자 난리가 날 것을 예감하고 가족들을 데리고 지리산으로 들어와 은거하고는 세속과 연을 끊었다. 조정에서는 서비대원 녹사의 직을 주면서 회유하였으나 끝내 거절하고 은거하며 속세와의 인연을 끊고 살았다고 전해진다. 선인의 계보를 정리한 '청학집'에는 한유한을 고려 때의 '선파仙派' 가운데 한 명으로 분류했다.

이 모한대 위에 서 있는 두 개의 비 중 좌측에 있는 비는 진주사람 권도용(1877~1963)의 작품이다. 이 비에는 "사대부 노태현 등 30여 명이 선인들의 훌륭한 행적이 사라지는 것을 염려하여 매년 춘삼월과 구월에 모여 시를 읊으며 옛 사람의 유풍을 추모하고자 계契를 조직하였다. 또한 장차 비를 세워 그들의 행적을 기록하여 후세에도 그 뜻을 기리고자 하였다. 이번에 남쪽으로 섬진강 따라 유람하다가 이 대臺 앞에 이르러 근처에 이세립 공이 바위 벽면에 모한대 세 글자를 크게 새겨놓은 것을 보았는데 사적을 기록한 비碑는 없었다. 그래서 가지고 있던 자료들을 정리하여 앙모의 정을 금할 수 없어 애오라지 몇 마디 소감을 적고 돌아간다."고 적혀 있다.

김선신은 두류전지에서 조금 더 깊숙이 들어간다. "한유한이 피신한 곳은 '깊은 골짜기'인 묵계동인데 그는 이곳으로 들어가 죽을 때까지 나오지 않았다."고 하면서 "그곳의 고은高隱, 독재獨在라는 지명이 이런 이유로 얻은 게 아닐까?"라고 하였다.

한유한, 정여창 그리고 조지서…

한편 이 비에 적힌 중요한 사실史實로는 남명 선생이 한유한을 정여창(1450~1504), 조지서(1454~1504)와 더불어 세 군자라 칭송하였다는 말과 다만 정여창은 무오사화[3]와 갑자사화[4] 등 두 번의 사화에 휘말려 부관참시 되는 욕을 보았고 조지서 역시 갑자사화를 비껴나가지 못했지만 한유한은 먼저 기미를 알아채고는 멀리 떠나 물 깊고 산 높고 험한 곳으로 자취를 감춰 하늘이 준 수명을 마쳤으니 다행이라는 얘기까지 기록되어 있다. 계속하여 남명의 유두류록은 일두 정여창이 기거하던 집까지 거론한다.

> 도탄에서 1리쯤 떨어져 있는 곳에 정선생 여창이 살던 옛 집터가 남아 있다. 선생은 천령 출신의 유종儒宗이었다. 학문이 깊고 독실하여 우리나라 도학의 실마리를 열어주신 분이다. 처자식을 이끌고 산속으로 들어갔다가 뒤에 내한內翰을 거쳐 안음현감이 되었다. 뒤에 교동주[5]에게 죽임을 당하였다. 이곳은 삽암에서 10리쯤 떨어진 곳이다.[6]

향토사학자들은 도탄을 지금의 화개장터 아래에 있는 섬진강 여울을 말한

---

3 무오사화는 김종직의 조의제문으로 빚어진 사건으로 제3구간에서 살펴봤다.

4 연산군의 생모 폐비 윤씨 문제로 불거진 사건.

5 연산군을 가리킨다. 중종반정으로 폐위되어 강화도 교동에 안치되었기 때문에 '교동주喬桐主'라고 불린다.

6 남명 조식의 유두류록

다고 한다. 진양지에는 화개에서 서쪽 20리 떨어진 곳에 있다 하였으니 덕은德隱[7] 부근 어디쯤 될 것 같다. 지금은 그 흔적을 찾을 길이 없다. 다만 화개면 덕은리에 일두를 추모하는 '악양정岳陽亭'이라는 정자[8]가 있어 이곳이 일두가 살던 곳이라는 것을 짐작케 할 뿐이다. 모친이 별세하자 3년간의 시묘살이를 마친 일두는 처자식을 이끌고 아예 지리산 악양으로 다시 들어와 18년간 은둔하며 학문을 강론했다는 곳이다. 이 건물은 15세기 말경에 지은 것으로 추정되며 두어 차례 중건을 거쳐 1920년에 3칸이던 건물을 4칸으로 덧붙여 지었고 1994년에 보수하였다.

"도가 없으면 먹을 것이 없고, 먹을 것이 없으면 백성이 없으며, 백성이 없으면 나라가 서지 못한다."고 하며 나라의 근본은 백성이라는 왕도정치를 추구했던 일두는 광해군 때 문묘文廟에 배향되어 조선조 동방 5현과 동국 18현 가운데 한 사람으로 성균관을 비롯한 전국 234개 향교와 9개의 서원에서 제향祭享되고 있다. 이곳을 찾은 남명은 "현명한 사람哲人의 다행과 불행이 어찌 운명이 아니겠는가!"라고 하면서 한유한의 은거 생활과 일두의 안타까운 죽음을 탄식했었다.

그 악양정 돌담을 따라 거닐며 남명 선생이 지리산 산행 중 만난 일두 선생의 흔적을 통해 지조 있는 처사의 삶을 다짐했던 것처럼 선비의 체취를 느껴보는 것도 괜찮을 듯싶다. 한편 일두 선생을 기리는 함양에 있는 남계서원은 소수서원에 이어 두 번째 사액서원이며 대원군 사원 철폐령 때도 살아남은 유서 깊은 곳이다. 일두의 생가도 함양에 있다. 시내에서 멀리 떨어져 있

7 '덕은리德隱里'의 '덕은'이라는 지명이 덕이 있는 사람 곧 일두一蠹가 숨어 살았던 곳이라는 것을 암시하는 듯하다. 同旨 '지리99'

8 정자의 사전적 의미는 '경치가 좋은 곳에 놀거나 쉬기 위하여 지은 집. 벽이 없이 기둥과 지붕만 있는 건물'을 말하는 거 같은데 실제 이 악양정이 그렇듯이 주천면 구룡폭포의 구룡정이나 제17구간에 지날 용호정 역시 세 칸으로 된 가옥을 '亭'이라 이름하였다. 그런 것을 보면 현대적 의미 즉 '정자'의 뜻이나 '음식점'의 '亭'과 예전의 '亭'과는 그 의미가 조금 다른 것 같다.

지 않은 승안산에 선생의 묘도 있고 남계서원까지 있으니 사실 선생을 보려면 함양으로 가야 할 것이다.

한편 백부百符 조지서는 성종 5년인 1474년 생원시에 1등으로 합격한 것을 시작으로 진사시, 문과, 중시 등에 수석으로 합격하여 홍문관 교리를 거쳐 연산군의 사부가 된다. 그런데 연산군이 즉위를 한 후 정사를 제대로 보살피지 못하자 창원부사로 나아가 10여 년을 은거하며 살았으나 갑자사화를 피하지 못하고 죽임을 당해 몸은 저잣거리에 내걸리고 집은 연못이 되었으며 시체는 강물에 던져졌다. 후취 부인 정씨는 정몽주의 고손인데 사화 때 재산을 몰수당하고 성 쌓는 죄수가 되어 초야를 떠돌며 살았다. 등에는 아들 침琛을 이고 뱃속에는 아들 이理가 있었는데 손수 열매를 주워 오지사발을 삶아서 아침저녁으로 제사를 받들었다 한다. 남명과는 그리 멀지 않은 친척간이 된다. 남명이 쓴 '조지서 묘갈명'에 자세히 나온다.

한산사에 가서는 주련을 꼭 봐야 한다

다시 돌아나가 동정호 앞에서 산으로 올라 한산사로 향한다. 중국 강소성 소주에 있는 한산사寒山寺와 같은 이름을 가진 절집이다. 한산사의 조망터에서는 무림이들과 동정호 그리고 우측의 섬진강까지 한눈에 다 들어온다.

한산사의 대웅전 앞에는 깨진 바위가 있어 그 사이로 출입을 하여야 한다. 한 가지 특기할 만한 것은 이 한산사의 주련柱聯은 부처님 말씀 대신 소상팔경과 관련한 글들이 씌어져 있다. 대웅전 우측으로 시멘트 도로를 따라 오르면 고소산성 안내판이 세워져 있다.

이 성의 내력에 대해서는 하동군읍지가 유일한 자료인데, 이 기록과 성의 위치 및 규모로 보아 신라가 백제의 침공을 방어하기 위한 군사적 목적으로 쌓은 것이라고 한다. 성은 뒤로는 준령을 등지고 있고 앞으로는 섬진강의 큰 강이 가로막고 있으니 천혜의 요충지이다. 그러니 남해에서 호남지방으로 들어가는 중요한 길목이 되는 곳이겠다. 사적 제151호로 지정되어 있으며, 하동군에서는 고소성 군립공원으로 지정하였다. 이 고소산성에 오르면 남쪽으로 호남정맥의 매봉과 백운산이 한눈에 들어온다. 그 좌측으로는 갈미봉과 쫓비산도 보이고 백운산 좌측으로는 억불봉(1007.5m)도 보인다. 지리남부능선이 이 산성으로 지난다.

다시 되돌아서 축지교로 되돌아 나간다. 구간을 다시 시작하는 셈이다. 축지교에서 우회전하여 악양천 방죽 길을 따른다. 정면으로 펼쳐지는 지리남부능선 산줄기가 힘차게 뻗어가고 있다.

중앙에 거사봉을 세워놓고 좌측 서쪽으로는 형제봉~신선봉~고소산성으로 이어지는 지리남부능선 줄기와 우측 동쪽으로는 회남재~칠성봉~구재봉~분지봉으로 이어지는 횡천지맥 능선이 악양을 병풍처럼 싸고 있는 형세이다.

무림이들을 빠져나오면 다시 1003번 도로를 만난다. 입석마을 표지석을 보고 마을 안으로 들어선다. 입석마을은 말 그대로 선사시대의 입석立石 즉 선돌 때문에 생긴 마을 이름이다. 그러고 보니 아까 보았던 삽암 아래가 입석나루라고 했는데 그걸 보면 예전에 이 마을의 규모가 상당했음을 짐작할 수 있겠다. 마을 한가운데로 들어와 먹거리 주막 골목으로 직진한다. 동정호로 우회하는 지선과 합류한 다음 입석 소류지를 보면서 전원주택지를 지난다.

시멘트 길이 끝나고 부드러운 흙길로 들어서면서 고도를 한층 높인다. 본격적으로 지리남부능선으로 접근한다는 얘기다. 그러고는 윗재이다. 쓸데없

윗재. 여기서 지리남부능선을 만난다.

는 얘기인지는 모르겠는데 여기서는 이 고개를 웃재라고 부른다. 하지만 맞춤법은 윗재가 맞다. 아랫재라는 대립어가 있기 때문에 '웃'이 아니라 '윗'을 써야 한다.

그런데 이 윗재는 아주 특별한 의미를 갖는다. 누누이 얘기했지만 이 윗재가 지리남부능선의 형제봉과 신선봉을 잇는 아주 중요한 루트다. 곧 둘레길이 아닌 등로로는 형제봉과 신선봉 가는 길이라는 말이다. 그러니 좌측으로 내려가면 봉화대를 지나 아랫재~신선봉~고소산성(한산사)으로 진행하여 삽암(취적대, 모한대)까지 가게 되고, 우측으로 오르면 철쭉과 암벽으로 유명한 신선대를 만나게 된다. 그러고는 구름다리를 지나 활공장으로도 유명한 형제봉에 이르게 된다. 형제봉은 형제봉(1117m)과 성제봉 등 두 개의 봉우리로 이루어진 산이다. 그래서 형제봉이다. 제4부 지리남부능선을 진행할 때 자세히 살펴본다.

이 윗재에 오름으로써 악양을 벗어나 화개로 들어서게 된다. 화개로 들어가자. 화개의 북쪽은 지리주릉이 막고 있고, 동쪽은 지금 지나온 지리남부능선의 시루봉~형제봉~신선봉이 그리고 서쪽은 지리주릉의 삼도봉(날라리봉)~불무장등~당재~황장산~촛대봉~화개삼거리로 이어지는 도계道界 능선인 화개단맥이 각 막고 있다.

이 화개의 지형은 시 한 수로 집약되었다. 선조 때인 1571년 한 스님이 바윗돌 사이에서 종이 한 장을 주웠는데 최치원의 시라고들 한다.

東國花開洞(동국화개동)	동쪽 나라 화개동은
壺中別有天(호중별유천)	병 속의 별천지라네
仙人推玉枕(선인추옥침)	선인이 옥베개를 밀치고 깨어보니
身世惚千年(신세홀천년)	세상은 황홀 속에 천 년이 지났는가

화개동은 이런 곳이다. 그러니 화개동천花開洞天이라 하지 않았겠는가?

윗재를 빠져나오면 둘레길이 제법 거칠어진다. 돌이 많이 그리고 자주 밟히니 발목의 접질림도 주의를 하여야 하고 가끔 보이는 샛길이 적지 않음도 유념하여야 한다. 이런 곳에서 혹시나 길이 미심쩍을 때는? 그대로 뒤로 돌아 이정표나 표지띠 있는 곳까지 다시 나와야 한다. 그러고는 거기서 다시 길을 찾으면 된다. 이런 험한 곳에서 괜히 길을 찾는답시고 무턱대고 더 진행하다가는 큰 불상사가 벌어질 수도 있다. 이런 곳이 둘레길이 아니고 일반등로였다면 부근에 바위가 많아 안전사고의 위험도 상존할 것 같다. 하지만 둘레길은 조금만 주의를 기울이면 진행하는데 아무런 걱정이 없을 정도로 (사)숲길에서 정비를 잘 해 놓았다.

901.3봉인 신선대에서 내려오는 줄기를 만나 우회전한다. 이따금씩 바위 구간과 멧돼지 목욕탕 그리고 작은 계곡도 몇 개 지난다. 돌계단이 나오면서 고도가 급격히 떨어지기 시작하더니 조릿대 군락지를 나서자마자 평상이 보이면서 민박집이 한 곳 나온다. 물을 건너 마을로 들어서면 이내 원부춘 마을 회관으로 떨어진다. 부치동 혹은 불출동이라 불리는 곳이다. 혹시 이곳에 도착한 시간이 밥때가 되었다면 마을회관의 어른들로부터 필시 한마디 듣게 될 것이다.

"밥은 먹고 다니는 거유?"

제14구간

원부춘~가탄마을

원부춘~형제봉 임도삼거리(4.1km)~헬기장(0.7km)~중촌마을(2km)~정금차밭(1.2km)
~대비마을(1.5km)~백혜마을(2.8km)~가탄마을(1km): 13.3km

윗재를 지나 화개면으로 들어와 처음 만나는 마을이 부춘리다. 부춘리 중에서도 원부춘이라고 하니 아주 오래된 마을인 듯하다. 그래서 그런지 아니면 발음이 비슷해서 그런지 부춘리는 부치동 혹은 불출동이라는 이름으로도 불린다. 한자로 쓰면 不出洞이겠다. '두문불출杜門不出'이라는 고사가 떠오르지만 그것과는 별 상관없는 불출동은 이름과 관련하여 세 가지 얘기가 떠돈다. 첫째, 고려시대 원강사라는 큰 절이 있어서 부처골이라 불렀던 데서 유래했다고 하는 얘기와 형제봉이라는 큰 산의 산허리에 매달려 있는 동네 즉 붙어 있는 동네라고 하여서 그런 이름으로 불리게 됐다고도 하고, 다른 하나가 고려시대의 처사 한유한 선생이 나라의 부름을 뒤로 한 채 이곳에 숨어들어 살았다고 하여 그렇게 불렀다는 것이다.

한유한 선생 얘기 말고는 발음이 비슷한 것을 억지로 갖다붙인 것 같은 느낌이다. 선생에 대해서는 악양에서 자세히 봤으므로 여기서 더 거론할 필요는 없겠다.

가탄 가는 길은 신기천을 따라 오르는 길이다. 고도를 계속 올려야 하는 것이 부담스럽기는 하다. 아스팔트로 포장된 이 길을 따라 오르다 보면 가끔 4륜구동 차량들이 오르내리는 모습을 볼 수 있다. 아니나 다를까 '형제봉 활공장'이라는 간판이 보인다. 지난 구간 보았던 윗재에서 형제봉 방향으로 우회전하여 등산로를 따라 오르면 만난다는 지리남부능선 상의 활공장 바로 거기다. 어느덧 아스팔트는 콘크리트 포장으로 바뀐다. 원부춘에서 활공장까지 7.6km이니 활공장 삼거리에서 활공장까지도 3.5km를 더 올라가야 하는 상당한 거리다. 다시 한 번 지리산의 스케일을 느낄 수 있는 대목이다. 활공장 삼거리에서 활공장 길을 버리고 왼쪽 길을 따른다. 널널한 고갯마루에 오르면 다시 삼거리이고 여기서 화장실과 쉼터를 만난다.

우측으로 임도를 따라 내려가는 너른 길은 상훈사를 경유 쌍계사나 칠불사 혹은 화개장터로 진행할 수 있는 1023번 도로와 만나게 된다. 둘레길은 '카페 하늘·호수 차밭' 방향으로 내려간다. 카페까지 내려가는 길은 된비알이다. 전형적인 산길이므로 둘레꾼들에게는 조금은 곤혹스러운 구간이 될 수 있겠다. 그러니 발목 접질림을 조심해야 한다.

둘레꾼들의 쉼터 '카페 하늘·호수 차밭'

'카페 하늘·호수 차밭'은 잠시 쉬면서 요기하기에는 더없이 좋은 곳이다. 금슬 좋은 부부가 운영하는 이곳은 카페라기보다는 그냥 산채 혹은 산막이라고 부르는 게 더 나을지도 모르겠다. 나무로 만든 산채(막)는 흡사 임꺽정의 구월산 산채 혹은 수호지의 양산박을 연상시킨다. 산채 내부에 걸어놓은 줄에는 산꾼들의 흔적인 표지띠가 상당히 많이 달려 있다. 어디서나 만나는 표지띠가 그러하듯 낯익은 표지띠와 나누는 대화는 둘레길에서의 고단함을 금방 씻어준다. 직접 재배한 녹차의 진한 향을 음미하고 막걸리 한 잔으로 입을 축이며 간단하게 요기를 한 다음 산막을 내려오면 차밭을 지나 중촌마을을 만난다. 호강골에서 내려오는 물은 화개천을 향해 흐른다. 그 호강골을 따라 내려가다 보면 도심삼거리다.

둘레꾼들의 쉼터인 '카페 하늘·호수 차밭'

둘레길은 좌회전하여 시멘트 포장도로를 따라가야 한다. 그런데 여기서 우회전하여 신촌을 거쳐 구도로를 따라 오르다 보면 그 유명한 쌍계사로 진행할 수 있다. 쌍계사와 바로 옆의 불일암은 그냥 지나치기에는 지리산의 이야기를 너무 많이 가지고 있는 곳들이다. 필히 들러야 할 곳이다. 거리도 그리 멀지 않다. 도심마을에서 북쪽으로 1km 정도 운수리로 오르면 쌍계사 주차장에 도착한다. 화개천 옆을 따라 구도로로 올라가면 된다.

화개천花開川하니 화개동천花開洞天이 떠오른다. 화개천은 그저 지리산 영신봉과 삼각고지 그리고 토끼봉과 삼도봉에서 내려온 물들을 신흥사가 있던 신흥삼거리에서 모아 섬진강으로 흘러드는 물줄기이다. 그러니 이 화개천은 삼도봉(날라리봉)~황장산~촛대봉을 잇는 화개단맥의 울타리가 되는 물줄기이기도 하다.

한편 동천洞天이라 함은 일반적으로 깊은 산중의 계곡으로 도가道家의 신선이 사는 곳神仙之居處을 뜻한다. 어쩌면 전형적으로 명승지를 상정했을지도 모를 일이다. 조선 중기 이후 이런저런 이유로 은퇴한 유학자들이 계곡에 정자를 마련하고 산수를 벗 삼아 풍류를 즐기며 학문을 하는 장소로 만들자 전국에 수많은 동천이 생기게 되었다.

청화산인 이중환은 불후의 명저 택리지에서 특히 '산수'편을 두어 "산수는 정신을 즐겁게 하고 감정을 화창하게 한다. 사람이 사는 곳에 산수가 없으면 촌스러워진다."면서 산수 명승지의 필요성을 갈파하였다.

무릉도원이라 불리던 화개동천은 도대체 어디인가?

그렇다면 화개동천은 어디인가? 디지털하동문화대전의 '화개동천 이야기'

에는 "신선이 사는 항아리 속 별천지라 하여 운수리 화개마을을 화개동천花開洞天이라 불렀고, 삼법화상이 눈 쌓인 계곡의 칡꽃이 핀 자리에 육조六祖 혜능慧能선사(638~713)[1]의 정상頂相을 묻었다 하여 화개라고 하였다."는 이해하기 어려운 설명을 하고 있다.

"영신사에서 내린 물은 신흥사 앞에서 화개동천으로 흘러 섬진강으로 들어간다."는 선인들의 기록이 있으니 화개동천은 신흥삼거리 즉 범왕천이 화개천에 합수되는 곳에서 시작됨을 알 수 있다. 유몽인은 영신사, 신흥사, 의신사 등 '신神'자가 붙은 세 개의 사찰이 있어 삼신동이라 하였다 하였는데 이를 뒷받침이나 하려는 듯이 신흥삼거리에서 범왕 쪽 도로가에 고운 최치원이 썼다는 '三神洞'이라 새겨진 바위가 서 있다.

그러니 이 얘기에 위 '하동문화대전'에서 얘기한 '화개동천=운수리 화개마을'이라는 명제를 대입시켜 보면 대강 쌍계사~신흥삼거리 구간 중 화개천 우측이 이에 해당함을 이해하겠다. 그윽하게 이 화개동천을 떠올리면 고운 최치원이 공부를 하며 거닐던 쌍계사와 불일암이 보이고 고운이 지리산을 떠나면서 세상에서 들은 모든 얘기들을 지운 신흥삼거리의 세이암洗耳巖도 떠오르니 자연스럽게 화개동천은 고운孤雲과 연결이 된다.

이 중 신흥삼거리의 세이암은 둘레길 제15-A구간을 진행할 때 보기로 하고 여기서는 쌍계사와 불일암을 보기로 한다. 쌍계사하면 역시 고운 최치원과 혜소 진감선사다. 불일암 옆 불일평전은 청학동과 비견되는 곳이며 불일폭포는 명승지로서 손색이 없는 곳이니 청학대와 더불어 반드시 직접 확인해

1 당나라(618~907) 시대의 선승이며 선종禪宗의 제6조이자 남종선南宗禪의 시조이다. 남종선과 북종선에 대해서는 제7구간에서 자세히 살펴봤다.

볼 일이다. 더군다나 불일평전의 인텔리 산장지기였던 고 변규화 선생의 체취가 남아 있는 곳이기도 하니 소망탑도 보고 반도지半島池의 흔적도 찾아볼 일이다.

쌍계사로 들어간다. 원래 쌍계사는 주차장으로 바로 오르지 않고 지금의 석문광장에서 좌회전하여 옛 백운장 여관(현 단야식당)을 보고 왼쪽으로 돌아가야 했다. 그렇게 좌측 계곡 방향으로 들어가야 예전계곡을 건너 들어오는 동문東門에서 쌍계雙磎와 석문石門이라고 각자된 커다란 바위 두 개를 만날 수 있다. 정말 고대하고 고대하던 고운 최치원(857~?)[2]과의 만남이다. 이 글자는 고운 최치원이 쇠지팡이로 썼다 하여 철장서鐵杖書라 불린다.

고운 최치원과 혜소 진감선사의 쌍계사

다소 어눌한 이 서체를 보고 탁영 김일손은 "광제암문廣濟嵒門[3]이란 글씨와 비교하건대 크기는 훨씬 더 커서 말斗만 하지만 글씨체는 그보다 못하여 아동이 습자習字한 것과 같았다"고 폄하하였으나 이후의 선인들은 고운의 필체임을 인정하면서 탁영과는 달리 품평하였다. 가령 유몽인은 위 탁영의 평가에 "(탁영은) 글은 잘 짓지만 글씨에 대해서는 배우지 않은 듯하다."면서 "그 글씨를 보건대 가늘면서도 굳세어 세상의 굵고 부드러운 서체와는 사뭇 다르다."고 하였으며, 양경우(1568~?)는 "안진경[4]의 글씨보다 우월한데 (고운이) 당

---

2 고운孤雲은 그의 호號요 해운海雲은 그의 자이다. 부산의 해운대는 그의 자를 따서 붙인 이름이다.

3 이런 사료로 인해 광제암문廣濟嵒門이 고운의 필체라고 알려져 있으나 지난 제7구간 단속사를 나오면서 본 바와 같이 이는 고려 성종 14년(995)에 석혜? 스님이 쓰고 석효선 스님이 각자한 것이다.

4 안진경顔眞卿(709-785)은 중국 당나라 때의 명필 서예가이다. 안진경은 그때까지 유행하던 왕희지의 부드럽고 우아한 서체에서 남성적이고 강건한 서체로 흐름을 바꿨다.

쌍계사 입구에 있는 고운 최치원의 '쌍계석문' 각자

나라에서 인정받지 못한 것은 외국인에 대한 차별 때문"이라고 하였다. 감수재 박여량(1554~1611)은 "나는 한 번만이라도 '쌍계석문'의 큰 네 글자를 손으로 만져보고, 팔영루 아래의 맑은 물에 발을 씻고, 아득한 옛날의 유선儒仙을 불러보고, 천 길 절벽에서 학의 등에 올라타고서는 선경을 유람하여 내 평생의 숙원을 풀고 싶었다."고 한 곳이 바로 이곳 아니었던가!

물론 여기에서 유선은 고운일 것이며 절벽은 학소대를 이르는 말이겠다. 남명 조식의 유람 코스도 우리와 같지만 방향을 달리하여 이 쌍계사에 도착하였다. 그러니 그가 쌍계사에서 제일 먼저 본 것도 바로 이 쌍계석문이었다.

김홍지와 이강이가 먼저 석문에 도착하였다. 이곳이 바로 쌍계사 동문이다. 검푸른 빛깔의 바위가 양쪽으로 마주보고 서서 한 길 남짓 열려 있는데, 그 옛날 학사 최치원이 오른쪽에는 '쌍계' 왼쪽에는 '석문'이라는 네 글자를 손수 써놓았다. 글자의 획을 사슴 정강이만큼 크고 깊게 새겨놓았다. 지금까지 천 년의 세월이 흘렀는데, 앞으로 몇 천 년이나 더 남아 있을지

모르겠다.

이렇듯 의미 있는 쌍계석문의 각자를 보며 과거를 회고하고 고운을 그릴 때 눈은 자연스럽게 바위의 뒷면으로 간다. 이 유서 깊은 조형물의 뒷면은 어떤 모습을 하고 있을까? 나무아미타불이라는 글씨가 보이고 그 우측에 '순상국이공호준유혜불망巡相國李公鎬俊遺惠不忘'이라는 글이 보이고 그 우측에 '자子참판參判 윤용' 그리고 그 우측에 '대교待敎 완용'이라는 글씨가 보인다. 을사오적 이완용인가?

도솔산인 이영규에 의하면 이것은 이완용(1858~1926)이 1882년부터 1886년까지 규장각 대교로 재직하고 있었는데 1886년 6월 부父 이호준(1821~1901)이 경상도 관찰사로 있을 때 내려와 각자한 것이라고 한다. 이밖에도 일제에 전투기 2대를 헌납한 진주사람 김기태金琪部, 서양화가 김창섭, 백정 출신 조동혁, 권재풍 등 다양한 만무방들이 이름을 올렸다. 아주 불쾌한 마음을 금할 수 없다.

불교와 유학의 융합- 비운의 천재 고운 최치원

한편 우리나라 유학의 비조鼻祖라 일컬어지는 고운 최치원에게 지리산은 어떤 존재였을까? 고운을 빼놓고 지리산을 얘기할 수 있을까? 고운은 신라 육두품 출신인 최견일의 아들로 12세의 어린 나이에 배를 타고 당나라에 가서는 18세 때 단번에 외국인을 대상으로 하는 빈공과賓貢科에 합격을 한다. 그러고는 회남절도사 고변의 종사관으로 있을 때 '황소의 난'을 만나 '토황소격문討黃巢檄文'이라는 명문장으로 황소의 간담을 서늘하게 하여 당나라에 그 이름을 떨친다.

당나라에서 자신의 능력을 펼칠 수 있었음에도 고향에 대한 그리움으로 향수병을 앓던 그를 당 희종은 신라에 사신으로 보낸다. 휴가 겸 신라 정부에 대한 공무로 귀국을 하였으나 고운을 만난 신라 헌강왕(?~886)은 세계적인 지식인으로 성장한 그에게 매료되어 신라를 위해 그의 문명文名과 역량을 발휘하기를 기대하면서 그를 눌러 앉혔는데 이때 그의 나이 28세였다. 하지만 헌강왕이 고운과 약속한 대로 후진적, 폐쇄적 사회를 선진적, 개방적 사회제도로 바꾸려는 그의 시도는 골품제로 대변되는 진골 귀족들에 의하여 거부되었다. 그러다 보니 귀족사회에 염증을 느꼈고 화엄종을 깊이 연구함으로써 이들의 한계와 모순에 대해서 비판의식도 가지게 되었다. 이는 선종의 역할에 대해서 주목하게 되는 결과도 가져왔다. 결국 고운은 중앙 정계에 적응하지 못하고 천령(함양)군수 등 외직으로 나가게 되는데 자신이 당唐에서 세웠던 개혁 이념이 좌절되자 40세의 나이에 '썩은 유학자腐儒' 또는 '유문儒門의 끄트머리에 있는 학자儒門末學'라고 자조하며 은둔의 길을 택했다.[5]

그러면서 그는 하동의 금오산, 합천의 가야산 등을 거쳐 지리산 쌍계사로 들어온다. 고려 때 공자를 모신 문묘文廟에 우리나라 사람으로서는 최초로 종사됐을 정도로 최고의 유학자로 대접받았지만 사실 고운은 '유불도儒佛道'를 통합한 사상가였다. 그러니 유학자였지만 그는 조선시대의 유교도(?)와는 달랐다.

884년 귀국한 최치원이 경주에 있다가 이 쌍계사에 온 해가 886년[6]이니 지금부터 무려 1130여 년 전의 일이다. 고운이 당나라에 있을 당시 당나라는 세계 최고의 선진국이었다. 그러니 당나라에는 주변 국가는 물론 서역에서까

5 신정일, 이덕일, 김병기 공저, 한국사의 천재들, 최치원 편

6 이 886년은 고운이 지리산에 들어온 해이며 쌍계사의 이름이 옥천사에서 바뀐 해이고 고운이 진감선사대공탑비의 비문을 작성한 해이기도 하다.

지 외국인들이 몰려들었다. 그중 상인이나 관리들을 제외하고 이곳에 공부를 하러 들어온 신라의 유학생들은 크게 두 부류였다. 하나는 불교 공부를 위해 출가한 승려였고 다른 하나는 당의 과거에 급제를 하기 위한 학생들이었다. 전자로는 의상대사가 잘 알려져 있고 후자로는 아무래도 고운 최치원이다.

굳이 고운이 명문장가라서가 아니라 석가와 공자를 넘나드는 그의 사상은 우리의 폐부에 와 닿기에 충분하다. "공자는 그 단초를 드러냈고, 석가는 그 극치를 궁구하였다孔發其端 釋躬其致"는 구절, 또는 "오승을 융합하는 불타의 지혜로운 횃불과 그 맛이 육경에 배부른 선유의 아름다운 반찬을 얻게 함遂得慧炬則光融五乘 嘉肴則味飫六籍"이라는 구절[7] 등이 바로 그것이다. 그런 그의 사상과 승려들과의 교유交遊는 지증, 낭혜, 진감 등 선승들의 탑비문[8]을 찬술撰述하는 계기가 되기도 하였다.

즉 그는 유학자이면서도 자신의 본령本領인 유학을 넘어 불가 및 도가사상에도 정통하였다. 도교, 풍수지리에도 능했던 그가 '유불선(도)'의 합치[9]를 주장하였다는 사실은 조금도 이상할 게 없다. 이런 그가 사상적으로 후대에 미친 영향은 실로 지대하다. 하지만 실천 유학자들 사이의 평은 의외로 분분하다. 고운이 불가와 인연을 맺은 것에 대한 아쉬움 때문일까?

---

7 진감선사비문에 나오는 글귀임.

8 지증대사 적조탑비는 문경시 가은읍의 봉암사에, 낭혜화상 보광탑비는 보령 성주사지에, 진감선사 대공탑비는 지리산 쌍계사에 각각 자리하고 있다.

9 최치원은 난랑비서鸞郎碑書(신라 화랑인 난鸞의 비문인데 이를 고운이 썼음)에서 "우리나라에 현묘한 도가 있으니 풍류(풍류도, 최남선은 '부루'라 하였음)라 이른다. 그 교의 기원은 '선사'에 자세히 실려 있거니와, 실로 이는 3교를 포함하여 중생을 교화한다. 집에 들어오면 효도하고 나가면 나라에 충성하는 것은 공자의 주지主旨 그대로이며, 또 그 함이 없는 일에 처하고 말 없는 교를 행하는 것은 노자의 종지宗旨 그대로이며, 모든 악한 일을 하지 않고 착한 일만을 행함은 석가의 교화敎化 그대로이다."라고 하였다.(삼국사기 권제 4, 10장 뒤쪽~11장 앞쪽, 신라본기 4 진흥왕 37)

평생 벼슬에 나가지 않고 향리에서 강학과 학문에만 힘을 썼던 함안사람 황도익黃道翼(1678~1753)은 1744년 두류산유행록에서, "경진일에 재촉하여 밥을 먹고 나가 법당 앞에 이르렀다. 고운이 지은 비문이 있는데, 불노佛老의 계승자들에게 많이 이어져 내려왔다. 향로전香爐殿에 들어가니 고운의 화상이 있다. 애석하도다. 불세출의 명인으로 불가에 자취를 더럽혔으니 학문을 택하는 것을 삼가지 않겠는가?"라고 평했다.

한편 고운의 사대주의적 사상 때문인가? 신채호(1880~1936)는 그를 '일개 한문졸업생' 또는 '소도세공小刀細工의 하품재자류下品才子類'에 불과하다고 하면서 더욱 혹독한 평을 가하였다. '일개 선비'라고 꾸짖은 것이다.

어쨌든 고운에게 있어 지리산은 그가 유불선을 아우르는 사상적 기반을 닦은 곳이었다. 그러니 그가 신선이 되어 지리산 어느 곳에 살고 있을 것이라 믿는 이들은 지금도 이 산 구석구석에 남아 있을 그의 자취를 찾고 있다.

그런데 고운이 머무르면서 '지리산신'이 되고자 했던 쌍계사는 어떤 곳인가? 723년[10] 의상대사의 제자인 대비, 삼법 등 두 화상和尙이 당나라에서 육조 스님의 정상頂相[11]을 모셔와 이 절을 창건할 때의 사찰명은 옥천사였다. 이후 840년 진감선사(법휘法諱는 혜소慧昭, 774~850)가 중창하여 대가람을 이뤘을 때 근처에 같은 이름의 절이 있어 헷갈린다고 하여 정강왕은 886년 이 절집이 두 계곡이 만나는 곳[12]에 있다는 데 착안하여 '쌍계사'라는 이름을 내렸다고 한

10 쌍계사의 창건 연도에 대해서는 723년 설과 840년 설로 갈린다. 그러나 위와 같은 이유로 723년 설로 보는 게 맞다.

11 불교 용어로 선원禪院에서는 고승의 초상화를 이르는 말인데 여기서는 '머리'를 말한다. 이 정상을 어떻게 모시고 왔으며 정말 이 정상이 정상탑 안에 있기나 한 것인지에 대해 의문이 있다. 뒤에 자세히 살펴본다.

12 남명의 얘기를 들어볼까? "서쪽으로 바람은 무너뜨리고 돌을 굴리며 저 백 리 밖에서 흘러오는 시내는 신응사가 있는 의신동의 물줄기고, 동쪽으로 구름 속에서 새어나와 산을 뚫고 까마득히 근원을 알 수

다. 그러니까 이 진감선사에 이르러 이 사찰의 이름이 쌍계사로 바뀌어 지금에 이르게 된 것이다.

지리산의 여러 이름들

그 쌍계사로 들어가 보자. 쌍계사의 일주문은 다른 사찰의 그것과는 달리 일주一柱가 아닌 쌍주雙柱로 되어 있는 특징이 있다. 그리고 일주문의 현판에는 '삼신산 쌍계사'로 적혀 있다.

그런데 지리산은 방장산일까? 아니면 삼신산일까? 아니면 방장산이면서 삼신산일까? 결론부터 얘기하자면 필자는 지리산, 금강산, 한라산을 엮어 삼신산이라고 하는 견해에 반대한다. 오직 방장산만이 지리산이요 삼신산이라는 이름을 가질 수 있다는 얘기다. 쌍계사 일주문의 현판이 그걸 얘기해 준다.

지리산은 방장산이요 삼신산이다. 생각해보면 삼신산은 중국의 전설에 등장하는 산으로 봉래산, 방장산, 연주산 등을 일컫는 말이다.[13] '사기史記'에 처음 언급되었는데 이곳에 신선이 살고 있으며, 불사약이 있다 하여 시황제와 한무제가 이것을 구하려고 동남동녀 수천 명을 보냈으나 모두 행방불명이 되었다고 한다. 위와 같이 사마천이 방장산을 언급한 후, 어딘가에 있을 방장산은 사마천 이후 동아시아의 지식인들에게는 동경의 대상이었고 선망의 대상이었으며 한번은 필히 가봐야 할 곳으로 인식되었을 것이다. 그러니 모화사

없는 곳에서 흘러오는 시내는 불일암이 있는 청학동의 물줄기이다. 절이 두 시내 사이에 있기 때문에 '쌍계'라고 부른 것이다."

13 우리나라도 중국의 삼신산三神山을 본떠 금강산을 봉래산, 지리산을 방장산, 한라산을 영주산으로 일컫는다. 한라산 대신 변산을 영주산이라 하여 삼신산에 넣은 때도 있었다.

상에 물들어 있던 우리나라 사대부에게 그곳이 어찌 그런 대상이 아니었겠는가?

다행히 그 방장산은 우리나라에 있었다. 이 방장산이 우리나라에 있음을 알려준 이가 바로 당나라 사람 두보(712~770)였다. 필경 그 시작은 두보의 시 봉증태상장경기이십운奉贈太常張卿垍二十韻에서 시작되었을 것이다. 두보는 그 시의 초장에 삼신산의 하나인 '방장산方丈山이 바다 밖 삼한三韓에 있다 즉 方丈三韓外'라고 읊으면서, '방장산은 조선의 대방군帶方郡[14] 남쪽에 있다.'고 하였던 것[15]이다. 그러니 중국에는 방장산이 없고 대방군은 남원의 이전 이름이니 방장산이 두류산임에 틀림없다고 한 남계 신명구(1666~1742)의 말이 이해를 돕는다.

이쯤 되면 조선의 사대부가 지리산의 다른 이름인 이 방장산을 그들의 유식遊息의 길이나 격물치지格物致知를 향한 배움의 길 그리고 공자나 남명 조식을 닮아가고자 하는 목적을 향한 하나의 방편이었음을 분명히 알 수 있을 것 같다. 그러니 지리산을 방장산이라고 부르기보다는 삼신산 즉 중국 전설 속의 신성한 세 개의 산 중 유일한 산이니 이참에 우리나라에서는 아예 삼신산[16]으로 못을 박는 게 나을 성싶다.

---

14 남원은 백제 때 고룡군이었다. 그러다 백제가 멸망한 후, 소경小京(남원은 남원경)이 설치되었다가 고려 태조 23년(940) 때 부府로 고쳤고 충선왕 2년(1276)에는 대방帶方으로 고쳤다가 다시 남원군으로 환원시켰다. 그 후 공민왕 9년(1360)에 부로 승격시켰다. 문제는 대방이라는 이름인데 여지승람에 보면 '남원은 후한 건안 중에 대방군이 되었고 조위시대에 남대방이 되었으며 백제 멸망 후에는 당나라가 유인궤에게 대방주 자사刺史를 겸임토록 했다.'고 기록되어 있다. 이재준의 '한국의 폐사廢寺'에 의하면 후한 건안이면 AD 196~220이므로 이 시기와 맞지 않지만 삼국유사에 '後漢建安中 以馬韓南荒地爲帶方郡 倭韓遂屬是也'라는 기사가 나오는 것으로 보아 이것이 후대에 인용되었을 것이라고 한다.

15 두보의 위 시 주註에는 물론 사마광(1019~1086)의 통감집람에도 나온다 한다.

16 그러니 금강산을 봉래산으로 부르거나 한라산을 영주산으로 부르면서 지리산을 방장산으로 하여 이 셋을 묶어 삼신산으로 부른 것은 예전 호사가들이 구색을 맞추기 위해 그럴듯하게 붙인 이름인 것이다. 봉래산과 영주산은 중국의 전설 속의 산일 것이나 방장산만큼은 우리나라에만 있는 산이기 때문

말이 나온 김에 지리산이 갖고 있는 여러 이름들을 정리해 볼까? 사실 예전 지리산의 중심은 천왕봉보다는 반야봉이었다. 지리산에서도 문수신앙의 중심지가 되는 곳이 반야봉이었기 때문이다. 즉 문수보살이 일만 권속을 거느리고 이 지리산에 상주했기에 이 산의 이름이 대지문수사리보살大智文殊師利菩薩에서 유래되어 지리산이 되었다는 것이다. 그때의 지리산은 반야봉이다. 그러니 문수보살은 보살 중에서 상수에 있는 보살이어서 특히 그 보살이 있는 산을 청량산清涼山[17]이라 부르니 지리산의 또 다른 이름은 청량산이기도 하다.

지리산은 청량산이었고 두류산이었다. 지리산에 관한 한 조선시대 유일한 산지山誌이자 인문지리지인 김선신의 두류전지 머리글을 보면 다른 이름이 나온다.

> 산경山經에 "천하에 삼대간룡三大幹龍이 있으니 모두 곤륜산으로부터 나온다. 그 북쪽 줄기는 천산에서 동북쪽 의무려까지 이른다. 여기서 다시 동북쪽으로 흘러 백두산이 된다. 백두산에 근원하여 남쪽으로 흘러 조선의 여러 산이 되며 두류산에 이르러 그 흐름이 다한다."라고 했다. '두류'라는 이름은 백두류맥白頭流脈의 뜻이다.

또 조선 최고의 인문지리학자인 택리지의 청화산인 이중환은 지리산을 이렇게 얘기한다.

이다. 그러므로 우리에게 있어서는 지리산=방장산=삼신산인 것이다.

17 백촌문집에 나온 하봉수(1867~1939)의 시 "方丈清涼峙立同"이라는 글귀 즉 "방장산과 청량산이 우뚝 솟은 것은 한 가지"라 하여 지리산은 남명 조식, 청량산은 퇴계 이황을 의미하는 산으로 표현하였다. 이렇듯 청량산하면 경북 봉화에 있는 그것으로 보는 게 일반적이긴 하지만 이 경우는 불가佛家에서 부르는 특수한 경우라 보면 되겠다.

"지리산은 남해가에 있는데 이곳에서 백두산의 큰 산줄기가 끝난다. 그런 까닭에 이 산의 다른 명칭을 두류산頭流山이라고 한다."

사실 이 '두류산'이라는 이름은 고려시대 이후 개인 문집이나 산행기[18] 등에 등장하기 시작한다. 특히 고려와 조선의 왕조 교체기에 많이 나타나며 조선시대에는 영남학파들에 의해서 집중적으로 사용됐다는 견해[19]가 있다. 주로 '두류산'이 체제 부정적인 이들에 의해 많이 사용되었다는 것이다. 즉 멀리는 노장사상을 주창하는 이들부터 가까이는 동학혁명과 농민항쟁 그리고 빨치산에 이르기까지 기득권에 저항하는 세력이 그들이라는 것이다.

불쾌한 얘기를 하나 곁들이자면 아주 오랜 옛날부터 중국 오악의 하나인 형산衡山에 비교하여 지리산을 남악南嶽이라 칭하면서 조선시대에 이르기까지 지리산에서 국가의 질례秩禮를 행한 까닭에 모화주의에 찌들은 선비들은 조선을 소중화小中華라 하듯 지리산을 소형산小衡山이라 부르기도 했다.

《지리산》이라는 대하소설을 쓴 하동사람 이병주는 이 지리산을 어떻게 봤을까?

"두류산은 백두산맥이 순하게 풀려 와서 천왕봉을 이루었다는 뜻에서 부른 이름이요, 방장산은 불명佛名으로 불리는 이름이며, 지리산이라는 이름은 이태조가 등극할 뜻을 품고 각 산신들께 기도를 올렸는데 백두산·금강산의 양 산신은 승낙을 했지만 두류산신만은 반대했다고 하여 산신의 위位를 낮추

18 본래는 유람기遊覽記 혹은 유람록遊覽錄이라는 이름으로 불리지만 예전 선인들이 사용하던 유람遊覽의 의미와 지금의 그것은 관광과 답사라는 어감의 차이가 있는 것 같아 본서에서는 가능하면 유람이라는 말 대신에 '산행'이라는 단어를 사용하려 노력했다.

19 경상대 최석기 교수는 조선 초기의 선비들은 두류산 즉 지리산이 '백두산에서 흘러내린 산'이라고 하면서 중국의 태산이나 숭산보다 더 빼어난 산이라 인식하고 있었다고 했다.

고, 그 후 반역자들을 이곳에 귀양 보냈은즉 훗날 이를 몰아낼 지식인이 이곳에서 배출되리라는 뜻으로 불린 이름[20]이며, 삼신산은 진시황이 구하려고 한 불로장생의 약이 이곳에 있다고 하여 붙인 이름이니, 지리산은…"

허재虛齋 정석구(1772~1833)가 소결론을 내준다. 그는 두류산기에서 "방장산이란 명칭은 '사기史記'의 '진시황본기秦始皇本紀', '효무본기孝武本紀'에 보이고, 지리산이란 명칭은 '삼국사기三國史記'에 보인다. 두류산이라 부른 것이 어느 때부터인지 알 수 없지만 대개 백두산에서 산줄기가 흘러 이 산이 되었기 때문에 붙여진 이름인 듯하다."라고 하였던 것이다.

지리산은 덕산德山이다. 즉 최근 연구[21]에 따르면 지리산을 '덕산'으로도 불렀다는 내용이 눈길을 끈다. 내옹乃翁 안치권(1745~1813)이 5박 6일의 일정으로 지리산을 유람하고 난 뒤의 기록을 담은 내옹유고乃翁遺稿 2집(유두류록, 1807년)에 관련 글이 나온다.

> 영남과 호남 사이에 하나의 거대한 산이 구불구불 수백 리, 우뚝 선 높이가 수천 길이다. 새, 짐승, 구리, 철이 저장되어 있고, 사찰에는 스님들이 살고 있다. 명칭은 넷인데, 지리산智異山, 두류산頭流山, 방장산方丈山, 덕산德山[22]이다. 덕산이라는 명칭이 가장 유명한 것은 대개 남명 조식 선생이 공부를 하신 장소이기 때문이다.

---

20 여기서 지리산의 다른 호칭으로 불복산不伏山, 혹은 반역산反逆山이라는 이름이 생겼다. 이는 이성계가 조선 창업의 뜻을 품고 명산을 순례하며 기도할 때 유독 지리산신만 응하지 않았다고 하여 생겨난 이름으로, 지리산의 변혁적 장소성에 대한 지배계층의 의식을 잘 드러내 주는 단면이다. 제석봉 아래 창암능선에 있는 소지봉燒紙峰의 유래와 연결시키기도 한다.

21 지리99팀.

22 而其號有四. 曰智異. 曰頭流. 曰方丈. 曰德山.

같은 취지로 미학적인 견지에서 보자면 서산대사가 지적했듯이 "지리산은 한국의 산에서 산세의 장중함과 후덕함의 대표 격이라 하여 덕산德山이라고 불릴 만하다."는 얘기는 한 폭의 그림처럼 들린다.

그런데 정·순조 시대의 명창인 권삼득(1771~1841)은 판소리 '흥부가'에서 "제비를 후리러 나간다. 복희씨 맺인 그물을 에후리쳐 들어메고 망당산으로 나간다."를 세마치장단에 그 유명한 덜렁제 창법으로 불렀다는데 여기서 지리산의 또 다른 이름인 망당산[23]이 나온다.

또 다른 이름으로 화악華嶽이 있다. 이현옥의 기유記遊를 보면 "병인년(1926) 4월 4일 청원(진주 지수면 청원)의 먼 일가 맹규, 함안의 벗 안형윤, 이성유 그리고 나 등 네 사람이 화악에 놀러가기로 작정하고 같이 문산으로 가서 족숙族叔 기언의 우거寓居에서 잤다."라고 하여 지리산을 화악으로 부른 흔적이 보인다. 그러니 지리산은 망당산이요 화악華嶽이라고도 불린 것이다.

그런데 선인들의 기록에 관한 한 '지리산 박사'라 일컬어지는 도솔산인 이영규는 여기서 한 걸음 더 들어간다. 즉 '지리'는 'Giri' 즉 산이라는 산스크리스트어의 보통명사였다는 것이다. 불교가 가야에 들어오면서(남방전래설) Giri를 한자의 음을 빌려 시대와 기록한 사람에 따라 知異, 地理, 地異, 智理, 地利, 智異 등으로 표기했는데, 조선조에 들어 비로소 '智異'라는 명칭으로 정립되었다는 것이다. 그러면서 그 어원을 '불교신앙설'로 추정한다. 이 설을 확실히 하기 위하여 이영규는 계족산을 거론한다.

계족산은 인도 동북부 비하르Bihar주에 있는 꿋꾸따빠다산屈屈晫播陁山,

23 제2구간에서 송흥록을 얘기할 때 잠깐 봤었다.

Kukkutapada-giri을 당나라 현장법사가 대당서역기에서 계족산으로 번역을 하여 생겨난 이름이다. 계족산은 마하존자가 석가모니 부처님께 받은 가사袈裟를 미래에 오실 미륵불에 전하기 위해 이 산의 바위틈에 들어가 선을 행하면서 미륵불이 하생할 때까지 기다리고 있다는 산이다. 3개의 봉우리로 이루어진 산이다.

결국 이 얘기는 불교남방전래설로 상당히 설득력 있게 들려온다. 하지만 이 설은 김수로왕의 후손인 '김유신 일가의 창작이라는 주장'에 의하여 '설화'로서의 기능밖에 수행하지를 못하니 좀 안타까운 감이 없지 않다. 뒤에 둘레길 제15구간, 제15-A구간, 제18구간을 진행할 때 칠불사, 연곡사, 화엄사에 들러 더 자세히 보도록 한다.

지리는 '둠/두르'라는 순수한 우리말이었다

그러나 이런 것에 상관없이 국어학자들은 '지리'의 어원을 순수한 우리말에서 찾는다.

한 걸음 더 들어가 생각해 보면 '두류'는 우리말을 한자어로 표기한 것에 불과하다. 즉 두류는 옛 우리말 '두르'였다. '병풍처럼 크게 둘렀다'라는 의미이다. 곧 '큰 산줄기'라는 말로 '두름/ 둠'의 형태였던 것이다. 이 '두르〉두류'로 변천된 것에 적당하고 그럴싸한 한자 頭流를 갖다붙인 것이다. 또한 '지리'는 '두르〉드르〉드리〉디리〉지리'의 과정을 거쳐 변하게 된 것인데 마찬가지로 이 '지리'에 적당한 한자인 智異를 갖다 붙여 오늘날의 한자어 지리산智異山을 가지게 된 것이다. 즉 구개음화와 전설모음화 과정을 거쳐 결국 오늘의 지리산이라는 이름이 되었다[24]는 얘기이다.

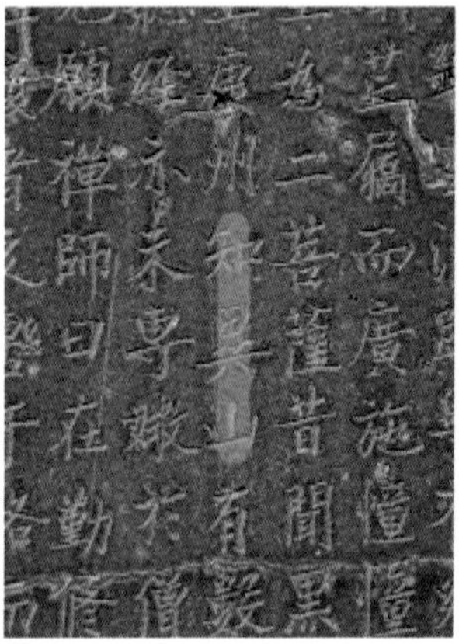
진감선사대공탑비 비문 중 지리산 부분

그러니 '頭流·豆流·頭留·斗星·斗流' 등으로 한자를 붙여 지명이 된 것은 그 어원이 '두르다'의 뜻으로 보면 될 것이다. 이렇듯 지명은 땅과 지역의 특성을 제일 먼저 드러내 보여주는 얼굴이다. 거기에는 땅의 생김새와 장소적 특성이 반영되어 있을 것이고, 그 지명을 붙인 당시의 사람들의 지리적 사고도 담겨 있을 것이다. 당연히 거기에는 자연적 특성뿐만 아니라 사회적, 정치적 속성도 가미되어 있을 것이고 역사와 시대에 따라서 변화하는 역사지리적인 성격도 담겨 있다고 할 것이다. 그러니 지명은 사용하는 그 당시 사회의 주체에 따라 이름이 변하기도 하며 그 의미와 범위가 달라지기도 할 것이다.

그러면 지금 우리가 부르고 있는 지리산을 智異山이라고 쓰기 시작한 것은 언제부터일까? 그 유래를 찾기 위해서는 이 쌍계사 대웅전 앞에 있는 진감선사대공탑비를 눈여겨봐야 한다. 이 비碑는 광계[25]3년인 887년 7월에 세워진 것으로 고운 최치원이 글을 썼고 승僧 환영이 각자刻字했는데 여러 가지 이야기들이 숨겨져 있다.

국보 제47호인 이 비에는 "(진감)선사는 처음 상주 노악산 장백사에 가서

24 졸저 전게서 32쪽 참조.

25 고서적을 보면 모두 중국의 연호年號를 사용하였다. 이를 지금의 서기西紀로 환산하여 병기하는 방법으로 표기하였나. 사세 연호를 사용하지 못하는 사대주의적 성격을 보여주는 한 단면이다. 광계光啓는 당나라 희종 이환의 네 번째 연호다.

주석駐錫[26]하였다. 명의의 집에 환자가 많듯 사람들이 구름처럼 모여들었다. 절간이 넓었으나 사람들이 스스로 좁게 여겼다. 드디어 걸어서 강주康州의 지리산知異山[27]에 이르렀다."는 대목이 나온다. 그러니 여기서 알 수 있는 것은 우선 지리산을 대지문수사리보살大智文殊師利菩薩에서 지智와 리利를 따서 지리산이 되었다가 지금의 한자어에 따라 지리산智異山으로 바뀌었다는 소위 '智利山 설'은 억지로 만든 얘기라 보인다.

책에 나온 기록으로는 고려시대 편찬된 삼국사기가 처음이다. 사기의 통일신라 흥덕왕조에 '828년 당에 들어갔다가 돌아오는 사신 대렴이 차나무 씨앗을 가지고 오니 왕이 지리산地理山에 심게 하였다.'는 기사[28]가 그것이다. 이를 보면 삼국사기나 기타 문서의 기사에도 한자어는 地理山으로 되어 있어 발음은 같으나 한자어 표기만 다르다는 것을 알 수 있다. 그러다 조선시대에 편찬된 고려사[29]에 이르러서야 智異山으로 오늘날과 같이 표기하게 된다. 그러니 지리산이라는 발음만큼은 이미 통일신라시대부터 불렸었고 그때부터 지금의 지리산으로 불렸다고 보면 될 것이다. 그러니 이는 국어학자들의 분석과 같이 '둠/두름'에서 두류〉지리로 음운변화를 일으켰고 이후 한자가 들어오면서 이런저런 한자어로 적당한 표기를 하다 고려사高麗史 이후 智異山으로 정착되어 지금에 이르렀다고 보는 게 맞을 것이다.

---

26 승려가 포교하기 위하여 어떤 지역에 한동안 머무름

27 강주는 지금의 진주이다. 이우성 선생이 교열하고 번역한 '신라사산비명新羅四山碑銘'에는 智異山이라고 나오지만 이는 읽는 이들의 이해의 편의를 위해서 지금의 한자어를 사용한 것이고 어디까지나 원문은 知異山이다.

28 1471년 함양군수로 부임한 점필재 김종직은 차 한 톨 나지 않는 함양의 백성들이 차세茶貢로 인한 고통을 받고 있다는 것을 알게 된다. 그러고는 삼국사기의 이 기사를 읽고 촌로들에게 다종茶種을 찾도록 독려한 끝에 지리산에서 결국 찾아내게 된다. 그리하여 함양 휴천 지리산 자락에 관영차밭을 조성하여 백성들로 하여금 차세茶貢의 폐해에서 벗어나게 해주었다.

29 1451년 문종 1년에 편찬된 기전체 역사서.

문화재의 보고 쌍계사

다시 쌍계사로 간다. 한편 쌍계사 일주문의 이 현판은 그 유명한 해강 김규진(1868~1933) 선생의 예서체 작품이다. 화가이자 서예가인데 우리나라 큰 사찰의 많은 현판이 해강 선생의 작품이다. 청나라에 유학하여 익힌 서법으로 선생은 모든 서체에 능했다고 한다. 이 현판은 사본이고 원본은 성보불교박물관에 보관 중이다.

천왕문을 지나 내청교를 건너 8각 9층 석탑을 본다. 이 탑은 오대산 월정사 9층 석탑을 모방하여 만들었다. 8각은 불교의 실천 수행에 기본이 되는 8정도를 상징한다고 한다. 이 탑 안에는 고산스님(1933 ~)이 스리랑카에서 모셔온 부처님 사리 3과와 이웃한 국사암 후불탱화에서 출현한 2과 등 5과의 진신사리가 모셔져 있다.

아무래도 산꾼이 보는 쌍계사의 하이라이트는 이 절집 대웅전[30] 앞에 있는 886년 최치원이 쓰고 이듬해 승려 환영[31]이 글을 새긴 국보 제47호[32] '진감선사대공탑비[33]에 있다. 누누이 얘기하듯이 고운 최치원은 자타가 공인하는 신라 말의 대사상가였다. 또한 한국 유학의 종조宗祖이자 한국 한문학의 비조鼻祖로 추앙받는 사람이니만큼 수려한 그 글은 일독할 가치가 충분하다 하겠다. 육당

---

30 대웅전의 현판 글씨는 선조의 8왕자인 이광의 글씨로 화엄사의 것을 복각復刻한 것으로 알려져 있다.

31 일부 책에는 고운의 서체로 잘못 알려진 것도 있다.

32 쌍계사에는 많은 문화재가 있다. 국보 제47호인 진감선사대공탑비를 위시하여 보물 제380호인 진감선사 승탑, 제500호인 대웅전, 제925호 영산회상도, 제1364호 대웅전 삼세불탱, 제1365호 팔상전 팔상탱, 제1378호 목조석가여래삼불좌상 및 사보살입상, 제1695호 괘불도, 제1696호 감로왕도, 제1701호 동종 등이 있으며 석등, 마애불 등 다수의 유형문화재를 보유하고 있는 그야말로 문화재의 보고이다.

33 이 비석의 두전頭篆에는 '양해동고진감선사비敭海東故眞鑑禪師碑'라는 아홉 글자가 전자체篆字體로 새겨져 있다. 여기서 敭는 揚의 옛글자古字이다. 어떤 글에는 쌍계사고진감선사비雙磎寺故眞鑑禪師碑로 잘못 기록된 것이 있음.

최남선은 이 글씨를 보고 "구양순체 격에 안진경 풍미가 있다."고 하였다.

읽어 볼까? 내용인즉 혜소의 집안 내력과 그의 남다른 효심, 당나라에 들어가 불가에 입문하게 되는 과정, 신라 구산선문 가지산파의 개조 도의선사를 만나 도반을 얻게 되는 과정, 섬진강에 뛰노는 물고기를 보고 팔음률로 '어산魚山'이라는 불교 음악(범패梵唄)[34]을 작곡했다는 얘기와 그때 팔영루를 건축했다는 내용, 귀국하여 지리산 아래에 있는 설리갈화처雪裏葛花處 즉 '눈 속에 칡꽃이 핀 곳'[35]을 찾아 헤매다 결국은 범虎의 인도로 쌍계사 터로 와서는 절을 건립한 내역, 후에 절의 이름이 옥천사에서 쌍계사로 바뀌게 되는 과정 등을 상세히 적었다. 그리고 혜소 본인이 입적한 다음에 절대로 탑塔을 세워 내 형체를 간직하지 말고 명銘을 지어 내 행적을 기록하지 말라고 한 유언까지도 기록하였다.

사실 삼국 중 불교의 전래가 가장 늦은 곳은 신라였다. 살펴보면 신라는 왕권의 체계가 잡혀갈 즈음인 눌지왕(417~457) 때부터 고구려에서 들어온 불교의 전도승들과 비공식적으로 접촉을 시작하게 된다. 신라 정부도 왕권 강화를 위한 정치 이념으로 불교에 대한 이해를 높이며 적극 받아들이게 되는데 초창기에는 토속신앙을 신봉하고 있던 토착세력으로 구성된 진골을 위시한 보수 귀족들이 불교 도입에 격렬하게 반대했다. 그러던 것이 법흥왕에 이르러 불교를 공식 수용하기에 이르게 되는데 이때까지만 해도 신라 불교는 의상대사의 영향으로 화엄종을 중심으로 하는 교종이었다. 즉 경전의 해석에 몰두하는 교종은 무지한 일반 대중과는 유리된 종교가 될 수밖에 없었다.

---

34 진감선사의 범패는 칠불사 옥보고의 거문고와 함께 당시 불교가 민족문화보다 훨씬 고급스러운 음악과 노래로 민중의 생활을 풍부하고 윤택하게 하였음을 알 수 있다.

35 그래서 이 지리산 골짜기에 겨울에도 칡꽃이 핀다 하여 화개동천이라 불렸으며 행정구역도 하동군 화개면이고 이 쌍계사 앞을 흐르는 물줄기도 화개천이라는 이름을 가지게 되었다고도 한다. 하지만 이는 국어학적으로 보면 좀 과장된 표현이다.

선종과 쌍계사

이에 대한 반동으로 출현한 것이 선종[36]이다. 선종에 대해서는 이미 자세하게 살폈다. 다만 혜소(진감선사)는 중국 선종 제6대 조사인 혜능의 남종선을 신라 곧 쌍계사로 들여오면서 선종을 활성화시킨 인물이 된다. 그는 이 포교활동을 하는데 범패를 이용하였으며 또 중국에서 차나무를 가지고 와 지리산에 재배[37]하기도 하였다.

이런 혜소를 고운은 높게 평가했던 것이며 결국 한국 유학의 종조宗祖이지만 쌍계사에 머물면서 혜소의 성품과 선사상을 충분히 공감하여 유학과 불교가 함께 융합될 수 있는 계기를 마련하였던 것이다. 이는 훗날 선종사상을 중심으로 교종 불교를 이해하고 있던 조계종 승려 혜심(1178~1234)이 13세기 초 송광사에서 '유불儒佛은 결국 하나에서 나왔다.'라는 유불동원사상儒佛同源思想을 제기할 수 있는 근거가 되었고 마침내 서산대사 휴정에 이르러 "유불선은 명칭만 다를 뿐 그 가르침의 근본은 같다."라는 '3교 일치설'이 등장하게 된다.

대유학자인 고운의 이런 식견에 대해 비운의 사관史官 탁영 김일손은 다음과 같이 아쉬움을 토로했다.

"내가 고운의 시대에 태어났더라면 마땅히 그 지팡이와 신발을 받들고 모시고 다니며 고운으로 하여금 외롭게 되어 부처를 배우는 자들과 어울리

36 제7구간 단속사에서 도의국사를 통해 이미 자세히 살펴봤다.

37 지리산 쌍계사 입구의 대렴공추원비에는 지리산 쌍계사가 우리나라 차의 시배지라 적혀 있다. 이는 진감선사의 얘기와도 무관치 않다. 한편 다선茶仙 초의선사의 동다송에는 "…지리산 화개동에는 차나무가 사·오십 리에 뻗어 자라고 있는데 우리나라에서 이보다 넓은 차밭은 없다."고 하였다. 그러고는 "이 지역은 안개가 많고, 다습하며, 차 생산 시기에는 밤낮의 기온차가 커 차나무 재배의 최적 환경을 갖추고 있다. 토양 또한 약산성으로 수분이 충분하며 지질이 많은 사력질 토양으로 차나무 생육에 좋아 차나무 재배에 알맞은 토질을 갖고 있다."고 하였다.

게 하지는 않았을 것이다. 고운이 오늘날 태어났더라면 반드시 중요한 자리에 있어 나라를 빛내는 문필을 잡고서 태평성대를 찬란하게 표현했을 것이다. 나 또한 그의 문하에서 붓과 벼루를 받들고 가르침을 받았을 것이다. 이끼 낀 비석을 어루만지며 감개憾慨한 마음을 금치 못했다."

명부전을 지나 화엄전에 이른다. 화엄전은 양 측면에 불경 목판본을 보관하는 창고가 있는 아주 중요한 곳이다. 해인사의 장경각이라고 보면 될 것이다. 그러니 진감선사대공탑비를 읽을 수 있었던 것도 이곳에 그 내용을 각자한 판본이 남아 있기 때문에 가능한 일이었다.

화엄전 뒤에 있는 삼성각으로 오른다. 그런데 보통은 탱화 속의 인물이 범과 같이 앉아 있는 남자 산신이어야 하는데 여기는 여자 산신이 앉아 있음을 확인할 수 있다. 그렇다. 지리산신만큼은 여신이었으니 마고 할머니였고 성모였다.

이 '마고 할머니'는 동학농민혁명 때 그들의 정신적인 지주로 등장하게 된다. 즉 마고 할머니가 산신으로서 군주사회의 대항마 역할을 하여야 하였으며, 여성이었기 때문에 남성 위주의 봉건제도에 대해 반발하는 배역을 맡아야만 하였다. 그러니 이 신이 노고단에 있으면 박혁거세의 어머니가 되고 마고 할머니가 되며 천왕봉으로 가면 고려 태조의 어머니 위숙왕후가 되고 석가모니의 어머니인 마야부인이 되는 것이다. 그래서 지리산은 어머니의 산인 것이다.

다시 되돌아 내려오다 우측으로 옥천교를 건너 금당으로 향한다. 옥천교라…. 이 쌍계사의 원래 이름은 옥천사玉泉寺였다는 증거다. 계단을 오르다 보면 우측 계곡으로 불일폭포~불일암~삼신봉~영신봉으로 오르는 등로가 보인다.

옛 옥천사 자리에 있는 금당

직진하여 계단을 오르면 금당이다. 이 금당 자리가 원래 옥천사가 있던 자리이다. 옥천사 즉 쌍계사의 건립 과정은 이미 얘기했다. 좌측의 '육조정상탑'이라는 것은 중국 선종 제6조인 혜능대사의 정상 즉 머리가 모셔져 있는 탑이 있다는 얘기이고, '세계일화조종육엽世界一花祖宗六葉'이라는 편액은 중국 당나라 시인 왕유가 지은 '육조혜능선사비명'에서 따온 글귀로 '세계는 하나의 꽃이며, 조사의 종풍은 여섯 잎'이라는 뜻을 담고 있다고 한다. 이 글과 육조정상탑이라는 글 등은 추사 김정희의 글씨로 쌍계사의 만허 스님이 내온 차 맛을 보고는 예전에 맛을 봤던 중국의 명차 용봉승설을 떠올리며 쓴 글이라고 한다.

그런데 앞에서 본 바와 같이 이 쌍계사의 창립자는 의상대사의 제자인 대비, 삼법 등 두 화상和尙이다. 이 두 분이 723년 당나라에서 육조 혜능선사의 정상頂相을 모시고 와서 이 절을 창건할 때의 사찰명은 옥천사였다. 그리고 이 혜능선사의 정상은 '육조정상탑'에 봉안되어 있다고 한다. 이 정상이 어떻게 쌍계사로 들어오게 된 걸까?

이 쌍계사 창립자인 삼법 스님은 진불眞佛로 알려진 혜능과 그의 법어집 '육조단경'을 깊이 흠모했다. 그런데 '육조단경'을 읽다가 "내가 입적한 뒤 5~6년 뒤에 어떤 사람이 나의 머리를 탈취해 갈 것이다"라는 혜능의 예언讖을 보고는 '선사의 정상이 다른 사람의 손에 탈취되기 전에 신사의 정상을 모시고 와서 우리나라 만대의 복전이 되도록 하리라'고 생각한다. 그러고는 김유신 장군의 미망인인 법정 스님을 찾아가 사실을 고하고 2만 금을 건네받는다. 그 돈으로 당나라로 가서는 중국인 장정만이라는 사람을 매수하여 선사의 정상을 절취하는데 성공한다. 신라로 돌아온 삼법은 꿈속에 나타난 혜능의 지시에 의해 현재의 쌍계사 금당자리에 터를 잡고 석함을 만들어 혜능의 정상을 모신 뒤 17년 동안 선정을 닦았으며 입적하는 순간까지 '육조단경'을 독송했다고 한다. 이른바 절취기수설이다.

한편 이능화의 불교통사에는 "김대비金大悲 즉 법정 스님이 위 장정만에게 2만 금을 주어 육조대사의 머리를 가져오게 하여 해동으로 돌아가서 공양을 하니 이것이 쌍계사 육조정상탑이다."라고 기록하고 있다. 그러고는 사견이라고 전제한 뒤 진감선사비에서 육조영당을 지었다고 한 것을 세인世人이 육조대사의 두골을 공양하는 곳으로 여기게 된 게 아닌가라고 하였다. 그러면서 비고란에는 '미수에 그쳤다.'고 기록했다. 이른바 미수설이다.

생각건대 분명 옥천사가 건립된 해는 723년이고 진감선사 비문을 쓴 해는 887년이다. 이때까지만 해도 분명히 육조정상탑은 존재하지 않았다. 한편 옥천사가 쌍계사로 이름을 바꾸게 된 것은 정강왕이 탑비를 왕명으로 세우게 하면서 인근의 옥천사와 이름을 헷갈리지 않기 위함이었기 때문이라고 했다. 당시 고운은 존영을 모셨지 정상이라는 얘기는 언급조차 없다. 고운의 진감선사 비문을 보면 분명히 육조영당을 건립하여 선사의 진영을 모셨다고 기록하고 있다. 즉 고운은 정상의 존재 자체를 모르고 있었다는 얘기다. 이에 대한 간접정황으로 지금도 중국 광동성 소관시의 남화사에는 혜능의 불괴법신不壞法身이 봉안되어 있다고 한다. 중국 측의 고문헌들은 송·명·청대에 걸쳐서 이 정상이 봉안되었다는 기록을 전하고 있고, 1981년 10월에 보수되어 지금도 신도들의 경배를 받고 있다고 한다. 따라서 이 사건은 혜능선사 정상 절취사건과 영당 건립 사실이 후에 적당히 결합되어 만들어진 해프닝으로 경덕전등록景德傳燈錄[38]이 이루어진 고려 중기 이후에 생긴 내용이라고 보는 게 맞다.[39]

그럼 등로를 따라 탁영 김일손과 함께 불일암을 가볼까? 1489년 4월 28일 병진일이다.

> 쌍계의 동쪽을 타서 다시 지팡이를 짚고, 돌층계를 오르기도 하고, 위잔危棧(위태로운 잔도)[40]을 기어오르기도 하여 두어 마장을 가니, 꽤 넓고 평평하여 농사짓고 살만한 곳[41]이 나왔다. 세상이 여기를 들어 청학동靑鶴洞이라고 한다. 눌러 생각해보니 우리가 여기를 올 수 있는데, 이미수李眉守[42]는 어찌하여 오지 못했던가. 미수가 여기를 오고도 기억을 못했던가. 그렇지 않으면 과연 청학동이란 것은 없는데 세상에서 서로 전하기만 하는 것인가.
>
> 앞으로 수십 보를 걸어나가 동떨어진 골짝을 내려다보며 잔도棧道를 지나니 암자 하나가 있는데 이름은 불일암佛日庵이다. 절벽 위에 있어 앞을 내려다보면 땅이 없고, 사방의 산이 기묘하게 솟아서 상쾌하기 이를 데가 없

---

38 선종禪宗의 가장 대표적인 역사서로 널리 읽히고 있는 '전등록' 전 30권은 북송宋의 도원道源이 1004년(경덕 원년)에 지은 불서佛書이다. 경덕이란 송 진종시대의 연호로 전등록이 편찬된 시대를 나타낸다. 과거칠불過去七佛에서 석가모니불을 거쳐 달마達磨에 이르는 인도 선종禪宗의 조사祖師들과, 달마 이후 법안法眼의 법제자들에 이르기까지의 중국의 전등법계傳燈法系(52대 1천 7백 명 선사들의 행적과 법어, 게송, 선문답, 법맥)를 밝혔다. 저자로 알려진 도원은 생몰연대·경력 등이 모두 미상이지만, 여러 방면에서 문헌을 찾아 대단히 상세한 승전僧傳을 기술하고 있어 선종禪宗 승전으로 매우 높은 평가를 받고 있다. -한국콘텐츠진흥원

39 同旨 최완수. 명찰순례 2권

40 사다리를 설치한 경사가 급하고 험한 길

41 지금의 불일평전이나.

42 고려 때의 이인로(1152~1220)를 얘기한다.

다. 동서쪽에 향로봉香爐峯이 있어 좌우로 마주 대하고, 아래는 용추龍湫와 학연鶴淵이 있는데 깊이를 측량할 수 없다. 암자 중이 말하기를 "매년 6월이면 몸뚱이는 파랗고, 이마는 붉고, 다리는 긴 새가 향로봉 소나무에 모였다가 날아 내려와 못물 마시고 바로 간다."고 한다. 여기 사는 중들이 자꾸 보는데, 이것이 청학이라는 것이다. 어떻게 하면 잡아다가 거문고와 함께 짝을 만들 수 있으랴.

불일佛日은 지눌의 시호이다

탁영 김일손이 청학동이라 칭한 곳이 바로 하불下佛이라 불렸던 지금의 불일평전이다. 불일평전, 불일암, 불일폭포… 이 불일佛日은 천재 승려 보조국사 지눌[43](1158~1210)이 이곳에서 도를 깨우쳤다고 하여 왕이었던 희종(1181~1237)이 내린 시호에서 유래한다. 그 불일평전에는 오두막이 하나 있었고 '봉명산방'이라는 휘호가 걸려 있었다. 이는 소설가 정비석이 찾아와 붙여준 이름이라 한다. '봉명산방'은 고려 말 학자 이첨이 지리산을 찾아와 지은 시에 이 지리산을 '산 중의 산'이라 하여 '봉황명鳳凰鳴'이라 쓴 구절이 있다. '깨달음의 완성'이라는 뜻의 '봉황명'에서 따온 이름으로 2007년 6월까지 지리산 4대 전설[44] 중 한 분인 고 변규화 선생(2007년 작고)이 자리를 지키던 곳이었다. 1987년경에는 도올 김용옥 선생이 국사암과 봉명산방을 오가며 기거하면서 학문의

43 지눌은 저서 '화엄론절요'에서 "부처님이 입으로 말씀하신 것이 곧 교敎이고 조사祖師가 마음으로 전한 것이 선禪이다. 부처님의 입과 조사의 마음은 서로 어긋나지 않은 것인데 어찌 그 근원을 파고들지 않고 제각기 자기가 익힌 것에 안주하여 부질없는 논쟁에 헛된 세월을 보낸단 말인가?"라고 하며 선을 중심으로 교를 통합하여야 함을 주장했다. 이는 대각국사 의천과는 정반대의 입장이다

44 지리산의 전설이라 하면 허만수, 함태식, 김경렬 그리고 변규화를 꼽아야 하지 않을까? 한편 이들을 그렇게도 흠모하던 '지리산 365일'의 최화수(1947~2017) 님도 작년에 유명을 달리했다. 지리산이 큰 별을 또 잃었다.

깊이를 더 깊게 한 적이 있었다. 지금은 도올 선생도 떠나고 주인은 작고하여 황량해진 불일평전과 봉명산방. 더욱이 한국 지도 모형의 반도지半島池[45]와 소망탑素望塔[46]이 선생의 빈자리를 더 크게 느끼게 한다.

불일암 가는 곳의 불일폭포[47]는 60여 m가 되는 낙차가 큰 폭포다. 폭포는 청학연[48]이라는 소를 만들었다. 폭포에 살던 용이 승천하면서 꼬리로 쳐 청학봉과 백학봉을 만들고 그 사이로 흐르는 물이 폭포가 되었단다. 용추바위는 욕심 많은 스님의 쌀 나오는 구멍과 관련한 전설이 있다. 이런 곳이니 어우당 유몽인이 이곳을 찾지 않았을 리 없다.

> 드디어 불일암佛日菴에 도착하였다. 암자 앞에 평평한 대臺가 있고, 벼랑에 완폭대玩瀑臺라고 새겨져 있었다. 폭포수가 검푸른 봉우리 푸른 절벽 사이로 쏟아져 내리는데 그 길이가 수백 자는 되어 보였다. 여산廬山의 폭포의 길이가 얼마나 되는지 모르지만 우리나라 긴 폭포로는 개성開城의 박연폭포朴淵瀑布만한 것이 없다. 그런데 이 폭포는 박연폭포와 비교해 몇 길이나 더 긴 듯하고 물이 쏟아지는 길이도 더 긴 듯했다. 다만 걸림이 없이 곧장 떨어지는 것은 이 폭포가 박연폭포만 못한 것 같았다.

어우당 유몽인의 눈에 비친 불일폭포는 나라 안에서 제일 긴 폭포였다.

---

45 봉명산방에서 보면 한반도 모양의 연못 즉 반도지가 내려다보인다. 이는 변규화 선생의 통일을 바라는 마음과 만주 땅이 우리 땅이라는 인식을 잃지 않기 위함이었다고 한다.

46 所望이 아니고 素望이다. 선생은 "누구나 가지고 있는 소박한 꿈을 가지고 있는데 그 바람을 기원해 보는 것도 의미가 있지 않겠느냐."는 취지란다. -최화수, 지리산 365일.

47 불일암이나 지리산 최대의 불일폭포에 관한 글은 너무도 많아 일일이 인용하기 어렵다. 자세한 내용은 다음카페에서 '도솔산 연소재' 도솔산인 이영규 글을 참조하는 게 좋다.

48 촛대봉과 시루봉 사이의 1500고지에 '청학연못'이라 알려진 인공연못이 있다. 그런데 이곳의 소沼가 청학연이라는 이름을 가지고 있는 만큼 그 연못의 이름을 '청학연못'이 아닌 '세석연못' 정도로 불러야 맞지 않느냐는 논의가 있다. 도솔산인 이영규의 주장이다. 제4부에서 자세히 본다.

조선 중기의 문신으로 임진왜란 때는 김덕령 장군을 따라 종군하기도 했던 현곡玄谷 조위한趙緯韓(1567~1649)은 1618년 4월 14일 친구들과 불일암을 찾았다.

불일폭포

> 절 앞에 십여 명 정도 앉을 만한 누대가 있는데 바위에 '완폭대翫瀑臺' 세 글자를 새겨놓았으니 역시 고운이 직접 쓴 것이었다. 다섯 사람이 누대 위에 둘러앉아 잔을 씻어 술을 따르고 기생에게 노래를 부르게 하고 악공에게 피리를 불게 하니 그 소리가 구름을 뚫고 나가 골짜기에서 메아리로 화답하였다.

현곡은 그 바위는 불일폭포와 청학동을 조망하기 위한 장소로 활용된 곳인데 크기가 10여 명이 둘러앉아 술자리를 펼 수 있을 만한 공간이며 불일암 바로 앞에 있다고 했다. 그러면 그들이 본 완폭대玩瀑臺라는 각자가 쓰인 돌은 어디에 있을까? 어우당 유몽인은 벼랑에 玩瀑臺라고 쓰여 있다 했고, 현곡 조위한은 바위 위에 翫瀑臺라고 쓰인 글을 봤다고 했다.

2018년 3월 25일 지리산꾼 도솔산인 이영규는 이 선인들의 유람기에 나온 내용을 보고 고운 최치원이 썼다는 翫瀑臺라는 각자의 바위를 '지리산역사문화지원단'의 일원으로 찾아 나선다. 집요한 탐사 끝에 위 바위를 발견하였고 이는 공단 직원 조봉근[49]에 의해 공단은 물론 하동군에 보고된 후, 2018

49 공교롭게도 공단 직원 조봉근은 위 '유두류산록'의 주인공 조위한의 후손이기도 하니 이 각자를 발견한 조봉근의 기쁨이 과연 어느 정도였을까?

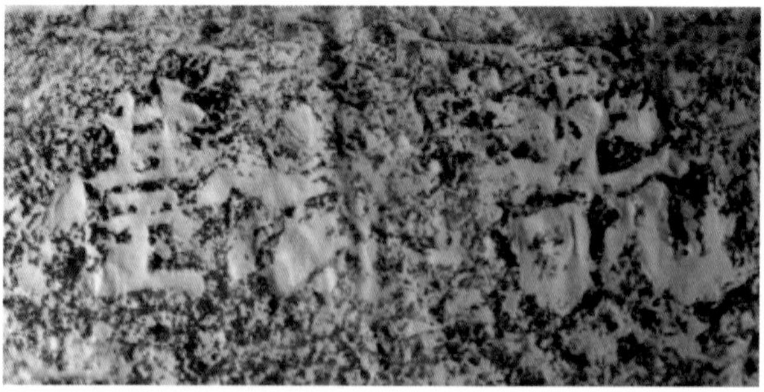

완폭대 각자 탁본

년 5월 10일 KBS 9시 뉴스에도 보도되었다. 도솔산인 이영규 자신의 쾌거를 공단 직원의 공으로 돌리는 배려가 아름답기만 하다. 결과적으로 '탐사 보도'가 된 영상물을 보는 도솔산인의 흡족한 미소가 떠올려진다. 선인들이 남긴 이러한 흔적을 찾아 후손들에게 전하기 위해 오늘도 지리산 구석구석을 헤매고 있을 '도솔산인'이나 '지리99팀' 그리고 '최화수 님의 후예'들에게 경의의 박수를 보낸다.

부언하거니와 이 청학동이라는 곳이 지금의 불일평전이다. 점필재 김종직도 영신암에서 언급한 청학동은 세석평전이 아니라 이 불일평전이라 했다. 이 정도 규모의 터에 사람이 살 만한 곳이어서 청학동이라고 했으니 세석평전 또한 청학동이라 불리는 이유를 알 것 같다. 그러니 이 불일평전, 세석평전 그리고 지금의 청학동 등 세 곳[50]을 지리의 청학동으로 보면 될 것인가? 청학靑鶴은 사람의 몸에 새의 부리를 하고 있으며 신선이 타고 다니는 학을 말한다. 태평 시절과 태평한 땅에서만 나타난다고 한다. 그러니 고운 최치원을 지리신선으로 보는 것도 크게 무리는 아닐 듯싶다.

---

50 김종직은 장항동을 지나면서 그곳을 청학동으로 보기도 했다.

'정감록'에서는 청학동을 어떤 곳으로 봤을까? 위치는 진주에서 80리, 하동 북쪽 60리, 함양 남쪽 120리 지점으로 아주 세밀하게 나타내고 있다. "뇌파석문雷破石門을 지나 물이 흐르는 동굴 몇 리를 들어가면 수백 수천 명이 넉넉하게 먹고 살 수 있는 지역이 나오며 그곳에는 식수와 농경이 가능한 석천石泉이 솟는다."고 그리고 있다.

남명 조식도 이 불일평전을 청학동이라 여겼다.

"열 걸음에 한 번 쉬고 열 걸음에 아홉 번 돌아보면서 비로소 불일암이라는 곳에 도착하였다. 바로 이곳이 청학동이다. 바위로 된 뫼부리가 허공에 매달린 것과 같아서 아래를 내려다볼 수가 없었다. 동쪽에 높고 가파르게 서서 떠받치듯 찌르면서 조금도 서로 양보하려고 하지 않는 것이 향로봉이고, 서쪽에 푸른 벼랑을 깎아내어 만 길 낭떠러지로 우뚝 솟은 것은 비로봉이다. 청학 두세 마리가 그 바위틈에 깃들어 살면서 가끔 날아올라 빙빙 돌다가 하늘로 솟구쳤다가 내려오기도 하였다."

다시 정금리[51]로 되돌아 나간다. 우측으로 화개천이 멀리 보이면서 둘레길 좌우측으로는 온통 차밭이다. 이곳이 차나무 시배지 부근이라는 사실이 실감이 난다. 아까 진감선사대공탑비에서 봤듯이 홍덕왕 3년인 828년 당나라에 사신으로 갔던 대렴이 종자를 가져와 이곳에서 재배하기 시작했다는 것이고 이게 정사正史[52]로 삼국사기에 전한다.

---

51 한국수력원자력에서는 전국 9개 양수발전소 후보지 중 하나로 이 지리산을 선정하여 2019년 2월 21일 화개면사무소에서 그 사업설명회를 했다. 내용인즉슨 상부댐을 화개면 부춘리에 두고 하부댐은 이 정금리에 시설하는데 그 규모가 높이 87m에 길이가 430m, 저수량 200만 톤이라고 하니 그 댐 건설로 인한 지리산 파괴와 주민들 폐해는 안 보고도 뻔히 짐작이 가겠다. 이곳 주민들은 지리산의 맥이 끊기고 송전탑 부설 등으로 흉물스럽게 변할 지리산을 생각하면서 벌써부터 걱정이 태산 같다.

52 설화로는 수로왕의 7왕자가 외삼촌인 보옥선사와 함께 운상원(칠불사)에서 수도를 할 때 심은 차의 유종이 지금까지 면면히 이어온 화개차라 한다.

정금리의 차밭

사실 시배지에 대해서는 설이 갈린다. 즉 화엄사 주변이라는 '마산면 황전리'설, 쌍계사 주변인 이곳 '운수리'설 등이 있는데 어쨌든 지리산 일대가 차 재배에는 천혜의 조건을 가지고 있다는 데에는 이론이 없다. 점필재 김종직의 '점필재집'에 보면 공납의 폐해로 백성들이 고생을 한다는 것을 알고 자신이 근무하던 함양에도 차를 재배하게끔 장려하였던 내용이 나온다. 지리산 산행을 하면서 공납으로 인해 고생하는 백성들의 실상을 직접 봤던 것이고 이를 군정에 적극 반영하였으니 점필재는 참으로 어진 수령이었겠다.

좌회전하여 오르면 경사가 급한 포장도로이다. 대비마을[53]로 가는 길이다. 허황후와 관련 있는 즉 7왕자를 보기 위하여 이곳에서 머무르며 기다렸다는 마을이다. 그러니 성불을 위하여 지은 절이 대비사이다. 대비마을로 고도를 높이면서 오르는데 마을 뒤로 크게 우회하는 루트에 변화가 생겼다. 대비마을을 통과하여 대비암(사) 끝까지 오르지 않고 이 대비교에서 우회전하여 바로 정자 옆으로 진행을 하게끔 수정했다. 대비마을에서 둘레길을 귀찮아하는지 그 이유는 모르겠지만 어쨌든 백혜마을 옆으로 진행을 하니 거리는 단축된 모양새이다.

53 삼신리의 침점과 함께 가락의 김수로왕과 관련이 있는 지명이다. 102년 수로왕과 함께 이곳에 왕비 허황옥이 머문 곳으로 7왕자의 성불을 기려 절을 지었다. 절 이름이 천비사 혹은 대비사라 하여 후에 그대로 대비가 마을 이름이 되었다. 허황후가 배를 타고 도착한 대비포가 있다. 지금도 토기와편과 석축 등의 흔적이 남아 있다. 주민들은 대밤이라 부르기도 한다. -(사)숲길

화개천 건너 1023번 도로 뒤로 불무장등에서 내려온 능선의 촛대봉(727.9m)이 높게 서 있다. 화개천 상류 쪽의 의신마을 부근도 멀리 보인다. 차밭에는 차나무를 보호하기 위하여 야생 짐승의 침입에 대비 전기 펜스와 자동 음악 앰프도 설치하였다.

가탄소류지를 지나고 정자 앞에서 우회전하여 'Farmer's Village'라는 상호의 큰 창고를 지난다. 멀리 도로 앞으로 화개초등학교가 보이고 예전 구도로를 지나면서 가탄마을 표지석을 본다.

가탄마을이다. 선경과 같은 아름다운 여울이라 가여울이고 가탄이다. 지금도 이곳 주민들은 '가여울' 혹은 '개롤'이라 부른다고 한다. 신선이 살면서 아름다운 여울에 낚싯대를 담갔을 법도 하다. 그러니 여기서의 신선은 수옹이란 별호를 가지고 있는 정여창 선생이고 가탄은 선생이 낚시를 한 곳이라 한다.

제15구간

가탄~송정마을

가탄~법하(0.7km)~작은재(어안동, 1.2km)~기촌(1.9km)~목아재(3.4km)~송정(3.4km): 10.6km

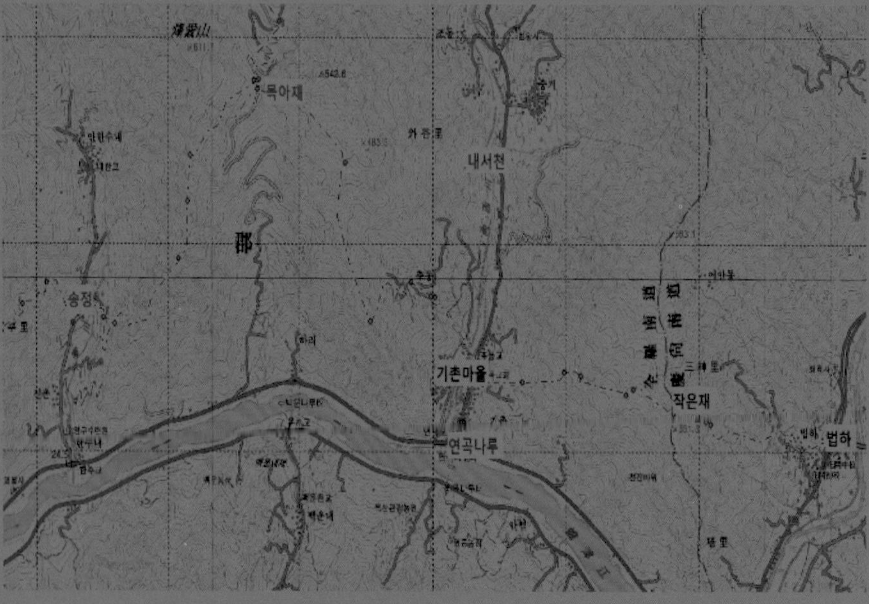

일두 정여창의 화개현花開縣(일명 麥秋)

風蒲獵獵弄輕柔(풍포엽엽농경유)	바람결에 부들이 하늘하늘 가볍게 나부끼니
四月花開麥已秋(사월화개맥기추)	사월의 화개 땅 보리가 벌써 익었네.
看盡頭流山萬疊(간진두류산만첩)	두류산 천만 겹을 남김없이 다 둘러보고
扁舟又下大江流(편주우하대강류)	한 조각 배를 타고 큰 강으로 내려가네.

일두 선생이 탁영 김일손과 지리산 산행을 마친 후, 악양으로 내려와 태호(동정호?)의 물결을 구경하면서 지은 시라고 한다. 산행 마지막 날 일두는 "솔과 대는 둘 다 좋지만 솔이 대만 못하고, 바람과 달이 둘 다 청량하지만 바람은 중천에 그림자를 드리운 달의 기이함만 못하며, 산과 물 모두 인자仁者·지자知者가 좋아하는 바이지만 산은 공자께서 '물이여, 물이여!'라고 탄식한 것만 못합니다. 내일 날이 밝으면 그대와 함께 길을 떠나 악양성으로 나가서 큰 호수에 이는 물을 구경하고 싶습니다."라고 했다. 이에 김일손이 정여창의 발의에 동의하면서 섬진강에 배를 띄워 진주로 향하였다.[1]

지리산 천만 봉을 두루 다 살펴 골짜기와 멧부리의 기상을 이미 다 가슴에 담았으니 이제는 그것들이 보이지 않는다 해도 덜 가슴 아파할 것 같다는 일두의 호연한 기상이 엿보인다.

---

1 정우락의 논문, 일두 정여창의 학문과 문화공간으로서의 악양정과 남계서원 중.

화개장터하면 김동리의 소설 '역마'가 떠오른다

1023번 도로 좌측으로 나가면 그 유명한 화개장터이다. '화개'하면 우선 조영남의 '화개장터'란 노래가 생각난다. 그리고 문학작품으로는 출생의 비밀을 담고 있는 김동인의 〈발가락이 닮았다〉, 이효석의 〈메밀꽃 필 무렵〉 등과 비견될 김동리의 단편소설 〈역마驛馬〉가 떠오른다.

> 지리산으로 들어가는 길이 고래로 허다하지만 쌍계사 세이암의 화개협 시오리를 끼고 앉은 화개장터의 이름이 높았고, 경상·전라 양도 접경이 한두 군데일 리 없지만 또한 이 화개장터를 두고 일렀다. … 그러나 화개장터의 이름은 장으로 하여서만 있는 것이 아니었다. 장이 서지 않는 날일지라도 인근 고을 사람들에게 그곳이 언제나 그리운 것은 장터 위에서 화갯골로 뻗쳐 앉은 주막마다 유달리 맑고 시원한 막걸리와 펄펄 살아 뛰는 물고기 회를 먹을 수 있기 때문인지도 몰랐다. 주막 앞에 늘어선 능수버들 가지 사이로 사철 흘러나오는 그 한 많고 멋들어진 춘향가 판소리 육자배기들이 있기 때문인지도 몰랐다.

예로부터 화개장은 섬진강 물길을 따라 모여든 경상도·전라도 사람들이 한데 어우러져 독특한 문화를 만들었다. 지리산에서 생산되는 갖가지 물자와 남해 바다의 해산물이 이 화개로 몰렸던 것이다. 빨치산과 한국전쟁 이후 산간 마을들이 황폐해지면서 장도 쇠퇴하기 시작했다. 더욱이 산림 남벌濫伐로 지리산에서 흘러내린 토사가 섬진강 바닥을 메워 큰 강을 오가던 뱃길이 끊기면서 화개장의 명성은 점차 빛을 잃어갔다. 이 화개장터에서 쌍계사까지를 '벚꽃10리길'이라고 하니 봄이면 벚꽃 나들이하려는 인파로 북새통을 이룰 것만 같다. 꼭 그때가 아니더라도 이곳에 오면 금방이라도 조영남의 '화개장

화개장터에서 쌍계사에 이르는 벚꽃10리길

터'라는 노래가 흥을 돋울 것만 같다.

사하촌인 법하마을

가탄교를 건너면 화개중학교와 화개초등학교가 있는 법하마을이다. 가탄마을에서 400여 m 걸어왔다. 법하法下는 부처님이 계신 곳의 아랫마을 즉 사하촌을 말하니 곧 법가촌法家村이다. 화개천을 따라 쌍계사, 국사암, 자혜정사, 칠불사에 지금은 폐사된 신흥사, 의신사, 영신사 등 수많은 고승들을 배출한 절집이 많이 자리하고 있으니 그 절의 뒷바라지를 하며 사는 사람들이 모여 살았던 곳이라는 의미일 것이다. 지리산에 절이나 암자가 많은 이유는 문수보살과 관련이 있고 그 문수신앙이 기도발이 듣는다는 믿음으로도 연결이 되었기 때문일 것이다.

교종에서 선종으로 넘어오는 과정에 수행을 위한 기도처로 지리산만큼 훌륭한 장소는 없었던 것 같다. 돈오점수를 주창한 천재 승려 지눌이 수행한 곳이 송광사라 하더라도 그가 득도한 곳이 지난 구간 보았던 불일암이었고, 그 '불일'이라는 이름이 그런 연유로 고려 희종이 내린 시호라고 하니 지눌 또한 지리산 사람이었다고도 볼 일이다. 이러한 지리산이니 오죽하면 예로부터 불도佛都 혹은 승도僧都인 지리산에서는 산까마귀도 염송念誦을 한다고 하였겠는가!

그런데 이 화개면의 '화개'라는 이름은 어디서 왔을까? 화개면사무소 홈페이지를 들어가 보면 '꽃花이 만발하게 핀開 동네'여서 '화개'라는 이름을 갖게 되었다고 소개하고 있다. 과연 그럴까?

범왕리와 대성리에서 내려오는 1023번 도로를 따라 화개천이 흐르고 이 화개천은 결국 섬진강을 만나는데 그 지점이 섬진강 쪽으로 뾰족하게 튀어나와 있음을 볼 수 있다. 바로 '곶串'의 형태다. 중세 국어에서 '꽃'이 '곳/곶/곧/'으로 '곶串'과 발음이 같다 보니 생긴 현상이다. 그러니 곶串이라는 것을 알았지만 이왕이면 더 예쁜 그리고 더 좋은 글자를 쓰다 보니 '꽃' 즉 '花'를 갖다 쓰게 된 것이고 여기에 '외자'보다는 두 음절로 이름을 표기하는 관례에 따라 '개'를 넣어 그럴듯하게 만든 것일 뿐이지 실제 '꽃'과는 별반 상관없는 이름이었다.

녹차나무가 밭을 이루고 있는 좁은 산길을 따라 오른다. 뒤돌아보면 지난 구간의 가탄마을과 Farmer's Village 뒤로 대비마을이 한눈에 들어온다. 돌탑과 저수조가 있는 곳에서 시멘트 길을 버리고 좌회전하여 산으로 든다. 편백나무 숲과 조릿대 군락지를 번갈아 지나면 전라남도와 경상남도의 도계道界인 작은재다. 여기서 선라님도 구례군 토지면을 만난다. 악양을 지난 지 얼마 안 되어서인가? 박경리의 소설《토지》가 생각나는 곳이지만 엄연히 한자 표기는 '土旨'이다. 주로 화엄사에 도자기를 만들어 납품하던 '토지처土旨處'가 있어서 생긴 이름이다. 동으로는 경상남도 하동과 접해 있고 서로는 노고단~형제봉~월령봉으로 이어지는 능선과 그리고 북으로는 남원 산내면과 이웃하고 있다.

경상남도 하동군 화개면과 전라남도 구례군 토지면을 잇는 작은재

여기가 지리산 둘레길이고 또 도계라고 하니 지리산 주릉에 있는 날라리봉이라고 부르던 삼도봉이 떠오른다. 삼도봉이란 말 그대로 세 개의 도道 즉 경상남도 하동군과 전라남도 구례군 그리고 전라북도 남원시가 접하는 곳에 있는 봉우리라는 얘기다. 그러니 도계인 이 능선을 따라 계속 올라가면 삼도봉으로 오를 수 있다는 얘기다. 물론 그 오르는 도중에 제 이름을 갖고 있는 몇 개의 봉우리와 고개 가령 황장산이나 당재 그리고 불무장등을 지나게 됨은 물론이다.

삼도봉을 지나 도계를 따라 내려오면서 처음 만나는 실명을 가진 봉우리가 불무장등인데 그 이름이 예사롭지 않다. 이는 제4부 지리주릉을 진행하면서 자세히 보자.

섬진강 건너에 있는 호남정맥

다시 작은재로 돌아가자. 직진한다. 둘레길이 좀 질퍽한 게 습지 기분이 난다. 좌측으로 시야가 트이는 곳에는 섬진강 건너 호남정맥에서 가지를 친 줄기들이 눈에 띈다. 남도대교 건너 하천산(692.3m)에서 밥봉(934.6m)으로 이어지는 줄기다.

지리산의 남쪽 자락을 타고 오르락내리락하는 구간이다. 완전히 하늘을 가린 곳이어서 햇볕이 차단되어 한여름이더라도 시원한 그늘 아래서 진행할 수 있는 구간이다. 나무 의자가 설치된 쉼터도 지나다 보니 우측으로 조망이 터져 왕시루봉이 보인다. 왕시루봉은 반야봉에서 문수보살이 법문을 할 때 그 법어가 저 왕시루봉에 부딪치게 되는데 그때 그 법어를 받는 곳이 바로 왕시루봉 아래에 있는 즉 토지면 문수리의 문수사라고 한다.

저 왕시루봉이 널리 알려진 또 하나의 이유는 저곳에 선교사 별장이 아직도 남아 있기 때문이다. 1961년 순천, 전주 등에서 활동을 하던 선교사들이 풍토병으로 고생을 하다 이 천혜의 요새인 지리산에 휴양촌을 건설하게 된 것이다.

지리산과 기독교

1905년 미국과 일본 간에 체결된 '카스라-태프트[2] 밀약'은 일본은 조선에서, 미국은 필리핀에서 각각 서로의 지배권을 인정하자는 취지의 협정이었다. 청일전쟁에 이어 러일전쟁까지도 승리로 이끈 일본의 군사력이었으니 미국도 경계를 하지 않을 수 없었을 것이다. 어쨌든 이 밀약을 계기로 미국과 일본은 한층 가까워지게 되었다.

한편 일본은 조선을 합방하고는 1912년 그동안 눈독을 들이던 천연 보고 남부지리산과 광양 백운산 일대를 학술 목적이라는 그럴듯한 핑계로 동경제

2 당시 육군장관 윌리엄 하워드 태프트는 후에 미국의 제27대 대통령(1909~1913)과 제10대 대법원장(1921~1930)을 지내게 되는데 미국에서 대통령이 대법원장까지 지낸 유일한 인물이다.

국대학과 규슈대학에 '지리산 전남연습림'[3]이라는 이름으로 관리권을 넘긴다. 지리산 남부와 호남정맥의 광양 백운산 일대의 산림이 아무런 절차 없이 일본 땅이 된 것이다.

한편 한일합방 이전에도 선교를 목적으로 조선 땅을 밟은 미국인들은 조선이 일본의 속국이 된 뒤에도 달라질 게 없었다. 당시 조선에 들어와 선교활동을 하던 선교사들은 말라리아, 세균성 이질 등 여름철 풍토병 때문에 선교사의 자녀 10명 중 8명이 사망했고, 67명의 선교사들이 목숨을 잃을 정도로 보건 문제에 취약했다. 그래서 1922년 미국 남장로교회에서는 저간의 사정을 조선총독부에 고하고 휴양시설 건립을 허가받는다.

그들이 길지로 선정한 곳이 지리산의 노고단 부근이었고 그들은 그때부터 중일전쟁의 시작으로 일본과의 관계가 틀어지기 시작한 1940년경까지 약 15년 동안 노고단 부근에 호텔과 주택, 교회, 수영장 그리고 9홀 규모의 골프장과 스키장 등 56동의 건축물을 지었으며 여기에는 한국인 직원 50여 명이 상주하며 관리하였다. 이 건축 자재들은 지리산 일대에서 채취하고 벌채한 돌과 나무였음은 물론이다.

선교사 측에서는 "이곳은 사치품으로 세운 것이 아니라 선교를 위한 피난처였고, 선교사들에게 성서 교육을 하는 곳이었으며, 성서 한글 번역 작업을 했던 공간으로 초창기 한글 문법을 정리해 한글 정착에도 큰 역할을 했다. 개신교 역사뿐만 아니라 한국 역사에도 의미가 깊은 곳"이라는 설명을 붙이기도 했다.

어쨌든 선교사들은 본국으로 철수하고 해방이 되었다. 인근 주민들이 일부 내부시설물들을 떼어가기도 했고 1948년 여순사건과 1950년 한국전쟁을

3 해방이 된 후 국유화 되었던 이 어마어마한 국가 소유의 땅이 서울대학교가 법인화됨으로써 국가 소유의 관리청에 불과했던 서울대학교가 이제는 엄연히 소유자가 되었다.

노고단에 있는 선교사 유적지

거치면서 시설물에 대한 소각 등으로 인근 산림까지 피해를 주게 되었다. 그 후 전투기의 폭격과 군 시설물의 설치, 불법 도벌 등으로 훼손은 더 극심해졌으나 1967년 12월 29일 제1호 국립공원으로 지정됨으로써 본격적으로 복원과 보존이 이루어지게 된다.

현재 노고단에는 호텔시설[4]이었던 석조건물 한 동만이 그 뼈대만 앙상하게 남은 채 서 있다. 그 후 1960년경부터 지리남부의 왕시루봉에도 위 남장로회에서 1차 때와 같은 이유로 장소만 바꿔 휴양지가 조성되었다. 1962년 휴 린튼(한국명 인휴, 1926~1984) 선교사에 의해 건립된 이 단지는 현재 집 10채와 교회 1채, 창고 1채 등 총 12채가 남아 있다. 이 건물들은 미국·영국·호주·노르웨이 등에서 온 선교사들이 자국의 건축양식에 온돌과 아궁이를 가미해 지은 집들이어서 건축학적으로도 상당히 의미가 있다. 실제로 지금도 철제 변기, 세면기, 침대나 벽난로 등이 고스란히 남아 있다.

이 휴양촌의 설립자 휴 린튼은 현재 세브란스 병원에서 외국인 센터장으로 근무하고 있는 인요한 박사의 아버지이기도 하며 1895년 호남지역에 파견된 유진 벨 선교사의 사위이기도 하다. 할아버지 윌리엄 린튼은 일제강점기 때 항일운동에 참여했고 이 공로로 2010년 건국훈장 애족장을 추서받았다.

4 혹자는 이를 교회 건물이라고도 한다.

인요한은 1959년 태어났는데 1993년 한국형 구급차를 개발했고, 26차례 방북해 북한 결핵 퇴치 사업을 전개하기도 하여 2005년 국민훈장 목련장을 받았다. 그는 위 유적지를 보존하기 위하여 '지리산기독교선교유적지보존연합'의 이사장이라는 직함을 가지고 있으면서 1984년부터 지금까지 자비를 들여 수양관을 관리해 왔다.

왕시루봉에 있는 선교사 유적지

그는 한국 개신교의 초기 선교 유적이 거의 남아 있지 않은 점을 안타깝게 여겨 노고단 예배당 유적과 왕시루봉 선교사 수양관 등 두 곳을 등록 문화재로 지정하기 위해 노력하고 있는데 사실 이곳 왕시루봉 일대는 1300m 정상부에 넓은 초원이 형성되어 있으며, 정상에서 전망하는 수려한 경관은 아름답기 그지없다. 특히 2017년 3월부터 2027년 2월까지 출입금지구간으로 지정되어 있으며 지리산 반달곰의 중요서식지로 확인되어 있기도 하다. 또한 여러 희귀생물들이 분포되어 있는 지리산의 핵심 보존지역이기 때문에 이런 사업은 환경관련 단체로부터의 저항이 만만치 않다.

또한 화엄사 측은 "이미 2008년에 순천 성지화운동본부에서 성역화사업을 추진했던 기독교계의 전례로 보아 문화재 보존 사업만을 한다는 것은 믿을 수 없으며, 왕시루봉은 기독교 성역화를 넘어 인요한 씨 개인 가계家系의 성역화 사업이 아닌가 하는 의구심을 지울 수 없다"고 말한다.

물론 인요한 측은 "왕시루봉 유적은 문화인류사적으로 가치가 있는 유적

삼도봉에서 발원한 내서천

이다. 이미 용역조사를 통해 관련 전문가들의 판단으로 문화재 지정을 진행할 것이며, 성역화사업은 진행하지 않을 것"이라고 말하지만 녹록지 않은 분위기이다.

즉 화엄사 측은 "문화재 지정 등을 통해 향후 성역화를 위한 기반으로 삼을 것을 우려한다."고 밝혔으며 나아가 "문화재 지정이 되면 관리를 위해 상시 출입이 진행되고, 주변정비와 함께 향후 유적지 방문을 위해 많은 사람들이 이곳을 출입하게 될 것이고, 그렇게 되면 지리산 생태계의 훼손은 심해질 것으로 예상한다."고 반대 입장을 고수하고 있다.

숲을 빠져나오면 기촌마을이 내려다보이는 멋진 조망터가 나온다. 섬진강 자락 너머로 계족산(702.8m)과 오산(541.7m)이 보이고 그 뒤로 서시(견두)지맥이 보이니 이제 구례도 얼마 남지 않았다. 바로 아래 기촌마을은 전원주택촌으로 이루어져 있고 그 마을 우측을 통과하여 왕시루봉 능선으로 둘레길이 구불구불 힘들게 올라가고 있다.

좌측으로 섬진강이 보이니 우측으로는 내서천이 흐른다. 이 골 위로 연곡사가 있다. 그래서 골 안 전체를 연곡鷰谷이라 부른다. 그러니 이곳은 연곡골의 바깥이라 하여 외곡리라 불렀다.

연곡사가 있어 연곡천이라 부르는 지천을 합류한 내서천 옆 865번 도로를 따라 올라가면 그 이름도 유명한 피아골이다. 피아골이라는 이름은 처음 듣는 이들에게는 조금은 섬뜩한 감을 준다. 빨치산이나 한국전쟁이 연상되기 때문이다. 하지만 예전에 이 일대에는 피밭 즉 稷田이 많아 '피밭골'이라고 부른데서 유래한다는 얘기를 들으면 적이 안심들을 하게 된다. 그 피아골로 올라가는 길에 고찰 연곡사가 있다. 제15-A구간 기선에서 자세하게 본다.

그 기촌마을로 내려가는 길도 구불거리기는 마찬가지이다. 과수원 사이로 난 시멘트 임도를 따라 한가로이 내려오면 강아지들이 이방인의 침입에 놀라 시끄럽게 짖어댄다. 황장산 등산로 안내판 앞에서 우회전하여 865번 도로를 따른다. 연곡사와 피아골로 올라가는 도로다.

백두대간이 날라리봉 즉 삼도봉에서 불무장등 능선을 내줄 때 그 사이에서 발원하는 내서천을 추동교로 건넌다. 녹차밭을 지나 마을이 끝나는 곳에 있는 숭모재 앞에서 좌회전하여 숲으로 들어간다. 좌측으로 이따금씩 조망이 트이는 곳에서 섬진강의 흐름을 읽을 수 있다.

나무 의자가 놓여 있는 쉼터를 지난다. 우측 능선을 타고 진행하면 둘레길과는 다른 방향인 목아재로 가게 될 것이다. 산자락을 타고 고도를 높이면 '지리산 학생수련장'에서 체력단련장 코스로 이용하고 있는 안내판이 나오고 483.3봉 갈림길을 지난다.

그러고는 목아재다. 지리산 둘레길 '제15-A 기선 구간'을 만나는 곳이다. 꾼들은 이곳을 들머리나 날머리로 이용하게 되는데 차량이 지날 수 있는 목아재는 우측으로는 원기마을과 신촌으로 이어져 피아골과 연곡사로 가는 865번 도로를 다시 만나 황장산이나 촛대봉이 있는 불무장등 능선이 지나는 당재로 가게 되고 좌측으로 내려가면 하리 방향으로 진행하여 19번 국도를 만난다. 필자의 경우 화개면 범왕리의 목통교를 들머리로 하여 당재로 올라

이 목아재를 날머리로 이용했다.

산꾼들은 이 목아재를 봉애산을 거쳐 왕시루봉으로 진행하는 루트로 삼기도 한다. 다만 봉애산으로 오르는 길이 상당히 버겁다. 하지만 일단 봉애산으로 올라서면 능선을 따라 쉽게 왕시루봉으로 접근할 수 있다.

섬진강 건너의 풍경

둘레길은 양쪽 임도를 버리고 능선으로 달라붙는다. 우측의 봉애산이나 왕시루봉보다는 좌측 섬진강 건너 구례의 끝 간전면 운천리 방향의 조망이 더 좋다. 운천리에는 높은 고지대까지 주거지가 있는데 마을의 맨 위에 있는 건물이 삼능건설 연수원 건물이고 그 좌측이 아까 살펴본 하천산(692.3m)이다.

하천산에서 우측의 밥봉(934.6m)을 거쳐 호남정맥의 도솔봉(1153.2m)으로 능선을 타고 가다보면 저 연수원으로 가는 샛길이 두어 차례 나온다. 어쨌든 이런 둘레길에서 호남정맥의 백운산이나 도솔봉을 비록 봉우리 끝으로나마 살짝이라도 볼 수 있다는 것은 엄청난 보너스임에 틀림없다.

바위가 자주 보인다. 442.5봉은 직진하여 그냥 바위 능선으로 진행해도 되지만 둘레꾼들은 안전이 제일이므로 좀 멀더라도 우회하는 길을 택하도록 한다. 한천이 보이기 시작하고 과수원 시멘트 길을 따라 내려가니 전원주택 몇 채가 있는 송정마을이다. 포장도로 앞에는 둘레길 구간 안내도가 크게 자리하고 있는데 얼핏 보니 뭔가가 좀 이상하다. 개념도가 잘못된 안내도이다. 즉 15-A구간에 세워야 할 걸 이곳에 잘못 설치한 것이다.

제15-A구간

목아재~당재

목아재~남산(4.4km)~당치(2.2km)~농평(1.2km)~당재(0.4km): 8.2km

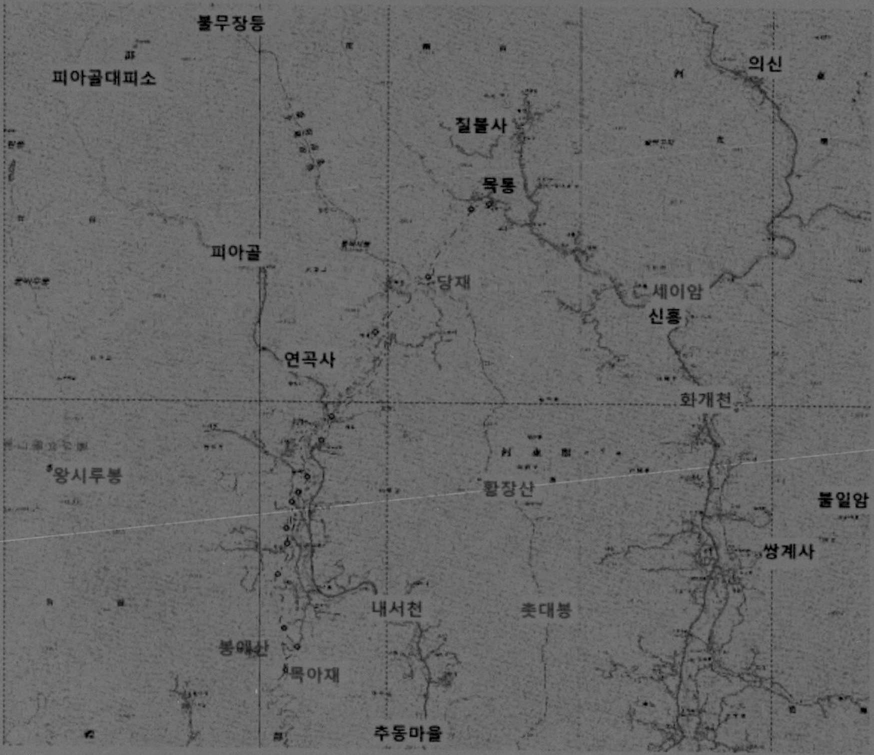

목아재~당재 기선岐線이다. 둘레길 제15구간인 가탄마을~송정마을 구간에 걸쳐 있는 이 구간은 진행하기가 좀 애매한 구간이다. 마음 같아서는 제15구간을 진행하면서 추동마을에서 목아재로 올라선 다음 당재를 다녀와서 계속해서 제15구간을 진행하고 싶은데 그 거리가 만만치 않다. 이는 거꾸로 송정마을을 들머리로 하더라도 사정은 달라지지 않는다.

그럴 경우 왕복을 함으로써 중복에서 오는 지루함을 이길 수 있어야 하고 연곡사를 들러 연기조사나 의병장 고광순 그리고 매천 황현을 만나지 못하는 아쉬움도 감내하여야 하며 칠불사는 물론 신흥삼거리의 세이암에서 고운을 만나는 것도 포기하여야 한다.

들머리는 화개면 범왕리 목통교

그렇다면 중복을 싫어하는 우리 둘레꾼은 그 구간을 어떻게 소화하여야 할까? 두 가지 방법이 있을 수 있겠다. 당재를 들머리로 하거나 토지면 하리의 임도를 따라 올라 목아재에 접속하는 방법이다. 당재의 들머리인 목통교까지는 소형버스, 목아재는 1.4t 트럭까지 진입이 가능하다. 어느 곳을 들머리로 해도 교통수단을 이용하여 접근이 가능하다는 얘기다.

목통교를 이용할 경우 목통교~당재의 1.5km는 등로를 이용하여야 하는데 산행을 한다고 생각하면 되므로 전혀 부담이 없는 루트이다. 이에 비해 19번 국도에서 시멘트임도를 따라 목아재로 꾸불꾸불 올라야 하기 때문에 차량을 이용하지 않는 한 상당히 버겁다.

당재에서 목아재로 진행하기로 한다. 그러기 위해서는 19번 국도에서 화개면으로 들어 쌍계사 앞으로 흐르는 화개천을 따라 범왕리로 올라가야 한다. 지난 구간에서 잠깐 봤듯이 쌍계사 입구부터 이 신흥삼거리까지의 우측 마을은 이른바 화개동천이라 불리는 곳이다.

그런데 재미있는 얘기 하나가 있다. 예전 뱀사골대피소가 있을 때 얘기다. 그 대피소에서 필요한 물품을 운반할 때 우리의 예상과는 달리 반선을 이용하지 않고 이 목통계곡을 이용하여 아기자기한 계곡을 따라 화개재로 올랐다는 얘기다. 그러니 칠불사에서 샘터~헬기장을 이용하여 토끼봉으로 오르는 루트도 양호하지만 능선보다는 계곡을 선호하는 꾼들에게는 숨어 있는 루트라는 얘기다. 그곳을 오른다면 예전에 마을이 있던 연동마을터를 확인할 수 있다는 것도 커다란 즐거움이다.

삼신동에서 일어난 일들

한편 이 범왕리는 칠불사와는 따로 떼어내 생각할 수 없는 곳이다. 범왕리 초입에 신흥교 삼거리가 있어 여기서 좌측으로 가면 범왕천을 따라 칠불사로, 우측으로 가는 길은 화개천을 따라 대성리 의신으로 올라가는 길이 된다. 의신으로 이어진 길은 '벽소령 종단도로'를 따라 벽소령으로도 이어진다. 그런데 이 '義神'이 언제부터인가 '義信'으로 바뀌었다. 들리는 얘기에 의하면 이것도 순전히 일본 때문이라고 한다. 즉 한일합방 이래 이 부근이 의병들의 근거지로 자리를 잡게 되자 잦은 일본군들의 작전으로 피해를 입게 되면서 그래도 의병들을 응원하는 취지에서인지 자연스럽게 바뀌게 되었다고 한다.

그 신흥삼거리 초입에는 수령 500년(추정)인 푸조나무가 버티고 있다. 고운 최치원은 신라 말기 혼탁한 세상을 등지고 이 지리산으로 들어왔다. 삼국사기의 한 기사를 보면 고운은 "어지러운 세상을 만나 움직일 때마다 문득 허

세이암 각자

물을 얻게 되었다. 스스로 때를 만나지 못함을 슬퍼하며 다시 벼슬할 뜻을 품지 않았다."고 했다. 그렇게 지리산으로 들어왔던 고운은 지리산을 떠날 때 화개면 범왕리에 있는 화개천 개울가로 온다. 세상에서 들은 갖은 잡다하고 번잡스러운 소리를 다 털어내고 우화등선羽化登仙 하기 위함인가? 고운은 여기서 지팡이를 꽂으며 "이 나무가 살아 있으면 나도 살아 있고, 이 나무가 죽으면 나도 죽게 될 것"이라는 말을 하며 바위에 걸터앉아 귀를 씻는다.

좀 드라마틱하게 들릴지 모르지만 어쨌든 그 지팡이는 살아서 이 푸조나무가 되었고 귀를 씻으며 앉았던 바위에 쓴 세이암洗耳嵒이라는 각자刻字는 어느 정도 마모가 되었지만 아직도 그대로 남아 있다.

사실 이 세이암은 고운이 신선이 된 날과 맞물려 지리산에서 갖는 비중이 상당히 크다. 지리산 사람들은 고운이 속세의 흔적이 그대로 묻어 있는 신발과 갓을 벗어놓고 그러고는 마지막 세속 물건인 지팡이까지 꽂아두고 이 바위에 걸터앉아 귀까지 씻고 떠났으니 고운은 영원히 '지리산 신선'으로 남아 있다고 얘기한다.

지리산 사람들이 이렇게 우기는 이유가 있다. 즉 가야산 사람들이 "고운이 학을 타고 산으로 들어간 곳은 지리산이 아니라 가야산이며 여기서 식솔들과 살다가 신선이 되었다."는 주장 때문이다. 곧 가야산 홍류동紅流洞의 농산정籠山亭 앞 빗돌에 새겨진 '고운최선생둔세지孤雲崔先生遁世地'라는 증거물 때문이다. 둔세지란 세상을 피해 숨은 곳 즉 가야산에서 신선이 됐다는 것이란다. 정말 고운은 가야산으로 갔던 것일까?

어쨌든 여기서 벽소령으로 이어지는 이 루트는 예전 상권商圈과 관련하여서 아주 중요한 곳이었다. 원래 지리산 상권은 남강과 섬진강을 품은 지역을 중심으로 일찍이 시장이 발달하였다. 그러니 남강 쪽으로는 함양, 산청의 읍내장 그리고 진주의 주내장 등이, 섬진강 쪽으로는 남원의 부내, 곡성, 광양의 읍내장, 하동의 하두치장 등 무려 50여 개의 장이 성황을 이루었다. 이 중 지리산 길목에 위치한 화개장은 하동 상권의 중심지였다. 이 화개장은 벽소령을 따라 삼각고지에 이른 다음 여기서 지리북부능선(삼각고지~실상사)을 타고 인월장으로 연결이 되었다. 팔량치[1] 아래에 있는 인월은 어떻게 보면 산간벽지의 마을일 수도 있을 것이나 남강과 섬진강을 통해 올라온 해산물이나 반대로 산간의 임산물이 거래되는 상권의 중심지였다. 그러니 남원의 운봉, 함양의 마천이 그 중심에 있는 곳이었고 이는 곧 내륙을 통한 민초들의 발걸음이 이곳처럼 잦은 루트도 그리 흔치 않았을 것이라는 얘기다. 그런 역할을 한 이 길은 자연스럽게 의병이나 동학농민군 그리고 빨치산이 오고가는 길도 되었을 것이다. 그러니 남부군 총사령관 이현상이 이 의신의 빗점골에서 최후를 맞이하게 된 것도 어쩌면 아주 자연스런 일이겠다. 전쟁이 끝난 후에는 군사정권에 의하여 군사비상도로[2]가 만들어지기도 했다.

범왕 삼거리에서 칠불사 가는 길 좌측의 지금의 화개초교 왕성분교장이 옛 신흥사神興寺 혹은 신응사 터이다. 이 동네 이름이 삼신동인데 이는 이 신흥사와 의신사義神寺 그리고 영신사靈神寺 등 '신神'자가 들어가는 절이 세 군데

1 임천지맥이 지나는 팔량치는 임진왜란 당시 의병장 조경남과 연결 지어 생각한다.
2 이 벽소령종단도로는 제4부에서 자세히 다룬다.

있다고 하여 붙여진 이름이라고 유몽인이 전하고 있음은 지난 구간 이미 살펴봤다. 그러니 이 三神으로 인해 지리산을 삼신산으로 부른다든가 이 삼신산이 방장산+영주산+봉래산 등 세 개의 신령스러운 산들의 모임으로 인한 삼신이라는 얘기 등은 사실 허무맹랑한 얘기다.

삼신동은 신흥 즉 목통마을을 포함한 범왕리, 의신 즉 대성마을을 포함한 대성리 그리고 영신 즉 덕평봉과 대성계곡 상류 일원 등으로 넓게 보는 게 맞겠다. 또 그게 지리를 여유롭게 보는 자세이기도 하다.

어쨌든 지리의 이 삼신동은 멀리는 임진왜란과 정유재란 그리고 구한말의 의병들의 항전 등으로 하루도 마음 편히 살 날이 없던 동네였다. 그래서 그런가? 주민들은 이 염증 나는 지역의 이름이 '神'자 때문이라고 믿기에 이르렀다. 확신이었다. 그래서 한 것이 개명작업이었다. 일제강점기 시절 주민들은 자발적으로 개명작업에 착수하여 의신은 이미 '信'으로 바꿨으니 신흥은 '新'으로 바꿨고 영신은 아예 '덕평'으로 바꾼 것이다.

하지만 이런 주민들의 바람과 노력도 헛되이 근세사에서는 여순사건과 한국전쟁으로 두 차례 더 피바람이 몰고 지나갔으니 이 삼신동은 아름다운 자연과는 달리 역사는 수난의 연속으로 기록하고 있다. 그러니 의신마을 입구의 솟대가 평화 혹은 평온을 염원하는 주민들의 간절함을 대변해주고 있는 듯하다. 매년 정월 대보름과 섣달 그믐날에 치러지는 당산제 역시 이런 의식의 반영이리라.

사실 이 삼신동하면 고려 때 이인로(1152~1220)나 서산대사 휴정(1520~1604)

이 빠지면 좀 곤란해진다. 즉 이인로[3]는 이 삼신동에서 무릉도원을 찾으려 했고 휴정은 그 법명을 얻기 전까지 20년 정도를 이 삼신동에서 살았으니 말이다. 신흥사에 머물렀던 휴정이 지은 '신흥사 능파각기'는 지리산을 제대로 묘사한 명문장으로 일컬어진다. 휴정의 불후의 명저 '삼가귀감'[4]을 집필한 곳 또한 이 삼신동에 있었던 내은적암이다.

내은적암이 어딘지는 지금 알 길이 없다. 다만 휴정은 조실부모하고 안주목사 이사증의 배려로 공부를 할 수 있는 여건이 만들어졌으나 인연이 닿지 않았는지 공부도 이어가지 못하고 전주로 내려간 스승을 만나고자 했으나 만나지 못한 채 지리산으로 들어오게 된다. 숭인 스님의 권고로 머리를 깎고는 여러 사찰을 전전하다가 다시 지리산으로 들어와서는 남명 조식과 친교를 맺기도 했다.

휴정 서산대사의 최고의 업적을 꼽으라면 우선은 다음 두 가지를 꼽을 수 있겠다. 즉 왜구의 침략으로부터 누란累卵의 위기에 처한 나라를 구하기 위하여 승군을 조직하여 선검일치禪劍一致를 주창한 일과 선교 양종을 통합하여 선교병수禪敎竝修를 창도한 일일 것이다.

"지리산에는 명당이 많습니다. 그 명당에서 공부를 해야 도를 얻게 됩니다. 도를 얻은 큰 그릇이 서산대사처럼 나라를 위한 큰 인물이 될 수 있습니다."

지리산의 전설 변규화 선생의 이 말은 지리산에서 머리를 깎고 13년이나 공부를 하였고 어느 정도 공부가 된 다음 전국의 명산대찰을 다니다 다시 지

3 이인로는 "지리산에 청학동이 있는데 그곳에 들어가는 길은 아주 좁아서 사람도 겨우 지날 수 있을 정도다. 기다시피 수십 리쯤 들어가야 비로소 아주 너른 곳에 다다른다. 주위는 모두 기름진 밭과 땅으로서 씨 뿌리고 농사짓기에 알맞고 나무를 심어서 숲이 우거져 그 속에는 푸른 학이 서식하니 이름하여 청학동靑鶴洞이다."라고 하였다.

4 단속사를 지날 때 성여신이 삼가귀감의 편철 순서를 문제 삼아 절에 불을 지른 사건을 봤었다.

리산으로 돌아와 7년의 집필 생활을 한 서산대사의 유적지가 이 지리산에 단 하나도 없다는 사실을 안타까워하는 마음으로만 들린다. 물론 표충사나 대홍사와 비교할 수도 없지만 다만 벽송사에 청허당이라는 선방이 하나 있어서 그나마 대사의 업적을 추모해 주는 것일까?

한편 이 지역의 행정구역 명칭이 범왕리梵旺里이고 개천은 범왕천 그리고 그 개천의 끝에 칠불사라는 사찰이 있고 바로 옆에는 범왕마을이 있다. 범왕의 梵은 인도 아유타국[5]를 이야기하는 것이니 梵王은 인도의 왕을 이야기하는 것이겠다. 뭔가 심상치 않은 분위기이다. 이 범왕리에서 좌측 계곡을 타고 조금 더 올라가자. 너른 주차장에 초의선사 다신탑비茶神塔碑가 있는 칠불사다. 일주문을 지나 경내로 들어서면 우측에 영지影池가 있고 좌측의 사리탑을 지나면 바로 사찰 건물들과 만난다.

칠불사에 얽힌 얘기들

이 칠불사는 '김수로왕과 허황후' 그리고 그 후속편인 '7왕자와 허황후'가

5 2018년 11월 5일 대통령 영부인 김정숙 여사가 인도 모디 총리의 초청으로 인도를 방문했다. 그때 우타르 프라데시(UP)주 아요디아에서 열린 허왕후 기념공원 착공식에 참석했는데 인도 측 TV, 신문, 온라인 매체 등에서도 이에 대한 보도를 연일 비중 있게 다뤘다고 한다. 그런데 국내 학자들 중 일부는 삼국유사 기이紀異편에 나오는 허황후 설화에 한 나라의 영부인과 장관이 참가하는 촌극이 벌어진 것이라고 비꼬는 것 같다. 그러면서 예전에 김대중 전 대통령과 김종필 전 총리 역시 허황후 제전에 제복을 갖추고 참석한 일까지 싸잡아 비판한다. 글쎄. 일연 스님이 과연 소설가였을까? 어느 정도 과장은 있었겠지만 비슷한 사건은 있었지 않았을까? 김정숙 여사는 디왈리 축제 축사에서 "2천 년 전 아유타국의 공주가 '가야'라는 나라를 찾아와 김수로왕과 결혼하고 왕후가 됐다는 기록이 있다. 국경과 민족을 초월한 사랑과 신뢰의 길이 두 나라의 돈독한 우정으로 활짝 열리고 있다"고 강조했는데 그런 사실을 몰라서 그런 얘기를 했을까? 인도 지역 최대의 축제인 디왈리 축제에서 인도 전통복을 입고 축사를 맡는 등 역사와 문화를 매개로 한 교류 확대에 힘을 쏟는 모습에 박수를 보낸다. 우리 학자들은 연구는 하지 않고 남을 헐뜯는 데만 능숙해져 있는 거 같다. 그러면 범왕리, 범왕천 같은 촌스러운 지명 얘기는 왜 안 하는가?

유명하다. 또한 독특한 건축양식으로 널리 알려진 운공선사의 아자방亞字房을 살펴봐야 한다. 허황후 관련 설화는 불교의 '남방전래설'과도 관련 있으며 이는 화엄사와 연곡사 그리고 법계사의 창건주 연기조사와도 관련된다. 그러고 나면 거문고와 관련하여 옥보고의 얘기도 들어봐야 한다.

이 칠불사의 옛 이름은 운상원雲上院이었다. AD 101년 김수로왕의 아들 7명 즉 7왕자가 외삼촌인 장유화상과 함께 현 칠불사 터에 운상원을 짓고 성불을 한 후 운상원을 칠불선원으로 개칭해 부르다가 1967년 3월 10일 사寺로 승격하여 칠불사가 되었다는 것이다.

가야국 김수로왕은 아유타국(중인도에 있던 고대 왕국)의 공주인 허황옥과 혼인을 하여 아들 10명을 낳았는데 그 중 큰아들 거등은 왕위를 계승하고 김씨의 시조가 됐으며, 둘째와 셋째는 어머니 성을 따라 허씨의 시조가 됐다. 나머지 일곱 왕자는 외삼촌인 장유화상 보옥선사[6]와 함께 가야산을 거쳐 지리산 운상원에 와서 수행을 하였다. 허왕후는 아들들이 보고 싶어 지리산을 찾았으나 산문 밖에는 오빠 장유화상이 버티고 서 있었다. 왕후는 산 중턱에 임시 궁궐을 짓고[7] 계속 아들을 만나려 했으나 뜻을 이루지 못하였다. 그러던 8월 보름달 빛이 휘영청 밝은 날 장유화상이 만남을 허락하였으나 이미 성불을 한 일곱 왕자로부터 "어머니, 연못[8]을 보면 저희들을 만날 수 있습니다."라는 소리만 들을 수 있었을 뿐 실물은 볼 수 없었다. 다만 달빛이 교교한 못 속에는 황금빛 가사를 걸친 일곱 아들이 성불을 하여

6 장유화상長遊和尙의 다른 호칭이 보옥선사寶玉禪師이다.

7 허황후가 있던 이곳을 대비마을이라 부른다. 화개면 정금리에 있다.

8 그래서 이 연못을 영지影池라 한다. 물론 칠불사도 여느 절집과 같이 연지蓮池라는 못도 있어 특이하게 두 개의 연못을 가진 절집이 되었다.

칠불사 대웅전 내에 있는 칠불인 7왕자. 우측 상단의 우측부터 김수로왕, 허황후 그리고 장유화상.

공중으로 올라가는 모습이 뚜렷이 나타났다. 왕후에게는 이것이 아들들과의 마지막 만남이었다. 그 후 김수로왕은 크게 기뻐하며 아들들이 공부하던 곳 즉 운상원에 대가람을 이루니 그곳이 바로 오늘의 경남 하동군 화개면의 지리산 반야봉 아래에 위치한 칠불사다.

김왕광불金王光佛, 왕상불王相佛, 왕행불王行佛 등 일곱 생불生佛이 출현했다 하여 칠불사라 불린 이 절은 한 번 불을 때면 49일간 따뜻했다는 아자방亞字房(경남 지방문화재 제144호)[9]으로도 유명하다.

이 허황후와 장유선사가 인도의 왕족 즉 梵王族이었으므로 허황후가 아들들을 만나기 위하여 기다리던 자연마을이 범왕마을이 된 것이며, 이 마을을 흐르는 물줄기는 범왕천이 되었으며 이 동네가 마을 이름을 따 범왕리가 된 것이다. 그리고 가설이기는 하나 우리나라에 불교가 처음 들어오게 된 것이 중국을 통해서가 아니라 위와 같이 보옥선사 등을 통하여 직접 인도인으로부터 전수받았다는 이른바 불교남방전래설의 근거가 된다고 한다.

9 선방인 아자방은 방 내부 구조가 '亞'字 형태로 되어 있어서 '아자방'이다. 1979년 세계건축협회에서 펴낸 세계건축사진에도 수록되어 있는 칠불사만의 독특한 난방형태를 하고 있다. 여순사건 때인 1948년 12월 전소되어 온돌만 남은 채 30년 동안 방치되어 있다가 1982년에야 보수공사를 하였다.

대웅전을 오르려면 동국제일선원이라는 현판 아래를 지나가야 한다. 동국제일선원이라! 금강산 마하연과 더불어 우리나라 2대 참선 도량이라는 얘기이다. 현판의 글씨는 여초如初 김응현(1927~2007)의 작품이다. '추사秋史 이래 여초'라는 말이 있을 정도로 추사체에 능한 분이라는 평가다. 칠불사의 전각 편액扁額이나 주련柱聯까지 거의 모두 여초의 작품이라고 하니 숨어 있는 얘기도 많은 곳이다.

칠불산 현판. 여초 김응현의 작품이다.

그중에서도 이 '동국제일선원東國第一禪院'은 선종의 기도처라는 의미 외에 칠불사와 '재난災難'과의 관계도 보여주는 것이기도 하다. 개명을 통하여 화禍를 면하려 했다는 이 얘기는 칠불사가 얼마나 화재에 시달렸는가 하는 안타까운 과거를 보게 된다. 하지만 칠불사의 지리적 위치를 고려했을 때 이런 얘기가 좀 어색하게 들리는 건 사실이다. 수차례 화재를 입어 정문 현판을 칠불사에서 東國第一禪院으로 바꾸기까지 했음에도 별다른 효과를 보지 못했으니….

그러던 조선조 순조 때 또 화재로 절이 불타게 되었다. 그럴 즈음 이곳을 지나던 한 나그네는 절의 정문에 있던 보설루의 '東國第一禪院' 현판을 보고는 깜짝 놀라 "저 글들에는 불火이 들어 있어 또 화재가 일어날 것이다."라고 하자 절에서는 東國第一禪院 중 國에서 한 점을 떼고, 第에서 그리고 禪과 院

에서도 각 1점씩을 빼어 4획火을 없이 썼으나 118년 후에 또 불이 났다[10]고 한다. 그런 유래가 있는 현판이다.

대웅전 좌측이 아자방이고 그 뒤가 옥보고가 피리도 불며 거문고를 탔다고 하는 옥보대이다. 신라 경덕왕(742~765 재위) 때의 사람인 옥보고[11]는 고구려의 거문고를 배운 뒤 이 칠불사(당시는 운상원)에 들어와 50년 동안 30곡을 작곡했음이 삼국사기 악지樂誌에 나온다. 그런데 지리산에 들어간 옥보고는 두문불출 나올 줄을 몰랐는데 이는 그의 제자 명득과 귀금貴金도 또한 마찬가지였다.

이에 신라왕은 이찬 윤흥에게 귀금貴金으로부터 거문고를 배우라고 하여 남원의 음악원 원장 직을 맡겼다. 이에 윤흥은 극진히 예를 다하며 저간의 사정을 설명한 다음에서야 '표풍飄風' 등 세 곡을 받을 수 있었다 한다. 지리산 특히 남원이 뒷날 판소리의 본고장이 된 것도 이런 역사적인 사실과 무관치 않은 것이다.

이렇듯 칠불사는 불교 음악의 연구뿐만 아니라 가락국의 신비와 불교의 전파 과정을 푸는 열쇠로서 매우 중요한 위치에 자리하고 있다. 이 칠불사 우측 뒤편이 바로 토끼봉과 연결되는 등로로 지리주릉으로 오를 수 있는 최단거리 코스다. 서부 지리의 중심이었던 반야봉에서 정동쪽 즉 묘방卯方을 바라볼 때 그곳에 위치한 봉우리가 바로 묘봉卯峰인 토끼봉이다.

---

10 이러한 화재를 막기 위하여 칠불사에서는 지금도 매년 단옷날 목통마을 앞산인 봉해봉에 소금을 묻고 있다.

11 위 보옥선사(장유화상)가 인도에서 올 때 '분지'라는 퉁소를 가져와 이를 불며 살았는데 이를 본 주민들은 이를 '옥피리'라 하였고, 옥보고의 이름이 이 옥피리를 부는 선인인 보옥선사寶玉禪師와도 비슷하다 하여 옥보고와 보옥선사를 동일인으로 보는 견해도 있다. 그러나 옥보고가 지리산에서 찬란한 음악문화를 꽃 피운 곳은 남원 운봉이라는 것이 정설이다. 그리고 시기적으로도 빛지 않는다.

칠불사를 나와 목통교로 간다. 당재로 오르는 등로가 생기게 된 주원인은 바로 황장산 때문이다. 등로 초입에 산행 안내 개념도가 그려져 있고 이정표의 화살표는 '당재 1.5km'를 가리키고 있다. 황장산은 제3구간에서 장항을 지나면서 노루목과 함께 살펴봤었다.

목통교에서 30분 정도면 당재에 도착한다. 당재라 하면 서낭당이나 당집이 연상된다. 우리 옛말에는 '산'을 뜻하는 고대어 중에 '달達' 혹은 '닫'이 있다. 이 '닫'은 유사하게 '닷, 닥, 닭' 등으로 옮겨갔다. 그러니 산에 있는 고개를 보고 옛사람들은 단순히 '산을 넘는 고개'라는 뜻으로 '닥+넘이'라 하였을 것이다. '닥+넘이>닥너미>당너미>당재'로 변화가 가능하다. 따라서 당재라는 지명이 지리산에도 2개가 있을 만큼 우리나라에 상당히 많은 지명이다.

이 당재가 경상남도와 전라남도의 도계가 되는 곳이기도 하니 이제 하동군 화개면을 떠나 구례군 토지면으로 들어간다. 처음 만나는 마을이 농평마을이다. 여전히 둘레길 이정목이 안내를 한다. 통꼭지봉에서 내려오는 줄기 너머로 왕시루봉이 보인다. 상운사를 지나니 민박집들이 즐비한 당치마을이다. 당재마을이라고도 한다.

도장동 삼거리를 빠져 나오니 865번 도로를 만난다. 피아골 삼거리이다. 좌측으로 내서천이 흐른다. 여기서 둘레길은 좌측으로 진행하지만 우회전하여 고찰 연곡사를 지나 피아골을 들러보기로 하자. 이 연곡사 때문에 골 안 전체를 연곡鷰谷이라고 부른다.

피아골은 날라리봉 그러니까 삼도봉에서 연곡사에 이르는 골짜기로 피아골 단풍은 '지리10경' 중의 하나로 꼽힌다. 잠깐 연곡사를 들르기로 한다. 연곡사는 문순태의 소설 《피아골》의 주무대이다. 문순태는 지리산 역사의 한 장으로 피아골을 조명한다. 그리고 그 안에 신라와 백제의 전쟁을 간단하게 거친 다음 정유재란과 동학농민운동 때 일본인에 저항하는 의병과 한국전쟁까지도 다룬다.

전란의 피해자 연곡사

연곡사는 쌍계사와 화엄사 가운데 위치하고 있다. 그러나 두 사찰과는 달리 병화로 연거푸 수난을 당했고 그 역사의 격동기마다 소실되었다. 신라 진평왕 5년인 544년 창건[12]되었다고 하는 연곡사의 창건 유래는 어떨까? 인터넷에 떠도는 얘기를 보자.

> 연기조사가 처음 이곳에 와서 절을 짓기 위하여 풍수지리를 보고 있을 때 현재의 법당 자리인 연못 가운데 부분에서 물이 소용돌이치더니 제비燕 한 마리가 솟아올랐다. 그래서 이를 괴이하게 여겨 그 자리를 메우고 법당을 지었다는데서 유래했다고 한다. 그러나 일부 주민들은 마을 앞에 송림이 있는데 그 또한 제비형이라 골 전체를 연곡골이라고 한다.

실제 연곡사의 창건 일화는 이와는 전혀 다르다. 이 연곡사의 창건은 화엄사와 그 궤를 같이 하므로 제18구간 때 화엄사에 들러 자세하게 본다. 다만 재미있는 것은 조선시대 33편의 유람기 중, 지금도 남아 있건 아니면 폐사되었건 약 50여 개의 사찰이 등장한다. 그런데 이 중 쌍계사는 19편에 걸쳐 나

---

12 진평왕 6년인 545년이라고 표기된 글도 있다. 가령 인터넷의 다음백과의 내용이 그러하다.

오는데 반해 이 연곡사는 김지백(1623~1670)의 유두류산기에 단 한 번 나오는데 그친다.

고광순 순국비

이는 숭유억불 정책을 폈던 조선의 선비들의 의식과도 관련이 있어 보인다. 즉 그들은 한국 유학의 비조鼻祖인 고운 최치원이 쌍계사에 머물며 남긴 흔적 가령 '쌍계석문'이라는 각자와 진영 그리고 진감선사비 등을 언급하는 것으로 보아 쌍계사에 들름으로써 천 년 이상 유불儒佛이 공존하는 역사를 그 속에서 느낄 수 있기 때문인 것 같다.

뒤에 다시 얘기하겠지만 이 연곡사의 승려들은 임진왜란 때에는 700여 명, 정유재란 때에는 150여 명의 승병이 의병들과 합세해 석주관에서 왜적에 저항하기도 한 항왜抗倭, 항일抗日의 현장이기도 하다. 그러다 근대에 들어 의병활동의 거점으로 자리를 잡는다. 1907년 대한창의대장 김동신(1871~1933)은 이 연곡사가 지리적으로 영호남의 인후咽喉 즉 목구멍에 해당하는 중요한 곳으로 보아 이 연곡사에 본부를 두고 동으로는 화개농과 북서로는 문수암을 연결하여 일본을 상대로 장기전을 도모하였던 것[13]이다.

이에 일본은 집요하게 김동신을 공격하여 문수사는 물론 비슷한 시기에 연곡사에 진을 친 고광순(1848~1907)을 사살하고 이 연곡사까지도 전소시켰다. 이때 매천 황현이 이 소문을 듣고 연곡사로 달려와 고광순의 죽음을 애통

13 특히 연곡사의 월공 스님 같은 경우는 의병과 동학교도들을 연결시켜 주는 역할을 하였다.

연곡사 연기조사탑(동승탑)비. 비신碑身은 없어지고 귀부와 이수만 남았다.

해하며 글을 남기기도 했다.

매천은 사실 동학농민전쟁에 부정적인 시각을 가지고 있었다. 그럼에도 1907년 고광순이 연곡사에서 일본인에 의해 사살 당하자 이튿날 찾아와 통분의 시를 지었다는 것은 변모해가는 그의 시각을 보여주는 것 같다. 어쨌든 1910년 그의 자살로 그 자신이 여전히 '천재 유학자'로만 남을 수밖에 없다는 한계성을 보여주는 것 같아 아쉽기만 하다.

일주문으로 들어가 대웅전을 지나면 보물 제153호로 지정된 동승탑비와 국보 제53호 동승탑이 있다. 동승탑비는 비신碑身은 없어지고 귀부龜趺와 이수螭首만이 남아 있다. 이 '구례 연곡사 동승탑'은 우아하고 아름다운 승탑이다. 8각 원당형 모습을 하고 있는데 4각 모양의 지대석 위에 기단부와 탑신부, 상륜부가 어디 하나 파손된 흔적이 없이 온전하게 보존되어 있다. 안내 이정표를 따라 우측 산기슭으로 조금 발품을 팔면 9세기 통일신라시대에 만들어진 높이 3미터의 승탑이 보인다. 국보 제54호인 북승탑이다. 북승탑은 동승탑을 모방하여 만든 것이라 전해진다.

이외에도 현각선사탑비(보물 제152호)[14]가 있는데 이것도 동승탑비와 같이 비신은 없다. 다만 앞면에 '현각왕사비명'이라는 글씨가 음각되어 있다. 그런

14 문순태의 소설 '피아골'에서 주인공 배만화는 이곳에 할머니의 유품인 '울쇠'를 숨기고 이는 민지욱과의 만남을 통해 과거로의 여행은 하는 실마리를 제공한다. 이외에도 보물 제151호인 삼층석탑, 제154호 소요대사탑 등 대웅전 뒤편에는 문화재와 기념비 등이 즐비하다.

데 동승탑비나 현각선사탑비 모두 거북의 몸에 용머리 그리고 날개가 달린 '연鳶' 모양을 하고 있는데 이것도 화엄사에서 자세히 본다.

천혜의 요새 피아골

연곡사를 나와 잠깐 우측으로 들어 피아골을 다녀오기로 한다. 피아골은 천혜의 요새이다. 지리산의 여느 골짜기가 그렇지 않겠냐만은 이 피아골은 좀 남다른 느낌으로 다가온다. 밖에서 들어가는 입구도 이렇게 좁기만 하다.

정치영은 '사대부 산수 유람을 떠나다'에서 "지리산은 최상의 피난처로서의 지형조건을 갖추고 있다. 입구가 좁고 경사져 있어 바깥쪽에서는 안쪽이 전혀 들여다보이지 않고 나머지 부분은 완전히 둘러싸여 있어 외부의 침입을 차단할 수 있으며 산으로 둘러싸인 안쪽은 넓지는 않지만 완경사면이 펼쳐져 있어 농경지를 일구어 충분히 생활을 영위할 만한 조건을 갖추었다."고 했다. 이중환 역시 택리지에서 "산속에는 백리나 되는 긴 골짜기가 많은데 바깥쪽은 좁지만 안쪽은 넓어서 가끔 사람이 발견하지 못하는 곳이 있으므로 나라에 세금을 비치지도 않는나."고 했다.

연곡사 앞 865번 도로를 따라 북진을 하면 내서천과 함께 간다. 민박집과 상점들이 즐비한 상가 지역을 지나면 등로가 시작되고 가을이 되면 산山紅, 물水紅 그리고 사람人紅까지도 붉어진다는 삼홍소[15]를 지나 피아골대피소이다.

---

15 홍소는 남명의 시 삼홍시에서 비롯됐다. 시를 인용해 볼까?
흰구름 푸른 내는 골골이 잠겼는데
가을 바람에 물든 단풍 불꽃보다 고와라
천공天公이 나를 위해 뫼 빛을 꾸몄으니

여기서 등로는 왕시루봉의 질매재로 갈 수도 있고 임걸령 방향으로 계단을 올라 소위 '피아골 삼거리'로 진행이 가능하다.

상가지역부터 이곳 피아골대피소까지는 무릎이 좀 시릴 정도로 걸어야 한다. 등로가 온통 돌이기 때문이다. 피아골에서 바닥이 돌이 아니고 흙인 유일한 곳이 바로 이 피아골대피소 자리이다. 그래서 그런가? 임진왜란부터 여순사건을 거쳐 한국전쟁 때까지 민족의 아픔을 고스란히 안고 있는 피아골 전투의 사상자들을 묻을 곳이라고는 여기밖에 없었다. 그러니 피아골대피소 건축 당시 몇 트럭분의 유골이 실려 나갔다는 얘기도 가볍게 들리지만은 않는다.

한편 1972년 잘 다니던 직장을 팽개치고 노고단으로 들어와 지리산의 산증인이 된 함태식 선생을 모르는 사람은 별로 없다. 1988년 공단의 강권에 못 이겨 떠밀리다시피 이 피아골로 내려왔지만 청정한 지리산을 그리며 지리산을 떠나지 못하던 '노고단 사람'은 2012년 평생 떠나지 않을 것만 같던 지리산을 떠나게 되었다. 하지만 실제 떠나셨을까?

그런데 피아골대피소에서 지리주릉의 돼지령 부근의 헬기장으로 오르는 구간에 서산대가 있다. 기도발이 받는다는 지리10대 중 하나이다. 이 서산대는 서산대사가 이곳에서 용맹정진하여 도를 깨우쳤다는 곳이다. 이곳을 찾았던 함태식 선생도 "지리 최고의 기도처"라고 극찬을 하던 곳이기도 하다.

다시 피아골 삼거리로 돌아나간다. 내동 보건진료소를 지나 우회전하여 내서교를 건너 토지초교 연곡분교장 앞을 지난다. 아스팔트 포장도로를 따라

남산마을 삼거리에서 아랫길을 따르노라면 멀리 구간의 끝인 목아재가 보인다. 하염없이 아스팔트길을 따라 걷는다. 우측의 동매산(262m)을 보며 '북 카페'라는 간판의 아담한 집을 지난다.

원기마을 뒤로 목아재가 보인다

소소 팬션 삼거리에서 우측길을 따르고 아쉬움에 뒤를 돌아보면 통꼭지봉과 당재가 명확하게 보인다. 외딴 집 앞에서 이정표를 따라 좌회전하면 가족묘 좌측으로 큰 나무가 보이는데 거기서 바로 우회전한다. 광산 김씨 가족묘인데 여기서 만연히 걷다가는 직진하기 십상이다.

이제부터는 외길이다. 865번 도로 건너편으로 촛대봉(727.9m)이 우뚝 서 있고, 원기마을을 빠져나와서는 그저 임도만 따른다. 별 특징 없는 임도를 따라 편안하게 걷으면 목아재이다. 한 번 왔던 곳이라 그런지 낯이 익다. 시멘트 임도를 따라 19번 국도 옆에 있는 하리로 내려간다.

제16구간

송정마을~오미

송정~송정계곡(1.8km)~원송계곡(1.4km)~노인요양원(2.7km)~오미(4.5km): 10.4km

송정마을은 안한수, 신촌, 한수내 등으로 이루어진 마을이다. 19번 국도 방향으로 100여 m 내려가면 우측으로 들머리가 보인다. 돌계단을 따라 오르면서 거친 숨을 내쉬지만 이내 둘레길은 평범한 길로 바뀐다. 고도 편차가 심하진 않지만 몇 번 오르락내리락 거려야 석주관이나 왕시루봉으로 진행하는 줄기로 오르내릴 수 있는 쉼터(지도의 '가'의 곳)이다. 물론 이정표에서 석주관은 찾을 수 없다.

즉 우회전하면 554.3봉을 거쳐 832.4봉~1213.1봉~왕시루봉(1240.2m)으로 진행을 하게 되고 좌회전하면 '석주관 칠의사묘'로 가게 된다. 왕시루봉으로 가는 길은 큰 나뭇가지가 가로로 놓여 있다. 이리로 들어서지 말라는 일종의 '진입금지' 표시이다. 산꾼들은 넘어가든 말든 자기들이 다 알아서 진행을 할 테니 둘레꾼만큼은 넘어가지 말라는 일종의 경고이다.

직진하여 내려가면 이내 편백나무 숲을 지나게 되는데 주변에 바위들이 많다. 이 돌들도 석주관성과 관련이 있을 것이다. 어쨌든 주변에 돌이 많아야 석성을 쌓기 쉬웠을 테니까 말이다.

시끄러운 물소리를 내는 큰 개울 하나가 나온다. 이 골짜기가 석주곡이니 이 물이 석주곡수이겠다. 석주곡이나 석주곡수는 모두 석주관 때문에 생긴 말이다. 석주곡수길은 바윗돌로 자연스럽게 연결한 산중 징검다리가 정겨울 뿐만 아니라 언제나 풍부한 수량의 물이 흘러 시원한 느낌을 준다. 여기서 '이순신 백의종군길'과도 만나는데 이는 이미 남원에서 본 바 있다.

역사의 현장 석주관

석주관[1]이라. 고려시대에는 석주진이라 불렀던 석주관의 '관關'은 국경이나 국방상 요지의 통로에 두어서 외적을 경비하며 그곳을 드나드는 사람이나 화물 등을 조사하던 곳을 말한다. 곧 교통과 군사적 요충지에 설치했다는 것이다.

> 동쪽으로 25리 떨어진 곳에 있으며 좌우로 산세가 기구하고 강변에 길이 있는데 사람과 말이 가까스로 지난다. 북쪽에는 커다란 협곡이 있고, 그 안에 수십 리의 큰 강이 있다. 고려 말기에 왜를 막기 위하여 강의 남북 쪽에 성을 쌓았는데 지금은 없어지고 터만 남았다. 여기에서 호남과 영남으로 나누어진다.

'신증동국여지승람'에 기록되어 있는 '석주관'에 대한 설명이다. 이에 의할 때 지금의 도계가 아닌 이 석주관을 경계로 경상도와 전라도 등 양도兩道가 나뉘었음을 알 수 있다. 이 석주관은 우리나라의 지형 그리고 지리산의 지형과 관련하여 아주 중요한 곳이라는 얘기다.

앞서 얘기한 바 있다. 영·호남을 잇는 3대 관문은 안음(함양)의 황석산성, 운봉의 팔량재 그리고 이 구례의 석주관이었다. 이들 관문은 동서 즉 영남과 호남을 연결하는 가교 역할을 담당했다. 황석산성은 가야를 멸망시킨 신라가 백제에 대항하기 위하여 쌓은 석성이고, 팔량재는 임진왜란 때 조경남이 경상도에서 전라도로 넘어오는 왜구를 지키던 곳이며, 고려 말에는 진포대첩

---

1 고려 말 우왕 때에는 잦은 왜구의 침공으로 인해 석주진이라는 이름으로 운용되었다.

시 운봉을 넘어온 왜구의 잔당들이 황산전투에서 이성계에게 대패를 한 곳이다. 이 석주관은 왜군이 영남으로 들어와 호남의 곡창지대를 장악하기 위해서는 반드시 지나야 할 곳이었다.

석주관칠의사 유적지

이런 지형적인 특성이 임진왜란 때 안타까운 사건을 유발하였고 이는 구한말에도 마찬가지였다. 즉 임진왜란이 일어나자 전라도 방어사 곽영이 왜구를 막기 위하여 쌓은 성이 바로 석주관성이었다. 1597년 정유재란이 일어나자 호남의 부호 왕득인이 9월 22일 이곳을 지키다 목숨을 잃었고, 11월 8일에는 그의 아들 왕의성과 선비 5인이 의병을 이끌고 화엄사의 승병과 함께 전투를 벌이다 3,500여 명이 순절한 곳[2]이기도 하다. 그러니 이 일대가 칠의사 및 의병들이 왜군에 맞서 옥쇄 전투를 펼친 피의 전장이라는 얘기다. 그래서 이 곡수를 피내 즉 혈천血川이라고도 부른다. 이때 순절한 의병장들을 '석주관칠의사'라고 하여 묘소와 추념비를 세웠다.

이렇듯 중요한 길이었으니 이곳들을 지킴으로써 호남의 곡창지대를 왜군으로부터 보호[3]할 수 있어 그들의 병참기지화 하려 했던 계획은 수포로 돌아

2 다음 날인 음력 11월 9일 조경남은 이정익, 고정철과 합세해 일본군 60명을 죽이고 우리 포로 200명을 구출하기도 했다.

3 호남의 남쪽을 왕득인 일가가 수호하였다면 호남의 북동쪽 남원에서는 충경공 금릉 김익복(1551~1599) 일가가 같은 역할을 수행하였다. 22세에 진사시에 합격한 후, 29세에 대과에 급제하여 능성(지금의 화순) 현령에 이르렀을 때 임진왜란이 발발하자 박장전, 임계영 등과 혈맹으로 의병을 모집하여 성주, 개성, 금산 등지에서 혁혁한 전과를 올렸는데 이는 임진왜란 최초의 창의倡義 기록이다. 정유재란 시 도원수 권율의 만류에도 "충성이 곧 효도"라며 부친상 시묘 중에도 참전을 하였다가 왜구의

가게끔 하였던 것이다. 또한 1597년 파직당하여 백의종군하던 이순신 장군이 삼도수군통제사로 재임명되어 군사, 무기, 군량, 병선 등을 모아 명량대첩지로 이동한 구국의 길로 구례군에서는 이 길을 특히 '조선 수군 재건로'라 이름하였다.

1597년 9월 22일 난중일기에는 이렇게 기록되어 있다. "자모장 왕득인이 군사 50명을 데리고 숙성치[4]를 넘어와 조경남 진에 이르러 비책을 논의한 다음 석주관으로 간다. 구례사람들의 따뜻한 대접을 받는다."

한편 구한말에는 동학농민군이 경상도로 진출하기 위하여, 지리북부에서는 운봉에서 민보군과 격전을 치렀으며, 지리남부에서는 광양과 순천의 농민이 이곳을 통하여 하동과 진주로 나아가 영·호남연합농민군을 구성하여 일본군과 격전을 치르기도 한다.

송정마을 출발 후 약 2.9km 정도 걸으면 기둥 하나로 세워진 오두막과 통나무 벤치시설을 만난다. 섬진강 건너 유명관광사찰 사성암[5]을 품고 있는 오산과 주변 산을 조망할 수 있는 곳이다. 여기서 송정리를 빠져나와 파도리로 들어선다. 지리산 노고단에서 왕시루봉으로 이어져 663.6봉에서 뚝 떨어진 곳이 이 파도마을이다. 강 건너에는 백운산과 계족산을 바라보며 동서 양쪽

탄환에 맞아 사망을 하였는데 그의 세 아들 류, 화, 연 등이 이때 모두 부를 따라 종군하였다. 장자 류는 영광성 전투에서 31세의 나이로 사망하였고 삼자 연은 '이괄의 난'과 '병자호란' 때에도 창의하였다.

4 밤재 옆에 있는 고개로 전라북도 남원과 전라남도 구례의 도계에 위치한다.

5 원효, 도선, 의상, 진각 등 4인의 대사가 수행을 했다 하여 사성암이라 한다. 하지만 어디 그분들뿐이겠는가. 원감도 여기서 안선安禪하였으니 오성이 아니라 육성도 될 법하다. 봉성지에 따르면 '암자 위에 바위가 있는데 바위에는 백장의 빈틈이 있다. 속칭 용암湧巖이다. 바위에는 12대가 있고 대에는 자기 이름이 있다.'고 적고 있다. 이에 육당 최남선은 심춘순례에서 "용암의 湧은 아마 '솟은'과 비슷한 무슨 음의 대자對字일 것이요, '솟은'은 대개 'ᄉᆞᆫ' 혹 'ᄉᆞᆯᄋᆞᆫ'의 연이와延而訛(오랜 시간이 흘러 변형됨)한 이름일 터. 이것이 곧 다른 곳의 입암立巖, 선암 등과 마찬가지로 신체석神體石이라는…(중략) … 그런데 사성이라 함은 다른 것이 아니라 '솟은'의 종교어적 대사일 따름이다. '솟은 바위'에 지었다 하여 '솟은庵'=사성암이라 할 것이다."라고 썼다.

으로 능선이 있어 좌청룡 우백호의 형상이다.

가까이 섬진강을 건너는 간전교가 보이고 강 건너 간문천이 섬진강으로 합류되는 모습을 볼 수 있다. 좌측이 광양시 간전면이고 우측이 문척면이며 그 면계에 좋긋 튀어나온 산. 계족산(702.8m)이다. 지금의 구례군지에 해당하는 봉성읍지를 보면 "계족산은 문척면과 간천면의 경계에 있는 산"이라고 하면서 "석벽의 모습이 닭의 벼슬을 닮았다. 좌우로 나뉜 줄기가 닭의 발과 같은 고로 이름이 생겨났다."고 적고 있다.

계족산. 남진하여 호남정맥으로 이어진다.

살펴보건대 우리나라에 계족산이라는 이름을 가진 산이 몇 있다. 아무래도 계족산이라고 하면 갑천(식장)지맥을 하면서 지나는 대전의 계족산(424m)이 대표적이다. 이 계족산의 유래를 보면 "대전광역시 동쪽에 있으며, 산줄기가 닭발처럼 펴져 나갔다."하여 계족산이라는 말도 있고, "지네가 많아 이를 퇴치하고자 닭을 풀어놨다."는 데서 유래했다는 말도 들린다. 이렇게 설이 난무하다는 것은 어느 것도 맞는 얘기가 없다는 것이다. 그러니 뭔가 꺼림칙하다. 말도 안 되는 허무맹랑한 얘기로 들리니까 말이다.

계족산 소고

이 계족산의 유래에 대해서는 이미 제14구간에서 도솔산인 이영규의 얘기를 빌어 자세히 알아봤었다. 그러니 계족산이 닭발 모양을 닮은 것이라는 뜻은 원래의 말과 무관하다고는 않다 하더라도 적어도 위와 같은 뜻을 알고는 사용하여야 할 것 같다. 즉 우리나라의 계족산은 이런 의미에서 붙여진 이름이지 반드시 산의 생김새와는 상관이 없을 거라는 얘기다. 참고로 범어梵語로 우리말의 '산'이 Giri 즉 '지리'로 발음되는 것이나 가야국 시절 칠불사의 허황후의 설화나 범왕리라는 지명이 불교남방전래설과 맞물려 있다는 얘기도 벌써 알아봤다.

저 문척면의 지세는 계족산 뒤로 갈미봉(656.4m)과 달뜨기재봉 즉 월출산(766.2m)과 어울려 사뭇 의미 있는 산세가 된다. 즉 갈미봉이 할애비산이 되고 삽재봉(597.3m)이 주산이 되어 오산鰲山(530.8m)[6]으로 이어지는 능선이 좌청룡이 되고 삽재봉에서 우측으로 늘어진 능선이 우백호가 되는 형국이다.

계족산이 나오고 달뜨기봉 즉 월출산이 나왔으니 이쯤 되면 이들의 어원도 살펴볼 필요가 있겠다. 국어학적으로 '돌'은 '높다'라는 뜻을 가진 단어로 지금은 쓰이지 않고 있다. 굳이 지금 쓰고 있는 용례를 보자면 '매달다'나 '키다리' 같은 말들을 들 수 있겠다. 이 '돌, 달'이 지명에 쓰이면서 '높다, 크다'라는 말 이외에 '고을, 성城'으로도 쓰이게 되었다. 그러니 '달동네'라고 하면 지대가 높은 '산동네'를 뜻하는 말임을 쉽게 짐작할 수 있겠다. 마찬가지로 '달천, 달내' 등도 높은 산에 있는 물줄기로 이해하면 되겠다.

---

6 '산에 들면 산을 모르고 산을 벗어나면 그 산이 보인다.'는 말이 있다. 오산에 오르면 바로 '지리산'이 한눈에 들어온다. 북동쪽으로는 노고단, 반야봉, 삼도봉이 뚜렷하고 멀리 명선봉, 촛대봉이 아련하다. 동쪽으로는 문수리가 아스라이 펼쳐지며 그 오른쪽으로 왕시루봉과 황장산이 각기 능선을 이루며 달리고 있다. 한마디로 말하자면 지리산 남부 최고의 전망대인 셈이다. 그리고 풍광이 주는 아름다움이 있다. 실핏줄 같은 개울물을 모아 남도의 이산 저산의 뭉툭한 허리를 감돌며 굽이치는 섬진강이 가장 찬란한 빛으로 흐른다. 남서부 지리산만큼은 어떤 전망대도 이 오산에서 바라보는 섬진강의 비경을 따라잡기 힘들 것이다.

문제는 이 '달達'이 하늘에 떠 있는 달로 보아 '月'로 변형 되었다는 것이다. 그 예가 월출산이나 월악산이 되며 월봉산도 같은 이유로 생기게 된 산 이름인 것이다. 그러니 '달나뫼'나 '달래뫼'가 월출산이 된 과정을 쉽게 이해할 수 있겠다. 그렇다면 '딸뜨기봉'은 오히려 월출산이었던 이름을 우리말로 좀 부드럽게 순화시킨 모양새다.

그런데 여기서 '달'이 발음이 비슷한 '닭鷄'으로 쓴 경우다. 풍수지리학에서는 '산山'을 '용龍'이라 하기 때문에 계룡산鷄龍山의 경우도 그저 '높은 산' 정도의 의미였지 결코 '금계포란형'이니 '비룡승천형'이니 하는 말과는 거리가 멀다. 즉 이 산 이름을 보고 지어낸 이름일 것이라는 얘기다. 그래서 '鷄'는 우리말 '달'을 나타낸 글자로 국어학자들은 해석하고 있는 것이다. 그러니 계족산을 한자 그대로 풀이하여 '닭발' 혹은 '닭다리' 모양을 한 산 나아가 '닭 벼슬' 모양이라고 볼 필요가 없다는 얘기다.

원송마을 임도에 내려서서 31-1 이정목의 지시를 받는다. 석주관 삼거리부터 계속해서 이정표는 두 개다. '이순신 백의종군로'와 겹치기 때문이다. 한층 넓어진 숲속의 소로를 지나면 전원주택 택지 공사가 요란한 파도리로 들어선다. 이제 구례읍 시가지가 한눈에 들어온다. 좌측으로는 오산(541.7m)과 그리고 서시지맥이 구례시가지를 에워싸고 있으며 지맥 아래 구례의 진산 봉성산(165.6m)이 뚜렷하고 그 사이로 섬진강의 흐름이 힘차다.

파도저수지에서 내려오는 수량이 풍부한 개울을 나무다리로 지나노라니 왕시루봉에서 남쪽으로 내려오는 능선이 보인다. 조망이 터진 좌측으로는 계족산으로 올라가는 능선과 우측의 오산이 보일 때 그 앞에 누에처럼 누운 낮은 한 줄의 능선이 보인다. 바로 오미리의 운조루와 관련 있는 오봉산(174.8m)

뒷줄 우측 끝의 오산과 그 앞줄의 삼태봉과 오봉산

과 삼태봉(207.6m)[7]이다.

파도리로 들어서자 구례 노인전문요양원까지 탁 트인 조망 속에서 정면으로는 서시지맥, 우측으로는 지리산, 좌측 섬진강 건너로는 오산부터 계족산을 지나 간문천 너머 호남정맥 라인까지 개이빨 같이 이어지는 산의 이음에 그저 황홀한 감탄사만 연발하게 된다.

멀리 구간 도착지인 오미리 일대와 문수저수지가 시야에 들어온다. 여수지라고도 부르는 문수저수지 옆으로 난 길을 따라 오르면 산모퉁이 끝에 문수사가 나온다. 문수사로 오르는 길은 토지천과 함께한다. 이 문수사도 바람 잘 날이 없었던 사찰이다. 연곡사와 함께 의병들의 아지트 역할을 했던 곳이라 하여 몇 번의 폐사와 중창을 거듭했다.

547년(백제 성왕 25년)에 연기조사가 세웠다고 하는데 이 사찰은 만수사리 즉 문수보살이 상주하는 곳이라 한다. 이 문수사는 반야봉과 나누어 얘기할 수 없다. 즉 차와 함께 살았기에 다송자茶松子라고도 불리는 금명錦溟 보정寶鼎(1861~1930)의 지리산문수암모연문智異山文殊菴募緣文을 보면 "암자는 제일봉의 불묘佛廟 아래에 있으며, 마음을 깨끗이 하면 반야의 현묘한 이야기도 많이 들을 것이며, 중생들을 오랫동안 먹여 살릴 복전이로다."고 하였다.

여기서 불묘란 지리 서쪽의 제1봉이니 제4부 지리종주 중 반야봉을 지나

7 풍수지리상 운조루와 관련이 있다. 운조루, 연당과 관련하여 후술한다.

내죽마을의 인공수로

면서 자세하게 살펴볼 것이다. 어쨌든 문수보살이 반야봉에서 설법을 행하면 그 법문이 왕시루봉에 부딪쳐 하나하나 차곡차곡 쌓이는 곳이 바로 이 문수사 터여서 여기에 문수사를 건립한 것이다. 연기조사가 후에 반야봉에 들어 묘향대에 토굴을 짓고 수행을 하였다는 것이 이런 뜻이 있었던 것이다.

운조루의 한국판 노블레스 오블리주

되돌아 나와 내죽마을을 지난다. 대나무竹와 토지천川의 시내가 있는 곳이라 하여 내죽마을이라 불렀다고 한다. 우측 수로를 따라 걸어 하죽마을을 지난다. 이 수로는 토지천의 풍부한 물을 오미리의 너른 들에 물을 대기 위하여 만든 인공수로이다. 노고단에서 성삼재로 갈 때 노고단의 풍부한 물을 화엄벌로 돌리기 위한 무넹기와 같은 원리이다. 너른 오미벌을 보고 걷다보면 우측으로 전통 한옥집이 보인다. 운조루다. 1776년 낙안군수와 삼수부사를 지낸 안동 출신 류이주가 지은 99칸 목조주택으로 중요민속자료 제8호다. 일본의 풍수지리학자 무라야마 지준의 글에도 소개될 만큼 널리 알려진 명당이다. 이 운조루가 중요한 의미를 갖는 이유는 이곳이 한국판 노블레스 오블리주noblesse oblige를 실천한 역사의 현장이기 때문이다. 즉 시쳇말로 '가진 자의 의무'를 보여준 곳이라는 것이다.

타인능해他人能解 즉 '타인도 열게 하여 주위에 굶주린 사람이 없게 하라'는 이 글귀는 이 운조루의 쌀독에 적힌 글이다. 류이주 선생은 쌀독 아래에 구멍을 내고 마개에다 이런 글귀를 써 놓았던 것이다. 가난한 이웃들이 와서 필요한 만큼 쌀을 가져가 먹을거리를 해결하라는 뜻이다. 이는 선생의 '노블레스 오블리주'의 정신과 궤를 같이하는 나눔의 삶 곧 베풂의 정신을 알려주는 예다.

운조루 대문 앞마당 건너편에 연당蓮塘이 있는데 원래는 약 200평 규모였으나 지금은 그 일부만 남아 있다. 강 건너 오봉산(174.8m)과 삼태봉(207.6m)이 화산火山이어서 화기를 막기 위해 만든 것이고 또한 풍수지리와도 관련이 있다고 하니 그 내용이 궁금해진다.

풍수지리라! 산세나 지세 그리고 수세 같은 자연을 판단하여 이를 인간의 길흉화복에 연결시키는 학문이 바로 풍수지리 아닌가? 우리의 전통지리학이다. 이 풍수지리에서 땅을 해석하는 방법 중 금환락지형이라는 게 있다. 한자로 쓰면 '金環落地'일 것이니 곧 이 일대의 땅들이 여인들이 쓰는 가락지 그 중에서도 금가락지가 땅에 떨어진 형국이라는 것이다.

예로부터 가락지는 여인네들이 가장 귀하게 여기는 정표로서 아기를 낳을 때나 성행위를 할 때만 빼놓는 것이니 곧 '출산', '생산'을 의미하는 것이겠다. 그러니 결국 이 일대가 풍요와 부귀가 마를 날이 없다는 곳인 천혜의 길지吉地라는 것이다. 그 중에서도 가장 명당자리가 바로 이 운조루가 있는 곳인데 다만 맞은편 섬진강 건너에 있는 오봉산과 삼태봉이 화산火山이어서 이 화기를 막기 위한 방편으로 이 연당을 만들게 된 것이란다. 그런 심오한 뜻이 있었다.

운조루 앞 정자 옆에는 둘레길 이정목에 빨간색 화살표가 두 방향을 가리키고 있다. 남쪽 원내마을 방향과 서쪽 배틀재 방향 두 군데다. 어디로 가야 하나?

제17구간

오미~난동

오미마을(운조루)~곡전재(0.2km)~원내마을(0.7km)~수달보호구역(원내 0.8km)
~수달보호구역(용두 1km)~용호정(0.5km)~서시교(2.9km)~구례센터(0.9km)
~연파마을(광의면소재지, 6.0km)~구만마을(우리밀체험장, 2.1km)~난동갈림길(3.8km): 18.9km

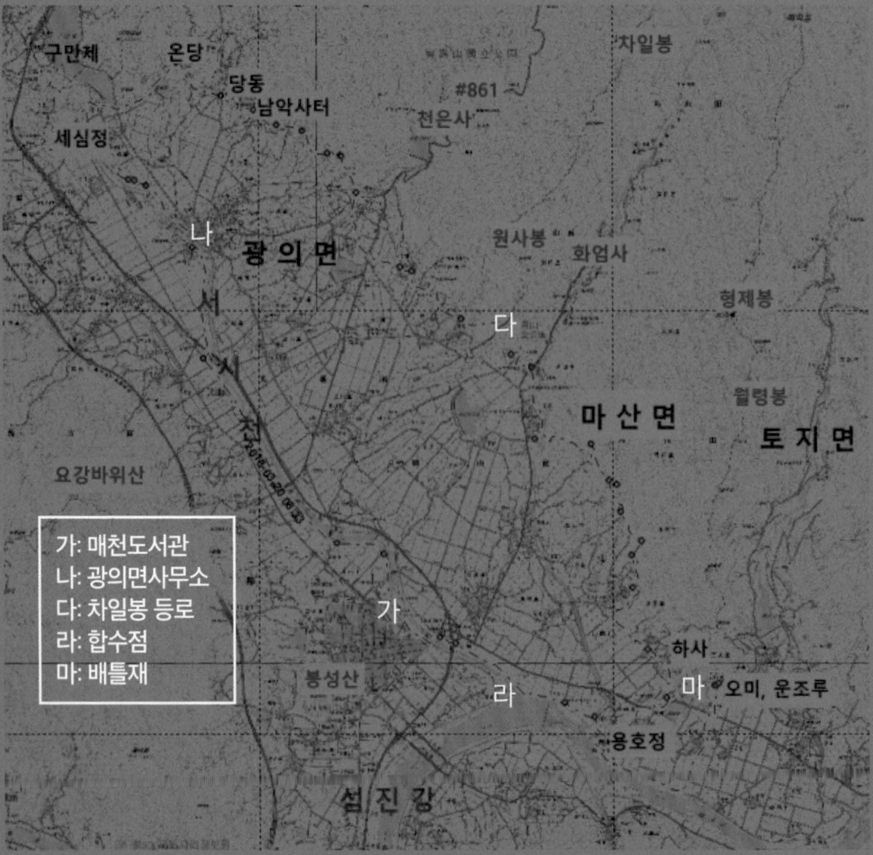

필자는 지리산 둘레길을 크게 본선本線과 지선支線으로 나누었다. 그러면서 본선本線이란 말 그대로 꼬리에 꼬리를 이어가는 주 루트라는 것이고, 지선支線은 본선에서 가지를 친 노선으로 여기에는 ①접근의 편의성을 고려한 구간 가령 하동읍~서당마을 구간 혹은 ②본선으로 루트를 잡기에는 거의 산행 수준이어서 난이도가 좀 있는 곳 가령 제3구간의 선화사(구 황매암) 구간, 제4구간의 벽송사 구간 등으로 나눴다.

본선本線, 기선岐線 그리고 지선支線

그런 지선 중에는 가령 하동읍~서당마을, 목아재~당재 같이 독립된 구간인 경우도 있지만 제3구간의 삼신암 루트 혹은 제6구간의 선녀탕 루트 같이 선택적인 의미를 갖는 구간도 있다. 그래서 필자는 지선 중에도 하동읍~서당마을, 목아재~당재 등과 같이 그 성격이 본선 같아 필히 진행하여야 할 곳을 특히 기선岐線으로 불러 준본선準本線으로서의 역할을 분명히 하였다.

그런 점으로 볼 때 (사)숲길이 분류한 오미~구례~난동 18.9km 구간이나 오미~방광의 14.7km 구간이 좀 애매하다. (사)숲길에서는 이 두 구간을 분명히 본선으로 분류했기 때문이다. 즉 이 제17구간의 들머리인 오미마을이 구례읍을 거쳐 난동마을로 진행하는 약 18.9km의 구간과, 황전마을~한수마을을 거쳐 방광마을로 진행하는 약 12km 구간의 공통된 시발점이기 때문이다. 생각을 바꾸어 오미마을을 날머리로 한다고 해도 난동마을이 같은 들머리가 되니 사정은 마찬가지이다. 또한 이 두 루트 중 "어느 루트가 주 루트로 17구간이라는 구간 순위를 먼저 가져야 하는가?"라는 점도 난처하다.

이 길을 기획한 (사)숲길이 둘레길을 소개할 때 오미~난동 구간을 먼저 올렸으며 이 구간 거리가 약 6.9km 더 길기도 하며 또한 그 구간에 상당한 규모의 '지리산 둘레길 구례안내센터'까지 운영하고 있으니 아무래도 이 구간을 제17구간으로 보는 게 맞을 것 같다. 그러면 자연스럽게 오미~방광 구간은 제18구간으로 보아 이 구간만큼은 환종주로 이어가는 것도 가능해 보인다. 그럴 경우 난동~방광의 2.7km 구간을 따로 본다는 것도 무의미해진다.

그러니 산꾼인 필자는 이 두 구간만큼은 (사)숲길의 구간 나눔을 무시하고 환종주로 이어가기로 한다. 아니 산꾼이 아니고 초보 둘레꾼이라 하더라도 제1구간을 시작하여 여기까지 따라왔다면 이제는 다리 근육이 어느 정도 두꺼워졌을 법도 하다. 그렇다면 아침 일찍 일출과 동시에 구간을 시작하여 좀 길게 걸어보는 거다.

방법은 오미를 출발하여 구례 시내를 거친 다음 난동 18.9km에 도착하여 다시 본선인 산동~난동~방광 구간 중 난동에 접속하여 역으로 난동~방광~오미 14.7km 구간을 걷는 것이다. 그러면 비록 33.6km의 거리가 좀 길다 싶지만 그 다음 구간은 자연스럽게 난동~산동이 될 것이며 그 구간도 13.2km에서 10.5km로 2.7km가 줄어들었으며 이왕 자신감이 붙었다면 내친김에 산동~주천 구간 15.9km을 이어 난동~산동~주천의 26.4km도 한 번에 이어갈 수도 있을 것이다.

둘레길 제17구간을 이렇게 상정하는 이유는 그만큼 난이도가 'C'일 정도로 저급이라는 데 있다. 시종일관 평지를 걸으니 누구나 충분히 걸을 수 있다는 계산에서 나온 것이다. 또한 계족산에서 오산으로 이어지는 능선이나 지리남서부의 줄기란 줄기, 산이란 산은 다 보면서 갈 정도로 눈요깃감도 충분하다. 거기에 더하여 구례시내를 감싸고도는 서시지맥을 관찰할 수 있다는 것도 그 즐거움을 배가시켜 준다. 이런 걸 클라이맥스climax라고 했던가? 아니면 하이라이트highlight라 했던가?

전라남도 구례군 토지면 오지리 103. 운조루의 주소이다. 지난 구간 잠깐 언급했던 오미마을은 '운조루'로 대변된다.

백의종군길과 함께 걷다

이정목을 본다. 그런데 여느 곳과 다르게 이정목의 빨간색 화살표가 두 군데를 가리키고 있음을 확인할 수 있다. 위에서 살펴본 바와 같이 구례 시내 방향과 방광 방향이다. 둘레길 제17구간을 진행하기로 하였으니 용두리 원내마을로 간다. 이 루트는 부분적으로 이순신 장군의 '백의종군길'과 겹친다고 했다.

마을을 나서면서 주변 지형을 본다. 맞은편에 19번 도로와 섬진강이 있고 그 건너편에 계족산이 보인다. 19번 도로 건너편에 보이는 마을이 곧 만날 토지면 용두리의 원내마을이다. 오미리 좌측으로 멀리 지리산 왕시루봉이 보이니 그 사이 골짜기로 들어가면 문수사로 들어가는 길이 보이겠고 토지천이 흐를 것이다. 그리고 그 토지천의 끝은 노고단의 형제봉 능선과 반야봉에서 흘러내린 왕시루봉 능선의 골짜기가 될 것이다.

문수리로 들어가는 능선 너머 왕시루봉의 봉애산 줄기가 보이니 그 너머가 피아골로 들어가는 루트겠다. 섬진강이 우측 줄기 앞에서 우측으로 휘어나가니 맨 뒤에 화개장터로 내려오는 날라리봉(삼도봉)~불무장등~황장산 줄기가 힘이 있게 보인다.

운조루 앞 이정목. 여기서 본선은 두 갈래로 갈린다.

화살표가 가리키는 방향으로 발을 떼면 우측으로 곡전재 간판이 보인다. 곡전 이교신의 후손들이 거주하고 있는데 구례 향토문화유산 제9호로 지정된 전통한옥이다. 19번 도로 버스정류장에서 길을 건너면 대나무 숲 뒤로 계족산 앞으로 흐르는 낮은 줄기 하나가 가로로 누워 있는데 육안으로도 그 줄기 좌측에 정자 하나를 볼 수 있다. 정자가 있는 삼태산(207.6m)과 오미리의 진산 오봉산(174.8m)이다. 그 뒤로 오산에서 이어지는 오산능선의 끝 둥지리봉(690.2m)이 보인다.

원내마을을 벗어나 논 사이로 난 시멘트 도로를 따라 걷는다. 정면으로 오봉산과 오산을 보면서 걷게 된다. 뒤를 돌아보면 지리남부능선까지 또렷하게 보이게 된다. 이제 우측으로는 형제봉 능선의 월령봉과 좌측 쫑긋 선 형제봉이 보이지만 반야봉이나 노고단을 보려는 욕심은 아직 이르다. 나무계단으로 방죽에 올라선다.

오산을 보면서 걷는 즐거움도 자못 크다

섬진강이다. 이미 얘기했다시피 이 섬진강을 구례에서는 잔수강潺水江[1]으로 부른다. 남원에서는 순자강鶉子江, 곡성에서는 압록강鴨綠江 그리고 광양에서는 섬진강蟾津江으로 부르는 등 이름도 다양하다. 이 구례에서 특히 잔수강이라 부르게 된 까닭은 좌측 오산 사성암四聖庵과 관련지어야 한다. 원 이름이 오산암鰲山庵이었던 사성암은 원효, 의상, 도선, 진각 등 4인의 고승이 수행을 한 수도처라 하여 사성암으로 바뀌었다고 하지만 지난 구간 살펴본 바와 같이 여전히 의문스럽다. 통일신라 후기 이래 고려까지 고승들의 참선을 위한

1 구례에서 잔수강이라고 부르게 된 유래에는 원효대사와 그의 어머니 설화가 있다고 한다.

수도처였던 셈이다.

어쨌든 이 방죽 아래 대나무 숲이 있고 그 뒤로 오산의 사성암이 자리하고 있으니 운치 하나만큼은 너무 좋다. 그 방죽이 끝날 무렵 정자 하나가 나오고 '수달보호구역'이라는 안내판이 보인다. 그 뒤로 나무 데크가 강과 풀 그리고 나무와 어우러져 둘레길을 멋지게 연출한다.

매천을 공부하고자 건립한 용호정

그러고는 용호정이라는 누각이 나오는데 이는 일제강점기 시절 일제에 나라를 빼앗긴 울분을 달래기 위해 뜻있는 분들이 십시일반 돈을 모아 지었다고 한다. 나라를 빼앗겼는데 왜 할 일 없이 이런 정자를 지었는지 거기에 대한 설명이 없어 고개를 갸우뚱하게 만든다. 알고 보니 매천 황현 선생을 기리고자 그 제자들과 뜻있는 이들에 의해 '매월음사梅月吟社'를 결성하여 천은사, 화엄사를 돌며 봄, 가을로 시회를 열어 선생을 추모하다가 1916년 이 용호정을 건립하여 운용하였으나 재력이 없어 유명무실해졌다고 한다.

용호정 옆을 지나 바로 좌회전하여 운치 있는 숲길로 진행하는데 옥스팜 트레일 워커OXFAM TRAIL WALKER 길안내 표지띠가 보인다. 구례군에서 주관하는 행사인데 4명이 한 팀이 되어 한 팀당 50만 원의 기부 펀딩을 해야 참가할 수 있다. 100km를 38시간 내에 마무리하여야 하는데 동계스포츠 '팀추월 스케이팅' 같은 형식이다. 마음 맞는 사람들끼리 모여 지리산의 멋진 모습도 보고 몸과 마음도 다지면서 봉사도 할 수 있으니 아주 멋진 스포츠라는 생각이 든다.

데크를 따라 걸으니 마산천이 섬진강으로 흘러드는 수로를 건너게 된다. 이 물의 발원지가 바로 화엄사골의 코재 부근으로 이른바 '무넹기'[2]라고 하는 곳이다. 그러니까 백두대간 노고단 부근에서 형제봉 능선과 차일봉 능선이 갈라질 때 그 사이에서 나오는 물줄기가 바로 이 마산천인 것이다. 그런데 이 마산천이 아주 중요한 내용을 담고 있다. 즉 이 물에는 노고단에서 발원하여 달궁계곡을 지나는 만수천이 되어야 할 물의 상당량이 무넹기로 인해 이리로 내려온다는 것이다.

구례읍이 눈에 들어오면서 읍내 중앙에 비록 낮기는 하지만 구례의 진산인 봉성산(165.6m)이 보인다. 그리고 그 우측에서 물줄기 하나가 합류하는 모습이 보인다. 서시천이 섬진강에 안기는 모습이다. 남서부 지리산에 있어서는 제일 중요한 물줄기가 바로 이 서시천이다.[3]

구례는 분지다

구례읍 시가지 뒤로 갈미봉(496.6m)에서 움푹 파인 까막재를 거쳐 병방산(160.4m)으로 흘러내리는 줄기가 보인다. 건물 뒤의 낮은 곳이 구례구역에서 구례읍으로 넘어오는 제비재이다. 그렇다면 구례구역 뒷산이 별봉산(614.4m)이고 그 뒤 우측 뾰족봉이 봉두산鳳頭山(753.8m)[4]이다. 신라 5교9산의 동리산파

2 자세한 것은 졸저 전게서 70쪽 참조.

3 이 물줄기의 시작은 지리산 만복대이다. 횡천지맥이 낙동정맥에서 가지를 쳐 나갈 때나 같은 원리이다. 지맥에 대해서는 지난번 어느 정도 알아봤고 제3부에서 또 다룰 것이니 여기서는 생략한다.

4 호남정맥의 유치산 부근에서 가지를 쳐 희아산(774m)~숫개봉(547m)에서 이어지는 봉두산은 봉황의 머리와 같은 모양을 한 산이라서 그렇게 부른다고 하는데 동리산이라는 이름도 가졌다. 봉황이 먹고 사는 오동나무 열매가 주렁주렁 달린 오동나무가 숲을 이룬 곳이니 桐裏가 되고 그러니 鳳頭라는 말이겠다. 신라 때에는 대안사大安寺였다.

桐裏山派의 태안사가 있는 그 봉두산이다.

풍수지리학에서 볼 때 저 병방산은 상당히 중요한 위치에 있다. 즉 구례의 진산鎭山인 봉성산(165.6m)에 대응하는 조산祖山으로 구례의 맨 가장자리를 관장하고 있는 산이기 때문이다. 이쯤 오니까 우측으로는 드디어 차일봉 능선이 그 윤곽을 드러낸다. 차일봉 능선 아래가 바로 화엄사이니 그 우측으로는 신라시대의 성지인 노고단이다.

지리남서부 줄기. 노고단에서 간미봉 지나 지초봉까지 한눈에 들어온다.

그러니 노고단 좌측이 종석대이고 종석대 좌측이 '작은 종석대'이니 그 아래 육안으로는 식별이 어렵지만 우번암도 보인다. 기도발로 이름난 지리10대臺 중 하나다. 그 아래로 차일봉과 원사봉도 보이니 그 좌측은 간미봉이다.

지리산 둘레길을 걷는 목적은 바로 이렇게 지리산 주변을 더듬으면서 산행을 꿈꾸다 보면 둘레길을 걷는 목적은 저절로 달성되지 않을까? 지리산을 보면서 자신을 성찰할 수 있는 기회가 되고 지리산을 걷다보면 지리산 아니 자연에 대한 인간정신의 회복을 생각하고 생명에 대한 외경심을 가지게 되지 않겠는가? 지리산의 희망과 꿈이 나에게로 인입이 됨을 느낀다.

서시1교를 다리 밑으로 통과하여 서시교를 통해 다리를 건넌다. 길바닥에 화살표가 방향을 안내하고 있고 그렇게 서시천변으로 들어선다. 이제 서시천이 우측에 있고 계속 이 제방을 따라 걷는다. 둘레길은 방죽을 따라 조성된 벚나무와 매화나무로 봄이면 흐드러지게 핀 벚꽃과 매화로 많은 상춘객들을 불러들일 것 같다. 애국지사 왕재일 선생 동상에서 잠시 묵념을 드리고 자전거길을 따라 걸으면 좌측에 구례 매천도서관이 체육공원과 함께 자리하고 있다.

영원한 유학자였던 매천 황현

도서관 앞에는 매천 선생의 흉상이 시비와 함께 세워져 있다. 빼어난 시인이며 역사가이며 당대 최고의 문장가로 이름을 날렸던 매천 황현(1855~1910)은 원래 광양 사람이었다. 황희 정승과 임진왜란 때 진주성을 지키다가 최후를 맞은 황진이 그의 10대조이며 8대조인 황위는 병자호란 때 남원에서 의병을 일으킨 인물이다. 1883년 별시 보거과에 일등으로 뽑혔으나 시험관이 그가 한미寒微한 시골 출신인 것을 알고 2등으로 낮추자 조정의 부패함을 절감하고는 나머지 시험을 포기하고 귀향한다. 하지만 아버지의 성화를 이기지 못하고 1888년 생원시에 응시하여 장원으로 합격하나 임오군란과 갑신정변을 겪은 수구파 정권의 부정부패가 극심하여 매천은 다시 귀향한다. 그러고는 식솔들을 데리고 백운산 서북쪽의 구례 만수동에 자리를 잡고는 시문 짓기와 역사 연구 및 경세학 공부에 힘쓴다. 그러다가 다시 구례 광의면 월곡마을로 이사한 매천은 동학농민운동의 소용돌이가 잦아들자 '오하기문'을 지었고 그 뒤 '매천야록'을 저술한다. 1905년 11월 일제가 을사조약을 강제 체결하자 김택영이 함께 중국으로 망명하자는 권유를 뿌리치고 구례에서 '호양학교'를 세우고는 신학문 교

구례 매천도서관에 있는 매천 선생 시비

육에 참여하였으나 1910년 8월 한일합방이 되자 통분하고는 절명시 4수를 남기고 자결한다.

아이러니컬하게도 남명과 퇴계가 갑장이면서 전혀 다른 길을 걸었던 것처럼 매천과 전봉준도 1855년생 갑장이지만 그들의 인생행로는 너무 달랐다. 전봉준은 민초들을 이끌고 봉건왕조를 타파하기 위한 혁명의 지도자가 되었지만, 매천은 신분제도를 부정하는 동학교도들을 단죄하고자 야사野史 성격의 '오하기문梧下紀聞'까지 집필할 정도로 이들에게 부정적인 사고를 가지고 있었다.

즉 태생적으로 유학자인 매천은 신분제적 질서를 부정하는 농민군의 봉기를 결코 인정할 수 없었다. 다만 뜻밖에도 동학의 '접포接包 조직'의 특성이나 질서정연한 농민군을 보는 데서 일부 '긍정적'인 그의 모습을 관찰할 수 있었음은 이미 봤다.

정리하자면 매천은 당시의 부정부패한 수구세력들을 비판하는 위치에 섰지만 스스로 유학자의 한계를 벗어나지 못했던 것이다. 왜군들과 싸우다 순절한 의병장 고광순을 연곡사까지 찾아가 통분의 눈물을 흘리는 애절함을 보였으나 정작 관군과 왜군의 연합군에 저항하는 동학교도들을 '동비東匪'라고 비난까지 하였던 매천을 어떻게 봐야 할까? 순수한 유학자였기에 그 틀 안에서 개혁을 꿈꾸던 조선왕조의 지식인이라고 봐야 한다는 입장[5]에는 일견 이해가 간다.

시대와의 불화로 아웃사이더의 삶을 살았지만 지식인이 세상에서 해야 할 역할을 몸으로 보여준 인물임에는 틀림없다 하겠다. 역사에 가정은 없지만

5 신정일, '한국사의 천재들' 336쪽.

남명의 제자들이었다면 어떤 시각으로 동학농민운동을 바라봤을까 하는 점도 궁금해진다.

작은 지리산

정장교를 지나면서 둘레길 구례센터를 통과한다. (사)숲길에서는 구례, 남원, 산청 그리고 하동 등 네 곳에 안내센터를 운용하고 있으며 주천, 함양, 중태, 성심원 등에서 안내소를 운용하고 있다. 이곳에서 쉬어갈 수도 있고 지도와 지역 정보도 얻을 수 있으며 스템프도 찍을 수 있으니 지역 교류의 장이자 쉼터를 십분 활용토록 해야겠다.

포장도로를 그냥 걷다보면 좀 심심함을 느낄 수도 있겠지만 노고단에서 종석대 그리고 서부능선으로 이어지는 지리의 모습이 잠시도 눈을 떼지 못하게 한다. 그럴 즈음 우측으로 공원이 나오면서 삼도봉, 연하봉, 제석봉 그리고 천왕봉 등 지리산 주릉에 있는 봉우리들의 정상석 모형들을 모두 갖다 놓았다. 미니어처miniature이다.

이제 둘레길은 정면으로 산성봉(362m)을 보고 걷게 된다. 저 산성봉은 요강바위산 옆으로 진행하여 서시지맥으로 연결된다. 광의교 너머로 서시지맥이 멋지게 늘어섰다. 좌측 서시지맥의 산줄기에 안테나봉이 하나 보인다. 천마산(658.2m)이다. 저 천마산은 전라남도 구례군과 곡성군 그리고 전라북도 남원시 등 3개 군이 만나는 이른바 삼군봉이다. 저 줄기를 따라 계속 북동진하면 지리산 만복대가 나올 것이고 그 줄기는 백두대간이다.

광의교에서도 직진이다. 이제 구례읍을 벗어나 용방면이다. 아직까지도 벚나무 길은 계속된다. 서시천 너머로 지리산의 줄기가 바뀐다. 이제는 원사봉(556.2m)이 멀어졌고 간미봉(728.4m), 지초봉(601.6m)이 바로 옆이다.

구간 끝까지 호사를 누리는 눈

선월마을에서 우회전하여 광용교를 건너 광의면으로 들어선다. 면소재지인 곳이니 여기서 식사도 할 수 있고 필요한 물건도 챙길 수 있겠다. 우측으로 광의면 구만리 마을을 보며 진행한다. 마을 뒤 좌측 앞이 까치절산(295.7m), 그 뒤 우측이 지초봉(601.6m)으로 그 줄기는 우측으로 납재를 지나 간미봉까지 한 줄로 이어졌다. 그러니 백두대간의 종석대~노고단 혹은 성삼재로 갈 때 산꾼들이 잘 찾지 않는 시암재 루트를 타기 위해서는 이곳으로 와야 한다. 즉 광의면 구만리 이곳 서시천을 만나는 까치절산을 시작으로 지초봉으로 오른 다음 간미봉(728.4m)~상복골재~시암재~작은종석대~종석대~노고단(성삼재)으로 진행하면 될 것이나 다만 간미봉~시암재 구간은 등로 사정이 그리 좋지 못하다.

산수유 시목지 이정표를 통과하면 우측으로는 구만마을이다. 서시천이 상류에서부터 9번째로 굽이치는 곳에 위치했다고 구만리라 했다고 한다. 구만교 이정표에서 좌회전하여 구만교를 건너자마자 오른쪽 세심정을 보고 직진한다. 세심정에서 마음을 가다듬고 구만제를 보고 수로를 건넌다. 그러면 구만제 뒤로 유원지 방갈로와 서시지맥 줄기가 펼쳐진다.

2002년 구례군 '우리밀협동조합'에서 농촌과 우리 밀의 소중함을 알리기

구만제. 서시천 상류에 있는 저수지이다.

위해 만든 우리 밀 체험센터 주차장을 지나 우회전하여 7번 도로를 따라 잠시 진행한다. 삼거리에서 좌회전하면 온당리로 들어서게 된다. 골논계라고 하는 골짜기 샘에서 따뜻한 물이 나와 온수골이라 부르다 한자로 개칭하면서 온동이 되었다고 한다. 골논계 온수로 목욕을 하면 병이 완쾌된다는 소문이 돌면서 전국의 나병환자들이 모여들어 마을 주민들이 솥뚜껑으로 샘을 막아 버렸다는 얘기가 들려온다. 우측으로 온당제를 끼고 진행하면 온동마을로 들어가는 삼거리가 나오지만 직진한다.

온동마을을 지나면서도 지리의 남쪽을 다 볼 수 있다. 정말이지 지리산 둘레길은 너무 눈을 호강시켜 준다. 이렇게 지리산의 전모를 보여주는 곳이 이 둘레길이 아니면 다른 곳이 어디 있겠는가! 스스로 반문해 본다.

그러고는 난동마을이다. 버스정류장 옆 느티나무가 있고 쉼터, 운동시설이 되어 있다. 예전에 난약사라는 절이 있어서 난약골이라고 했다가 난동으로 바뀌었다고 한다.

제18구간

난동~오미

난동갈림길(4.2km)~방광마을(1.4km)~수한마을(3.2km)~지리산탐방안내소(5km)~상사마을(1.6km)
~용두갈림길(1.1km)~오미마을(운조루): 16.5km

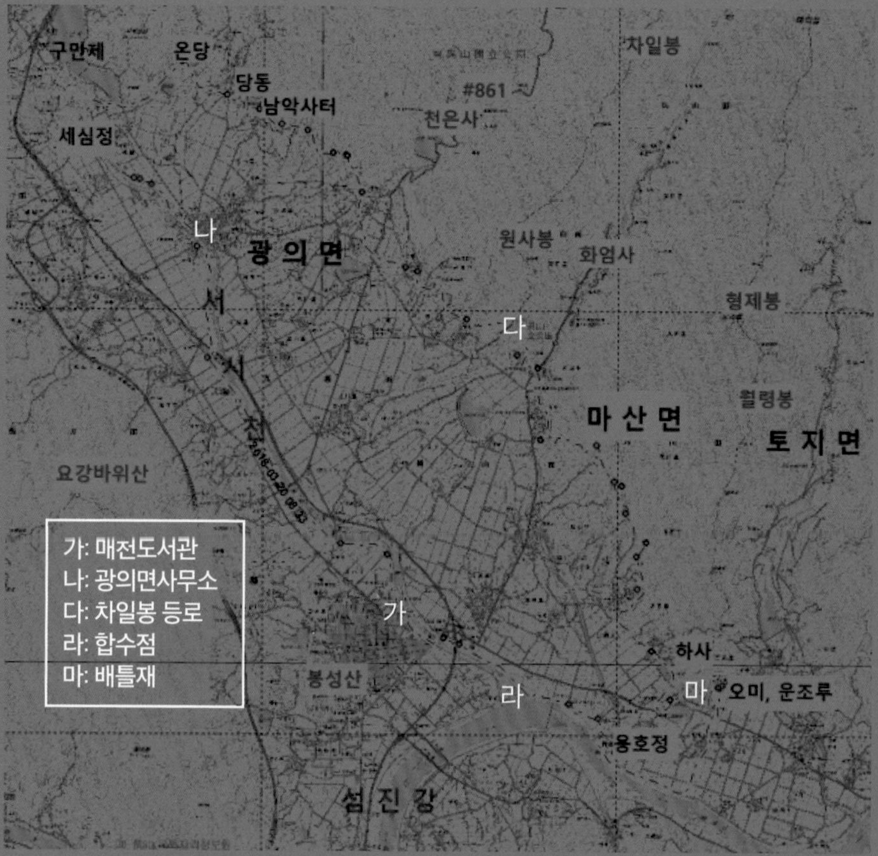

난동마을에서 방광마을 가는 길은 예술인마을이라는 좀 특이한 곳을 지나쳐야 한다. 전통 농촌마을을 걷다가 만나는 예술인마을은 전원주택 단지를 넘어 카페촌 같다는 인상을 받는다. 고급스러운 주택 마당에 세워놓은 조각상이나 조형물들은 지나면서 보는 이들로 하여금 색다른 분위기를 느끼게 한다. 우측 마을은 당동堂洞마을이다. 남악사南嶽祠라는 사당祠堂이 있어서 생긴 이름이다.

남악사[1]라! 지리산신사智異山神祠[2]라고도 불리는 남악사의 남악南嶽은 지리산의 또 다른 옛 이름으로 신라시대에 붙여졌다. 신라는 그 영토가 확대됨에 따라 국가의 제사권 장악을 통하여 백제와 고구려 사람들의 민심을 수습하고 국가 통치권의 정당성을 확보하기 위하여 명산대천에 사당을 세워 산신에게 제사를 지냈다. 그 기도처를 국토를 수호하는 다섯 개의 산 즉 오악에서 지내도록 한 것이다. 그리하여 동악은 토함산, 서악은 계룡산, 북악은 태백산, 중악은 팔공산 그리고 남악은 이 지리산으로 정했으니 이는 산악숭배사상 즉 산신신앙의 결과물이라고도 할 수 있겠다.

남악 즉 지리산에서의 그 제사 터는 서부지리를 책임지고 있는 반야봉 바로 아래 있는 봉우리였다. 언제부터인가 길상봉[3]으로 불리던 봉우리이다. 이곳은 선교사 유적지와 이에 따른 부대시설의 설치, 빨치산과 한국전쟁 그리고 무분별한 산림자원 채취 그리고 군부대 주둔 등으로 자연 훼손이 극심한

1 국가에서 관리하는 국제신사國祭神祠였다. 제4부 지리주릉에서 자세히 볼 것이다.

2 조선시대의 고지도를 보면 가령 1767년~1768년에 제작된 것으로 추정되는 규장각 소장 조선팔도지도(보물 제1587호)에는 '智異祠'라는 명칭으로 표기되어 있다.

3 공단에서 길상봉이라는 이름 대신 노고단이라는 제단 이름으로 모든 걸 표기하니 이제는 길상봉이라는 이름은 없어지고 노고단이라는 이름만 남았다. 한편 산악신과 산천신 제사는 나라에서 직접 관장하였는데 제단을 마련하거나, 단이 없으면 3칸 사당을 지어 제사를 지내게 된다. 현재 화엄사 옆 남악사가 세 칸으로 지어진 사당이다. 노고단의 이전 이름은 노구당老嫗堂이었다.

곳이었다. 최근 관리공단에서는 나무 데크로 탐방로를 만들어 훼손을 최소화하려 노력하고 있는데 지금은 이도 모자라 성수기에는 '출입허가제' 카드까지 들고 나와 하루 동안 출입할 수 있는 인원을 정해 놓고 복원에 최선을 다하고 있다.

간미봉에서 바라본 좌측 만복대와 우측 종석대

길상봉의 노고단은 산신에게 제를 올리는 기도처였다

노고단을 본다. 구례읍에 들면서 보이기 시작한 노고단은 이곳 당동마을에서는 간미봉에 가려 보이지 않는다. 하지만 지초봉으로 올라 간미봉 루트를 타면 종석대와 노고단을 보면서 의외로 쉽게 접근할 수 있겠다.

사실 산신신앙은 도교와 연결이 된다. 국토의 70%가 산지인 우리나라에서는 이런 사실이 자연스럽게 받아들여진다. 산은 우리에게 숭배와 경외의 대상이었고 생산의 원천이었다. 하늘에서 내려온 신이 좌정하고 있는 곳. 그곳이 산이었고 그러니 산신이었다. 그래서 산 정상에 제단을 만들고 제를 지내거나 산 입구에 서낭당을 만들어 치성을 지내는 게 이런 문화와 무관치 않다. 이런 산신이 돌아가는 곳도 산이니 하물며 인간이 그렇게 하지 않을 수 있겠는가! 그래서 산소다.

이런 일이 개인에서 마을로, 마을에서 지방 단위로 규모가 확대되자 이는 백성들 개인 차원이 아니라 국가적인 차원에서 시행이 되게 되었다. 고려 우왕 때 왜구가 남해안을 침범하자 이 남악사에서 기도를 하여 산신의 도움을 받아 왜구를 격퇴시켰다는 얘기는 유명한 일화다. 그러니 신라에 이어 고려시대에도 봄과 가을에 정기적으로 노고단에서 제를 올렸다 하고 조선시대에 들어와서는 세조 2년(1456) 지금의 산동면 좌사리 당동마을로 내려와 제를 지내다가 언제인가 현재 터가 남아 있는 광의면 온당리에서 왕을 대신해 전라도 관찰사가 국행제國行祭를 지냈다는 기록이 남원읍지인 '용성지' 등 여러 기록에 나온다.

그러던 것이 1908년 일제는 자신들의 신사神社와 충돌한다고 생각했는지 국행제를 폐지하면서 결국 폐사되어 현재는 이곳에 그 터만 남아 있는 것을 1969년 12월 전라남도의 지원과 구례군민이 십시일반 성금을 모아 화엄사 일주문 오른쪽에 10여 평 규모의 남악사를 신축하여 매년 4월 곡우에 남악제례를 지내고 있다. 그러니 현재의 남악사는 예전의 그 남악사가 아님은 물론이거니와 역사상 최초로 국가제사를 지냈던 지리산신사의 다른 이름이었다.

한편 '두류전지'[4]의 저자 김선신은 지리산에 산신제를 올리는 곳인 남악사가 남원(엄밀히는 남원부 소의방)에 있는 까닭에 의문을 품었다. 산의 대세가 영남의 우측으로 비스듬히 들어가 남원지역과 서로 등을 지고 떠나는 형상인데 어떻게 남원에서 제사를 주관할 수 있냐는 얘기였다. 허나 "지리산의 흐름이 동쪽으로 흘러가지만 실제로는 지리산의 산세가 남원의 손바닥 안에 쥐어져 있어 동쪽으로 몰아내는 형국"이라고 하면서 지리산의 지세地勢에서 그 답을 찾았다.

---

4 두류전지에 대해서는 제14구간에서 자세히 살펴봤다. 하나 더 보충할까? 지리산 전문학자인 경상대학교 최석기 교수는 "지리산 권역이라는 문화 지역의 설정에 기초한 지리지로서 조선 후기 유교지식인의 지리산에 대한 지식 및 정보가 종합된 산지山誌라는 데 의의가 있다."라고 평한다.

그러니 김선신이 지리산의 으뜸을 천왕봉이 아닌 반야봉에서 찾음을 이해할 만도 하다. 즉 봉우리의 높이에 연연하지 않고 줄기가 흘러가면서 다른 산들에게 끼친 영향에서 관찰한 것이다. 그러면서 반야봉의 이름에 근거해 지리산의 '智異'를 해석했다.

즉 "한 승려가 '아무리 견고한 번뇌라도 반야지般若智가 깨뜨릴 수 있으니 반야봉의 이름은 대개 이러한 뜻을 가진다.'라는 말을 인용한 후, '智異'라는 이름은 불가에서 연유한 이름일 테고, 반야지가 최초의 선관仙官이 될 터이니 이 두류산의 만 봉이 모두 이 반야봉의 지속枝屬이 된다."고 풀이한 것이다. 그러니 금강산의 빼어남이 재사才士를 연상시킨다면 지리산의 엄숙함과 너그러움은 덕이 많은 노인德老이라고 한 말을 충분히 이해할 수 있겠다.

한편 노고단에서 이 '마고 할머니'가 한 역할은 지대했다. 특히 동학농민혁명 때 농민군들은 그들의 정신적인 지주로 이 '마고 할머니'를 내세웠다. 즉 마고 할머니가 산신이니 군주사회의 대항마 역할을 하게 하였으며 특히 여성이니 남성 위주의 봉건제도에 대한 반발[5]도 가능할 수 있었으며 이로써 시천주侍天主[6]에의 확신을 가질 수 있었다는 것이다.

그런 '마고 할머니'가 신라로 오면 박혁거세의 어머니인 '선도성모仙桃聖母'가 되고 고려시대로 가면 태조 왕건의 어머니 위숙왕후가 되며, 무속신앙이 불교와 결합하면 석가모니의 어머니인 마야부인이 된다. 공통점은 어머니라는 점이다. 이 성모신앙聖母信仰은 하늘이 아버지라면 땅은 어머니라는 지모사상地母思想을 근간으로 발전하였으며 이 시모신앙이 무속신앙과 결합되면서 산악숭배사상과 밀착되게 된 것이다.

---

5 매천 황현이 동학농민혁명을 탐탁히 여기지 않았던 이유가 바로 이런 점 때문이었다.

6 천도교에서 '내 몸에 한울님을 모셨다.'라는 뜻으로 한울님은 항상 마음속에 있다고 믿는 일.

한편 선도성모 얘기는 노고단에서 들을 수 있지만 위숙왕후나 마야부인 얘기를 들으려면 천왕봉(1905m)으로 가야 한다. 이는 신라시대에는 노고단이었던 성모신앙의 중심지가 고려시대나 조선시대로 옮겨오면서 천왕봉으로의 이동을 뜻한다.

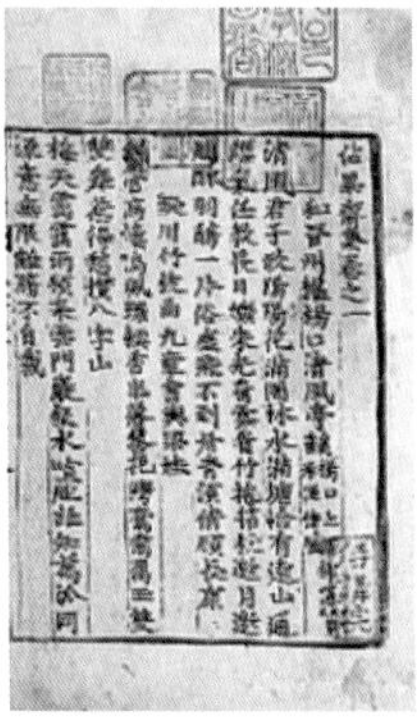

점필재 김종직 문집

유학자가 본 천왕봉에서의 성모신앙 모습을 잠깐 들여다볼까? 지리산의 최고봉인 천왕봉에서 조선시대 사림파의 사조師祖로 일컬어지는 점필재 김종직이 지리산 산행을 하면서 쓴 유두류록을 본다. 점필재가 이 천왕봉에 오른 때는 1472년 8월 15일이었다. 당시 모습을 상상하면서 가만히 읽으면 당시 천왕봉 정상에 오른 일행들이 지리산에 얽힌 역사적 사실과 성모사나 당시 그 주위의 분위기를 읽을 수 있어 지금과는 색다른 재미를 준다.

신시申時에야 천왕봉을 올라가 보니, 구름과 안개가 성하게 일어나 산천이 모두 어두워져서 중봉中峯 또한 보이지 않았다. 해공과 법종[7]이 먼저 성모묘聖母廟에 들어가서 소불小佛을 손에 들고 개게[晴] 해달라고 외치며 희롱하였다. 나는 처음에 이를 장난으로 여겼는데, 물어보니 말하기를 "세속에서 이렇게 하면 날이 갠다고 합니다." 하였다.

그래서 나는 손발을 씻고 관대冠帶를 정제한 다음 석등石磴을 잡고 올라가 사당에 들어서 주과酒果를 올리고 성모聖母에게 다음과 같이 고하였다. "저는 일찍이 선니宣尼(공자)가 태산泰山에 올라 구경했던 일과 한자韓子(당나라 사람 한유)가 형산衡山에 유람했던 뜻을 사모해 왔으나, 직사職事에 얽매여 소원

7 해공과 법종은 이른바 지로승指路僧으로 당시 지리산에 있는 사찰에 속한 승려로서 지리산 유람객들의 길을 안내하는 역할을 하였음.

을 이루지 못했습니다. 그런데 이번 중추仲秋에 남쪽 지경에 농사를 살피다가, 높은 봉우리를 쳐다보니 그 정성이 그치지 않았습니다. 그리하여 마침내 진사進士 한인효韓仁孝, 유호인兪好仁, 조위曺偉 등과 함께 운제雲梯(높은 사다리)를 타고 올라가 사당의 밑에 당도했는데, 비, 구름의 귀신이 빌미가 되어 운물雲物이 뭉게뭉게 일어나므로, 황급하고 답답한 나머지 좋은 때를 헛되이 저버리게 될까 염려하여, 삼가 성모께 비나니, 이 술잔을 흠향하시고 신통한 공효功效로써 보답하여 주소서. 그래서 오늘 저녁에는 하늘이 말끔해져서 달빛이 낮과 같이 밝고, 명일 아침에는 만리 경내가 환히 트이어 산해山海가 절로 구분되게 해 주신다면 저희들은 장관壯觀을 이루게 되리니, 감히 그 큰 은혜를 잊겠습니까."

제사를 마치고는 함께 신위神位 앞에 앉아서 술을 두어 잔씩 나누고 파하였다. 그 사옥祠屋은 다만 3칸으로 되었는데, 엄천리嚴川里 사람이 고쳐 지은 것으로, 이 또한 판자 지붕에다 못을 박아놓아서 매우 튼튼하였다. 이렇게 하지 않으면 바람에 날릴 수밖에 없었다. 두 중이 그 벽壁에 그림을 그려놓았는데, 이것이 이른바 성모聖母의 옛 석상石像이란 것이었다. 그런데 미목眉目과 쪽머리[髻鬟]에는 모두 분대粉黛를 발라놓았고 목에는 결획缺劃이 있으므로 그 사실을 물어보니 말하기를 "태조太祖가 인월역引月驛에서 왜구倭寇와 싸워 승첩[8]을 거두었던 해에 왜구가 이 봉우리에 올라와 그 곳을 찍고 갔으므로, 후인이 풀을 발라서 다시 붙여놓은 것입니다." 하였다. 그 동편으로 움푹 들어간 석루石壘에는 해공 등이 희롱하던 소불小佛이 있는데, 이를 국사國師라 호칭하며, 세속에서는 성모의 음부淫夫라고 전해오고 있었다. 그래서 또 묻기를 "성모는 세속에서 무슨 신神이라 하는가?" 하니 대답하기를 "석가釋迦의 어머니인 마야부인摩耶夫人입니다." 하였다. 아, 이런 일

8 1380년 9월의 황산대첩을 얘기하는 것이다.

이 있다니. 서축西竺과 우리 동방은 천백千百의 세계로 막혀 있는데, 가유국迦維國의 부인이 어떻게 이 땅의 귀신이 될 수 있겠는가.

내가 일찍이 이승휴李承休의 《제왕운기帝王韻記》를 읽어보니, '성모가 선사를 명했다[聖母命詵師]'는 주석에 이르기를, "지금 지리산의 천왕天王이니, 바로 고려 태조의 비妣인 위숙왕후威肅王后를 가리킨다."라고 하였다. 이는 곧 고려 사람들이 선도성모仙桃聖母에 관한 말을 익히 듣고서 자기 임금의 계통을 신격화시키기 위하여 이런 말을 만들어낸 것인데, 이승휴는 그 말을 믿고 《제왕운기》에 기록해 놓았으니, 이 또한 고증하지 않을 수 없다.

그런데 더구나 승려들의 세상을 현혹시키는 황당무계한 말임에랴. 또 이미 마야부인이라 하고서 국사國師[9]로서 더럽혔으니, 그 설만褻慢[10]하고 불경不敬스럽기가 무엇이 이보다 더 심하겠는가. 이것을 변론하지 않을 수 없다.

그러니 이 성모묘의 원조는 조금 전 살펴본 노고단의 남악사임을 알 수 있겠다. 무속신앙과 성모 그리고 석가모니의 어머니 마야부인 그리고 법우화상과 관련한 무불巫佛 얘기는 제4부에서 자세히 볼 것이다. 예전에 세상의 큰 무당은 반드시 한번 지리산 꼭대기로 가서 성모천왕에게 기도하고 접신接神을 한다고 한다. 토속신앙이기도 한 산신신앙은 불교가 전래되면서 차츰 사라지게 되었고 사찰에는 산신각이나 삼성당 정도로 그 흔적이 남아 있다. 그러나 지리산에는 그 흔적이 더 많아 지리산 실상사 앞의 석상이나 장승 등이 다 이렇게 불교와 토속신앙과의 화해 혹은 융합을 보여주는 좋은 예임도 이미 봤다.

예술인마을 사거리에서 잠시 둘레길 우측의 남악사 터를 확인한다. 당동마을의 작은 소류지인 대전제大田堤를 지나고, 양측으로 서어나무와 대나무

9 여기서 국사는 엄천사를 창건한 법우화상을 가리킴.

10 하는 짓이 무례하고 거만함.

로 조성된 숲길을 지나면 고려시대의 양식이라 전해지는 대전리 석불입상을 지난다. 숲으로 들어 과수원을 지나 다시 대나무 숲길로 들어서면 좌우측으로 번갈아가며 수로를 건너는데 너무 아늑하고 운치 있는 곳이어서 혼자 지나기 정말 아깝다는 생각을 갖는다.

대전리 석불입상각

우측으로 미니 태양광발전소를 보면 다시 소나무 숲길로 들어서게 된다. 2018년 2월 16일 성묘객의 실화로 발생한 산불 흔적을 보면서 안타까운 마음에 가슴이 저려온다. 화재현장을 빠져나와 안들제를 지나 언덕을 넘으면 야영을 할 수 있고 풀장도 있는 참새미마을 계곡 쉼터를 지나게 된다. 여름이면 많은 피서객이 모일 것 같은 계곡 쉼터를 빠져나오면 천은사를 지나 성삼재로 오르는 861번 도로와 만난다. 버스정류장이 있는 이곳이 (사)숲길에서 구분한 방광마을~오미마을 구간의 시작이자 끝 지점이다.

861번 도로는 천은사를 거쳐 성삼재로 오르는 도로로 천은사~달궁 구간은 1988년 개통됐다. 천은사는 화엄사, 쌍계사와 너불이 지리 3대 사찰 중의 하나이다. 신라 홍덕왕 3년(828) 덕운이 창건할 당시 감로사였던 사찰이 임진왜란을 거치면서 소실되었던 것을 단유가 중창하면서 천은사泉隱寺라 이름을 바꾸었다.

그 이유인즉슨 중건 당시 이 절의 샘가(감로수)에 큰 구렁이가 자주 나타나자 한 승려가 이를 잡아 죽였더니 그 뒤로 샘물이 솟아 나오지 않아 샘泉이 숨었다隱고 하여 그렇게 바꾸었다는 것이다. 그 후에도 원인 모를 화재가 자주 발생하여 그 원인이 절을 지켜주는 뱀을 죽였기 때문이라고 생각하기에 이르러 당시 조선 4대 명필 중 한 명인 이광사가 수체水體로 '지리산 천은사'라는 글씨를 써서 수기水氣를 불어넣은 현판을 일주문에 걸자 다시는 화재가 일어나지 않았다고 한다.

천은사에는 보물 제924호 극락전 아미타후불탱화, 제1340호 괘불탱, 제1546호 금동불감 등 다수의 문화재를 보유하고 있다.

도로를 건너 정미소를 마지막으로 마을을 빠져나오면 다시 시멘트 도로를 따라 걷게 된다. 마을 어귀에 있는 느티나무와 쉼터가 둘레꾼의 발목을 잡는다. 방광마을을 나오자마자 861번 도로를 건너 만나는 마을이 수한마을이다. 수월리 수한마을은 상권이 발달한 마을로 식당이나 민박이 여러 군데 있을 정도다. 물이 차갑다 하여 물한마을이라 불렀으나 1914년 일본인들이 행정구역 개편 때 한자어인 수한水寒마을로 바꿨다고 한다.

그런데 조금 전 지나온 곳이 참새미 즉 참샘이었는데 이 물한 즉 찬샘과는 다른가? 다르다면 어떻게 다른가? 생각건대 예전의 사람들은 무엇이든 사람에게 좋은 것이면 '참'이라는 접두사를 붙였고 나쁜 것이나 해로운 것에는 '개'를 붙였다.[11] 그러니 물을 중요시하는 선조들은 좋은 물을 특히 약수라 하였으니 약수는 곧 참샘이고, 참샘은 샘 중에서도 좋은 샘을 뜻한다 하겠다. 그러니 좋은 샘이 있는 곳에 마을이 형성되면 샘골이 되는 것이다. 결국 좋은 물은 찬물이 아니라 사시사철 온도가 일정하여 여름은 시원하고 겨울은 따뜻

11 지리99팀

한 물이 좋은 물인 것이다.

반면 찬샘 즉 찬새미는 사실 그렇게 좋은 물은 아니다. 농사를 짓던 마을에 찬샘은 좋은 의미가 아니라 그나마 그에 의지하여 뙈기논이나 부쳐 먹는다는 의미이다. 예전엔 논농사를 밭농사보다 우선시하였으니 그나마 물이 있다면 논농사를 지으려 하였으나 샘은 찬물이라 저수지의 물을 쓰는 논보다 농사가 잘 될 수 없었다. 그래서 찬샘을 웅덩이에 가두거나 수로를 일부러 구불구불하게 만들어 물이 수로에 오래 머물게 하여 수온을 높임으로써 냉해를 방지하는 방식을 썼던 것[12]이다. 이렇게 농사를 짓던 논이 '찬새미'이고, 이런 마을을 '찬새미골'이라 하였다.

수한마을을 빠져나가는 곳에 약수터가 나와 목을 적시고 지난다. 멋진 집들이 여러 채 있는 수한리를 아쉽게 뒤로 하고 마을을 빠져나가면 둘레길은 대나무밭 한가운데로 들어간다. 산모퉁이를 돌아 시멘트 포장도로로 빠져나오면 정면으로 차일봉 능선이 종석대에서 화엄사로 흘러 내려오는 모습이 보이고 우측으로 묘지 뒤 '황토정사'가 나오면서 이내 'KT수련원' 뒷길이다.

외딴 농장을 지나 이정표에 주의를 하며 시멘트 도로를 버리고 좌회전하여 산길로 접어든다. 차일봉 능선과 연결이 되는 이 길을 따라 만연히 직진하면 엉뚱한 길로 접어들기 십상인 곳이다. '지리산 둘레길'에서는 길이 갈리는 곳에서는 항상 안내 이정목에 신경을 써야 한다. 호젓한 산길을 걷는다.

이 부근의 길이 ∽식으로 굴곡이 심한 곳이다. '구례96' 이정표를 만나 우회전하면서 광의면을 버리고 이제부터 마산면 안으로 들어간다. 그러니 이곳도 반대방향으로 올라가면 원사봉으로 연결돼 차일봉~종석대로 오를 수 있

12 이는 이미 금계~동강 구간의 다랑이 논을 지나면서 살펴본 바 있다.

는 등산로이다.

마산면은 동東으로는 노고단~형제봉~월령봉~배틀재로 이어지는 줄기가, 서西로는 종석대~차일봉~원사재로 이어지는 줄기가 그리고 북으로는 노고단~종석대로 이어주는 줄기가 막고 있고 남으로는 여전히 섬진강이 흐르고 있다.

이렇듯 지리산의 거대한 줄기가 싸고 있는 곳이니 광평리, 갑산리, 냉천리를 제외하면 전부 산이라 불러도 과언이 아니다. 그러니 마산馬山이다. 즉 윷놀이의 '모'는 곧 '말馬'이다. 예로부터 말이 다섯 동물 중 가장 크고 빠르다고 인식을 하여 말을 제일 윗자리에 놓은 것이다. 그러니 중세 국어에서는 말이 'ᄆᆞᄅᆞ' 즉 마루宗라는 뜻도 있어 '용마루', '산마루' 등의 뜻으로 쓰여 높은 곳, 꼭대기의 의미가 되는 것이다. 그러므로 우리나라에 산재한 '말'과 관련된 지명 가령 '말바위'나 '마령', '마산' '마치고개' 등은 생김새가 '말 모양'이 아니라 '큰 산' 혹은 '높은 고개' 정도로 이해하여야 한다. 따라서 마산마을이 '마을 뒷산이 말馬의 형국'이라는 식의 해석은 고유의 우리말이 한자화 된 다음에 한자에 맞춰 억지로 해석한 것에 불과하다.

우측으로 소나무 숲길 사이로 난 돌계단을 내려가면 화엄사 사하촌 숙박지구 옆으로 떨어진다. 새롭게 단장에 열중인 숙박지구를 빠져나가 화엄사 입구로 나간다. 화엄사는 대한불교조계종 제19교구 본사이다. 창건에 관해 여러 가지 이론異論이 있다. 상세한 기록은 전하지 않으나 '사적기寺蹟記'에 따르면 544년(신라 진흥왕 5년, 백제 성왕 22년, 고구려 안원왕 14년)에 인도 승려 연기緣起가 세웠다고 기록되어 있으며('544년'설), '동국여지승람東國輿地勝覽'에는 시대는 분명치 않으나 연기煙氣라는 승려가 세웠다는 설('동국여지승람'설), 그리고 754년(경덕왕 13년) 황룡사 승려 연기조사가 발원하여 지은 것이라는 설('754년'설) 등이 있다.

연기조사의 화엄사, 연곡사, 법계사, 대원사

그러나 구례속지에 "544년에 천축국 승려인 緣起祖師가 세웠다."는 기록 그리고 신라가 백제를 멸망시킨 뒤 국가 시책에 따라 백제 연호를 무시하고 모든 걸 신라 연호로 고쳐서 사용토록 하였음을 볼 때 '544년'설이 유력하게 거론된다. 한편 신라 진흥왕 5년이자 백제 성왕 22년인 서기 544년에 이들 사찰을 건립한 연기조사를 알기 위해서는 세 명의 연기조사가 있었음을 이해하여야 한다. 즉 鷰起와 緣起 그리고 煙起가 그들이다.

그렇다면 연기조사鷰起祖師는 누구인가? 이야기 속으로 들어가 보자.

지리산 한 자락에서 안개가 피어오르는 것을 본 마을 주민들이 이상하게 여겨 그곳을 찾았더니 계곡에 독경소리가 흘러나오는 움막이 있었다. 얼마 뒤 독경을 마치고 나오는 스님과 마주쳤는데 그분은 피부색도 다르고 입고 있던 가사袈裟도 달랐으며 무엇보다 언어 소통이 안 되었다. 다행히 양나라 스님으로부터 한문은 배웠다고 하기에 글로 대화를 나눈 결과 "나는 천축국에서 불법을 펴고자 오게 되었으며[13] 이 나라 백제에는 '연鷰'[14]이라는 짐승을 타고 비구니인 어머니와 함께 날아서 왔다."라는 얘기를 듣게 되었다.

그러면서 그가 읽고 있던 경經은 부처님의 최고 경전인 '대방광불화엄경大方廣佛華嚴經'이라고 하고는 저녁 공양을 준비한다고 하면서 피리를 꺼내 부니, 흡사 머리는 용 같고 이마에 외뿔이 달렸으며 몸은 거북이고 크기는 열 자가

---

13 이 불교남방전래설은 지리산뿐만 아니라 땅끝마을의 두륜산 아래 미황사에도 비슷한 창건설화가 전해온다.

14 강희자전에 따르면 연鷰은 "남방에 사는 동물로 흡사 거북 같고 이마에 외뿔이 달렸으며 날개가 있어 능히 날기도 하며 육지와 바다에서 서식한다."고 되어 있어 일반적인 제비와는 사뭇 다른 동물이다.

넘어 보이는 두 날개를 가진 짐승이 날아와 그 스님 곁에 앉더라는 것이었다.

주민들은 부처님 나라에서 온 그 스님이 '연鳶'을 타고 다니니 연기존자鳶起尊者[15]라고 부르기로 하였다. 그 뒤 우리말에 어느 정도 익숙해진 연기존자가 법문을 할 마땅한 장소가 없어 주민들의 요청에 의해 지은 곳이 설법전인 해회당海會堂이고 다음 해 가을 법당을 완공하였으니 이때가 544년이었다. 주민들은 이 절의 이름을 연기사鳶起寺로 하자는 의견을 제시하였으나 존자는 자신이 화엄경의 소의경전으로 수행을 하고 있으며 이 나라에 온 것도 화엄법문을 선양하기 위함이라고 하면서 화엄사華嚴寺로 하자는 의견을 피력하여 그렇게 정했다. 이 鳶起祖師는 이 화엄사뿐만 아니라 연곡사와 법계사, 대원사도 함께 창건하였다.

이렇듯 백제의 화엄사상은 신라의 그것보다 근 100년이나 앞섰으니 그 화엄사상을 흠모하여 백제의 화엄사상을 배우러 온 승려 가령 원효나 의상 등 신라의 승려들이 많았고 그들의 행적이 화엄사와 함께 자주 거론됨은 승전국勝戰國의 입장에서는 당연하다 하겠다.

또한 당시 원효(617~686)는 화랑의 장교 출신으로 함양군 마천면 추성리의 '추성楸城'이나 '성안城內의 말달린평전'과 관련 있는 인물임은 이미 지적했다.[16] 그리고 덕천지맥의 지리동부능선에 '영랑대'니 '소년대' 하는 지명이 신라 화랑과도 무관치 않으니 지리산은 신라와 백제의 승려들 간에는 교류의 장이어서 원효가 화랑시절 덕천지맥을 이용해 백두대간 능선을 타고 길상봉(노고단)을 거쳐 화엄사까지 왔었다는 것도 쉽게 이해할 수 있겠다.

15 이 연기존자는 15-A구간에서 연곡사를 얘기할 때 이미 다룬 적이 있다.

16 제3구간 추성동.

이런 원효와는 여덟 살 연하이기는 하나 결의형제였던 의상(625~702)은 당나라에서 화엄을 배워 귀국하여 부석사를 창건한 뒤 자신이 배운 화엄사상을 원효에게 은근히 과시하고 싶었다. 그런데 유학파도 아닌 원효가 이미 화엄에 대해서 지고한 경지에 이르렀음을 알고 놀라게 된다.

알고 보니 원효가 화엄사에서 화엄을 배웠다는 것이었다. 이에 원효의 강력한 추천으로 의상도 화엄사를 방문하게 됐고 그러고는 그 실상도 파악하게 되었다. 이렇게 해동의 연화장 세계가 바로 이 화엄사라는 것을 확인한 의상은 677년(신라 문무왕 17)에 장육전丈六殿[17]을 짓고 그 주위를 석각의 화엄경石經을 둘렀다고 봉성지는 기록하고 있다.

이렇게 화엄사를 중창까지 한 의상은 이런 인연으로 '연기조사緣起祖師'라는 별호를 얻게 되었으니 이때의 緣起祖師는 의상대사(625~702)를 말한다.

그리고 煙起祖師는 백두대간 얘기를 할 때 나오는 옥룡기의 도선국사(827~898)의 별호로 5교9산 동리산파의 혜철(785~861)의 제자이며 섬진강 건너 오산 사성암의 4성 중 1인인 그 연기조사를 말한다. 23세에 구족계를 받은 후, 명승지를 찾아다니며 수행을 하다 광양 백운산 아래 백계산의 지세가 왕성함을 보고 그곳에 머무르며 옥룡사를 창건했다. 이 옥룡사 덕에 1895년 옥룡면으로 승격된 옥룡사 주변 마을은 지금도 광양시 옥룡면으로 불린다. 정작 옥룡사는 임진왜란 때 폐사되었고 지금은 한 개인의 선산으로 이용되고 있으며 안에 있는 개인 사찰은 동백사로 불리다가 백계사라는 이름을 거쳐 지금은 옥룡사로 불린다. 사실 도선국사에 대해서는 옥룡기가 중요하다.

한편 화엄사도 쌍계사와 마찬가지로 문화재의 보고이다. 국보 제12호인

17 장육전은 임진왜란 때 소실됐고 1702년(숙종 28년) 그 자리에 다시 지은 게 각황전覺皇殿인데 이 이름은 숙종이 내려준 것이다.

화엄사 각황전

각황전 앞 석등을 비롯하여 제35호인 사사자 삼층석탑, 제67호 각황전, 제301호 영산회괘불탱 등의 국보 문화재와 보물 제132호 동 오층석탑, 제133호 서 오층석탑, 제299호 대웅전, 제300호 사자탑, 제1040호 화엄석경, 제1348호 사리장엄구, 제1363호 대웅전 삼신불탱, 제1548호 목조비로자나삼신불좌상 및 다수의 문화재가 있다.

화엄사를 나와 화엄사 버스정류장 겸 주차장에서 좌회전하여 둘레길을 이어가야 하는데 잠시 매천사당을 들렀다 갈까? 화엄사에서 5.5km 떨어진 광의면 수월리에 있다. 사당은 잠가져 있어 왼쪽 집에 거주하고 있는 후손 황의강 씨 집을 통해 들어갈 수 있다. 선생이 생전에 읽었던 책과 병풍, 벼루, 초상화 등이 보존되어 있다. 전라남도 문화재자료 제37호로 지정되어 있는데 선생이 생전에 살던 집터에 지방 유림들과 후손들이 뜻을 모아 1955년 건립한 것이라 한다. 아직도 선생의 높은 뜻을 기릴 수 있으니 한번쯤 방문해 보는 것도 좋으리라.

화엄사로 돌아가 주차장을 가로질러 빠져나가면 좌측에서 시끄러운 물소리를 들으며 보도블록을 밟고 모텔 옆으로 빠져나간다. 좌측으로 차일봉, 종석대 그리고 노고단이 보이니 이 시끄러운 물은 지난 구간 용두리를 빠져나오면서 나무 데크를 이용하여 건넜던 마산천이다. 그러니 이 물은 코재에서 내려오는 물일 테니 이 골짜기가 바로 화엄사골이다.

멀리 지리남부능선의 형제봉 라인이 보인다. 우천시 주의하여 물을 건너라는 안내문을 보고 돌계단 위로 조심스럽게 물을 건넌다. 다시 콘크리트 도로를 따라 마산리를 관통하는 산길을 걷는다. 탱자나무 울타리를 지나고 소류지를 지나 갑자기 산길로 접어든다. 삼단 폭포가 있는 개울을 건너고 숲을 빠져나오면 오산이 코앞이다. 우측으로 구례읍 시가지가 보이면서 지난 구간에 본 낯익은 산줄기들이 보인다.

가랑마을의 산모퉁이를 돌아 호젓한 산길을 걸으면 반가운 이정표가 보인다. 형제봉 능선 삼배재로 오르는 등로 이정목이다. 그러니까 이 루트를 따른다면 삼배재~월령봉~형제봉~노고단으로 바로 오를 수 있다.

개울을 건너는데 친절한 누군가가 바가지를 나무에 매어 놓았다. 중골삼거리의 평분을 지나 대나무 숲을 거쳐 녹차밭을 지난다. 여기서 우회전하여 이정목의 상사마을 평전언덕을 따르면 이제 정면 좌측으로 계족산 줄기가 한눈에 들어온다.

좌측으로 다락이 돌출된 특이한 고가古家를 지나 좌회전하여 차도를 따르면서 이제부터는 하사마을을 향한다. 이곳부터는 다시 도로를 따라 걷게 되니 지나는 차량을 조심해야겠다. 정면으로 왕시루봉과 그 뒤 삼신봉에서 내려오는 형제봉 라인을 보며 낮은 구릉으로 둘러싸인 하사마을로 들어간다.

사도리라는 마을 이름의 유래는?

그러고 보니 이 동네 이름이 예사롭지 않다. 군인 계급 같은 마을 이름의

수정을 요하는 하사마을 안내판

근원은 이 동네 이름이 사도리沙圖里라는 데 있다. 안내판에서 마을 유래를 들어보니 사도리는 모래그림 마을이라고 써 놨다. 참으로 성의 없는 글이다. 그저 한자를 그대로 풀어놓은 것이다. 또 다른 얘기는 도선국사가 어떤 기인에게 풍수지리를 배울 때 모래를 이용하여 산세도를 만들어 익혔다고 하여 붙여진 이름이란다. 그럴듯하다. 다른 이도 아닌 도선국사까지 끌어들였고 국사國師의 주특기인 풍수지리까지 동원했는데 누구라도 고개를 끄덕일 것만 같다. 모래를 이용했다고 하니 근처 섬진강의 모래일 것이라고 먼저 지레짐작을 해버리면 이도 수긍할 노릇이다. 하지만 과연 그럴까?

생각건대 이 하사마을이나 윗마을인 상사마을 모두 뒤에 있는 지리산 자락에 둘러싸인 마을이다. 그러니 그런 형태의 옛말이 바로 '몰'이었다. 그 '몰'이 몰〉모리〉모이〉'뫼'로 변하게 되어 지금의 뫼=산이 된 것이다. 그러니 그 '몰'의 '안'에 있는 마을은 '몰+안'이니 이것이 시간이 흘러감에 따라 발음이 바뀌어 '모래'가 된 것이고 이것을 한자로 표기하다 보니 억지로 沙 혹은 砂로 바꾸어 쓰게 된 것이다. 이런 예가 '모래내' 혹은 '모래재', '모란시장' 같은 지명이다. 서울 홍제동이나 인천 남동구 간석동의 '모래내시장' 그리고 평창의 '모래재' 등에서 이를 확인할 수 있는 것이다. 즉 모래재의 경우는 '몰+애+재' 즉 '산에 있는 고개' 정도의 의미이며, '모래내'의 경우는 그저 '산마을'이라는 뜻에서 '몰안'으로 불리던 것이 발음의 편의상 '몰안〉몰안애〉모라내〉모래내'로 바뀐 것에 불과하다. 또한 산을 다니면서 많이 볼 수 있는 '사치재', '사치' 등도 다 이런 형식의 의미를 억지로 한자로 표기하다 보니 이렇게 무리하게 해석을 하게 된 것이다. 그러니 이곳의 지명이 '모래 마을'인 것은 사실 이전의 '몰애 마을'의 변형임을 짐작할 수 있겠다. 이것이 '사촌沙村'이 된 것이고 윗마을이니 '上沙村', 아랫마을이니 '下沙村'이 된 것이다. 고려 때의 이곳 지명이 사봉촌沙峰村이었다는 사실이 이런 생각을 뒷받침해 준다. 유래비에도 이곳의 옛 지명이 사봉촌이었다고 표기되어 있다. 또한 도선국사는 연기조사煙起祖師로 위에서 얘기한 바와 같이 순천 동리산과 광양 백운산 자락에 있는 백계산의 옥룡사 등이 떠오르는데 갑자기 이곳이 풍수지리의 발상지라고 하니 당황하게 된다. 지명에 관한 한 관공서의 횡포가 무섭다는 것을 다시 한 번 실감하게 된다.

입구에 있는 효자 이규익의 정려旌閭를 지나 마을 한가운데로 들어가는데 도로변에 홍살문이 보인다. 조선 2대 정종의 아들 도평군의 부조묘不祧廟라고 한다. 그나저나 부조묘가 무엇인가?

본래 4대가 넘는 조상의 신주는 사당에서 꺼내 묻어야 하지만 나라에 공훈이 있는 사람의 신위는 왕의 허락으로 옮기지 않아도 되는 불천지위不遷之位가 된다. 따라서 불천지위가 된 대상은 사당에 계속 두면서 기제사를 지낼 수 있다고 한다.

하사마을 약수터에서 물 한 모금 마시고 하사저수지를 지난다. 19번 도로를 다시 만난다. 지난 구간에 본 용두리 마을 표석을 보고 사거리에서 좌회전하여 GS주유소 세차장 앞에서 좌회전하여 계단으로 올라가면 이곳이 배틀재라고 표기되어 있다. 이 배틀재가 마산면과 토지면의 경계이다. 그나저나 배틀재의 뜻에 대해서 말들이 많다. 이 '배틀'을 어느 곳에서는 '베틀'이라 표기하기도 한다.

남양주의 인창동에 가면 "인근에 있는 왕숙천에 물이 넘쳤을 때 배를 타고 피했다고 하여 배탈고개라 부르던 이름이 바뀌게 된 것."이라거나 보성의 금화산의 '베틀바위'는 "피란을 온 어떤 여인이 이 굴 안에서 베틀을 차려놓고 베를 짰기 때문에 생긴 이름"이라는 등 기괴한 전설이 다 만들어진다.

하지만 이 말은 '비탈진 땅'이나 '낭떠러지' 같은 산, 언덕의 경사진 곳을 뜻하는 말 '벼ᇙ' 또는 '벼로'에서 파생된 말이다. 제5구간 동강마을을 지나면서 엄천 건너의 '베리산'이나 상내봉 오르는 길에 있는 공개바위 뒤의 '배틀재' 등도 다 같은 의미임은 이미 살펴봤다.

오미제를 좌측으로 끼고 오미마을로 들어선다. 왕시루봉에서 내려오는 능선과 지리남부능선으로 둘러싸여 있고, 맞은편에는 계족산이니 오산으로 가려진 오미마을이다. 환종주로 제17구간과 제18구간을 원점회귀 코스로 진행을 마친다.

제19구간

당동~산동

난동갈림길~구리재(3.7km)~탑동마을(3.7km)~산동면사무소(1.4km): 8.8km

제19구간 들머리인 당동마을 가는 버스는 구례 시외버스터미널에서 이용할 수 있다. 당동마을 정류장에서 내려 우측으로 조금만 올라가면 바로 예술인마을이다. 남악정이라는 정자가 있는 마을회관을 지나 예술인마을로 들어선다. 참 깨끗하고 정갈하게 꾸며진 마을이다. 예술인마을 사거리에서 직진을 하면 바로 좌측으로 안내판이 보인다. 남악사에 관해서는 지난 구간은 물론 제1부에서 자세히 봤으므로 통과한다.

남악사라는 사당이 있어서 당동마을이다

여하튼 이 마을은 이 남악사라는 사당이 있어서 당동마을이다. 광의면 당동마을이다. 그런데 이곳 말고도 구간 마무리 지점인 탑정리에서 지리산 온천 방면으로 진행하면 산동면 좌사리에 같은 이름의 당동마을이 있다. 백두대간을 남진으로 진행할 경우 고리봉을 지나 성삼재에 다다를 무렵 우측으로 '당동마을 2.5km'라고 표기된 이정표가 그것이다. 예전에는 위안리의 상위마을~묘봉치 루트(3.0km)를 많이 이용했는데 지금은 두 루트 다 찾는 이들이 별로 없는 것 같다.

부근에 있는 '남악사 터'를 빠져나와 길을 따라 진행하면 바로 예술인마을이 펼쳐진다. 언덕에서 보면 좌측으로는 난동제가 자리하고 있고 정면의 산줄기가 바로 서시(견두)지맥이다. 그 지맥 중앙에 가운데 움푹 들어간 밤재가 명백하게 보인다. 다음 구간에 진행할 곳이다. 예술인마을은 주거지역만이 아니고 카페도 있고 고급스러운 식당도 있다. 다리를 건너 첫 골목에서 우측으로 올라가 막다른 골목에서 좌회전하면 호젓한 오솔길이 나와 그 길을 따라 진행하면 드디어 좌측으로 시야가 트인다.

서시천 너머 좌측 산성봉(362m)에서 이어지는 줄기가 서시지맥으로, 지맥은 그 좌측으로 천왕봉(695.4m)~형제봉(621.7m)으로 이어져 깃대봉(691.1m)까지 보인다. 차도로 내려가 사거리에서 우회전하면 우측 멀리 지초봉(601.6m)이 보인다. 간미봉으로 연결되어 성삼재로 오를 수 있는 능선이다.

예술인마을 사거리. 좌측 소나무 숲 안이 옛 남악사 터이다.

잠시 오르던 길을 멈추고 뒤를 돌아보면 조금 전에 본 구례읍 산성봉 좌측으로 봉성산(165.6m)과 오산(541.7m) 그리고 그 좌측으로 계족산(702.8m) 줄기가 논과 농가 지붕 위로 펼쳐져 있다. 이제 지초봉과 간미봉(728.4m)을 잇는 구리재까지는 그냥 이 임도만 따라 올라가면 된다.

우측으로 당산나무 같은 소나무를 보노라면 이정목에 검은색 화살표가 두 곳을 가리키고 있다. 하나는 지나온 예술인마을 방향이고 하나는 난동마을 방향이다. 사실은 이곳이 실질적인 오늘 시작점이다. 지난 구간 당동마을을 만나기 위해 이곳을 지나쳤던 것이다.

빨간색 화살표를 따른다. 정면으로 전원주택 두어 채가 눈에 들어온다. 사방댐을 지나 환경부에서 관장하고 있는 생태시스템 연구장소도 지난다. 시멘트 임도는 계속되는데 낙석방지 시설도 잘 되어 있다. 삼거리에서 주의하여 우회전하면 정면으로 지초봉이 보일 정도로 가까워졌다. 뒤를 돌아 너른 광의 들판을 보면 이내 '산불조심' 깃발이 날리고 팔각정이 있는 구리재이다.

이 고갯마루에는 둘레길 이정표뿐만 아니라 산꾼을 위한 등산용 이정표도 세워져 있다. 그러니 여기서 왼쪽으로 가면 지초봉, 우측으로 가면 납재~간미봉으로 이어져 성삼재 혹은 종석대~노고단으로 오를 수 있다. 둘레길은 그냥 직진이다. 그러면서 광의면을 떠나 산동면으로 들어선다. 산수유의 고장이다.

산동은 산수유의 고장

널널한 임도를 따라 편하게 내려온다. 고개를 내려오노라니 제일 먼저 반겨주는 것이 바로 정면에 보이는 서시지맥의 견두산과 그 우측의 775.1봉이다. 견두산犬頭山 우측에 있는 밋밋한 775.1봉이 국토지리정보원 지도에는 삼각점이 있는 견두산으로 나와 있지만 실제 정상석은 좌측의 803.6봉에 있고 사실 그 봉이 견두산이다. 견두산犬頭山은 예전에는 견수산犬首山이었다. 머리라는 뜻은 같지만 어감은 영 다르기만 하다. 좌측으로 살짝 올려다보니 지초봉의 산불감시탑이 보인다.

팔각정이 있는 쉼터에서 임도를 버리고 좌회전하여 숲으로 들어가 개울을 따른다. 숲을 빠져나오니 구례군에서 조성한 구례수목원인데 이곳 산막 뒤로도 간미봉으로 오를 수 있다. 수목원에서는 간미봉까지 산책로를 깨끗하게 정비해 놓았다. 전체적으로는 아직도 수목원 공사가 진행 중인지 조금 허전하고 어수선한 느낌이 든다.

큰길을 버리고 좁은 시멘트 도로를 따라 내려간다. 마을 어귀부터 마을 안까지 온통 산수유 나무 천지이다. 일을 하고 계신 어르신께 여쭤보니 봄에 오면 정말 멋지단다. 이 마을과 산 중턱까지 온통 노란색이어서 장관이란다. 그러면서 이른 봄 산수유 축제 때 꼭 들르란다.

마을회관과 당산나무를 보고 마을을 빠져나오려는데 우측으로 탑이 하나 보인다. 탑동마을이라는 이름이 없어질 뻔했는데 여차여차한 사유로 간신히 이 탑 하나를 건진 덕에 이 마을이 '탑동마을'이라는 이름을 유지하게 됐단다. 백제 의자왕 당시 마을 입구에 암자가 하나 있었는데 임진왜란 때 소실되었고 지금은 신라시대의 탑이 하나 남아 있었다는데 이게 바로 그 탑이라는 것이다. 훼손이 너무 심해서 문화재 수준은 아니란다.

그 좌측에 있는 지리산 한옥 게스트하우스를 보고 19번 도로 지선으로 나간다. 우측으로 조금만 올라가면 '지리산 온천랜드'가 있고 더 올라가면 서시천의 본류가 나올 것이다. 결국 그 끝은 백두대간과 서시지맥에 막힌 막다른 골목이겠지만 우측은 만복대(1433.4m), 좌측은 숙성재로 각각 진행하여 대간과 지맥을 만날 수 있다.

효동마을을 지나고…

길을 건너 식당 일송정을 지나 우측으로 틀면 효자가 많이 나온다고 하여 효동마을이라는 이름을 가진 마을로 들어선다. 효녀는 안 나오고 효자만 나오는 마을인가? 孝童도 아니고 그저 孝洞인데 딸을 너무 폄하한 느낌이다. 효동교 공사 현장을 지나 국궁장인 지산정에서 좌회전하여 서시천변의 시멘트 포장도로를 따르면서 좌측을 보면 조금 전 내려온 구리재와 지초봉이 가깝게 보인다. 하지만 정면으로 서시지맥의 흐름을 보기에는 이곳의 지대가 너무 낮다.

꽃과 나무로 뒤덮인 듯한 원촌초등학교. 산동면사무소 바로 옆에 있다.

도로 우측으로 절집 같이 보이는 건물이 보인다. 들여다보니 '화충법단'이라는 현판이 걸려 있고 그 아래로는 '재단법인 국제도덕협회일관도'라는 간판이 걸려 있다. 1947년 김복당에 의하여 서울에서 만들어진 신흥종교라고 하는데 안에는 불상도 보이고 탑도 있다. 골목을 빠져나오는데 이번에는 원불교 포교당이 있고 그 바로 앞이 산동면사무소이다.

보통 여기서 구간을 마무리하겠지만 실제 구간 마무리 지점은 면소재지에서 조금 더 나가야 한다. 원촌초등학교를 지나면 바로 19번 도로를 만나는 곳에 공식적인 구간 날머리가 있다.

제20구간

산동~주천

산동면사무소~현천마을(1.9km)~계척마을(1.8km)~밤재(5.2km)~지리산유스호스텔(2.7km)
~ 주천안내소(4.3km): 15.9km

산동면은 산수유 마을이다. 온 마을이 다 산수유 재배지이고 그 명성답게 산수유 시목지도 이곳에 있다. 우측으로 산수유 가공공장을 보면서 둘레길 마지막 구간을 시작한다.

진행방향 우측 끝으로 뾰족하게 만복대(1433.4m)가 보인다. 사실 어디서 보더라도 서부지리의 중심은 역시 만복대와 반야봉이다. 물론 찾기는 KBS 송신탑이 있어 길상봉(노고단)이 제일 쉽지만 그래도 생김새로는 역시 만복대와 반야봉 등 두 봉우리이다. 만복대만 찾으면 그 좌측으로 움푹 들어간 서시지맥 위의 다름재를 찾는 건 그다지 어렵지 않다.

잠깐이지만 19번 도로를 따라 진행한다. 그런데 이 19번 국도는 하동군 악양면에서 삽암을 만나러 갈 때 건넜던 길인데 아직도 따라오고 있다. 알고 보니 이 국도는 남해군 미조면에서 시작한 도로이다. 미조면에서 하동~구례~남원을 거쳐 강원도 홍천의 서석면까지 가는 도로이니 결국 나라를 거의 종단하다시피 하는 긴 도로이다. 밤재를 넘어 주천까지 갈 때도 옆에서 보면서 가게 될 것이다.

구도로를 따르다 현천마을 표지석에서 좌회전하여 토끼굴을 이용하여 19번 도로를 건넌다. 바로 삼거리가 나오지만 계속 직진하여 마을 안으로 올라간다. 서시(견두)지맥 라인으로 바짝 다가서는 모양새다. 오르면서 잠시 뒤를 돌아보니 좌측 고리봉에서 정령치로 떨어진 백두대간 줄기가 만복대를 지나 노고단으로 흐르는 모습이 눈에 들어온다.

비닐하우스와 민가 몇 채를 지나니 당산나무와 주차장이 있는 현천마을이다. 현계정이라는 이름의 정자도 있고 공중화장실도 있는 이곳은 견두산 산행의 기점으로 활용되고 있는 곳이다. 견두산 등로는 직진이지만 둘레길은 우회전하여 현천제 제방 길로 들어서야 한다. 정면의 당산나무를 보고 진행을 하여 폐가 몇 채를 지난다. 여기서도 좌회전하여 등로를 따르면 견두산으로 오를 수 있다. 묵은 마을을 지나다 보니 을씨년스러운 분위기가 느껴진다.

산수유 시목지와 '이순신 백의종군길' 기념공원

이내 부드러운 시멘트 길을 따라 진행하면 계척제라는 작은 소류지를 지나 계척마을로 들어선다. 비닐하우스도 몇 동 있는 계척마을은 농사일로 상당히 분주하다. 시멘트 도로는 이내 콘크리트 도로로 바뀌더니 우측으로 산수유 나무가 보인다. 산수유 시목으로 이 나무가 산수유 할머니 나무란다.

산수유의 열매는 신선이 먹는 것으로 알려져 있다. 산수유의 약효와 관련한 전설을 하나 들어볼까?

"옛날에 효심이 지극한 소녀가 아버지와 함께 살고 있었는데, 어느 날 늙은 아버지가 불치의 병에 걸리고 말았다. 소녀는 정성껏 아버지를 간호했지만 병은 낫지 않고 점점 더 심해졌다. 그래서 뒷산에 올라가 정성껏 기도를 했더니 신령님은 그 효심에 감복하여 산수유 열매를 주셨다. 소녀는 신령님이 주신 산수유 열매를 정성껏 달여 아버지께 드렸더니 신기하게도 병이 나았다."는 이야기이다.

이 정도로 산수유는 간과 신장을 튼튼히 하고 원기와 혈을 보하며, 혈압을 내리고 염증을 가라앉히는 효능이 있다고 알려져 있다. 《동의보감》에도 산수유는 정력을 강하게 하고 뼈를 든든히 하며, 허리와 무릎을 따뜻하게 해주고 소변을 자주 보는 것을 낫게 한다고 적혀 있다. 또한 잘 말린 산수유를 주전자에 넣고 보리차 만들 듯이 끓여서 냉장고에 넣어두고 차로 마시면 매우 좋다고 한다. 어쨌든 관리에 손이 많이 가지 않고 적은 노동력으로 많은 소득을 올릴 수 있다니 농한기의 농민들에게는 아주 좋은 소득거리여서 재배지가 점

이순신 장군 백의종군길 기념공원

차 넓어지고 있다고 한다.[1]

그리고 이 산수유 시목지가 있는 곳은 마침 이순신 장군의 '백의종군로 구례지역'과 맞물려 있다. 그래서 구례군에서는 이렇게 공원을 조성하여 장군의 행적을 알림과 동시에 장군의 행로를 '백의종군길'과 '수군통제사길'이라 하여 탐방로로 조성을 하였다. 즉 전라남도와 경상남도는 각각 이순신 백의종군로를 복원했는데, 전라남도는 남원, 구례, 순천, 하동을 잇는 125㎞의 길을, 경상남도는 하동, 산청, 합천, 사천, 진주를 거치는 161.5㎞의 길을 각 고증을 거쳐 복원하여 역사 체험장과 문화관광지로 조성하였다. '백의종군길'에 대해서는 이미 두 차례 간단하게 알아봤다.

그런데 여기서 진행방향이 문제다. 뒤로 10여 m 돌아가서 골목으로 돌아가는 길이 있고 이 공원에서 계속 직진하여 내려간 다음 좌회전하여 우회하는 길이 있다. 원래는 되돌아가서 골목길로 진행하는 길이었는데 이 산수유 시목지와 이순신 장군 백의종군길 공원을 조성함에 따라 둘레꾼이나 백의종군길 꾼들로 하여금 이곳을 빠뜨리지 않게 하기 위하여 노선을 조정한 결과다.

지름길을 택했다면 7분 정도 걸으면 이정목을 만나면서 아까 우회했던 길과 합류하게 된다. 주천까지는 아직 11km 정도가 남았다. 그런데 뜻밖의 시

1 두산백과, 구례 산수유꽃 축제 안내 사이트

설물을 만나게 된다. 계척마을 체육공원이다. 여기는 정말이지 사람이 올 곳이 아닌데 이런 곳에 체육공원을 조성해 놨다. 아주 호사스러우나 황폐해 가고 있는 체육공원이다.

시멘트 포장도로를 계속 따르다 우측으로 이정목이 보인다. 좌회전하여 산길로 진입하라는 얘기다. 나무 계단 등으로 잘 닦여진 길을 따르면 쉼터도 있고 편백나무도 있는 숲길[2]을 아주 편안하게 걷게 된다. 평상은 물론 화장실까지 준비되어 있으니 마치 휴양림에 온 느낌이다. 맑은 개울물에 세수도 하고 손으로 떠서 두어 모금 마셔보며 쉬었다 가기 아주 좋은 곳이다.

개울을 따라 진행하며 고도를 높인다. 대나무 숲을 지나면서 우측으로 고개를 돌리니 19번 도로가 바로 옆이고 백두대간의 종석대(1360.9m)가 좌측에 우뚝 솟아 있고 그 줄기는 차일봉(1004.7m)으로 내려가고 다른 한 줄기는 우측으로 간미봉(728.4m)을 빚어 놓았다.

뚜렷하게 조망할 수 있으니 정말이지 행복한 느낌이다. 민가를 만나면서 우회전하니 '밤재 터널'이라는 이정표가 있는 삼거리를 만나는데 여기서 우측으로 200m 가면 밤재터널이다. 둘레꾼보다는 서시(견두)지맥을 하는 지맥꾼들이 제2구간으로 이용하는 곳이다. 즉 성삼재나 정령치를 이용하여 서시지맥 들머리로 들은 산꾼들은 교통의 편의성 때문에 여기서 1구간을 끊고 2구간을 다시 여기에서 시작하는 경우가 왕왕 있다.

---

2 계척마을에서 밤재로 올라가는 길목에 조성한 숲이다. 구례군에서 조성한 이 숲에는 수령 30년을 헤아리는 수만 그루의 편백나무가 심어져 있다. 지리산 둘레길은 편백나무 숲 가운데를 관통한다. 편백나무 숲에는 산책로가 여러 갈래 있는데, 지리산둘레길 이정표가 잘 세워져 있어 헷갈리지 않는다. 또한 벤치와 화장실, 평상도 있어 다리쉼하기 좋다. 편백나무 숲을 지나면 사시사철 맑은 물이 흐르는 계곡이 있다. (사)숲길 안내 글

서시지맥이 지나는 역사지리의 현장 밤재

직진한다. 이 삼거리에서 4분 정도 올라가면 또 삼거리가 나온다. 이정표와 둘레길 이정목은 직진하는 큰 길을 가리키고 있으나 좌측으로도 표지띠가 많이 날리고 있다. 지맥꾼들이 달아놓은 그것들이다. 이정목이 가리키는 직진하는 길은 평범하게 오르는 길로 힘들이지 않고 완만하게 우회하여 밤재로 오르는 길인 반면 좌회전하여 진행하는 길은 밤재터널로 올라온 지맥꾼들이 사용하던 길로 된비알이다. 둘레꾼 각자의 능력에 맞게 진행하면 될 것이다. 어쨌든 (사)숲길에서는 누구나 편하게 그리고 안전하게 걸을 수 있도록 우회하는 쉬운 루트로 꾼들을 유도하고 있다. 안전이 제일이다.

서시(견두)지맥에 대해서는 제3부에서 자세하게 볼 것이다. 만복대 삼거리~밤재~견두산~천마산~깃대봉~서시천과 섬진강의 합수점에 이르는 산줄기다. 자세한 것은 여기서 이야기할 것이 아니므로 본서 다음에 나올 《대한산경표(가제)》로 미룬다. 좌회전하여 지맥 길 진입 루트로 올라가볼까?

된비알을 올라 좌회전하면 평이해지다가 편백나무 숲으로 들은 다음 이내 밤재이다. 아까 그 삼거리에서 10분 정도 걸린다. 밤재에는 정자와 벤치 그리고 표지석과 이정목, 물통 등이 있다.

구례와 남원을 가르는 고개다. 과거에는 19번 국도[3]가 이 고개를 넘어갔다. 그러나 1988년 길이 800m, 폭 9.7m의 밤재터널이 뚫리면서 옛길이 됐다. 지금도 구례 방면에서는 밤재 정상까지 차량을 타고 갈 수 있다. 그

3 하긴 이 도로도 포장되기 이전에 남원에서 구례로 가려면 섬진강을 따라 곡성을 거쳐 구례로 돌아가긴 했다.

러나 남원 구간은 옛길이 많이 지워져 차량 통행은 불가능[4]하다.

여기서 둘레길은 서시지맥과 만난다. 그런고로 이곳 이정표는 지맥꾼들이 보는 것이지 둘레꾼들을 위한 이정목이 아니다. 둘레꾼들은 계단을 오름이 없이 그냥 직진하여 내려가는 길을 이용해야 한다.

잠시 지리산을 조망한다. 아까와는 또 다른 모습의 지리산이다. 좌로부터 만복대, 작은고리봉(묘봉)이 보이고 그 사이로 둔부 같은 반야봉이 보인다. 노고단 옆의 KBS송신탑이 보이니 그 옆의 뾰족한 게 종석대이다.

이렇게 둘레길 안에 있는 지리산의 봉우리면 봉우리, 고개면 고개를 찾아보면서 걷고 그 봉우리나 고개에 담겨 있는 사실들을 하나하나 알아가면서 진행을 해야 기억에도 오래 남고 둘레길을 걷는 참 의미를 새길 수 있으리라.

밤재를 넘으면서 이제는 전남 구례를 떠나 전북 남원으로 들어선다. 곧 이 밤재가 지나는 서시지맥이 전라남도와 전라북도의 도계가 되는 곳이다. 그런데 이 밤재 둘레길 우측으로 또 하나의 표지석이 있다.

'왜적침략길 불망비'이다. 1597년 8월 정유재란 당시 왜구들이 하동을 지나 전주로 공격을 하러 갈 때 이곳을 넘어갔다는 것이다. 어쨌든 이 비는 팔량재 전투로 유명한 남원 주천 출신의 의병장 조경남이 쓴 난중잡록[5]을 토대

4 그러나 필자가 진행한 바로는 남원 방향 지리산유스호스텔 입구에서 우회전하여 비포장도로로 들어서면 별 무리 없이 밤재로 오를 수 있는 것으로 보였다.

5 의병장 조경남(1570~1641)이 쓴 '난중잡록'에는 천안 부근의 소사전투 이후 남원으로 집결 중이던 사명당 부대를 묘사하는 대목이 있다. 여기에 "초원楚猿 4마리가 있어 말을 타고 다루는 솜씨가 사람과 같았다. 몸뚱이는 큰 고양이를 닮았다"는 구절이 있다. 초원이란 중국 남부에서 온 원숭이라는 의미다. 정유재란 당시 명나라 장군 양호는 원숭이 300마리로 부대를 꾸렸다는 대목도 나온다. 이는 이중환의 택리지에도 나오는 이야기인데 여기서 또 하나 알 수 있는 것은 원숭이의 '猿'자도 모르는 우리나라의 선비들은 그저 중국의 시나 글에 나오는 원숭이 얘기만 듣고 그들의 글에도 원숭이를 썼다는 점이다. 그러나 사실 양호는 마카오에 와있던 포르투갈 상인들로부터 구입한 아프리카 모잠비크 출신의 노예들로

밤재 정상에 있는 '왜적침략길 불망비'

로 새긴 것이다.

내용인즉슨 1597년 8월 6일 왜군 좌군과 수군이 하동 두치진에서 합류한 다음 1597년 8월 7일 구례읍 봉성산에 입성하였는데, 같은 달 9일 박계성 등 의병이 둔산재 전투에서 패배, 같은 달 13일 남원성 공격, 같은 달 16일 조선군, 명군, 의병 등 패배, 같은 달 21일 전주성 입성. 연전연패였다. 하긴 책임질 관리들은 다 도망가고 몇 명 남지 않은 조선군과 원정 온 명나라 군인들은 정벌군 입장에서 뭐 전투라도 제대로 했을까? 다 우리나라 의병들 몫 아니었겠는가! 또한 왜군들은 1894년 갑오년에도 동학농민군을 추격하며 이 고개를 넘었고 합방을 한 다음에도 이 길을 넓혀 약탈과 지배의 수단으로 삼았다.

이런 아픔을 다시는 되풀이하지 않겠다는 다짐을 하면서 왜적들의 족적이 남아 있는 이 자리에 이 비를 세운다는 내용이다. 정유재란 7주갑[6]이니 정유재란 발발 420년에 남원시와 구례군이 함께 이 비를 세웠다. 아! 우리나라 친일파들은 이 글을 보면 어떻게 생각할지!

밤재에서는 남원 시내가 한눈에 들어온다. 왜적들은 이곳이나 둔산재에서

용병 한 팀을 꾸렸을 것이다. 흑인이라고는 보지도 못했던 당시 조선사람들 눈에는 아마도 글로만 읽던 원숭이로 비쳤으리라. 그러니 임진왜란은 단순하게 조선과 왜구 간의 전쟁 정도가 아니라 명나라까지 참여한 중일전쟁의 양상을 넘어 여기에 스페인과 포르투갈 선교사까지 참여하였으니 한편으로는 명나라에서 후금으로 이어지는 중국의 거대 세력의 이동을 보여주기도 하는 어찌 보면 국제전쟁이었다.

6 주갑周甲=환갑還甲

남원 시내를 염탐한 다음 침공했으리라. 일제가 만든 구례와 남원을 잇는 소위 옛 신작로를 따라 내려간다. 우측으로 미니 태양광발전소가 흉측하게 보인다. 친환경? 환경 파괴같이 보인다.

이 신작로라는 길이 구절양장九折羊腸이어서 시간이 상당히 걸린다. 하긴 밤재가 해발 495m나 되니 그럴 만도 하다. 하지만 이런 모든 걸 차치하고 자연만 놓고 본다면 이 길은 정말이지 멋이 있고 운치가 있는 사색의 길이다. 노면에 깔린 흙들도 부드럽고 돌도 모나지 않다. 적당히 큰 키의 나무들이 빛을 어느 정도 가려주고 골마다 흐르는 물소리는 아랫마을의 논과 밭을 충분히 적셔줄 것 같다.

밤재 터널을 빠져나온 차량이 우측 19번 도로를 지나는 소리가 시끄럽게 들린다. 하동과 구례에서 보았던 19번 도로를 이제는 남원시 주천면에서 본다. 이 옛 신작로의 도로 끝에서 좌회전하여 토끼굴을 빠져나간다. 우측은 지리산유스호스텔이다. 이정목 우측의 수준점을 보니 아직도 해발 272m이다.

둘레길의 끝은 고남산과 고리산이 보이는 원천초등학교

토끼굴을 나오자마자 우측 19번 도로 진출로로 진입을 한다. 차량은 절대 진입금지이지만 사람은 다닐 수 있도록 인도까지 만들어져 있다. 도로 옆으로 둘레길 표시가 되어 있고 나무 계단까지 만들어져 있다. 그 계단으로 내려와 토끼굴을 두 번 통과하면서 19번 도로를 지난다. 그러면 바로 아까 보았던 지리산유스호스텔 내부 시설물을 지나 바로 산길로 들어선다.

좌회전하여 물길을 두어 개 건너 호젓한 길을 걷노라면 '무너미'라고 표기된 이정목이 나온다.

주천면 주민들의 농업용수로 쓰이는 장안제

그러고는 내용궁마을로 들어선다. 민가 서너 채가 있는데 상당한 양의 농사를 짓는 것 같다. 중앙에 586.2봉이 보인다. 저 바로 옆으로 1구간 때 지나쳤던 솔정지가 있는 곳이고 그 우측 바로 아래로는 구룡폭포가 있을 것이다.

사당 같은 곳이 나온다. 류익경 효자비와 감모재라는 편액이 붙은 재실이다. 관리가 제대로 되지 않아 폐가라는 인상을 준다. 민가 한 곳을 빠져나오자 상당한 규모의 저수지인 장안제가 나오고 민가 서너 채를 지나면 용수사 삼거리가 나온다.

아! 그런데 이게 뭔가? 저 멀리 백두대간의 고남산(846.8m)이 보인다. 그 좌측 뒤로 요천지맥의 연화산(527.3m)과 천황산(909.6m)이 겹쳐 서 있고, 우측으로는 고리봉(1305.4m)이 머리를 내밀고 있다. 생각하지도 못했던 정경이다.

용궁교를 건너니 고리봉이 보이고 백두대간길이 고기리로 내려오는 모습이 보인다. 둘레길의 고도가 낮아지니 고남산이 머리를 감춘다. 안타깝다. 원천초등학교 교정 뒤로 고리봉이 한눈에 잡힌다. 지리산을 보며 자라는 어린이들이 운동장에서 뛰노는 모습을 본다. 그 좌측 뒤에 보이는 봉우리가 세걸산이다. 골목을 빠져나오니 소나무 옆으로 쉼터가 있고 둘레길 안내소가 보인다. 둘레길을 처음 시작할 때 보았던 곳이다. 배낭을 메고 내려오는 필자를 보더니 연세 있으신 분이 초소 문을 열고 나오면서 정겨운 미소로 말을 건넨다.

"이제 둘레길 끝이유?"

智異山

3부 산경표로 본 지리산

지리산 둘레길을 다 살펴봤으니 이제는 지리산 능선으로 올라가야겠다. 봉우리와 봉우리의 이음이 능선이니 능선을 걷는다는 것은 봉우리와 고개 그리고 다시 봉우리를 걷는다는 것과 같다. 우리 선조들은 그런 능선 중 특정한 조건에 부합되는 것을 추려 대간이라 했고 정맥이라 불렀다. 이 대간이나 정맥을 산맥 개념에 대응하여 특히 산줄기라 부르니 곧 '능선⊃산줄기'이다. 그리고 그 산줄기를 모은 책이자 표가 '산경표'임을 이미 살펴봤다.[1] 그리고 그 정맥의 하위 개념으로서 기맥과 지맥에 관해서도 신산경표와 대한산경표를 예로 들어 이미 봤다.

그러니 지리산의 수많은 봉우리에서 일어난 일을 살핀다는 것은 곧 산줄기와 능선을 걷는다는 것과 같다. 다행히 지리산에는 백두대간이 지나가고 낙남정맥이라는 걸출한 정맥도 하나 분기한다. 또 지맥이라는 산줄기 또한 존재하며 중복되기도 하지만 어쨌든 동서남북 능선을 가지고 있으니 거느린 식솔만 가지고 본다면 오히려 백두산보다 더 부자이고 대식구이다.

그런 지리산 가족 내부로 들어와 살펴보면 '능선⊃산줄기'라 하였으니 그 비중은 산줄기에 비해 능선에 무게가 더 실린다. 그러니 본서本書에도 그 편제가 능선이 먼저 오르고 그다음에 산줄기가 실려야 맞다. 나아가 지리산 산꾼들에게 알려진 시기만 보더라도 산줄기보다 능선이 더 먼저이고 더 오래됐다. 더욱이 본서는 산경표에 관한 책도 아니고 그 범위가 지리산으로 국한되는 만큼 능선 위주로 살피되 오히려 정맥과 지맥은 부수적으로 보는 게 타당하다.

하지만 최근에는 능선 산행에 있어서 산줄기 위주로 산행이 이루어지는

---

1 자세한 것은 졸저《현오와 걷는 백두대간》160쪽 이하, 365쪽 이하, 413쪽 이하, 455쪽 이하 등 참조.

게 일반적인 추세이고 경향이다. 앞으로도 이런 트렌드는 더 확대됐으면 됐지 달라지지는 않을 것이다. 그러니 본서에서는 일단 산줄기를 간단히 본 다음 능선 산행을 하면서 얘기를 풀어나가는 것으로 하겠다. 중복되는 구간은 능선 위주로 살피고 산줄기는 부수적으로 다룰 것임을 미리 얘기한다.

장쾌한 지리의 주릉과 거기서 가지를 친 동서남북 방향의 능선을 살핀다는 것은 곧 지리산이라는 백두대간에서 갈라진 정맥과 지맥 그리고 단맥을 걷는다는 얘기와 같다. 다만 지리산의 초입은 여원재(치)라고 하였으므로 백두대간은 여원재~큰고리봉까지, 낙남정맥은 삼신산~옥산까지 그리고 덕천지맥은 웅석봉 이하만 다루는 것으로 하겠다.

1. 백두대간 구간

여원재~수정봉~덕운봉(759.2m)~노치마을~고기삼거리~고리봉: 10.5km

그 백두대간을 이어서 걷는 방법에는 크게 두 가지가 있다. 하나는 남쪽 백두대간이 시작하는 진부령부터 걸어 지리산 천왕봉에 이르는 방법 즉 남진南進. 그리고 다른 하나는 거꾸로 지리산 천왕봉을 출발하여 진부령으로 진행하는 방법 즉 북진北進 등이 그것들이다.[2]

산경표의 편제에 따랐으니 이 루트는 당연히 백두대간의 남진南進 길이다. 이 구간을 산경표에서는 '여원재~지리산' 순서로 나왔으므로 통설에 따라 '여원재~고리봉~성삼재~반야봉~영신봉~천왕봉'이 대간길이다. 하지만 위에

---

2 졸저 전게서 프롤로그

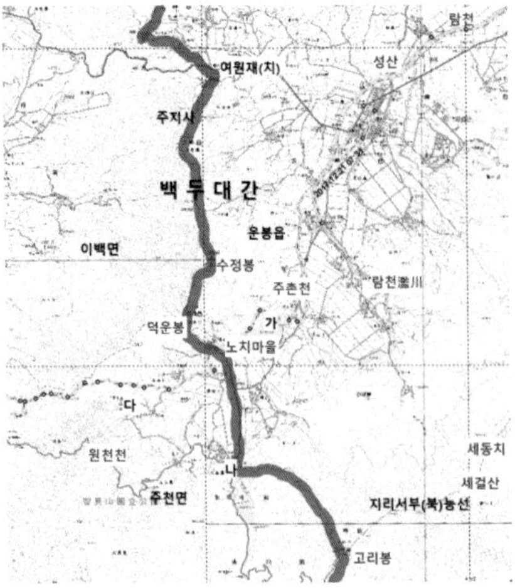

서 얘기한 바와 같이 '성삼재~천왕봉' 구간은 지리주릉에서 다룰 것이고, '큰고리봉~성삼재' 구간은 서부능선에서 볼 것이니 순수한 백두대간 구간은 '여원재~큰고리봉'만 남게 된다. 이 구간은 전라북도 남원시 이백면과 운봉읍의 면계를 따르는 산줄기로 덕운봉에 이르러 주천면을 만나 고리봉까지 주천과 운봉의 면계를 따라 걷는다.

그럼 지리산의 백두대간 이야기를 좀 해볼까?

얘기의 시작은 여원재이다. 여원재는 이미 제2부 둘레길 제1구간에서 자세히 다뤘으므로 여기서 특별히 언급할 것은 없다. 고남산에서 내려와 운성대장군 옆 계단으로 올라서는 대간길은 24번 도로가 지나는 운봉읍과 이백면의 면계이다. 대간길은 면계를 따라 진행한다는 얘기다. 대간길 좌측으로 대간꾼들의 쉼터인 운봉주막을 지나게 된다. 계단을 이용하여 산길로 들어서면 이내 주지사 갈림길이 나오고 축성터를 지나면 우측으로 요천(천황)지맥과 남원 시내의 시가지가 보인다.

'갓바라재'라는 한글로 표기된 입망치笠望峙를 지나면 '수정봉 1.3km' 이정목이 나온다. 된비알을 조금 치고 올라가면서 뒤를 돌아보면 584.6봉 너머 좌측으로는 방아산성, 우측으로는 고남산을 볼 수 있다. 그러고는 수정봉(805.1m)으로 오를 수 있는데 정상에는 정상석과 3등급삼각점(운봉308) 그리고 안내판이 세워져 있다.

연산골 갈림길을 지나면 고인돌 같은 바위를 만나게 된다. 그러고는 덕운봉이라는 코팅지가 붙은 759.2봉을 만나면서 등로는 좌측으로 방향을 바꾸는데 이곳이 운봉읍과 이백면 그리고 주천면이 만나는 이른바 삼면봉이다. 이 759.2봉 즉 덕운봉이 갖는 큰 의의는 백두대간의 역사와 관련해서이다. 즉 제2부 둘레길 제1구간에서 자세히 살펴봤듯이 먼 옛날에는 백두대간길이 이 봉우리에서 직진하여 운봉과 주천면의 면계를 따라 진행하다 728.8봉에서 면계를 버리고 우측으로 진행을 하여 구룡폭포를 지나 지금의 서시지맥 1109.3봉을 경유 만복대로 지나는 길이었을 것이다. 그런데 하천쟁탈이라는 지질학적 요인으로 인해 원천천 상류의 물줄기가 원천천~주천천~람천~임천~남강~낙동강으로 흘러야 할 것이 지금의 원천천~요천~섬진강으로 흐르게 되었다는 얘기다.

덕운봉의 표지띠. 예전 백두대간길은 지금과 달랐다.

그러니 예전 백두대간길로 진행을 하면 728.8봉을 지나 580.4봉에서 둘레길 제1구간을 만나고 거기서 솔정지나 구룡폭포로 진행할 수 있다.

노치마을[3] 노치 샘터에서 물 한 모금을 마시고 마을회관 앞의 당산나무와 한반도 표석을 배경으로 기념 촬영을 하고 마을을 빠져나오면 이제 평지를 걷는다는 느낌이지만 이곳은 엄연히 해발 500m의 고원지대이다.

60번 도로를 따라 걸어 고기삼거리로 나아간다. 그 60번 도로의 좌우측이

3 제2부 둘레길 제1구간에서 자세히 살펴봤다.

10cm가량 높이가 다르다는 것을 염두에 두고 살피면서 가자. 고기교 건너기 전 좌측으로 여러 개의 비석이 세워져 있고 비각도 보인다. 좌측 산길로 접어들면 완만하지만 등로는 서서히 고도를 높인다. 고기교에서 큰 고리봉까지의 거리는 약 3.2km 정도. 1시간 반 정도 오르면 되는 거리이지만 본격적으로 지리산에 들고 있다는 생각에 그리 힘이 들지 않는다. 비록 정상석도 없는 고리봉이지만 2등급삼각점(운봉25)과 이정목 그리고 무엇보다도 서부능선 방향이나 임천 건너 삼봉산과 법화산 등 둘레길을 걸으면서 보았던 북부지리의 여러 봉우리들과 동쪽의 반야봉, 만복대 남서쪽으로는 서시지맥의 견두산 등을 볼 수 있다는 게 자랑이다. 이 고리봉에서는 서석산이라 불리던 무등산 조망도 가능하다.

그리고 여기서 지리서부능선을 만난다. 그러니 백두대간 구간 중, 고리봉~성삼재 구간은 지리서부능선에게 성삼재~천왕봉 구간은 지리주릉에게 각 바통을 넘기게 된다.

2. 낙남정맥 구간

정맥은 산경표의 편제상 대간 바로 아래 개념이다. 주지하다시피 산경표에는 1대간 1정간 13정맥으로 편제되어 있다. 그 중 남한 쪽은 1대간 9정맥이 펼쳐져 있으니 우리가 현재 진행할 수 있는 구간은 그 정도로 축소된다.

그중에서도 지리산 구간은 낙남정맥으로 한정된다. 낙남정맥은 지리산 영신봉에서 분기하여 삼신봉~옥산을 거쳐 여항산~무학산을 지나 김해의 분지봉에서 마무리된다. 그러니 낙남정맥에서 지리산과 관련해서는 제1부에서 살펴본 두류전지의 내용만 봐도 충분할 것이고 사실 그게 전부이다.

낙남정맥 구간 중 영신봉~삼신봉 구간은 지리남부능선 구간과 중복된다.

그러니 제4부에서 심도있게 보기로 한다. 그리고 옥산 이하는 지리산의 영역에서 벗어난다. 그러니 본 항 낙남정맥 구간에서는 삼신봉~옥산 구간만 보면 될 것이다. 그럼 삼신봉으로 간다.

삼신봉에서 우측 바위로 내려서면 이정표는 '쌍계사 8.9km'와 '청학동 2.5km'을 가리킨다. 여기서 청학동을 따른다. 5분 정도 진행하면 청학동 이정표가 다시 나오지만 정맥은 나무더미 위를 넘어 직진한다. 산죽 밭을 뚫고 20분 정도 진행하면 정상석이 있는 외삼신봉(1286.7m)이다. 조망이 좋은 이곳에서 지나온 곳이며 천왕봉 방향 모두 볼 수 있다. 우측으로는 청학동이 관찰이 되고 진행방향으로 주산(828.2m)을 중심으로 정맥이나 정맥에서 갈리는 가지줄기까지 관찰이 가능하다.

낙남 1구간 중 가장 위험하다고 하는 벼랑에는 로프가 매어져 있으므로 그다지 걱정할 필요는 없다. 벼랑을 내려오면 표지띠가 잘 달려 있고 다시 산죽 밭이 시작된다. 고글과 멀티프를 유효적절하게 사용할 필요가 있다. 키가 큰 산죽 밭은 아예 터널식으로 정맥길이 만들어져 있으니 길을 놓칠 위험성은 전혀 없다. 묵은 헬기장이 있는 묵계재 아래로는 삼신봉 터널이 지나간다. 예전의 이 길은 남효온이 지나고 김일손이 지났던 길이다. 여름이라면 다듬어지지 않은 풀들이 귀찮게 하는 곳이다. 묵계재를 지나자마자 다시 산죽터널로 들어간다. 약 1.4km 정도를 산죽 밭을 들랑날랑하며 지나가야 한다.

40분 정도 걸려 그 길을 빠져나오면 철책이 나오고 고운저수지와 묵계를 잇는 고운동재이다. 정맥길은 다시 산죽 밭으로 든다. 가끔 왼쪽으로 조망이 트이면 고운호 상부댐을 볼 수 있다. 875봉에는 표지띠가 서낭당 천 걸려 있듯 널려 있고 789.8봉에서 4등급(곤양403, 하동군 청암면 묵계리 산320) 삼각점을 확인한다. 그런데 이 삼각점에는 누군가가 '970.4'라고 숫자를 표기해 놓았다.

묘지를 지나 우측으로 크게 꺾으면 이내 도로가 나온다. 1014번 도로로 이 고개는 길마재이다. 둘레길 제10구간에 있던 궁항마을과 청학동을 잇는 고개이다. 산불감시초소를 지나 칠중대고지(565.1m)를 지난다. 여전히 산죽밭은 계속된다. 그러고는 드디어 둘레길을 만나고 반가운 이정목도 있는 양이터재이다. 방화고지(668.6m)에서는 조금 좌측으로 들어가 3등급삼각점(곤양302)를 확인하면 이제부터 조망이 조금씩 트인다. 농장이 나오면서 편안하게 길을 걸어 포장도로인 돌고지재로 나간다. 잠시 땀을 훔치고 좌측으로 가면 공장 옆으로 옥산 이정목이 보인다. 콘크리트 임도를 오르다 우측 이정표를 따르면 조망이 탁 트인 산불감시초소가 나온다. 여기서 사방을 둘러볼 수 있다. 바로 옆 526.9봉에서 4등급 삼각점(곤양444)을 확인하면 이제부터 주의를 기울여야 한다. 여기서 다음 봉우리인 낮은 546봉에서 우측을 봐야 한다. 표지띠 몇 장이 날리는 것을 볼 수 있다. 직진을 하면 낙남정맥이지만 이 우측 횡천면과 북천면의 면계를 따르는 루트가 하동 금오산을 거쳐 노량으로 가는 소위 신백두대간길이 된다. 아주 의미 있는 길이다.

한편 여기서 직진을 하면 아주 편안한 임도를 따르게 된다. 지도에도 없는 천왕봉(602.6m)이라는 봉우리에서 정상석을 보고 내려오자마자 좌측으로 높은 봉우리 하나가 보인다. 옥산(614.1m)이다. 옥산까지 왕복 2km이지만 어차피 옥산만큼은 정맥길에 있는 산의 범주에 드니 필히 다녀와야 할 곳이다. 헬기장을 지나 나무 계

옥산 정상석. 왕복 2km인 이 봉은 필히 다녀와야 할 곳이다.

단을 오르면 두 개의 정상석과 2등급삼각점(곤양23)이 있는 옥산이다. 옥산에서 지리산까지 조망이 가능하다.

3. 지리산의 지맥枝脈

지맥은 대간과 정맥의 하위개념이다. 즉 대간大幹〉정맥正脈〉지맥枝脈이니 지맥은 산줄기 계급 체계의 제일 하위에 있는 개념이다. 물론 기맥, 분맥, 단맥, 여맥도 상정할 수 있지만 너무 세분시키는 것이기도 하며 논란만 부추기는 격이니 여기서는 언급을 피한다.

지맥[4]이라는 계급이 붙기 위해서는 세 가지 조건이 필요하다. 즉 ①'산줄기 요건'으로 백두대간이나 정맥 그리고 자신보다 상위 등급의 지맥에서 가지를 친 줄기여야 한다. 그리고 ②'물줄기 요건'으로 그 줄기가 가지 칠 때 그 사이에서 발원하는 물줄기와 자신보다 상위등급의 물줄기가 만나는 합수점에서 맥을 다하는 산줄기(㉮합수점형)여야 하며, ③마지막으로 '산줄기의 길이 요건'으로 그 도상거리가 30km 이상이어야 한다는 것이 그것들이다.

다만 ②요건의 경우 산줄기를 조금 더 유용하게 쓰기 위하여 특별한 경우에는 예외를 두는 바, 가령 관련된 물줄기의 울타리 역할을 하는 것(㉯울타리형)이나 반도의 모양새를 가진 땅에서 호수나 강 혹은 바다 등으로 진행하는 산줄기(㉰산줄기형)의 경우 등이 그것이다.

즉 정리하자면 ㉮합수점형, ㉯울타리형, ㉰산줄기형 등 세 가지가 유형에 해당되어야 한다. 좀 어려운 내용이긴 하지만 전체적인 산줄기의 이해를 돕

4 남한의 산줄기를 신산경표는 1대간 7정맥 6기맥 162지맥으로 정리한 반면 대한산경표는 기맥을 없애고 지맥으로 통합하여 1대간 9정맥 175지맥으로 정리하였다.

기 위함이니 차근차근 살펴보자.

㉮합수점合水點형의 예

위 개념도는 백두대간 지리산 입구인 여원재에서 고리봉을 지나 만복대~반야봉으로 진행하는 대간능선과 대간길의 만복대 바로 앞에서 가지를 쳐 밤재~견두산~형제봉을 지나 서시천과 섬진강이 만나는 합수점에서 맥을 다하는 도상거리 약 33.2km의 가지줄기 개념도이다.

이를 위 지맥의 3요건에 대입시켜 본다.

보다시피 이 가지줄기는 백두대간에서 가지를 친 줄기이니 ①요건에 합당하다. 그리고 이 줄기가 백두대간 만복대 부근에서 가지를 칠 때 그 사이에서 서시천이라는 물줄기가 발원을 하는데, 이 서시천이 자신보다 상위 등급의 물줄기인 섬진강과 합류되는 합수점인 개념도 'A'의 곳에서 이 줄기의 맥이 잠기게 되니 이 역시 ②요건에 합당! 그리고 이 가지줄기의 도상거리는 33.2km가 되므로 기본 요건인 30km를 넘으므로 이 역시 요건 ③에 합당하다. 그러므로 이 가지줄기는 枝脈이라는 계급을 얻게 되고 그 이름은 강 이름인 서시천을 따서 '서시지맥'이라는 이름을 가지게 되는 것이고 이는 고유명사가 된다.

㉯울타리형의 예

'합수점'형에 비해 설명이 조금 복잡해진다. 산줄기가 여러 개 나오긴 하지만 원리는 같다. 조금만 주의를 기울이면 된다.

우측 개념도의 주主줄기는 역시 백두대간이다. 그런데 아까와는 달리 백두대간에서 큰 줄기인 한남금북정맥이 가지를 쳐 나가는 모습이다. 그 가운데에서 보청천이 발원하는 모습도 볼 수 있다. 정맥 이름이 암시하듯 이 산줄기는 금강의 북쪽을 진행한다. 그러므로 이 보청천이 10대 강 중 하나인 금강과 만나는 합수점을 보면 된다.

그런데 이 보청천과 금강이 만나는 합수점으로 두 개의 산줄기가 잠기는 것을 볼 수 있다. 신산경표 상으로는 팔음지맥과 금적지맥이 그것이며 대한

산경표 상으로는 보청지맥과 보청북지맥이 그것이다. 신산경표와 대한산경표의 차이점에 관해서는 여기서 논할 필요는 없다. 그러니 필자가 적극적으로 동조하는 대한산경표의 이름으로 얘기를 이어가겠다.

똑같은 물줄기로 들어가는 두 산줄기의 우선권은 그 산줄기가 속한 주산줄기의 계급이나 세력에 따른다. 이 경우 백두대간〉정맥이므로 이 물줄기는 백두대간 몫이다. 따라서 보청천과 금강의 합수점으로 잠기는 줄기는 대간에서 분기한 줄기이므로 ①의 요건을 충족하고 합수점으로 갔으니 이 역시 ②의 요건을 충족한다. 마지막으로 이 가지줄기의 도상거리가 57.7km가 되니 지맥이라는 계급을 가질 수 있게 되고 이 지맥의 이름은 물줄기 보청천의 이름을 따 보청지맥이라 명명한다.

이렇듯 '합수점'형인 이 보청지맥에 대해서는 아무 문제가 없으나 보청천으로 들어온 다른 줄기가 문제이다. 즉 이 줄기 역시 한남금북정맥이라는 정맥에서 분기되었으므로 ①요건은 충족하며 이 산줄기의 도상거리가 약 49.6km가 되므로 이 역시 ③요건을 충족한다.

다만 합수점은 합수점인데 주主산줄기가 아닌 부副산줄기이기 때문에 위 보청천에 밀리는 모양새이다. 하지만 시종일관 보청천의 북서쪽 울타리 역할을 하므로 이런 경우는 지맥의 유형 '㉯울타리형'으로 보아 지맥에 편입시키기로 한다. 엄격한 해석보다는 산줄기를 유용하게 사용하자는 취지이다. 따라서 보청천의 북쪽으로 잠기는 산줄기이므로 이름은 '보청북지맥'으로 명명한다.

㉰산줄기형의 예

위에서 반도의 모양새를 가진 땅에서 호수나 강 혹은 바다 등으로 진행하는 산줄기의 유형을 '산줄기'형이라고 분류한다고 했다. 이는 혹시나 합수점형이나 울타리형으로 분류될 경우 모두 잔가지 가령 여맥이나 단맥 등으로 처리되어 지맥의 요건을 갖추지 못하게 됨에 따라 선조들이 물려주신 이 소중한 산하를 유용하게 선용하지 못하는 불합리함을 시정하기 위한 조치라 이해하면 된다.

산자분수령의 대원칙인 합수점으로 가지 않는 특수한 경우니 이를 산자분수령의 예외 유형이라 봐도 무방할 것이다. 따라서 이 경우 강이나 하천을 동원할 수도 없으니 물줄기 이름을 붙이기가 곤란하다. 따라서 그 산줄기가 마무리되는 지역의 행정구역 이름을 따서 명명하기로 한다.

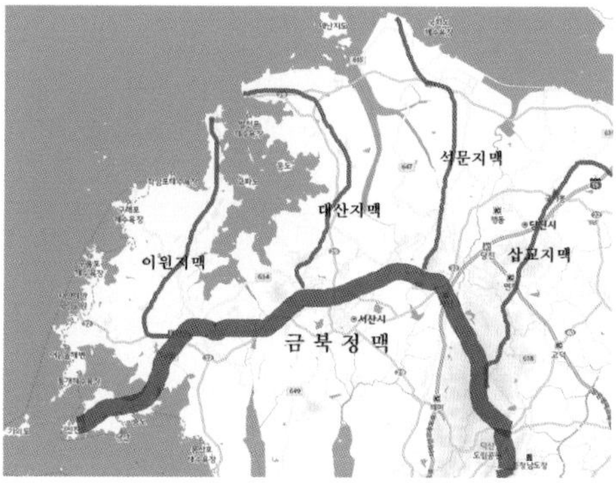

물론 이 경우도 ②의 합수점 요건에만 예외가 되기 때문에 ①, ③조건은 여전히 유효하다. 따라서 우측 참고도의 경우 금북정맥의 구수산에서 3.2km 진행한 곳에서 가지를 쳐 태안군 이원면 내리의 후망산 부근에서 잠기는 산줄기는 '이원'면의 이름을 따서 이원지맥이라 하고 같은 방법으로 금북정맥의 솔개재에서 1.2km 진행한 곳에서 가지를 쳐 서산시 대산읍 독곶리 황금산 부근에서 잠기는 산줄기는 대산읍의 이름을 따 대산지맥이라 명명하기로 한 것이다.

이하 지리 2지맥을 중심으로 살펴보고 횡천지맥도 지리산의 영역인 낙남정맥의 삼신산에서 가지를 쳤으며 상당 구간을 지리남부능선과 함께하므로 이것까지 살펴본다.

-서시(견두)지맥

이 서시지맥 상에 있는 다름재, 숙성재[5]라는 고개나 견두산, 천마산, 깃대봉, 봉성산 등의 봉우리들은 다 섬진강을 울타리로 하는 지리산권에 속하는 봉우리들로 김선신의 분류에 의할 경우 본체 산인 것이다. 그러므로 이 서시지맥으로 지리산 서부 영역은 확정된다. 둘레길과는 마지막 구간인 밤재에서 만난다.

-덕천(웅석)지맥

백두대간이 천왕봉에서 마무리된다는 약속 하에 논의되는 지맥이다. 즉 박성태 선생의 신백두대간같이 백두대간이 끝을 노량으로 가는 것으로 상정한다면 이 지맥의 길이와 방향에도 변화가 생기기 때문이다. 다시 말하자면 백두대간이 옥산(614m) 부근은 물론 이명산(572m)이나 하동 서포면의 남산(134m)까지도 다 지리산의 영역으로 확장되기 때문이다. 일단 이곳에서는 통설의 입장에 따라 살펴보고 다음 기회에 한 걸음 더 들어가 보기로 한다.

이 지맥枝脈은 백두대간의 천왕봉에서 동쪽으로 계속 이어지는 능선[6]이다. 천왕봉에서 중봉~밤머리재로 이어지는 능선이 중봉을 지나면서 우측으로 가지를 하나 칠 때(황금능선) 그 사이에서 발원하는 물줄기가 덕천강이다. 이 덕천강은 천왕봉 아래에서 발원하는 시천천을 흡수하고는 진양호 부근에서 남강과 만나 자신의 역할을 마치게 된다.

이 덕천강과 남강이 만나는 합수점으로 천왕봉에서 이어지는 가지줄기가

5 산경표에는 숙성산으로 나오니 지금의 547.5봉인가?

6 따라서 웅석봉까지는 '지리동부능선'과 함께한다.

잠기게 되는데 이 줄기가 도상거리 54.5km의 덕천(웅석)지맥이다.

덕천지맥은 중봉, 하봉은 물론 웅석봉(1100m)을 거쳐 백운산(516m)을 지난 뒤 자잘한 무명봉 등을 지나게 된다. 진주시 수곡면 일대와 단성면 일대 중 남강 우측의 산들이 이에 속한다. 지리태극종주 루트를 얘기할 때 반드시 나오는 지맥이므로 뒤에 또 본다.

-횡천(삼신)지맥

제11구간에서 자세히 봤다. 기억을 되살려 볼까?

횡천지맥은 지금의 시각으로 봐도 선인들의 그것과 그리 다를 것도 없다. 그러니 지금 지도로 본다. 백두대간의 영신봉에서 가지를 친 낙남정맥은 삼신봉(1288.7m)에서 우측으로 가지줄기 하나를 쳐 보내고 자신은 남동쪽으로 정맥을 이어나간다. 그러니 낙남정맥과 가지 산줄기 사이에서는 횡천강이라는 물줄기가 발원을 하는데 이 횡천강은 청암과 적량 그리고 하동벌을 적시고는 하동읍에서 섬진강에 흡수된다.

이때 이 삼신봉에서 우측으로 가지를 친 줄기는 내삼신봉~상불재~시루봉~칠성봉을 거쳐 구재봉~분지봉을 지나 섬진강과 횡천강의 합수점에서 맥을 다하는 도상거리 34.6km의 산줄기이므로 지맥枝脈이 된다.

그러므로 둘레길 제11구간인 하동호를 지나면서 눈에 들어오기 시작하는 이 지맥은 제12구간 신촌재에서 만나게 되고 제13구간 윗재에서는 이 횡천지맥에서 가지를 친 악양단맥과도 만나게 된다. 그러니 악양이나 하동읍, 적량 등 섬진강 북쪽에 있는 산들은 다 지리산의 영역에 들어간다.

智異山

4부 지리산의 주릉 및 동서남북 능선

반야봉에서 만난 지리 일출. 해밀산악회 산우 '나무지게' 김기홍 님 촬영

지리능선 코스 개요

지리산 둘레길과 산경표로 대간길과 정맥길 그리고 지맥길도 다 살펴봤으니 이제는 지리산 능선으로 올라가야겠다. 봉우리와 봉우리의 이음이 능선이니 능선을 걷는다는 것은 봉우리와 고개 그리고 다시 봉우리를 걷는 것이다.

그러니 본서에서의 편제는 지리주릉을 중심으로 여기서 갈라지는 능선을 차례로 보기로 한다. 먼저 지리주릉이다. 노고단과 반야봉에서 조망할 지리산의 모습에 벌써부터 가슴이 설렌다. 그들이 가지고 있는 이야기 속으로 들어가 보자.

지리산의 북쪽 초입은 운봉의 여원재이다. 하지만 지리의 주릉主稜을 얘기하면 좀 달라진다. 이어가는 산행이 아니기 때문이다. 우선 방위方位를 따라 진행한다 하니 그 주릉부터 잡아야 한다. 예전의 주릉은 반야봉~천왕봉이었을 것이다. 그만큼 두 봉우리가 갖는 지위는 특별했다. 물론 그 두 봉우리가 신앙의 중심지이기도 했지만 교묘하게 두 봉이 지리의 동과 서 양끝에 자리한 고봉이기 때문이기도 했다. 그런 두 봉우리는 시간이 흐르면서 지리가 지리이기 위한 존재의 의미 자체가 되었다.

봉우리들을 하나하나 읽어보며. '해밀산악회' 산우 김기홍 님 촬영

이 능선 종주가 의미를 가지는 건 사실 1990년대 이전이었다. 1980년 이우형 선생에 의해서 발견된 산경표로 인해 백두대간이니 정맥이니 하는 산줄기 용어들이 산악인들을 중심으로 심심찮게 오르내리기 시작하였다. 그러면서 우리의 산줄기를 밟고 싶어 하는 이들에 의해 그 산경표를 따라 산행이 시작되었고 1990년대 이후에는 일반인에게도 그 존재가 알려지기 시작했다. 그러더니 급기야 백두대간 열풍이 달궈지면서 능선 산행의 중심이 '일반능선 산행'에서 대간, 정맥 등의 '산줄기 산행'으로 이동했다. 사실 일반능선 산행은 산줄기 산행의 바로 전 단계였다. 어차피 봉우리~고개~봉우리가 능선이고 그 능선들의 이음이 산줄기이며 그 산줄기 중에서 일정한 요건을 갖춘 산줄기들을 추려낸 것이 대간이요, 정맥이요, 지맥이니까 말이다.

그러나 사실 설악산이나 치악산 그리고 덕유산이나 소백산도 장쾌한 능선 산행을 즐길 수 있는 소선을 확실하게 갖추고 있는 산들이긴 하다. 그런데 설악산의 경우를 제외한 다른 산들은 주능선 이외에는 이렇다 할 가지능선을 가지고 있지 못한 것도 사실이다. 그런데 그런 아쉬움이 지리로 들어오면 사정이 확 달라진다. 지리산은 '지리주릉'이라는 기본 능선 이외에 거기서 가지를 치는 동서남북 사방으로 마루금을 그을 수 있을 정도로 넓고 크다. 그러니 그렇게 그은 마루금을 따라 능선을 걷는 종주 패턴을 얼마든지 만들 수 있었고 또 그 외의 다른 능선 가령 두류능선, 창암능선 등과 같이 각기 자기 이름을 가지고 있기도 하여 산꾼들은 능선과 능선을 잇는 수많은 코스를 만들어냈다. 그러자 그런 코스는 산꾼들 사이에 경쟁이라도 하듯이 퍼져 하나의 정규산행 코스로 자리 잡게 되었고 그 코스를 따라 지리산의 영역도 확정되었음은 물론이다.

그러니 지리주릉을 성삼재~천왕봉이 아니라 덕두산~웅석봉으로 연장해야 한다는 목소리는 너무나 당연하게 받아들여 질 수 있는 환경도 조성되었다. 의견이 많아지다 보니 남북종주를 그리게 되었고 거기서 적당하게 덕두산~웅석봉은 각 서부와 동부로 나누고 지리주릉은 그대로 성삼재~천왕봉으로 놔두되 덕두산~성삼재는 서부능선으로, 천왕봉~웅석봉은 동부능선으로 걷자는 주장이 대두되게 된 것이다. 이런 형식으로 굳어진 것이 지리동서남북 코스이다. 거기에 더하여 서부의 끝+주릉+동부를 이어서 걷더니 그 끝을 태극모양에 맞춰 그은 지리태극종주가 생기게 되었고 그러다 보니 화엄사~대원사를 잇는 '화대종주 코스'는 이미 고전classic route이 되어버렸다.

이하 지리주릉을 우선 보고 그 지리를 우선 만나는 순서인 서→북→남→동 순으로 진행하겠다.

1. 지리주릉 코스

성삼재(2.8km)~노고단(5.5km)~반야봉(4.0km)~토끼봉(3.0km)~연하천대피소(2.1km)
~형제봉(1.5km)~벽소령대피소(8.3km)~세석대피소(3.4km)~장터목대피소(1.7km)~천왕봉 (32.3km)
~천왕봉~중산리(5.4km)

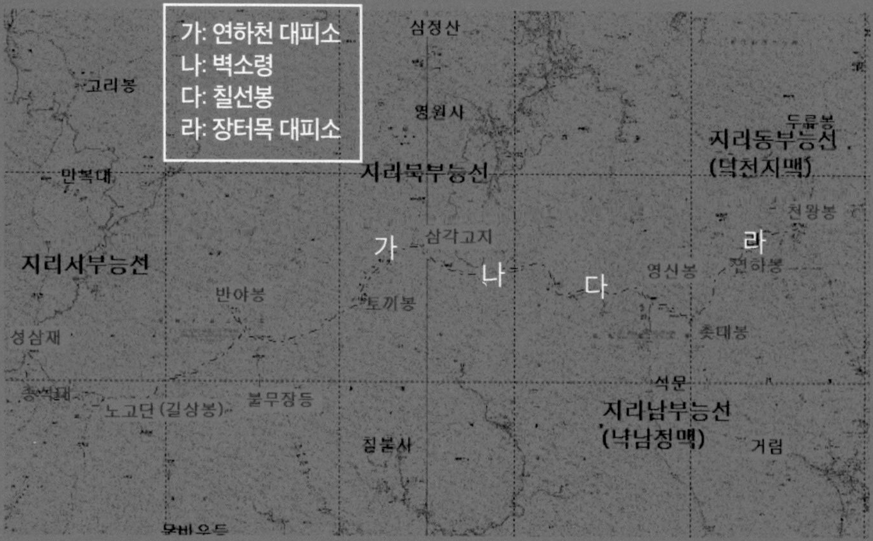

지리주릉 코스는 반야봉~천왕봉을 잇는 길이었다. 그게 성삼재~천왕봉으로 바뀌게 된 것은 교통의 편의성 때문이었다. 1988년 861번 도로의 개통과 맞물려 있다는 얘기다. 그렇게 바뀐 지리주릉 코스는 백두대간의 마지막 구간이기도 하다. 백두산에서 시작한 백두대간이 마지막 종착역에 닿는 순간이라는 얘기다. 감격적인 그 순간을 '졸업식'이라는 행사로 치루는 대간길과는 달리 지리주릉 종주 코스는 그런 맛은 없겠지만 단일구간으로는 우리나라 최장 종주 코스를 이었다는 자부심만큼은 어디에 비교해도 손색이 없다. 그런데 백두대간이라는 테두리를 벗어나면 꾼들의 눈에는 서부능선과 동부능선이 이 주릉의 양끝에서 이어짐을 확인하게 된다.

그러고는 그 능선들을 또 이어가길 꿈꾸게 된다. 그 능선의 이음이 지리태극종주 코스인데 그건 뒤에 보기로 하고 여기서는 지리주릉 즉 성삼재~천왕봉을 잇는 능선을 걷기로 한다. 공단에서 줄자로 직접 측정한 거리는 32.3km이다. 하지만 여기에 하산 코스인 천왕봉~중산리 구간의 5.4km도 넣어야 한다. 그렇다면 거리는 37.7km를 훌쩍 뛰어넘게 된다. 100리에 가까운 거리다. 보통 무박산행으로 진행한다면 아무리 준족이라도 꼬박 한나절 이상이 걸리는 거리이다.

하긴 산악 마라톤을 하는 꾼의 경우 그 거리를 왕복 종주하는데 한나절도 안 걸렸다고 하는 무용담도 들리는데 사람마다 다 그 기량이 틀릴 것이며 사진 촬영은 물론 주변 산줄기 감상에 시간을 다 뺐기는 꾼들도 있을 것이니 산행능력을 꼭 소요시간만 가지고 평할 일은 절대 아니니다.

참고로 필자의 경우 중산리에서 홀로 산행을 했는데 북진의 경우 성삼재까지 13시간+α 정도 걸렸고 남진을 했을 경우 중산리까지 12시간+α 정도 걸린 기록이 있다.

자, 그럼 슬슬 출발해볼까?

지리주릉 종주를 위해서는 무박 내지 1~2박 산행은 필수이다. 안내산악회를 이용할 경우 보통은 03:00 조금 넘은 시간에 도착할 것이니 진행시간에 별 문제가 없다. 그러나 대중교통을 이용할 경우 얘기가 조금 달라진다. 기차편이나 심야버스를 이용하여 구례터미널에서 출발하는 군내버스를 이용하여 성삼재 주차장에 오르면 시간은 04:10을 가리킨다. 이른 아침을 먹고 싶다면 성삼재 휴게소에서 심야영업을 하는 식당을 이용할 수 있다. 그러고 나면 시간은 04:40 정도가 되고 여름이라면 랜턴 없이 산행을 할 수 있는 시간이다. 종주 산행을 할 경우 서둘러야 한다는 얘기다. 그런데 개인적으로 온 꾼들은 산행에 어느 정도 자신감이 있는 사람들이기 때문에 사실 토끼봉 정도만 가면 앞서 출발한 산악회 회원들을 다 추월하기 마련이다.

말 그대로 성삼재姓三岾는 삼국시대에 각성바지 즉 어머니는 같고 아버지는 다른 이부異父 형제인 3명의 장군이 지키던 수비 성터에서 유래한 이름이라고 한다. 성삼재에서의 출발은 공단 초소를 지나면서 시작된다. 길바닥은 토사의 유실을 방지하기 위하여 돌을 깔아놓아 무릎으로 오는 느낌이 좀 불편하다. 물론 대간꾼이라면 상가 옆의 돌계단을 이용하여 종석대로 올라야 한다. 그 루트가 백두대간길이기 때문이다. 붉은 기운이 동쪽에서 올라올 즈음 종석대에 올라 서시지맥이 구례를 감싸고 있는 모습과 둘레길 제16구간을 진행하면서 보았던 섬진강 건너 계족산에서 출발한 능선이 천황산을 거쳐 둥지리봉(690.2m)에서 오산鰲山(541.7m)으로 이어가는 모습 그리고 오미마을 앞의 산태산(207.6m)과 오봉산(174.8m)을 관찰하다 보면 그들이 화산火山의 형태를 하고 있어 운조루의 연당蓮塘을 만들게 된 이유 등을 이해할 수 있겠다. 그러나 무엇보다 지리서부능선이 정면으로 힘차게 종석대(1360.9m)로 달려오는 모습을 감상할 수 있다는 게 자랑이다. 길상봉의 노고단(1502.9m)과 반야봉(1732.1m)을 조망하거나 시쪽 멀리 호남정맥의 무등산(1186.8m)이나 남쪽의 조계산(887.3m)을 본다는 것도 발을 떼지 못하게 만드는 요인이 된다.

종석대에 올라서면…

또 종석대만이 가지고 있는 특장을 하나 더 거론한다면 종석대에서는 산동이나 광의 나아가 구례에서 움직이는 개미 새끼 하나까지 모두 관찰이 가능하다는 점이다. 이는 군사적으로 볼 때 요충지 중의 요충지라는 얘기와 다를 바 없다. 그러므로 신라와 백제가 유리한 고지를 점령하기 위하여 그리고 근자에 와서는 구례에 본부를 둔 토벌대에게 종석대에 진을 친 빨치산은 그야말로 눈엣가시 같은 존재였을 것이니 최우선 공격 목표는 바로 종석대였을 것이다.

또 하나 우측으로 파란 지붕만 보이는 우번암이나 화엄사 방향으로 길게 뻗은 차일봉을 보는 것도 화엄계곡을 따라 섬진강으로 가는 것만큼이나 마음을 흡족하게 한다. 바위 위에 걸터앉아 일출을 감상하거나 혹은 낙조를 보는 즐거움과 희열을 과연 누가 알까? 떨리는 마음으로 카메라의 셔터를 누르고 혼자 숨을 죽이며 매순간을 아까워하며 마음을 졸이는 그 상황의 그 심경을 과연 누가 알기나 할까? 혹 산신령님이나 알아주실까? 항상 산에 대해 고마운 마음을 갖고 외경심을 가지며 항상 공손해지는 마음. 산꾼들만이 가지고 있는 심성이다.

이 종석대에서 내려오면서 대간길이 아닌 우측 우번암으로 들면 차일봉~원사봉 루트로 진행하여 화엄사 사하촌이나 법동골에서 둘레길 제18구간과 만나게 된다.

이 종석대로 오른 발걸음은 일반등로와는 코재 옆 전망대에서 만나게 된다. 화엄사를 한눈에 내려다볼 수 있는 이 전망대에서의 조망은 사실 종석대에는 미치지 못한다. 하지만 섬진강의 휘어지는 굽이를 보는 맛은 종석대와는 또 다르다. 그 화엄사에서 골을 따라 올라오는 길에 눈길을 주다보면 가쁜 숨을 몰아쉬며 주릉으로 올라오는 산꾼과 계단을 보게 된다. 이 고개가 코재이다. 비알이 하도 심한 된비알이다 보니 코가 땅에 닿을 정도라 해서 '코재'라 이름했단다. 그러니 이 길이 화엄사로 내려갈 수 있는 길이 되기도 하며 화엄사와 대원사를 잇는 화대종주 루트의 초입 부분이기도 하다. 코재를 지나자마자 우측에서 물소리가 요란하게 들린다. 무넹기이다.[1]

종석대에서 본 작은고리봉과 만복대

무넹기에서도 대간길과 일반등로가 갈린다. 대간길은 숲으로 들어가 노고단을 향하지만 일반등로는 그저 편하게 임도를 따라 오르기만 하면 된다. 이내 이 일반등로도 편한 임도와 돌계단 길로 갈라진다. 어느 길로 오르든 노고단 옆 선교사 유적지 앞에서 만나게 된다. 친절한 공단에서는 혹시나 모르고 지나칠 산꾼들을 위하여 '저 건물은 무엇일까요?'라는 안내판을 세워두었다. 노고단의 이 선교사 유적지에 관해서는 둘레길 제15구간에서 자세히 다뤘다.

1 무넹기에 대한 자세한 내용은 졸저 전게서 70쪽 참조.

고 함태식 선생과 노고단산장

지금의 노고단대피소는 노고단산장이었다. 서부지리의 관문 구례를 떠나 처음 만나는 대피소이기도 하다. 아니 산장이었다. 당시에는 이 노고단산장을 비롯해 치밭목, 로타리 등 8개의 산장이 있었다. 이 산장은 조선시대 때 각 봉우리의 정상부 부근에 있던 암자의 역할을 대신 수행하였다.

그러던 것이 여순사건에 이어 한국전쟁의 여파로 폐허가 된 노고단에 사람들이 드나들 수 있게 되자 아무래도 지리산을 먼저 찾은 이들은 구례사람들이었을 것이다. 초등학교나 중학교 때 노고단으로 소풍을 온 기억이 잠재해 있었을 것이니 능히 그럴 법도 하다. 그 실례가 1955년 5월 5일 결성된 구례의 '지리산산악회'의 전신 '연하반산악회'이다. 구례중학교 교사였던 우종수 선생에 의하여 만들어진 이 산악회는 두 번이나 길상봉吉祥峰[2] 등정에 실패한다. 미로같이 얽힌 작전용 소로와 잡초 그리고 잡목 때문이었다. 악착같은 집념으로 결국 그해 5월 말 세 번째 시도에서 성공을 하게 되는데 이때 길상봉 인근에 있던 선교사 별장들은 이미 폐허가 되어 있었다고 전한다.

그러던 1970년 등산객들이 늘어나게 되자 한라산 용진각을 시작으로 설악산의 장수대, 백담, 희운각 등의 뒤를 이어 1971년 지리산 길상봉에도 무인대피시설 당시 용어로는 '산장'이 들어서게 된다. 그러니 그 이름이 노고단산장이었다. 무인시설이다 보니 관리가 형편없었는데 이때 지리산에 무인대피시설이 들어섰다는 소식을 접한 고故 함태식 선생은 잘 다니던 직장을 내동댕이치고는 산장관리인을 자처하고 이곳에 들어오게 된다. 1972년 8월의 일이었다. 이곳에 들어온 선생은 등산로 안내는 물론 조난객 구조, 주변 청소 등 궂은일도 마다하지 않고 일을 하여 자타가 공인하는 지리산의 노고단사람

---

2 현 노고단이 있는 봉우리의 이름. 지금은 길상봉吉祥峰이라는 이름 대신 노고단이라 더 많이 불리고 또 그렇게 굳어진 것 같다. 길상은 묘길상妙吉祥 곧 문수보살을 이르는 말이다.

으로 자리매김하게 된다.

그러던 선생이 1988년 1월 9일 17년을 헌신하며 지키던 기존 노고단산장이 폐쇄되고 3층짜리 노고단대피소가 새로 지어짐에 따라 같은 해 1월 31일 피아골로 내려온다. 떠밀려 내려온 것이다. 861번 도로[3]의 개통으로 관광객들이 몰려올 것을 대비한 공단 측의 얄팍한 상술[4]도 많이 작용했을 것이다.

선생이 노고단에서 쫓기다시피 피아골로 내려올 때 그 눈 덮인 지리산 길을 여섯 명의 군인과 선생의 조카 그리고 청년 한 명이 짐을 옮겨 주었단다. 눈이 수북이 쌓여 무릎까지 빠지는 산길을 힘들게 걸어 질매재를 거쳐 피아골 삼거리의 썰렁한 대피소로 내려간 것이다. 선생은 그때의 참담했던 심사를 '귀양을 떠나는 선비의 심정'에 비교했단다. 선생의 비애감이 느껴진다.

> '허허로움 때문이었을까. 질매재에 이르는 길은 유난히 멀고 험하게 느껴졌다. 아마 귀양을 떠나는 선비의 심정이 이러했을 것이다. 나는 질매재에 이르러서 하늘을 우러러보았다. 구부숨한 봉우리 위로 오후의 햇살이 따스하게 비추고 있었다. 문득 고개를 들어보니 눈 쌓인 흰덤봉이 햇살을 받아 반짝반짝 빛나고 있었다. 한 줄기 눈물이 속절없이 흘러내렸다.'[5]

노고단대피소에서 노고단 고개로 오르기 전 잠시 종석대를 보는 여유를 가져야 한다. 종석대의 부드러운 능선 좌측으로 무등산을 감상할 수 있다면 쾌청한 날씨에도 감사해야 할 일이다. 우측으로 임도를 따라 편하게 올라 전

3 이 도로의 개설 목적은 뒤에 '벽소령종단도로'에서 함께 본다.

4 당시 공단에서는 코펠, 텐트, 침낭 등을 대여했음은 물론 대형 야영장까지 조성하면서 '무장비 등산'을 캐치프레이즈로 내걸 정도였으니 지금의 공단 행정으로서는 상상할 수도 없는 일이다.

5 최화수 '지리산 365' 중에서 발췌.

망대에서 화엄사골이나 오산 등을 또 볼 수 있지만 이는 길상봉 정상에서도 충분히 볼 수 있으므로 대피소 우측 돌계단을 이용하여 일단 노고단 고개로 올라간다. 이른 시간이라면 이 노고단 고개에 많은 사람이 몰려 있는 것을 볼 수 있다. 일출 때문이다. 언제부터인가 노고단 고개가 일출의 명소가 된 느낌이다.

길상봉 노고단에 오르기 위해서는 날짜를 잘 선택하여야 한다. 노고단 고개~노고단의 700m 구간은 매년 6월 1일~10월 31일의 5개월은 탐방예약제가 실시되고 있기 때문이다. 너무 많은 탐방객이 몰리는 시기라는 얘기이다.

길상봉의 노고단은 신의 영역

우리 민족만큼 종교에 집착하는 나라가 또 있을까? 종교 백화점이라는 말도 사실 그렇게 잘못된 표현이라고 들리지 않는다. 어느 산을 가더라도 사찰과 암자, 기도원을 만날 수 있고 무당들이 득실거린다. 특히 도선비기, 토정비결, 점집 등은 우리 일상생활이 됐다. 산으로 오르려면 그 입구에서 장승을 만나야만 하고 중간에 크고 작은 돌탑을 보면서 무의식적으로 돌을 하나 얹어야 한다. 그러고는 정상에 올라 천제단이니 무슨 단이니 하는 제단도 만나야 한다. 종교가 없다고 하는 사람들도 실상 유교 아니면 이런 토속신앙을 가지고 있는 사람들이니 가히 1인 1종교 국가라 하겠다.

지리산은 어떤가? 지리산하면 떠오르는 게 천왕봉이다. 그리고 반야봉이다. 지리산의 시작은 길상봉의 노고단이었고 반야봉이었으며 그러고는 천왕봉이었다. 그러니 남악사고 성모사이며 화엄사고 쌍계사였다. 조선시대로 들어오자 유학자들의 발길이 끊이지 않았고 일본인이 들어오자 기독교인의 휴양지가 조성되었다.

이렇듯 지리산은 종교를 떠나서 생각할 수 없다. 지형적으로 산이 많은 우리나라에서 산에 의지하며 사는 사람들에게 산·바위·나무 등에 신령스런 기운이 있다고 믿는 정령신앙精靈信仰은 어찌 보면 자연스런 일이었다. 그러니 수호신으로서의 경외의 대상이었던 그 산이 산악숭배사상으로 발전이 되고 이내 산신신앙[6]이 되는 것은 자연스러운 흐름이라 하겠다.

그 대표적인 것이 단군신앙이고 그 신앙이 지리산으로 들어오면 성모신앙聖母信仰이 된다. 성모는 국토 수호를 위한 산신[7]으로 상징되었다. 곧 지모신신앙地母神信仰이다. 그 지모신 신앙이 무속신앙으로 발전하기도 하지만 우선은 성모신앙이다. 그 시작은 신라시조 박혁거세의 어머니 선도성모仙桃聖母를 모신 노고단에 있던 남악사[8]였다.

남악은 신라 오악五嶽[9] 중 하나로 지리산을 가리킨다. 그 남악에 지리산 산신 즉 선도성모를 모시는 신사를 두었으니 아주 오래전에는 남악하면 반야봉般若峰 혹은 길상봉吉祥峰이 곧 지리산이었을 것이다. 이는 곧 남악사가 지리산 산신을 모시는 신사神祠이니 당연히 성모를 모신 사당이라는 말일 것이고 그

---

6 산신 신앙이 집안의 길흉화복과 관련된 산악숭배사상에서 온 것이라면 칠성 신앙은 인간의 수명과, 자녀 생산과 장수를 바라는 천신숭배사상에서 온 점이 조금 다르다고 하겠다.

7 보통 누석단累石壇(=적석단積石壇)은 산신이며 경계신임과 동시에 산신에게 제사를 지내는 장소였다. 외래신外來神인 성황신을 모시며 나라의 주도하에 만든 곳이 성황당이라면 민간인들이 스스로 지은 초가집은 대부분 서낭당이다. 수목의 가지나 새끼줄 등에 베 조각이나 한지 조각, 오색비단 조각 등이 걸려 있다면 바로 산신에게 제를 지내는 이 서낭당이다. 예전에는 이 서낭당을 지날 때에 누석단에 돌 3개와 솔개비를 얹어놓고 침을 3번 뱉은 다음 왼쪽 발꿈치로 땅을 3번 구름으로써 행로의 안전과 행운을 기원하는 풍습이 있었는데 지금은 다 잊힌 기억이다.

8 남악사에 대해서는 둘레길 제18구간에서 자세히 봤다.

9 신라는 삼국을 통일한 후, 국토의 사방과 중앙에 해당하는 지역에 위치한 대표적인 산악을 지정하여 오악으로 삼았음은 둘레길 제18구간에서 봤다. 그러고는 이들 5악에서 나라의 평안과 발전을 기원하는 제사인 중사中祀를 지냈다.

사당이 처음 있던 곳이 길상봉이니 그 사당에 있던 제단이 노고단[10, 11]인 것이다.

국제신사인 남악사와 사설신사인 성모사

지리산 신사는 크게 두 부류로 나눌 수 있다. 즉 나라에서 주관하는 국제신사國祭神祠와 민간인 차원에서 이루어지는 사설신사私設神祠 등이 그것이다. 나라에서 지내는 제사는 지리산신이 백성에게 공덕을 베푼 것에 보답하는 일종의 답례 성격의 제사였다. 이는 정기적으로 치러지는 제사가 주主이기도 했지만 반면 나라에 재앙이 생기면 기우제·치병제·여제厲祭[12] 등을 부정기적으로 지내기도 하였다. 그리고 일반 백성들은 사설신사에서 무격巫覡[13]을 통하여 성모천왕에게 비손이나 굿과 같은 무속 의례를 올렸다. 성모천왕의 신통한 영험으로 개인이 재앙을 물리치고 복을 빌었던 것이다.

이럴 때 그 국제신사가 남악사였으며 사설신사는 성모사, 제석당, 용유당 등이었다. 또한 초기 신라시대의 남악사에서는 박혁거세의 어머니인 선도성모를 모셨겠지만 신라가 망하고 불교나라인 고려로 넘어가면서 남악사는 '智

---

10 노고단은 노구당老嫗堂이었다. 즉 허재 정석구의 두류산기(1810)에 의하면 "만복대에서 뻗은 산줄기는 조금 아래로 내려와 솟아 묘봉妙峯이 되니 산동山洞의 주봉이다. 곧장 남쪽으로 뻗어 내리다 동쪽에 종봉鍾峰(종석대)이 있는데, 남악사·천은사·화엄사의 주봉이다. 산줄기가 낮아졌다가 동쪽으로 뻗어 노구당老嫗堂이 되는데, 문수동文殊洞의 주봉이 된다."고 흐름을 파악했던 것이다. 그러니 지금의 노고단 부근에는 노구당이라는 '지리산 할머니당집'이 있었음을 짐작할 수 있겠다. 묘봉은 지리서부능선에서 작은고리봉과 관련하여 자세히 본다.

11 노고단의 어원을 볼까? 우리말의 '한'은 '크다, 많다'를 뜻한다. 그러니 '큰 산'일 경우 '한뫼/한미/한메' 등으로 불렸다. 이 '한뫼'가 발음이 바뀌어 '할미'가 되자 이를 한자어 노고老姑로 표기했고, 산에 단壇이 있으니 노고단老姑壇이 되었다. 노고단에 얽힌 얘기에 관해서는 졸저 전게서 66쪽 이하 참조.

12 나라에 역질이 돌 때에 여귀厲鬼에게 지내던 제사. 봄철에는 청명(4월 5일경)에, 가을철에는 7월 보름에, 겨울철에는 10월 초하루에 지냈다.

13 무당과 박수

異山之神'을 모시게 됐고 천왕봉[14]으로 간 성모는 위숙왕후[15]나 마야부인이 되어 성모사를 지키게 됐을 것이다. 이렇듯 지리산 성모신앙은 지모신신앙地母神信仰을 바탕으로 발전했고 전통신앙과 결합하면서 산악숭배신앙과 밀착하게 된다. 다만 16세기로 들어오면서 당시 중봉이라고도 불리는 제석봉에 제석당이 생기게 되는데 이때 제석당에서 모시는 신은 천신으로 이 천신은 남자 신이었다. 이는 어쩌면 조선사회가 철저한 가부장적 유교사회임을 시사한다 하겠다.

이쯤에서 이동한의 방장유록(1790년)에 실린 당시 그들의 무속행위를 볼까?

"삼남 지역의 무당들이 봄, 가을이 되면 반드시 이 산에 들어와 먼저 용담의 사당에 빌고, 다음으로 백무당에 빌고 또 제석당에서 빌고 그러고는 상당까지 올라가 정성을 바쳐 영험해지기를 빌었다."고 적었다. 여기서 용담은 둘레길 제3구간에서 살펴본 지금의 함양군 휴천면 남호리에 있던 용유담龍遊潭이니 용유담 부근에 있던 사당이 곧 용유당이다. 백무당은 백무동에 있는 당집이며 제석당은 제석봉에 있는 사당 그리고 상당은 바로 천왕봉의 성모사일 것이니 상-중-하당으로 위계를 이룬 사설신사의 면모도 파악할 수 있을 것 같다.

이렇듯 남악사가 있던 노고단은 마고 할머니와 선도성모의 영역이다. 제

---

14 최남선은 국사대천왕이라고 하여 천신인 환웅이라 한다. 천신 환웅은 웅녀 지모신과 혼인을 하여 단군을 낳았다. 선인들은 이를 '하날님' 또는 할머니라 불렀던 천주天主인데 후에 불교 영향을 받아 천왕으로 부르게 되었다. 그러니 '하날님'=천왕이고, 할머니=성모聖母라고 한다.

15 동문선東門選 영봉산용암사중창기를 보면 지리산 성모 천왕이 도선 국사에게 "만일 세 개의 암자를 창립하면 삼한이 합하여 한 나라가 되고 저절로 전쟁이 종식될 것이다."라고 하여 지리산 산신이 고려 건국에 도움을 준 이야기가 나온다. 그리고 그 후에 태조 왕건의 어머니 위숙왕후를 지리산 산신으로 성모사에 봉사奉祀하였다고 한다. 이는 도선이 왕건의 아버지에게 왕건이 태어날 집터를 정해주고 이름을 지어주며 책까지 주었다는 얘기와 왕건의 어머니가 지리산에 들어와 산신에게 빌어 아들을 낳았는데 그가 왕건이며 왕이 된 뒤 어머니 위숙왕후의 석상을 만들어 지리산 천왕봉에 모시고 성모사라 하였다는 이승휴의 제왕운기의 내용이 다 이렇게 산신신앙과 관련이 있는 것이다.

석당에 가서 다시 보기로 하자.

노고단에서 보는 조망과 종석대의 그것은 뭐가 다를까? 우선은 노고단에 가렸던 천왕봉과 촛대봉 뒤로 동부능선의 웅석봉 그리고 낙남정맥의 힘찬 흐름을 읽을 수 있다는 것이다. 그러니 섬진강 건너 호남정맥의 백운산이나 억불봉 그리고 신백두대간의 끝 금오산을 감상한다는 것은 어쩌면 보너스를 타는 기분이리라.

노고단 KBS중계소 우측으로 진행하면 형제봉~월령봉으로 진행하여 둘레길 제18구간과는 배틀재에서 접속하게 된다. 노고단 고개 초소를 지나 노고단이 있는 길상봉을 우회하여 진행한다. 10여 분 지나면 우측으로 '국립공원 특별보호구역 안내판'이 붙어 있고 그 뒤에 서 있는 유명을 달리한 산꾼을 위한 비목碑木은 이제 세월의 무게를 이기지 못해 그루터기 정도만 남겨둔 채 삭아가고 있다. 사실 예전에는 안내판으로 막힌 이 길이 노고단에서 바로 내려오는 길이었다. 안내판을 지나 100여 m 더 내려가면 우측으로 역시 출입금지 펼침막이 왕시루봉 루트를 안내해준다. 왕시루봉은 KBS중계소를 지나 문수대에서 연결이 되기도 하지만 길찾기는 이곳이 더 부드럽다. 피아골 삼거리를 지나 사시사철 물이 마른 적이 없는 임걸령에서 물을 한 모금 마시니 이내 반야봉의 들머리인 노루목이다.

노루목[16]에 관해서는 둘레길 제3구간에서 운봉을 떠나 산내면으로 들어오면서 장항동을 내려올 때 자세히 살펴봤다. 즉 노루목은 장항獐項이라는 한자로 쓰나 '늘어진 땅' 곧 산에서 들로 길게 뾰족하게 나온 땅의 모양을 보고 붙

16 자세한 것은 졸저 전게서 64쪽 참조.

노고단 운해. 섬진강 너머 계족산과 오산이 보이고 우측 끝으로 무등산까지 보인다. '좌충우돌 백두대간팀'의 산우 정영기 님 촬영.

인 이름이어서 노루와는 전혀 상관없는 지명이다.

반야봉으로 오르기 위해서는 여기서 좌회전하여야 한다. 주릉 종주를 할 경우 반야봉은 그냥 지나치기 쉬운 곳이다. "시간이 없다, 너무 된비알이다."라는 핑계로 지리산 산행 목적을 망각해 버린다는 것이다. 하지만 문수신앙의 중심지로서 반야봉이 가지고 있는 역할, 서부 지리산의 맹주로서 천왕봉과 대비하여 지리산의 한 축을 담당하고 있다는 중량감, 천왕봉의 천왕이 우리 민족 신앙의 하느님이라고 한다면 반야봉의 반야는 어떠한 번뇌라도 깨뜨릴 수 있는 최고의 지혜를 뜻함 등을 고려해본다면 그냥 지나치기에는 정말 아쉬움이 큰 곳이다.

이 반야봉에서 내려오는 기운이 두 갈래로 갈라져 하나는 노고단을 거쳐 차일능선을 타고 화엄사로 흐르고 다른 하나는 불무장등을 타고 내려가 연곡사와 칠불사로 흐른다고 하니 그 기운을 받기 위해서라도 반야봉은 꼭 들러야 할 곳이다.

그뿐인가! 저 반야는 불교적 의미 말고도 귀녀鬼女라는 뜻도 있다. 그래서 그런지 반야봉은 흡사 여자의 봉긋하게 솟은 두 개의 젖무덤 같은 모양새를 하고 있다. 그 전설대로 하자면 지리산은 여신령이 폭넓은 치마를 펼치고 앉은 형상이 되었고, 그 수없이 많은 골짜기들은 그 치마의 주름이라고도 할 수 있었다. 그런데 왜 옛날부터 세상을 바로잡으려던 사람들은 형편이 여의치 못하면 그때마다 이 산으로 밀려들어 그 최후를 마쳤던 것일까. 남도 땅에서는 제일 큰 산이고 더는 갈 데가 없는 마지막 산이었기 때문이다. 그러고 보면 지리산 골짜기들은 피신처였으며 또한 무덤이었다. 무덤의 둥근 모양은 자궁을 상징하는 것이고 죽음은 태어났던 곳으로 다시 돌아가는 것을 의미하는데… 지리산의 여신령은 자궁을 많이 지니고 있어 의로운 사람들에게 죽음자리를 마련해 준 것인가.[17]

화엄사와 연곡사 그리고 법계사를 창건한 연기조사가 마지막으로 용맹정진한 곳이 반야봉 북동쪽의 묘향암[18]이라고 하니 설화가 아니라 역사의 한 장이라는 느낌이다. 야간 산행이나 야영이 금지된 요즈음 지리10경 중 하나인 '반야낙조'를 관찰하기란 그리 쉬워 보이지 않는다. 왕시루봉 방향이나 황장산 그리고 낙남정맥 등이 그나마 충분한 조망을 제공해 준 만큼 반야봉을 내려오는데 그나마 아쉬운 마음을 달랠 수 있다. 반야봉에서 내려와 삼거리를 빠져나오면서 다시 지리주릉에 붙으면 이내 '날라리봉'(1501m)이라는 이름을 가졌던 삼도봉이다.[19]

우측 숲 안의 경상남도와 전라남도의 도계를 따르는 능선은 불무장등을

---

17 조정래 《태백산맥》 10권 '지리산 동계 대공세' 중에서.

18 반야봉 기슭에서 천왕봉을 바라보고 있는 커다란 바위 아래 있는 암자로 지리10대 중 하나이다. 득도를 한 연기조사가 이곳에서 수행을 이어갔다고 한다.

19 삼도봉이라 불리는 날라리봉에 대해서는 졸저 전게서 64쪽 참조.

지나 당재에서 왼쪽으로 들면 칠불사로, 오른쪽으로 들면 연곡사로 각 진행을 하게 된다. 반야봉의 기운도 그렇게 흐른다고 한다. 그런데 그 길목에 있는 불무장등이라는 봉우리의 이름의 유래가 궁금하다.

불무장등[20]이라는 지명은…

어떤 이들은 산의 모양 가지고 이름과 연결시켜 대장간의 화로인 '불무(풀무)'와 같은 형상이라고 단정짓기도 한다. 그래서 불무장등이라는 거다. 또 다른 이들은 보통은 不無長嶝이라고 써서 '우두머리 봉' 혹은 '높은 산' 정도로 보기도 하는데 그 의미도 선뜻 와 닿지 않는다.

산 이름은 그렇게 아무렇게나 막 지어지는 것이 아니다. 사람에게는 이름이 있듯이 땅에도 이름 즉 지명이 있다. 사람은 이름이 있어 이를 통해 그 사람의 행적을 알 수 있듯이 지명은 그 땅을 삶의 터전으로 삼아 온 이들의 문화가 고스란히 배어 있다. 따라서 지명은 지역의 역사, 형상, 풍속, 의식, 도덕, 종교 등을 파악하는데 중요한 역할을 하는 것이다. 그러니 그 지명을 파악하는 것은 그 지역의 역사를 아는 것과 같다 할 것이다. 그러나 세월이 오래 흐르면 처음 부를 때와는 전혀 다른 뜻을 가진 이름으로 변해 있어 엉뚱한 의미로 불리는 경우도 왕왕 있다. 특히 우리나라는 우리 고유 글이 없다가 한자가 들어오면서 한자식으로 발음을 하다가 다시 한글 이름으로 바뀌었고 그걸 일제강점기 때 그들의 편의대로 일본식 한사로 바꾼 경우도 많아 정확한 뜻을 알기란 여간 어렵지 않다.

20 이태의 《남부군》을 읽다보면 '풀무잔등'이라고 부른 흔적을 찾을 수 있다.

살펴보자. 사실 지리산 자체가 승도僧都 혹은 불도佛都라고 하였으니 불교 용어와 관련지어 본다. '불무'라는 발음에 주의한다. 지리의 서쪽을 책임지는 제1봉이 반야봉이다. 이 반야봉이 지리산에서 갖는 지위를 느껴보기 위해 반야봉으로 올라보면 더 확실해진다. 대저 반야는 지혜요 문수를 일컫는다 했다. 화엄사와 연곡사 등을 개창하였다는 연기조사鷰起祖師는 문수보살을 원불로 삼았다. 그래서 이 화엄사가 있는 산 이름도 대지문수사리보살大智文殊師利菩薩의 이름을 따서 智利山[21]이라 부르게 되었고 문수보살은 보살 중에서 상수에 있는 보살이어서 특히 그 보살이 계시는 산을 청량산淸凉山이라 부르니 이 지리산의 또 다른 이름은 청량산이라는 것도 둘레길 제14구간에서 이미 살펴봤다.

어쨌든 이 반야般若라는 말은 불가에서 말하는 깨달음과 참모습을 아는 최고의 지혜를 뜻하니 이 반야봉이 불모佛母 혹은 절집을 뜻하는 불묘佛廟였다는 얘기다. 그러니 이 반야봉의 기氣를 받아서 내려가는 줄기 즉 이 긴 능선의 이름은 '반야장' 그리고 그 능선 중의 첫 봉우리이니만큼 '반야장등'이라고 써야 맞을 것 같다.

그러나 이렇게 되면 '반야봉'과 '반야장등'의 '반야'가 중복이 되는데 지명에서는 가급적 이런 중복 현상을 피해야 한다. 그래서 반야의 다른 이름인 '불모'를 썼고 '불모장등'이라 이름하게 된 것이다. 그리고 그 불모장등이 시간이 흐름에 따라 음운변화를 일으켜 '불무장등'이 되었다는 것이다. 즉 그 '불모'란 발음이 '불무'가 된 것이다. 이럴 경우 반야봉에서 내려오는 기氣가 날라리봉에서 능선을 타고 내려와 불무장등~황장산을 지나 섬진강과 화개천이 만나

---

21 지리산이라는 이름이 현재 남아 있는 역사물로서 가장 먼저 등장하는 것은 통일신라시대(887년) 고운 최치원 선생이 쓴 쌍계사의 진감선사 비문이다. 다만 이 비문에는 한자로 '智異山'이 아닌 '知異山'으로 표기되어 있다. 이미 쌍계사에서 살펴봤다.

는 합수점으로 뻗치는 길고 큰 줄기長嶝가 된다는 '지리99팀'의 주장이 상당히 설득력 있게 들린다. 역시 지리산하면 '지리 99팀'의 연구가 돋보인다.

날라리봉을 지나면 고도를 떨어뜨리며 너른 공간을 나무 데크가 등로를 유도한다. 우측으로는 호남정맥의 백운산과 억불봉이 지척이고 왼쪽으로는 뱀사골로 내려갈 수 있는 화개재이다. 2008년 철거된 뱀사골대피소가 조금은 그립다. 뱀사골에 대해서는 둘레길 제3구간에서 충분히 살펴봤다. 우측의 연동골[22]이 뱀사골의 반선에 비해 목통마을로의 접속구간이 훨씬 짧으니 탈출로로 이용하면 좋을 것이다.

화개재에서 나무 계단을 따라 이동하여 봉우리 두 개를 넘으면 토끼봉이다. 헬기장이 설치되어 있고 우측으로 출입금지 안내판이 세워져 있다. 반야봉에서 볼 때 가장 정동쪽 즉 묘방卯方에 있다고 하여 붙여진 이름이다.[23] 우회전하면 칠불사로 바로 내려갈 수 있는 능선이다. 이 칠불사와 김수로왕 그리고 일곱 왕자들에 대해서는 둘레길 제15-A구간에서 자세히 보았다.

간간이 우측으로 빠질 수 있는 길이 보인다. 다 대성리의 빗점골로 내려갈 수 있는 길이다. 남부군 총사령관 이현상이 최후를 맞이한 그 빗점골이다. 다시는 민족의 비극이 재발되지 않기를 바라는 마음으로 진행을 하다 보면 긴 나무 데크를 걷게 되고 그러고는 연하천대피소이다.

이 연하천대피소의 연하천煙霞泉이라는 이름은 사실 지형이나 풍광과는 전혀 관계없는 그것이다. 단지 지리산지구 공비토벌 작전이 끝난 이듬해인 조

22 벽소령종단도로와 관련하여 뒤에 한 번 더 나올 것이다.

23 졸저 진게서 62쪽 참조.

금 전 얘기한 구례의 연하반산악회의 작품에 불과하다. 즉 자연을 그리워하여 병을 얻었다는 뜻의 천석고황泉石膏肓과 같은 뜻의 연하고질煙霞痼疾에서 가지고 온 말인 '연하반산악회'는 지리주릉 종주 중 자신들이 발견한 샘물의 이름을 연하천이라고 했으며, 나아가 장터목을 가던 중 제석봉과 천왕봉을 한눈에 볼 수 있으며 오묘한 풍광을 보여주는 봉우리를 연하봉이라 부르기 시작한 것이다. 또 장터목에서 야영을 할 때 발굴한 샘물을 마침 같은 날 득녀를 한 대원의 딸에게 '산희山姬'라는 이름을 지어주면서 이 샘물도 '산희샘'이라 명명한 데서 연유한 것이다. 어쨌든 연하천대피소의 물은 임걸령 샘물과 더불어 지리산에서는 사시사철 물이 마르지 않는 곳으로 유명하다.

연하천을 빠져나오면 이내 초소가 보이고 좌측으로 음정이라는 안내 표지판이 보인다. 이곳이 삼각고지 바로 아래 우회길로 지리북부능선의 들머리인 곳이다. 그러니 지리북부능선은 이곳부터 실상사까지 이어지는 구간인데 지리북부능선 이야기는 다음 장에서 따로 본다.

삼각고지를 지나면 암봉이 나타나기 시작하면서 조금 조심을 하면서 걷게 된다. 천왕봉 하부의 개천문 같은 곳을 지나면 예전의 비박굴 앞의 이정표는 이 봉우리의 큰 바위 두 개를 지칭해 형제바위라고 부르면서 전체를 묶어 형제봉이라고 한다. 이 바위는 옛날 지리산에서 수행을 하던 형제가 성불成佛한 후, 지리산녀의 유혹을 뿌리치려고 오랫동안 등을 맞대고 서 있다가 그대로 돌이 되었다고 하여 붙여진 이름이라고 한다. 그런데 국토지리정보원 지도를 보면 이 바위를 분명히 부자바위父子巖라고 표기해 놓았다. 그러면서도 봉우리 이름은 형제봉이라고 표기하였는데 어찌된 일인가? 부자바위가 있으면 부자봉父子峰이라고 불러야 하는 거 아닌가? 또한 성불을 하기 전이라면 몰라도 성불까지 한 다음에 무슨 지리산녀의 유혹에 형제의 의까지 끊으면서 돌까지 되었는지 스토리가 너무 작위적이다.

형제봉 이야기

더군다나 마천의 삼정마을 사람들은 아무도 두 개의 바위가 마주보고 있는 이 봉우리를 형제봉이라고 부르지 않는다고 한다. 그들은 부자암봉父子巖峰이라고 부르는데 지리산 '지도'와 산꾼들이 그 곳을 형제봉兄弟峰이라고 부르고 있어 이를 아주 못마땅하게 생각하고 있단다.

그들이 형제봉을 부자암이라고 주장하는 근거는 설화를 바탕으로 만들어진 증거와 그 증거를 합리화할 수 있는 자료를 가지고 있기 때문이다. 산에 대해서 가장 잘 알고 있는 사람은 그 산에 의지하여 사는 그 주변 마을의 주민 아니겠는가? 산 이름이라는 게 그런 거 아닌가? 그 산 주위의 주민들이 불러주던 이름이 그 산 이름으로 굳어지는 것.

> 삼정 마을(양정, 음정, 하정)을 끼고 흐르는 광대골의 전래설화 '나무꾼과 선녀'에서 유래한 이야기인데 금강산의 얘기와 거의 같다. 다만 삼부자三父子는 날마다 지리산에 올라가서 하늘을 향해 돌아오지 않는 아내와 어미를 기다리다 화석이 되어버렸다는 얘기고 사람들은 화석이 되어버린 바위덩어리들을 부자바위라고 불렀단다. 특히 하정마을 사람들은 이 부자암을 기리기 위해 1976년에 '서문암계'라는 친목계를 조직을 해서 선녀와 나무꾼이 살았다는 마을의 계곡에 선유정이라는 정자를 세우고 매년 초복이면 전설 속의 나무꾼인 인걸의 삼부자를 위해 제사를 올리고 있다고 한다.[24]

---

24 '지리99팀' 가객

부자바위를 내려오자마자 산꾼들 목소리가 들리기 시작하며 벽소령대피소가 나온다. 둘레길 제4구간을 지나면서 자세히 보았던 벽송사 관련 얘기를 또 해야겠다.

벽소령은 벽송령?

산꾼들에게 벽소령하면 비슷한 음 그리고 여기서 그리 멀리 떨어지지 않은 곳에 있는 벽송사를 떠올릴 수도 있겠다. 사실 예전 지리산에는 약 70여 명의 벽송 지엄 선사의 제자들이 여러 암자에 퍼져서 수행을 하고 있었다. 지리 북쪽에는 이 벽송사와 영원사, 남쪽에는 쌍계사, 칠불사, 신흥사, 의신사 등에서 많은 제자들이 벽송의 가르침대로 수행에 전념하였다는 얘기다. 당연히 이들 사찰들의 승려들은 서로 도반道伴이니 교류가 잦았음은 능히 짐작할 수 있을 터. 그러니 지리 북쪽의 벽송사와 영원사 그리고 남쪽의 칠불사, 쌍계사 등 그들이 오가던 지리주릉 고개의 당시의 이름이 벽송령碧松嶺이 되었음은 지극히 자연스럽다 하겠다.

그러던 그 이름이 부른 이에 따라 발음이 달라지다 어느 정도 서정적인 운치가 가미되어 이 고개에서 보는 달은 "달밤에 푸른 숲 위로 떠오르는 달빛이 희고 맑아서 푸르게 보인다."는 의미로 발전하여 지리10경에 선정되었다니 그 유래에는 갑자기 무관심해진다.

다만 이중환(1690~1752)의 택리지[25] 산수편을 보면 지리산에 관한 찬사가

25 오주연문장전산고五洲衍文長箋散稿는 조선 후기 헌종 때의 실학자 이규경(1788~1856)이 우리나라·중국을 비롯한 여러 나라 고금古今의 사물에 대하여 고증하고 해설한 책이다. 그런데 이규경은 "이중환이 쓴 택리擇里(사는 곳을 택함)의 책에 현혹된 사람이 많아 그 폐단이 이루 말할 수 없었다."라고 부정적인 영향을 걱정하는 평론을 남겼다. 사대부가 살 만한 거처 즉 경치 좋고 돈도 잘 벌 수 있는 곳을

이어지다가 '벽소운동과 추성동 역시 명승·명지이다.'라는 대목이 나온다. 여기서의 碧宵雲洞은 당연히 마을을 표기한 것이어서 추성동과 대비하여 백무동을 연상시키기에 충분하다.

저기가 천왕봉이죠?

한편 의신조사와 관련하여 벽소령을 '수리령·취령'이라고도 부른다는 설이 있는데 이는 산경표와 관련하여 아주 중요한 근거가 되는 견해로 뒤에 관련되는 곳에서 다시 얘기한다. 어쨌든 벽송의 70명 제자 중 9명이 해탈을 하였다고 하니 대단한 문중임에는 틀림없다.

2018년 11월 온돌로 깨끗하게 새단장을 한 대피소 앞마당의 식탁에 앉아 가볍게 간식을 먹고 출발하면 널찍한 등로 위 양옆으로 새롭게 목책도 설치하고 바닥에는 큰 돌도 많이 깔아 놨다. 우측으로는 아슬아슬한 절벽이고 좌측은 능선의 사면이 아니라 절개지이다. 금방이라도 돌조각이 떨어질 것 같은 아슬아슬함을 느낀다. 그런 우려에서일까? 최근에는 공단에서 이를 예방하기 위한 차원에서 부근의 바위 상태를 모니터링 할 수 있게 전자장치까지

콕 찍어서 정리했으니 누구라도 '혹'할 만하지 않느냐는 것이다. 사실 택리지의 결론은 "이 나라에는 살 만한 땅이 없다."이다. 사뭇 한탄조恨歎調다. 이는 24세에 급제를 하였으면서도 당파싸움의 최대 피해자였던 자신에 대한 신세타령이기도 하다. 이중환은 '발문'에 "글을 살려서 읽을 줄 아는 분이라면 문장 밖에서 참뜻을 찾아보는 것이 좋으리라."고 덧붙인다. 한마디로 책의 내용을 곱씹어봐야 한다는 의미이다. 정인보(1893~1950)는 "이 책은 책명대로 살 만한 곳, 즉 주거에 관한 가르침이라 할 수 있지만 근본취지는 그게 아니다"라고 운을 뗀다. 즉 "이중환의 책을 '택리' 그대로만 보는 것은 격화소양隔靴搔痒 즉 신발을 신고 발바닥을 긁는 격이요, 나아가 지리서로 훌륭한 저술이라고 평가하는 것도 지음知音은 아니라는 것"이다. 그러고는 "…이중환의 글(사색당파 비판)은 자기 나라를 비하하는 것 같다. … 그러나 치우치고 사사로운 당파의 견해를 뿌리째 뽑아버린 뒤라야 비로소 본바탕을 찾을 수 있고, 본바탕을 찾은 뒤라야 비로소 사람으로 설 땅이 있다는 것을 알려주고 있다."고 한다. -이기환의 흔적의 역사. 경향신문

장착해 놨다. 산꾼을 위한 배려이고 움직이는 행정이다.

그런데 이런 임도 수준의 길은 누가, 왜, 뭐 하러 만들어 놓았을까? 그러고 보니 음정에서 올라오는 임도는 이 벽소령대피소 코밑까지 아주 넓게 이어져 있음이 기억난다. 그리고 그 길의 도로 사정도 아주 좋아 작은 트럭이나 사륜구동차들이 오고가는 것도 목격할 수 있었다. 도대체 이 길은 무엇일까?

사실은 1960년대 후반 누군가가 필요성을 제기했을 것이다. 하동에서 함양을 가려면 너무나 길고도 먼 길을 돌아가야 할 것이니 반야봉과 천왕봉의 중간을 가르는 도로의 필요성은 능히 짐작이 간다. 여기에 한라산 종단도로를 개통한 토목업자들의 부추김도 한몫했을 것이다. 물론 핑곗거리도 있었다. 멀리는 1948년 10월의 여순사건을 거론했을 것이고 가까이는 한국전쟁이 끝난 후 빨치산 잔당 토벌을 1963년에야 끝낼 수밖에 없었던 작전상의 어려움도 한 요인으로 제기됐을 것이다.

그런데 실상 이 도로의 개설 목적을 알게 되면 좀 아이러니컬해진다. 나아가 이 도로와 천은사~성삼재~달궁을 잇는 지금의 861번 도로가 같은 시기에 같은 목적으로 개설된 것이라고 하니 더더욱 그렇다. 즉 이들 도로가 착공된 때가 지리산 빨치산 토벌작전이 끝나 당국이 '완전 평정'을 공표한 1955년으로부터 무려 13년이 지난 1968년의 일이다. 당시 연동골에 소규모의 무장공비가 출현한 것이 계기가 되었단다. 신흥에서 화개재를 향해 6㎞를 거슬러 오른 연동마을에 약초꾼을 가장한 이들이 나타나 보리 15말 등을 사려고 했는데 이를 수상히 여긴 주민의 신고로 무장공비의 존재가 처음 포착이 됐던 것이다. 그들의 출현이 지리산 척추를 파헤치는 군사작전 도로 공사를 하게 만들었으니 지금 생각하면 아주 기가 막힐 노릇이었다.

결국 그렇게 시작한 공사가 1972년 10월에 마쳤으니 그 구간이 신흥~마천 즉 하동군 화개면 범왕리의 신흥마을과 함양군 마천면 삼정리를 잇는 도로가 된 것이다. 이른바 '벽소령 종단도로'이다. 당시로는 실로 엄청난 대역사大役事였을 것이다. 하지만 그렇게 개통만 시켜 놓고 이용하지를 않아 대성리 방향의 삼정마을~벽소령 구간은 차는 고사하고 사람도 다닐 수 없을 정도로 나무가 빽빽하게 들어차 비록 지도에는 도로 표시가 되어 있지만 그 기능을 상실한 지 이미 오래됐다.

그나마 지리 북쪽의 양정, 음정 주민들은 이 도로를 산간지대 경작이나 토봉土蜂 등에 유용하게 활용하고 있다. 반면 지리 남쪽의 삼정마을 주민들에게는 신흥~삼정 약 7km의 거리 정도만 생활편익에 이용되고 있을 정도다. 나아가 삼정삼거리에서 벽소령대피소로 오르는 지름길(4.1km)마저 1995년 9월 5일부터 영구 폐쇄되어 '벽소령 종단도로'는 이제는 서서히 자연으로 되돌아가고 있다.

그 종단도로의 흔적이 끊기는 지점이 바른재이다. 지금은 고개라는 느낌이 전혀 안 드는 곳. 그곳에서 왼쪽 바위 옆으로 들어간다. 그러고는 오른쪽으로 크게 도는데 직진하는 능선이 오공蜈蚣능선으로 커다란 지네바위가 있다고 하여 붙여진 이름이다. 대구산꾼 이아무개님에 의하면 이 능선은 온통 산죽 밭이라 이 능선을 종주하려면 상당한 인내력이 필요하다고 하니 고생쯤은 각오해야 한다는 얘기로 들린다.

덕평봉은 우회하게끔 등로가 조성되어 있고 선비샘에서 마실 물을 보충한다. 이 물은 세개골로 내려가 대성골로 이어진 다음 화개천이 되어 섬진강으로 들어갈 것이다. '세개골'이라! 작은 세개골과 큰 세개골로 나뉘는데 그렇다면 영신봉도 얼마 남지 않았다. 낙남정맥으로 펼쳐지는 그 라인을 볼 수 있는 칠선봉의 조망을 머릿속으로 그리며 진행한다.

칠선봉 정도 오면 제석봉도 천왕봉도 이제 지척이다

칠선봉에서의 조망은 사실 천왕봉보다는 낙남정맥과 호남정맥이다. 영신봉에서 흘러 내려오는 정맥의 흐름을 읽다보면 그 뒤로 쫑긋 고개를 내민 촛대봉이 오히려 거슬린다. 창불대와 너럭바위를 보면서 그 좌측으로 점필재가 본 비로봉도 찾아본다. 왜 지리산이 지리산이어야 하는 명제를 다시 떠올려야 하는 곳이다.

175계단을 오르면 항상 떠오르는 추억거리들이 있을 것이다. 예전 이 계단이 없을 때 이곳을 오르내리려면 로프와 바위의 틈새를 번갈아 잡으며 진행하느라 장갑 한 켤레 정도는 흙투성이가 될 각오쯤은 해야 했다. 어디 그뿐인가? 비라도 오는 날이거나 해빙기였다면 장비나 옷가지도 시원치 않았던 그 시절 저체온증 걱정도 해야 했었다. 그 구간이다. 175계단을 힘겹게 오르면 우측으로 옛 영신사 터로 들어가는 입구가 나온다. 예전에는 지금의 등로로 지리주릉 종주를 하지 않았다는 얘기다. 암자와 암자를 잇는 루트. 옛길이 그랬다. 안으로 5분 정도 들어가면 점필재 김종직이나 유몽인 등 옛 선인들의 흔적을 볼 수 있다.

영신사를 들른 선인들

산꼭대기에 있는 향적사 등 몇몇 절은 모두 나무판자로 덮였는데, 거처하

는 승려가 없다. 오직 영신사만이 기와로 지붕을 덮었으나 거처하는 승려 또한 한둘에 불과하다.[26]

예전 이곳에 있던 영신사라는 절집은 기와를 얹고 있었다는 얘기이다. 점필재 김종직은 이 영신사의 구조나 실내장식 얘기 외에 역사지리와 관련한 얘기도 들려준다.

영신사에서 잤는데 승려는 한 명뿐이었다. 절의 북쪽 절벽에 가섭의 석상 한 구가 있었다. 세조대왕 때에는 늘 환관을 보내 분향하게 하였다. 그 목에 난 흠집도 왜구가 낸 자국이라고 한다. 아! 왜구는 참으로 잔악한 도적이구나. 사람을 남김없이 살육하고 성모상聖母像과 가섭상의 머리에도 칼자국을 냈으니 단단한 돌이지만 사람의 모습을 본떴기 때문에 화를 당한 것은 아닐까?[27]

이 왜구는 둘레길 제1구간과 제2구간의 황산대첩과 여원재 얘기를 할 때 나왔던 아지발도의 수하에 있던 그 잔당들이다. 진포대첩에 이어 황산전투에서 또 대패한 잔당들이 반선으로 도망을 와 화개재를 거쳐 백두대간 주릉을 타고 이 영신사까지 와서 만행[28]을 저질렀던 것이다. 어우당 유몽인도 이를 확인했었다.

이어 반 실이나 되는 쑤른 절벽을 내려가 영신암에 이르렀다. 여러 봉우리

26 이륙 지리산기 1463년 8월.

27 김종직 유두류록 1472년 8월 17일.

28 이 왜구의 잔당들이 영신사의 가섭상뿐만 아니라 천왕봉에서는 성모상의 목을 쳤고, 법계사는 아예 불을 지르기까지 했다.

가 안을 향해 빙 둘러섰는데 마치 서로 마주보고 읍揖을 하는 형상이었다. 비로봉은 동쪽에 있고 좌고대는 북쪽에 우뚝 솟아 있고 아리왕탑은 서쪽에 있고 가섭대는 뒤에 있었다.[29]

어우당의 얘기를 들어보면 주위의 바위들이 다 이 영신대를 내려다보고 있는 형상이라는 것이다. 비로봉도 관측이 되고 좌고대도 보이는데 아리왕탑은?

가섭전迦葉殿의 북쪽 봉우리에는 두 바위가 우뚝 솟아 있는데, 이른바 좌고대坐高臺라는 것이다. 그 중 하나는 밑은 둥글게 서리었고 위는 뾰족한 데다 꼭대기에 방석方石이 얹혀져서 그 넓이가 겨우 한 자[尺] 정도였는데, 중의 말에 의하면, 그 위에 올라가서 예불禮佛을 하는 자가 있으면 깨달음을 얻는다고 한다.
이 때 종자從者인 옥곤玉崑과 염정廉丁은 능란히 올라가 예배를 하므로, 내가 절에서 그들을 바라보고는 급히 사람을 보내서 꾸짖어 중지하게 하였다. 이 무리들은 매우 어리석어서 거의 숙맥菽麥도 구분하지 못하는데도 능히 스스로 이와 같이 목숨을 내거니, 중들이 백성을 잘 속일 수 있음을 여기에서 알 수 있겠다.[30]

다행히 좌고대는 예전과 달리 지금은 등로 바로 옆에 있다. 흙이 굳고 돌이 많은 건조지에서 사는 미어캣meerkat 같이 생겼는데 정상부는 한 사람이 올라가서 절을 할 수 있을 정도의 면적이다. 좌고대를 지나 너럭바위를 지나면 영신봉 정상부와 낙남정맥길은 비탐구간으로 막아 놨다. 훼손이 심해서이다.

---

29 유몽인의 유두류산록 1611년 4월 5일.

30 김종직 유두류록.

백두대간 구간에서 1정간 13정맥이 가지를 친다. 그 중 지리산의 이 영신봉에서 가지를 치는 정맥이 바로 낙남정맥이다. 낙남정맥은 제3부에서 살펴봤다.

우측 세석평전은 저여원沮洳原이라 부르던 곳이다. 물이 많은 곳이기 때문이다. 옛 선인들은 물 많고 농사도 지을 수 있을 정도로 너른 이곳을 무릉도원으로 보기도 했다. 그래서 그런가? 옛 선인들도 도교의 영향을 받았는지 혼란스러운 정국을 피하려 무릉도원 즉 이상향을 찾으려고 많이들 돌아다닌 것 같았다. 청학동, 별천지, 동천洞天 등의 이름으로도 불리는 이 무릉도원은 사람들에 따라 ①불일암이 있는 쌍계사 일대로 보기도 하고 ②지금의 청학동 혹은 ③이 세석평전을 그곳이라 부르기도 했다.

저여원이라고도 불렀던 세석평전은 청학동이기도 했다

지리산의 이런 '이상향'은 삼신산 중에서 방장산이라는 이름을 가지고 있음과 관련하여 고운 최치원, 쌍명재 이인로를 거치면서 구체화되기 시작한 것 같다.[31] 신라의 최치원 같은 경우에는 신라정부에서 유학파인 자신의 정책이 받아들여지지 않자 그 정부에서는 더 이상 발전이 없을 것임을 간파하고는 아예 짐을 싸들고 지리에 들어와 지리산 신선이 되어버렸고, 고려의 이인로 역시 자신의 문장 역량이나 능력을 정부에서 알아주지 않음을 한스러워 하였던 인물이다. 어쨌든 이들이 남긴 그 문장들이 후세에 많이 읽혀지면서 조선의 선비들에게 영향을 주게 된다.

31 둘레길 제13구간과 제14구간을 지나면서 고려의 한유한, 조선의 조지서, 일두 정여창 등이 이 인물에 해당함을 이미 살펴봤다.

지리산의 전설 우천 허만수 선생은 이 세석에 움막을 지어놓고 생활을 하면서 등로를 개척하고 지도를 제작해 나눠 주고, 길을 잃은 산꾼들이나 불의의 사고를 당한 산꾼들 구조 활동도 하는 등 지리산을 사랑하며 도인 같은 생활을 하였다. 33세 때 지리에 들어와 30년 가까이 지리산 생활을 하다가 흔적도 없이 사라진 우천 선생. 죽음을 맞이한 게 아니라 지리산에서 영생하기 위하여 홀연히 사라진 것이라고 하던데…. 그런 지리산 중에서도 세석이다.

점필재는 이곳을 지나면서 어떻게 보았을까?

> 시루봉을 지나 습한 평원沮洳原에 다다랐다. (중략) 습한 평원은 산등성이에 있었고 평평하고 광활한 땅이 5~6리쯤 펼쳐져 있었다. 숲이 무성히 우거지고 샘물이 주위에 흘러 농사를 지으며 살 만하였다. 물가의 초막 두어 칸을 살펴보니 울타리를 둘러쳤고 흙으로 만든 구들이 있었다. 이 집은 바로 내상內廂에서 매를 잡는 초막이었다.
> 내가 영랑재永郎岾로부터 이곳에 이르는 동안, 강만岡巒[32]의 곳곳에 매 포획하는 도구를 설치해 놓은 것을 본 것이 이루 다 헤아릴 수도 없다. (중략) 미끼를 보고 그것을 탐하다가 갑자기 그물에 걸려 잡혀서 노끈에 매이게 되는 것이니, 이것으로 또한 사람을 경계할 수도 있겠다. 그리고 나라에 진헌進獻하는 것은 고작 1, 2련連에 불과한데, 희완戲玩의 욕구를 충족시키기 위해 가난한 백성들로 하여금 밤낮으로 눈보라를 견뎌가면서 천 길 산봉우리의 꼭대기에 엎드려 있게 하는 것이야말로 인심仁心이 있는 사람으로서는 차마 못할 일이다.[33]

32 언덕과 산을 아울러 이르는 말.

33 김종직의 위 기록.

눈 없는 겨울의 촛대봉과 시루봉. 황량한 느낌을 준다.

어진 수령이었던 김종직의 인품을 넉넉히 읽을 수 있는 대목이다. 촛대봉으로 오르다 잠시 뒤를 돌아본다. 부드러운 영신봉 라인에 바위가 몇 개 북쪽과 동쪽으로 툭 튀어나온 게 눈에 들어온다. 기도꾼들에 의하면 이 영신봉의 바위들은 유달리 기가 세어 기도발이 잘 먹힌다고 한다. 그래서 나라가 외적의 침입이 있거나 인심이 흉흉할 때 많은 사람들이 도를 닦고 기를 받기 위해 영신봉 주위로 모여들었다고 한다. 마천이나 거림 특히 마천에서 올라오는 사람들 중 무속인들은 영험한 기운을 영웅으로부터 찾았다. 삼국지에 나오는 촉나라 명장 운장雲長 관우를 모시는 사람[34]도 있었을 테니 저 영신봉에서

34 예로부터 우리나라 무속인들과 민중들 사이에서도 석가나 공자 외에 옛날 중국의 지략과 무공이 출중한 영웅들 즉 관우, 장비, 유비, 제갈공명, 한신 등을 섬기는 사례는 빈번했다고 한다. 한국민속종교연구소의 자료에 의하면, 우리나라의 무속세계에서 중국 신령을 모시는 전래풍습은 임진왜란 때부터라고 한다. 명군明軍이 지원한 데 대한 결과로 숭명崇明사상이 생겼기 때문이기도 하였다. 특히 관우의 경우는 '군신軍神' 혹은 '재물의 신'으로 여겨져 명의 요동에서부터 북경에 이르기까지 대부분의 도시에는 관왕묘關王廟가 있었으며 민가에서조차 관우의 초상을 걸어놓고 제사를 지내는 일이 보편화되었다고 한다. 그래서 명은 1598년 4월 당시 한양 남대문 부근에 주둔 중이던 경리어사 양호(둘레길 제20구간에서 조경남 얘기를 할 때 나온 원숭이 부대를 이끌었다는 장군)에 의해 관우 사당이 지어져 남관왕묘라 불렸으며 같은 해 5월 13일 관우의 생일에는 선조도 참배하기까지 하였다. 이후 1599년에는 두 번째 사당을 건립할 것을 강요하여 1601년 완공된 것이 동대문 밖에 있는 동관왕묘로 지금 동묘로 불리는 게 바로 그것이다. 이는 임진왜란 시기에 명군의 참전과 주둔이 조선에 남긴 문화의 영향을

북쪽으로 흘러내린 지점에 있는 바위를 '운장바위'라 불렀고 또 '토사구팽兎死狗烹'의 고사성어로 유명한 초한지의 '한신 장군'을 섬기는 사람도 있었을 테니 영신봉 동쪽 바위 아래서 치성을 드리던 그 바위를 '한신바위'라고 불렀을 것이다. 그러니 이 세석평전에서 백무동으로 내려가는 길에 있는 계곡이 자연스럽게 '한신계곡'으로 불리게 된 것이다.

이를 개탄한 글을 하나 볼까? 1924년 육당 최남선이 창간한 신문인 '시대일보'의 기사이다.

> 청학동을 찾아다니는 제군들아! 사람은 정신을 먼저 미신으로부터 타파하여야 될 것이다. 청학동은 진실로 미신의 한 주요물이 되었다. 거금 삼백여 년 전 한 도인의 비서秘書를 보건대 청학동은 지리산 남록에 있는데, 장차 삼제갈三諸葛 팔한신八韓信이 날 것이요, 그 동리를 복거卜去한지 십 리 이내에 차마車馬가 영문盈門이라 하였고, 그 후 금강산 유점사에 있는 한 도승이 지리산을 답사하고 세무청학동世無靑鶴洞이라 하였다.
> 도인은 있다 하고 도승은 없다 하니 청학동은 진실로 전무후무한 혹세무민의 산물이다. 선영구토先塋舊土를 다 버리고 세탁가업世倬家業을 빙자하여 그야말로 당대 발복지인 청학동을 찾아 천 리를 멀다 않고 내왕하는 인사들아. 참으로 가석가애可惜可哀한 제군이다. 내일의 일은 예상하기 어렵지만 과거사를 전람하면 알 것이다.

상징하는 구체적인 실체라고 보는 시각(한명기, 임진왜란과 한중관계)도 있다. 그래서 한양을 비롯하여 여러 곳 특히 지리산과 가까운 남원에 관우 사당이 세워지는 등 이러한 풍조는 민간신앙에 큰 영향을 미쳤다. 이는 임진왜란을 통하여 선조를 비롯하여 유학을 넘어 유교를 신봉하는 지배층은 명나라에 대하여 재조지은再造之恩 즉 명이 조선을 구해주고 다시 일으켜 세워주었다는 관념이 형성되었고 이는 명에 대한 모화의식을 깊게 해주었으며 명이 망한 뒤에도 '대명의리론'의 근거가 되기도 하여 민중에게는 위와 같이 중국은 물론 중국의 영웅들까지 받드는 풍조가 생기게 되었던 것이다. 이는 서인 정권이 집권하고 있던 나라를 또 한 번 쑥대밭으로 만든 1627년 1월 정묘호란과 1636년 12월 병자호란의 원인이 되기도 한다.

수십 년 전으로부터 청학동을 찾으려고 지리산 남록에 거류하는 수천 명의 경과를 보건대 십 년 이내의 차마車馬 영영문盈迎門은 고사하고 반년 이내에 남에게 압박만 많이 받는다 한다. 현금現今 세소간世所間에 청학동이라는 곳은 지리산 남록에 있는 세석평지 혹은 잔돌평지이라 하는 데는 평원 광록이 주위 사십 리나 되고, 자좌우향子坐于向(정북에서 정남방향)으로 되어 미신에 혹한 자의 눈으로는 한번 혹할 만도 하다. (중략)

제군아! 청학동을 찾아 제갈諸葛, 한신韓信 같은 자손을 바라는 것보다 청학동을 찾는 그 경비로 현대에 상당한 교육을 가르쳐 제갈, 한신 같은 사람을 배워서 성공하면 그 사람이 있는 곳이 곧 청학동인가 하노라.[35]

청학연못 소고

예전의 화려했던 세석평전의 알록달록한 텐트 대신 이제는 새로 자리 잡은 초목들이 대신하고 있다. 국립공원의 면모를 제대로 찾아가고 있는 듯한 느낌이다. 등로 양옆으로 로프를 쳐놓고 데크를 설치하여 식생을 보살피고 있다. 촛대봉이 지척이다.

마천이나 거림에서 올라오는 사람들은 영신봉보다는 시루봉甑峰(1703.1m, 촛대봉으로 지금의 시루봉(1578m)이 아님)을 제1봉으로 부르고, 제석봉을 제2봉인 중봉으로 불렀다.

이 촛대봉은 이름도 여러 가지이다. 김종직과 하달홍은 이 촛대봉을 중봉이라고도 부른다고 했는데 특히 김종직은 증봉甑峰이라고 불렀으며, 남효온

35 1921년 5월 24일, 시대일보, 진주 一記者. '지리99팀'에서 발굴한 기사임.

청학연못을 세석연못이나 적석연못으로 부르자는 유력한 견해가 있다.

은 계족봉鷄足峰, 송병선은 촉봉矗峰, 그 외 시루봉, 수리봉, 취봉鷲峰 등 여러 가지 이름들인데 유몽인의 경우 사자봉으로 불렀다.

4월 5일 갑술일. (중략) 길가에 지붕처럼 우뚝 솟은 바위가 있는 것을 보고서 일제히 달려 올라갔다. 이 봉우리가 바로 사자봉獅子峯이다. 전날 아래서 바라볼 때 우뚝 솟아 하늘을 찌르고 있는 것처럼 보이던 그 봉우리가 아닐까? 아래를 내려다보니 평지는 없고 온통 산비탈뿐이었다. 참으로 천왕봉에 버금가는 장관이었다. 이 봉우리를 거쳐 내려가니 무릎 정도 높이의 솜대綿竹가 언덕에 가득 널려 있었다. 이를 깔고 앉아 쉬니, 털방석을 대신할 수 있었다.[36]

"사자 한 마리 안 사는 우리나라에 웬 사자봉?"이라는 의문이 생긴다. 도솔산인 이영규는 이에 대해 "이 역시 불교식 이름으로 문수보살은 사자를 타고, 보현보살은 코끼리를 탔다는 데서 유래한 것"이라고 친절한 해설을 덧붙인다. 그런데 촛대봉은 뭐고 중봉, 시루봉은 뭔가? 생긴 게 그렇게 생겨서 그런 이름이 붙여진 것이 아니라는 것은 제12구간을 지나면서 살펴봤다.

사실 이 촛대봉(1703.1m)은 지리산 어느 곳에서든 볼 수 있는 봉우리이다.

36 유몽인의 위 기록.

영신봉(1651.6m)보다 조금 더 높아서 그런가 아니면 생긴 모양 때문에 그런가? 어쨌든 이 촛대봉에는 몇 가지 더 살펴볼 게 있다. 우선 다음 글을 읽어보자. 1879년 송병선이 쓴 두류산기인데 이 촛대봉과 관련하여 많은 정보를 제공해 주고 있다.

누대를 오르니 왼편에는 누운 바위가 벼랑을 이루고 있고 정면에는 '학동임鶴洞壬' 세 글자가 새겨져 있는데, 이는 아마도 근래에 기궤한 것을 좋아하는 사람이 한 짓인 듯하였다. 아래에는 작은 못을 만들었고, 또 그 몇 보 아래에는 우물이 있었는데 '연수정延壽井'이라 하였다. 누대의 뒤에는 촛불 같은 촉봉이 우뚝 솟아나 있었다. 바위에는 다음과 같은 율시 한 편이 새겨져 있었다.

頭流山迴暮雲低(두류산형모운저) 두류산 멀리 저녁구름이 낮게 드리워져 있으니
萬壑千巖似會稽(만학천암사회계) 만개의 골짝과 천개의 바위가 회계산 같구나
杖策浴尋青鶴洞(장책욕심청학동) 지팡이를 짚고 청학동을 찾아가려 하는데
隔林空聽白猿啼(격림공청백원제) 숲 너머로 흰 원숭이의 울음소리만 들리네
樓臺縹緲三山近(누대표묘삼산근) 누대에선 아득히 삼신산[37]이 가깝고
苔蘚依俙四字題(태선의희사자제) 이끼 낀 바위에는 어렴풋한 네 글자가 새겨져 있네
試問仙源何處是(시문선원하처시) 시험 삼아 선원이 어디냐고 물어보노니
落花流水使人迷(낙화유수사인미) 떨어진 꽃 흐르는 물이 사람을 미혹케 하네

그 옆에는 낙운거사樂雲居士 이청련李青蓮이 쓴 여덟 글자가 있었는데 사람들 말로는 미수眉叟 이인로李仁老의 고적古迹이며, 대개 이 산에 청학동이 있

37 지리산을 가리킨다. 고로 삼신산=방장산=지리산이다.

다고 하였다. 그러나 탁영 김일손의 유기에서는 "쌍계의 동쪽으로 몇 리를 가서 한 동네를 발견했는데, 넓고 평평하여 농사를 지을 만하였는데, 세상에서는 청학동이라 한다."라고 하였고, 남명南冥 조식曺植도 또한 이와 같이 말했다.[38]

이 송병선의 글은 몇 가지 정보를 알려준다. 즉 '鶴洞壬'이라는 각자가 새겨진 바위 아래 연못이 있고 그 바로 아래에는 연수정이라는 샘물이 있다는 것과 이 바위 뒤로는 촉봉이 있는데 그 봉우리에는 바위에 율시 한 수가 새겨져 있다는 것과 그 옆에 이청련이 쓴 여덟 글자가 새겨져 있다는 것 등이다.

'촛대 같은 촉봉'은 김종직과 하달홍도 이 봉우리를 촉봉이라 하였으니 이 '燭峰'은 지금의 촛대봉이라는 것을 능히 짐작할 수 있겠다. 그리고 그 촛대봉의 여러 개의 바위 중 '高麗樂雲居士李靑蓮書'[39]라고 쓴 각자는 너무 희미하여 찾기가 쉽지 않다. 오히려 가장 높은 곳에 위치한 바위에서 '宣人羅州鄭氏之墓'[40]라는 각자는 쉽게 찾을 수 있다.

이 봉 아래로 촛대봉 능선을 따라 15분 정도 내려가면 과연 커다란 너럭바위[41]를 찾을 수 있는데 그 바위에는 '鶴洞壬'이라는 각자가 새겨져 있고 그 아래에

---

38 번역 도솔산인 이영규.

39 8자가 아니라 10자이다.

40 각자를 보니 비문인 것만큼은 틀림없다. 그렇다고 여기가 묘지일 리는 만무하다. 국선도 '선인들의 수련기'에서 비슷한 내용을 들어본다. '조선조 말엽 정걸방이라는 이인異人이 홀연 지리산으로 들어와 음양수 아래 자리를 잡았는데 행색은 영락없는 거지였지만 가끔 한 번씩 이적異蹟을 행하여 차츰 제자들이 생기게 되었다. 당시 일제하의 민중들의 삶은 정신적 방황과 일제의 침탈에 거의 무기력해져 있어서 난세를 피해 지리산을 이상향이라고 믿고 찾아든 사람들에게는 정걸방이 구세주로 보였을 법도 했다. 이럴 때 구례경찰서에서는 혹시나 정걸방이 무슨 민중봉기 음모라도 꾸밀까 염려되어 체포해 갔는데 도무지 정상인이라고 볼 수가 없어 무혐의 방면하였다. 그런데 정걸방은 그들이 보는 앞에서 홀연히 사라졌는데 제자들은 선생을 기리면서 선생이 약속대로 다시 올 날을 손꼽아 기다린단다. 또 그날이 오면 인간 세상이 선계仙界와 같은 이상향으로 변하리라 굳게 믿고 있다고 한다. 그러니 혹시나 이 나주 정씨가 정걸방이어서 그를 기리는 그 제자들이 쓴 비문이 아닐까?

41 하달홍은 만경대라 불렀음.

는 인공연못[42]이 있으며 그 아래 조금 내려가면 샘물이 있는 '박지泊址'가 있다. 그렇다면 지금 지형과 1879년 송병선이 볼 때의 그것과 정확히 일치한다.

그렇다면 이 '작은 못小池'이 어떤 이름으로 불렸냐 하는 것이다. 기록에 나오지 않는 이 못의 발견자는 우천 허만수 선생으로 알려져 있다. 우천은 '지리산 달인' 성락건에게 은밀히 얘기해 줬고 성락건은 평소 자신이 믿어 의심치 않았던 '세석=청학동'이라는 신념대로 못의 이름을 '청학연못'이라고 사람들에게 귀띔을 해 준다. 그렇게 전해 준 이름이 지리산에 관한 한 최고의 권위를 가지고 있는 '지리99팀'에게 알려지면서 그 이름은 지리산꾼들 사이에 퍼진다.

문제는 축조 시기와 선인들이 답사한 이 청학연못의 정확한 이름을 밝히는 데 있다. '지리99팀'의 '가객'은 유성룡의 형 유운룡의 겸암일기의 돌문과 돌샘 즉 '하동의 화개현에 이르러 유숙하고 이른 아침에 떠나 점심 겨를에 등촌에 닿는다. 그곳에서 사흘간 먹을 양식을 마련한 후 노숙을 사흘 동안 하면 커다란 돌문石門에 이르고 그 돌문을 지나 40리가량 가면 1천 섬을 거둘 수 있는 논과 밭이 펼쳐지는데 넓이가 1천 호쯤은 살 만하다 했다. 그 골짜기에 돌샘石泉이 하나 있는데 고려 때 '청련거사'가 20년 동안 속세와 단절하고 이곳에 살았는데 이곳에 살면 병화가 이르지 않아 보신하는데 길지라는 '도참'의 글이 새겨져 있다. 대대로 이곳에서만 자라는 청련靑蓮을 기르고 살았기에 그를 '청련거사'라 불렀다 한다.'는 내용을 들어 1570년경이라고 본다.

반면 도솔산인 이영규는 위 유운룡은 화개동천에서 출발하여 횡천지맥을 거쳐 삼신봉에서 낙남정맥에 들은 다음 세석으로 올랐다고 진행 코스를 설정

---

42 못의 크기는 약 20m×5m이며 깊이는 1m 정도의 직사각형 모양이다. 둘레길 제14구간에서 불일폭포의 청학연을 얘기할 때 잠시 봤었다.

한다. 그러고는 위 루트 상의 '돌문'은 낙남정맥 상의 삼신봉 바로 아래에 있는 지금의 '석문'을 이르는 것이고 '돌샘' 역시 지금의 '음양수샘'을 말하는 것이니, '돌샘'은 이 '작은 못'과 전혀 관계없다고 설명한다. 그러면서 오히려 위 송병선에 앞서 이곳을 지났던 하달홍의 1851년 산행기에는 이 '작은 못'에 대한 기술이 없는 것으로 보아 이 못의 축조 시기는 1862년 진주 단성민란 때 피신을 온 사람들이 여러 가지 이유로 이곳에 인공 못을 정교하게 만들었다고 보는 것이다. 그러니 이 못의 이름은 불일폭포에 있는 청학연과 구분하여 이곳 세석평전이 예전에는 적석평積石坪이라는 지명을 가졌음에 착안하여 세석연못 혹은 적석연못이라 부를 것을 제안한다.

생각건대 예전이나 지금이나 산길을 가장 편하게 다닐 수 있는 길은 여전히 능선이며 그 길이 가장 빠른 길이기도 하다. 또한 특별한 일이 아닌 다음에야 계곡을 건너 마주보이는 능선을 갈 이유도 없었을 것이니 유운룡의 돌문과 돌샘은 지금의 낙남정맥 상의 석문과 음양수샘으로 보는 이영규 의견에 동의한다. 다만 성낙건 선생은 "지리산에 청학동이 있다면 세석 이외에는 불가능하다."는 평소의 소신을 갖고 있었고 그러다 보니 이 연못을 청학연못이라 부른 것은 불일폭포의 청학연과 혼동을 하여서 붙인 게 아니라는 점, 지금은 어느 정도 청학연못이라는 이름으로 세인들에게도 정착된 점 등을 고려해 본다면 그 이름만큼은 지금의 청학연못으로 놔두는 게 낫지 않을까?

촛대봉에서 하나 더 추가해 본다면 지금의 시루봉(1578m)은 사실 떡시루 모양을 하고 있어 예전의 촛대봉 이름을 자신이 도용한 모양새가 되긴 하였지만 겉모양으로 봐서는 누구라도 수긍할 것 같다.

사방이 뻥 뚫린 촛대봉에서 조망을 하고는 바위봉 구간을 지나 천왕봉을 향한다. 아쉬움에 뒤를 돌아보면 촛대봉의 바위 위를 산까마귀 몇 마리가 빙글빙글 선회한다. 지리산의 산까마귀는 염송念誦도 할 줄 안다고 하던데 녀석들의 목소리가 천수경을 외는 듯한 소리로 들린다. 부드러운 능선을 따라 눈을 남쪽으로 돌리면 호남정맥은 물론 금오산 너머 남해의 봉우리들도 보인다.

환성보다는 탄식이 나오는 산! 지리산이다. 어떻게 해야 지리를 조금 더 잘 알 수 있게 될까? 왜 지리는 올 때마다 전혀 낯선 모습으로만 다가올까? 1693.6봉을 돌아드니 고도가 떨어지면서 목책으로 등로를 유도하며 양옆으로 키 작은 나무와 힘이 없는 풀이 바람에 날린다. 앞서 가는 꾼들의 모습은 그저 천천히 움직이지만 돌계단을 오르는 그들은 사진 촬영에 여념들이 없다.

연하선경의 아름다움

연하봉이다. 점필재가 지날 때도 부를 이름이 없던 봉. 그저 조망이 좋았음에도 이름이 없어 불러주지 못한 봉이다. 이렇게 안타까워하는 점필재를 보고 오죽했으면 동행했던 유극기가 "선생께서 이름을 지어주었으면 좋겠습니다."라는 말을 했을까? 그날 점필재가 "고요한 이 산수 속에 그윽하게 운무가 피어오르고 연기가 노니는 듯하며 저 바위에 걸린 노을이 함께 어우러지니 연하선경이란 이를 두고 하는 말이 아닐까 하네."라는 말을 해주었으면 어땠을까? 점필재는 이런 말없이 그저 "증거가 될 만한 것도 없는데 어찌 이름을 붙이겠는가!"라며 이곳을 지났다.

연하煙霞의 사전적 의미는 안개와 노을을 아울러 일컫는 말이다. 좀 싱겁다. 그 말보다는 '고요한 산수의 경치를 비유적으로 이르는 말'이라는 뜻이 더

연하선경. 아무래도 노을과 함께 봐야 제맛이다.

다가온다. 선경仙境 역시 신선이 사는 곳이라는 뜻보다는 '경치가 신비스럽고 그윽한 곳을 비유적으로 이르는 말'이라는 뜻이 역시 더 다가온다. 그렇다면 연하선경이라는 말 역시 그저 '고요한 산수가 신비스럽고 그윽한 곳'이라는 뜻으로 읽으면 되겠다. 이곳이 과연 그럴까? 점필재는 그 아름다움을 차마 한 단어로 표현하기 어려웠을 것이라 이해하자. 한자의 단조로움 때문이었으리라.

이곳을 안개가 살짝 피어오르는 날 혹은 촛대봉 너머로 노을이 지는 저녁에 지난다면 연하라는 말을 실감할 수도 있겠으나 어느 때라도 일출봉과 제석봉 그리고 천왕봉을 한 세트로 볼 수 있을 때가 그래도 으뜸이 아닐까? 남효온은 이 연하봉을 '소년대'라 부르기도 했다.[43]

43 同旨 도솔산인 이영규.

은근한 맛을 느끼게 해주는 지리산. 세련미보다는 후덕한 맛을 느끼게 해주는 지리산 그리고 한없이 바라보게끔 만들어 주는 지리산의 참맛이 이 연하봉 부근에 다 녹아 있는 것 같다. 그런데 국토지리정보원 지도와는 달리 공단에서는 1693.6봉과 1723.4봉 중간에 연하봉 표시를 해놓았고 정작 1723.4봉의 연하봉에는 일출봉이라는 표시를 해 놓았었다. 그런데 일출봉은 족보에도 없는 봉우리 아니냐는 민원이 들어왔는지 최근에는 일출봉 팻말을 떼었다.

사실 장터목에서 야영장을 운용하고 있을 때 게으른 산꾼들은 천왕봉을 오르는 대신 이곳으로 살짝 올라와 약식으로 일출을 감상하거나 아예 여기서 터를 잡고 누워서 일출을 맞을 수 있어 일출봉이라 부르기도 했었다.

장터목대피소로 내려선다. 지금은 장터목대피소가 산꾼들의 쉼터 역할을 하고 있지만 예전에는 그 역할을, 종주하는 이들에게는 향적사[44]가, 백무동~제석봉~천왕봉으로 오고가는 이들에게는 제석당이 각기 나눠서 했다. 얼마 전까지만 해도 장터목대피소 앞마당으로 들어서자마자 울긋불긋한 텐트로 인해 시끄럽기 그지없었다. 말 그대로 장터목이었다. 야영장이 있고 쓰레기 소각장이 있는 이곳은 그야말로 쓰레기가 산더미같이 쌓여 골머리를 앓기도 했던 곳이었다. 그 쓰레기장 뒤로 한신계곡의 가내소 폭포로 내려가는 길도 있었지만 지금은 추억의 길로 남아 있다. 예전의 시골 점방 같은 작은 산채가 장터목산장이라는 이름으로 영업을 하다 1988년경 새로 지은 대피소가 산꾼들의 편의를 돕고 있다.

백무동, 중산리, 세석 그리고 천왕봉에서 내려오는 길이 모두 모이는 사거

44 진양지의 기록에 의하면 향적사는 성모사에 향화香火(=제사)를 받들기 위하여 건립된 절이라 하였다. 실제 이 향적사 터에서는 성모사가 관측이 가능하다. 지금은 흔적도 없이 터만 남았지만 이 향적사가 지리산의 여러 사찰과 암자 중 최고지에 있다고 청파 이륙(1438~1498)은 지리산기에서 기술하였다.

리이니 이곳이 왜 장터목인가를 여실히 보여준다. 그러니 예전에는 야영꾼들이 산희샘의 식수를 길어오기 위하여 줄을 서기도 했으며 밀릴 경우 10여 분 발품을 팔아 계곡물을 길어오기도 했다. 약삭빠른 꾼들은 아예 제석당의 감로천[45]에서 받아서 쓰기도 했었다.

장터목에서 제석봉으로 향하는 갈림길 좌측은 백무동이나 창암능선을 타고 창암산이나 백무동 혹은 칠선계곡의 들머리인 추성동으로 내려가는 길이다. 반면 우회전하면 법천폭포를 지나 중산리로 내려갈 수 있겠다.

제석당만큼은 천신을 모시는 사당이었다

제석봉이라는 이 봉우리의 이름이나 제석천이라는 샘물은 다 이곳에 있던 제석당帝釋堂에서 유래하였다. 중봉[46]이라고 불렀던 곳이다. 함양이나 산청에서 올라오는 이들이 볼 때에는 천왕봉이 상봉이 되어 지금의 천왕봉~중봉~하봉이겠지만 하동이나 백무동에서 올라오는 이들에게는 이 제석봉이 중봉이고 천왕봉이 상봉이라는 것이다. 다만 백무동에서 한신계곡으로 올라오는 이들은 촛대봉을 중봉이라고 불렀음은 촛대봉에서 얘기했다.

여기도 '당堂'이라는 이름을 사용하였으니 신당 혹은 제당과 관련이 있겠다. 제석帝釋은 삼신제석, 천주제석, 제석천이라고도 하는 하늘신이며, 도리천에 살면서 불법을 수호하는 불교의 호법선신이라고 한다. 그러니 이 제석봉

45 국토지리정보원 지도에는 '제석천'이라 표기되어 있으나 현장에 각자된 글을 보면 분명하게 '감로천甘露泉'이라 새겨져 있다.

46 지금이야 '중봉'이 고유명사로 굳어졌지만 예전에는 이렇듯 보통명사로 사용됐다.

역시 제석당이 있었으니 토속신앙인 천신[47]과 불교가 결합한 것임을 이름만으로도 알 수 있겠다.

용유담 옆의 용유당은 언젠가 흔적도 없이 사라졌다. 백무당은 지금도 그 흔적들이 많이 남아 있고 천왕봉 아래 중산리에 있는 당집들도 아직 건재하니 여기서 특별히 언급할 필요는 없다. 다만 제석당은 김종직이 지날 때인 1470년경이나 김일손이 지날 때인 1489년에는 언급이 없었는데, 박여량(1554~1611)이 지날 때인 1610년 '들보가 23~24자(6~7m) 크기의 세 칸인 판잣집'이라고 기록하고 있는 것을 보면 그 사이인 16세기 정도에 지어졌을 것 같다.

한편 박여량은 "유향소에서 잡으러 온다는 색장色掌의 전갈이 있어 몹시 근심스럽고 괴롭다."는 제석당 주인인 노파의 하소연을 기록하였는데 아마 정부에서는 푸닥거리를 하는 이 민간신앙을 불법으로 규정하였겠고 혹세무민한다는 유생들의 질타가 이어졌을 것 같다.

그러다 1752년 박래오 등이 지날 때에는 "들보가 무너지고 서까래도 부서졌다."고 하니 쇠락해져 가는 제석당은 조선정부의 탄압, 열악한 생활환경, 유람객들의 지나친 민폐 등이 그 원인이 아니었을까?

도솔산인 이영규의 도움을 받아 조금 더 깊게 들어가 보자. 도솔산인 이영규는 개벽 제34호에 실린 지리산보(1952년 4월 1일 刊)를 보여준다.

> 현재 咸陽郡守 閔麟鎬씨는 空殼의 名勝古蹟이나마 보존하랴고 保勝會를 조직하고 智異山을 세계에 소개하기 위하야 智異山誌를 즙집葺輯 중이오, 同郡有志 姜渭秀씨는 遊山하는 人의 편리를 圖키 위하야 山上에 望海亭을

47 제석당은 지리산의 다른 사당이 성모, 위숙왕후 등 여자 신을 모시는 것과 달리 남자 신을 모신 사당이 있다.

건축하고 朴魯翊 及 靈源寺僧 一同은 帝釋堂을 건축하얏스며 李璡雨 及 碧松寺僧 一同은 馬岩堂을 건축하야兩處는 皆 中峯 本年 陽春佳節에 開山式을 行하라 한다. 此가 本山의 幸이라 할지.

함양군수 민인호(1884~?, 1919년 10월~1923년 3월 함양군수 재직)가 '보승회'를 조직하고 지리산을 세계에 알리고자 지리산지 편찬을 위한 자료를 수집 중인데, 강위수는 산행하는 이들의 편의를 위하여 산 위에 망해정을 건축하고 박노익과 영원사 승려들은 제석당[48]을 건축하였으며 이진우와 벽송사 승려들은 마암당…

그렇다면 최근까지도 이곳에 제석당이 있었다는 얘기가 되겠다. 민인호가 함양군수 재직 중인 1922년 임술년 7월에 제석당을 다시 건립하였다는 얘기다. 여기에 덧붙일 것은 이 중봉 그러니까 제석봉에 제석당 말고 또 하나의 사당 즉 이진우 등 벽송사 승려들이 마암당을 세웠다는 얘기다. 건립된 지 100년도 채 되지 않았을 제석당과 마암당은 흔적도 없이 사라졌다. 어쨌든 이 마암당에 대해 덕천(웅석)지맥 즉 지리동부능선의 마암[49]과 관련하여 아직 논의가 많다.

지금의 제석봉은 연하봉만큼이나 사진 촬영 작가들에게는 매력적인 장소로 손꼽힌다. 쓰러질 듯 비스듬히 서 있고 앙상함마저 주는 고사목 지대는 어쩌면 낭만적인 분위기를 연출한다고 생각할 수도 있겠다. 하지만 예전에는 주목, 전나무, 구상나무 등으로 빽빽한 밀림 같은 곳이었다고 얘기하면 아무

48 벽송사에서 서낭당 얘기할 때 제석당을 잠깐 살펴봤었다. 다만 현재 제석당 터에는 '帝釋堂 朴魯翊建室 壬戌七月日'이라는 각자가 새겨져 있어 '영원사 스님 박노익이 임술년 7월에 건립한 것' 정도만 파악할 수 있을 따름이다.

49 지리동부능선을 진행할 때 또 보기로 한다.

래도 믿을 사람이 별반 없을 것 같다. 10만여 평의 제석봉 너른 들이 여순사건과 한국전쟁을 겪고 난 뒤에도 꿋꿋하게 서 있었다. 그러던 것이 단지 주목이 정원의 고급 관상수이며 가구 재료로서는 그만이라는 속설 때문에 자유당 정권의 실세에 의해 마구잡이로 베어지게 된다. 쇠파이프를 레일 삼아 소를 이용하여 반출하고는 요행히 살아남으면 고가로 팔리니 막대한 이득을 취할 수 있었다. 그러다가 그 실체가 드러나자 증거인멸을 위하여 고의로 산불을 놔서 이 지경을 만들었다는 얘기를 듣고 나면 아연실색할 뿐이다.

옛 제석당 각자 탁본. '帝釋堂 朴魯翊建室 壬戌七月日'이라고 새겨져 있다

향적사도 지금은 터만 남아 있다. 김종직이나 김일손의 기록에 의하면 상당히 자세하게 기술되어 있다. 석문石門으로 불리던 통천문을 오르다 보면 우측으로 가파른 골이 하나 보인다. 통신골이다. 천왕봉의 신에게 오르는 길이니 통신골通神谷이다.

천왕봉으로 오르는 길은 승려들의 경우 부처님의 지혜를 얻기 위하여, 유학자들의 경우는 배움과 유식遊息 그리고 공자부터 남명에 이르기까지의 선인들을 닮기 위하여 그리고 토속신앙의 무속인들의 경우는 천왕봉의 영험한 기를 얻기 위한 여정이었을 것이니 通神谷이다. 최근 공단에서는 이름이 분분한 통신골을 천주골로 통일하자는 의견을 피력한다. 천왕봉이 하늘을 받치고 있는 기둥이니 천주골天柱谷로 하자는 얘기다.

이 천왕봉으로 오르는 문은 두 군데 설치되어 있다. 서쪽에 있으니 서문이라고도 불리는 통천문通天門이고 다른 하나는 동쪽에 있으니 동문이라고도 불리는 개천문開天門[50]이다.

하늘에 오르려면 반드시 통천문을 통과해야

통천문이라는 각자刻字 안으로 들어설라치면 부정한 자는 출입을 못한다는 말 때문에 옷깃을 여미는 사람도 있으리라. 시인 고은은 "신선들이 하늘에 오르는 것이 다른 산에서는 자유롭지만 지리산에서만큼은 반드시 통천문을 통하지 않고서는 신선도 하늘에 오르지 못할 것."이라고 하였다. 그래서 그런가? 음산한 기운 속에 성모사에서 잠을 자던 점필재는 밤에 달이 환하게 떠오르는 것을 보고 "혼돈한 가운데라 할지라도 옳지 않은 일에는 휘말리지 말아야 할 것이로다."라며 자신을 돌아보았다.

통천문을 지나면 좌측으로 칠선계곡과 연결되는 문이 나온다. 칠선계곡 루트는 길기도 하지만 험악하기도 하여 등로로 개척된 때는 1964년 11월 28일 부산의 김경렬, 성산 등으로 이루어진 '지리산 동부 개척단'에 의해서였다. 당시 칠선계곡에서 곰을 목격하기도 했다고 하니 험준한 곳인 것만큼은 예나 지금이나 다를 바 없다고 하겠다.

이 칠선계곡의 초입은 추성동이다. 추성동은 지리의 지붕 같은 곳이라 했다. 그런 만큼 계곡도 깊고 많아 그 수만큼 능선을 거느리고 있으니 얼마나 복잡한가는 상상만으로도 충분히 짐작할 수 있다. 잠깐 이 부근을 정리해 볼까?

---

50 공단에서 설치한 이정목에는 개선문이라고 표기되어 있으나 이런 취지로 개천문이 맞다.

추성동으로 들어가면 물줄기는 크게 ①칠선계곡과 ②국골[51] 그리고 ③허공달골 등 세 개로 나누어지고 이들을 크게 에워싸고 있는 능선은 ④창암능선과 ⑤벽송(사)능선 등이다. 그리고 국골과 칠선계곡 사이에 ⑥초암능선이 있으며 국골과 허공달골 사이에는 ⑦두류능선 등 두 개의 능선이 있으니 추성동과 관련된 등로는 모두 7개로 정리가 된다.

이 중 ①칠선계곡 코스를 제외한 전 구간은 비탐방구간이다. 다만 이 칠선계곡도 인터넷 방문 예약을 통해서만 천왕봉 혹은 실질적으로 계곡이 끝나는 곳인 삼층폭포[52]까지만 진행할 수 있다. 항상 산꾼들의 안전산행을 위해 최선을 다하고 있는 지리산국립공원 홈페이지의 안내 글을 참조하면 될 것이다.

그러고는 천왕봉으로 오른다. 천주라는 각자와 천왕봉 중에서도 가장 높은 곳이어서 지리10경 중 하나인 천왕일출을 보기 가장 좋다는 '일월대日月臺' 각자[53]가 눈길을 끈다.

지금 천주天柱라는 각자가 되어 있는 바위 아래가 성모사라는 사당이 있던 자리이다. 성모사에 대해서는 노고단에서 이미 간단하게나마 살펴봤다. 당시 유학자들은 이 성모묘 혹은 성모사를 음사淫祠라 하여 질시疾視하였다. 영

---

51 예전에는 무당들에 의해 굿판이 자주 벌어져 '굿골'로 불리기도 했으나 구형왕의 피난처와 관련한 국골로 보는 게 유력하다.

52 칠선계곡의 무수한 폭포 이름이 제각기 명찰을 달기 시작한 건 역시 1964년 개척 산행과 궤를 같이한다. 참여한 산악회의 이름을 따서 선심 쓰듯 하나씩 붙여줬기 때문이다. 국립공원관리공단이 제 역할을 하면서 많이 정비되기는 했다. 대륙폭포가 그때 산행에 참석한 부산대륙산악회의 이름을 따서 지은 것이라는 사실은 이미 널리 알려진 것이고 선녀탕, 군선담 등도 그때 붙여준 이름이다.

53 봉우리 남쪽은 일월대인데 오르면 일출의 출입을 볼 수 있어 그렇게 이름 지은 것이며, 새로 새긴 대의 이름자는 크기가 팔뚝만 한데 정죽헌이 쓴 글씨이다. 대의 전후좌우에 이름을 새긴 것이 무려 수백 수천이지만 오래된 것은 깎이고 갈라져 판별하기 힘들다. 그 바라는 바는 모두 이름을 남겨 사라지지 않게 하는 것이지만 그 이름자가 뚜렷한 것을 손꼽아 헤아려보면 가장 오래된 것도 200년 내외에 불과하니 처음 200년 전에 석면에 새길 때에는 어찌 그것을 몰랐을까? 앞의 것이 닳아 없어지고 뒷사람이 그 자리에 다시 새긴 것일까? -강계형 두류산록(1924년)

일월대. 천왕봉에서 일출을 가장 잘 볼 수 있다는 곳.

남학파의 종조이자 사림파의 정신적 지주인 점필재의 사고가 그랬으니 다른 유학자들은 좀 다른 생각을 가졌을까?

1489년 4월 22일 김일손은 정여창과 같이 천왕봉에 올라서 이 성모사를 보고는 "저희들은 도를 지키고 악을 미워합니다. 음사를 지나가게 되면 반드시 모멸하고 헐어버렸습니다. (중략) 신을 마야부인이라고 하는 말은 거짓입니다. 점필재 김공은 널리 통달한 큰 유학자인데 신을 위숙왕후라고 했으니 진실입니다."라고 제문을 지어 노모의 장수를 위해 기도를 했다."고 기록했다.

성모사라는 사설신사私設神祠

한편 이 지리산에서의 이들 무속행위가 정부에서 허용하는 행위였는가에 대해서는 의문이 있다. 특히 이들을 불가피하게 인용해 준 불교는 차치하고 유교적 질서가 엄연한 조선시대에 지리산 천왕봉에서는 어떤 일이 벌어졌을까? 여러 기록들이 많지만 단속사를 불지를 만큼 혈기왕성하며 불가나 무속행위에 대해서 단호했던 부사浮査 성여신이 기록한 진양구지晋陽舊誌의 한 일화를 볼까?

지난번 엄천에서 만났던 이륙은 유지리산록(1463)에서 당집에 대해서 상당히 관대한 모습을 보였었다. 그런데 모든 사대부가 토속신앙을 보는 시각이 이랬을까? 나아가 불교가 토속신앙을 보는 시각이 다 그렇게 관대하기만 했을까? 지리산 천왕봉에 있었던 성모사의 성모석상을 통하여 지리산의 성모신앙, 산신신앙과 불교와의 관계를 잠깐 들여다보자는 것이다.

"승려 천연天然은 관서지역의 시승詩僧이었다. 용기와 힘이 보통 사람보다 뛰어나고 시詩의 음률이 맑고도 높았다. 묘향산에서 와서 두류산 수만 골짜기를 낱낱이 유람하다가 성모사에 이르러 그곳이 음사淫祠인 것에 분개하여 즉시 신상神像을 끌어내 부수고 바위 밑으로 던져 버렸다. 밤에 신상이 있던 자리에서 잔 후 휘장을 찢어 신발을 만들어 남쪽의 의신사로 내려갔다. 성여신이 이 일을 기록했다. 그 후에 어리석은 백성이 신상을 다시 만들어 이전처럼 음사를 계속했다."

1558년 음력 4월에 일어난 이 사건은 나라를 떠들썩하게 하였다. 물론 상당히 교조주의적敎條主義的인 승려였던 천연의 이러한 행동은 선비들에게는 극구 칭송할 만한 일이었다. 퇴계 이황과 율곡 이이를 비롯하여 기대승과 남명 조식까지 시를 지어 극구 찬사를 늘어놓은 것이 이를 뒷받침한다. 이때 천연은 성모상 파괴의 이유를 다음과 같은 요지로 설명한다.

"음탕한 말을 가지고 성모에게 더럽힘을 더하는가. 무당들은 탐욕을 멋대로 하였소. 문둥이, 벙어리, 귀미기리가 다투어 와서 정성을 바쳤소. 저승이다, 이승이다, 난잡하기 그지없고 남녀의 외설도 많기도 하였소. 추잡함과 궤변 따위가 통속을 이루어 낱낱이 말하려니 입이 더럽소."(고봉 선생 문집)

이 대목은 성여신의 '유두류산' 시에도 나온다.

(전략)

昔有浮屠天演者非門突入 (석유부도천연자비문돌입)	옛날 천연이란 중이 문을 박차고 들어가
撞破神軀投絶壁 (당파신구투절벽)	성모신의 몸통을 깨부수어 절벽에 던졌다네
吾儒只守敬而遠之之訓 (오유지수경이원지지훈)	단지 '신을 공경하되 멀리하라'는 가르침을 지키며
不爲諂不爲褻 (부위첨부위설)	우리 유생들은 아첨도 함부로 하지 말면 그만

(하략)

그러면 그렇지. 혈기왕성하며 분기탱천한 성여신이 그냥 넘어갈 사람은 역시 아니다. 성여신에 대한 자세한 것은 단속사에서 이미 보았다.

어우당 유몽인은 이런 모습을 어떻게 그렸을까? 계속하여 그의 유두류록을 보자.

드디어 지팡이를 내저으며 천왕봉에 올랐다. 봉우리 위에 판잣집이 있었는데 바로 성모사였다. 사당 안에 석상 한 구가 안치되어 있었는데 흰옷을 입힌 여인상이었다. 이 성모는 어떤 사람인지 모르겠다. 혹자는 말하기를 "고려 태조대왕의 어머니가 어진 왕을 낳아 길러 삼한三韓을 통일하였기 때문에 높여 제사를 지냈는데, 그 의식이 지금까지 이어지고 있다"고 한다. 영남과 호남에 사는 사람들 중에 복을 비는 자들이 이곳에 와서 떠받들고 음사淫祠로 삼았다. 그래서 옛날 초나라·월나라에서 귀신을 숭상하던 풍습이 생겨났다. 원근의 무당들이 이 성모에 의지해 먹고산다. 이들은 산꼭대기에 올라 유생이나 관원들이 오는지를 내려다보며 살피다가 그들이 오면 토끼나 꿩처럼 흩어져 숲속에 몸을 숨긴다. 유람하는 사람들을 엿보고 있다가 하산하면 다시 모여든다.

봉우리 밑에 벌집 같은 판잣집을 빙 둘러 지어놓았는데, 이는 기도하러 오는 자들을 맞이하여 묵게 하려는 것이다. 짐승을 잡는 것은 불가에서 금하는 것이라 핑계하여, 기도하러 온 사람들이 소나 가축을 산 밑의 사당에 매어놓고 가는데, 무당들이 그것을 취하여 생계의 밑천으로 삼는다. 그러므로 성모사·백모당·용유당은 무당들의 3대 소굴이 되었으니, 참으로 분개할 만한 일이다.

이는 제석당에서 본 바와 같이 '혹세무민' 때문이기도 했지만 이들 기도처 특히 상당인 성모사나 가까운 제석당 주위가 극성 남녀 기도객의 풍기문란 장소로 변한 탓도 있었다. 조선시대의 옷차림으로 이곳에 올라온 기도객들은 지리산 천왕봉의 새벽 추위를 이길 방도가 없었을 터. 남녀노소 양반·상민 가릴 것 없이 성모사 혹은 바위틈 여기저기에서 서로의 체온으로 몸을 녹일 수밖에 없었는데 이것도 문제가 되었던 것이다. 그러니 여기서 음사란 淫祀일 수도 있고 淫事일 수도 있을 것이다.

이런 장면은 택리지에까지 실렸을 정도다. '산수'편을 보면 지리산에 관한 기사 중, "지리산 북쪽 자락 물이 모여 임천이 되어 용유담을 이루며 함양군 남쪽 엄천에 이르는데 시내 따라 강돌이 모두 아름답다. (중략) 또 온 산에 귀신을 모시는 사당이 많아 매년 봄·가을에 각지 무당이 모여들어 기도를 올린다. 이때 남녀가 서로 섞여 같이 잠을 자기도 하고 술과 고기 냄새가 낭자하여 불결한 곳이 된다."고 했다.

당시 민중들이 신령스러운 지리산에 잡신을 섬기고 무당들과 어울리는 것을 개탄하였던 것이다. 한편 한여름인 1472년 8월 15일 성모사에서의 밤 추위를 점필재 김종직은 다음과 같이 묘사했다.

날이 또 어두워지자 음랭한 바람이 매우 거세게 동서쪽에서 마구 불어와, 그 기세가 마치 집을 뽑고 산악을 진동시킬 듯하였고, 안개가 모여들어서 의관衣冠이 모두 축축해졌다. 네 사람이 사내祠內에서 서로 베개 삼아 누웠노라니, 한기寒氣가 뼈에 사무치므로 다시 중면重綿을 껴입었다. 종자從者들은 모두 덜덜 떨며 어쩔 줄을 몰랐으므로, 큰 나무 서너 개를 태워서 불을 쬐게 하였다.

이와 같이 지리산 성모신앙의 중심에는 성모석상이 있었다. 그런데 이 성모석상이 적어도 네 번이나 수난을 당하였다. 그 처음이 고려 말이다. ①황산대첩으로 이성계에게 대패한 왜구 잔당들은 화개재로 올라 영신사를 거쳐 천왕봉으로 와서는 천왕이 자신들을 돕지 않았다[54]고 하면서 성모석상의 목을 두 동강을 냈으며, 두 번째가 ②조금 전 얘기한 16세기경 관서지역의 시승詩僧이었던 천연 사건인데 이 천연이 천왕봉으로 와서 성모사 안에 있는 성모상을 보고는 이를 끌어내 부수고 바위 밑으로 던져 버렸던 것이고 그리고 ③ 1945년 11월 누군가가 성모석상을 보쌈하여 새끼줄로 감아서는 어디론가 버려졌는데 산청군 삼장면 '최기조'란 농민의 집에서 발견되어 두 달 뒤 다시 천왕봉으로 올라왔으며 ④마지막 하나가 1972년 2월 일어난 사건으로 이번에는 종교분쟁이었다. 즉 타종교의 광신도가 천왕봉 노천암대에 있던 성모상을 보고는 우상숭배를 한다며 어딘가로 유기한 것이었다. 그것을 1986년 1월 12일 두상 부분은 진주의 비봉산 기슭 과수원에서, 몸통 부분은 같은 해 5월 9일 천왕봉 아래 통신골에서 각각 발견했다. 이를 찾아낸 이가 바로 천왕사의 주지 혜범이었다. 혜범은 그때까지만 해도 수행만 하던 승려였는데 꿈에서 천왕 할매를 만났고 그 천왕 할매가 정확하게 장소를 알려줘 찾을 수 있

54 신증동국여지승람 30권 晋州牧祠廟條.

었다고 한다. 이 일로 인하여 혜범은 절을 짓고 그 이름을 천왕사로 지었던 것이다. 한 편의 드라마 같은 사건이었다.

한때 덕산의 두류산악회 회원들을 중심으로 성모상을 훼손시키지 못하게 철창을 만들어 성모석상을 천왕봉으로 복귀시키자는 움직임이 있었지만 혜범 스님은 요지부동이다. "성모할매에 대한 해코지가 반복되는 것을 알면서 어떻게 또 천왕봉으로 올려드립니까?"

지리산으로 오르는 루트는 예나 지금이나 별반 달라진 게 없다. 즉 예전에도 이런 당집들이 많은 백무동[55]과 중산리가 천왕봉으로 오르는 최단코스로 각광을 받았고 화엄사 루트를 통하여 노고단과 반야봉으로 오르게 되니 구례 역시 지리산을 찾는 이들의 발길이 끊이지 않고 있다.

천왕봉에서의 조망

이런 천왕봉에서 보는 조망은 한마디로 일망무제 그것이다. 아침에 해가 돋는 것을 바라보며 김일손은 이렇게 감탄한다.

망망하고 아득한 태평세월 속에서도 생각하면 슬프고 즐거우며 기쁘고 근심스러워 갖가지 불평을 토로할 것이 있다. 그래서 백욱에게 말하기를, "어떻게 해서 그대와 함께 악전偓佺[56]의 무리와 짝이 되어 나는데, 홍곡鴻

55 그러니 제석봉으로 가지 못하는 사람들은 한신능선으로 올라 영신봉 바위 밑에서 기도를 올렸는데 이 기도터가 한신바위이고 운장바위이니 이 계곡 이름이 자연스럽게 한신계곡이 된 게 다 이런 이유가 있는 것이다.

56 요임금 때의 신선으로 허공을 날아다녔다고 한다.

鵠[57]보다 높이 날며, 몸은 세상 밖을 노닐고 눈은 우주의 근원까지 다가가 기氣가 생성되기 이전의 시점을 관찰할 수 있을까?"라고 물었다.

천왕봉 일출은 지리 제1경이다. 이 일출을 보기 위해서는 삼대에 걸쳐 적선을 해야 한다는 속설이 있다. 까마득히 땅을 누르고 하늘에 닿을 듯이 우뚝 솟은 천왕봉은 하루에도 몇 차례씩 짙은 구름과 안개 그리고 비바람과 눈보라로 그 날씨를 예측하기 힘들다.[58] 천왕봉의 일출을 보기 위해서는 로타리 대피소나 장터목 그리고 치밭목대피소를 적절하게 이용하여야 한다.

날씨만 뒷받침이 되어 준다면 천왕봉에서 즐기는 조망은 정말이지 말로 표현하기 힘들 정도다. 동으로는 바로 아래 써리봉에서 갈라진 황금능선이 '之' 모양으로 휘어지면서 덕산의 구곡산으로 달려가는 모습이 보이며, 그 뒤로 웅석봉에서 '달뜨기 능선'으로 이어져 그 우측의 시천천을 건너 주산으로 이어진 다음 삼신봉에서 휘어진 낙남정맥을 만나 그 우측에서 횡천지맥의 칠성봉으로 이어지고, 그 우측으로 호남정맥의 백운산과 도솔봉의 흐름이 다시 지리로 돌아와 왕시루봉~길상봉(노고단)~반야봉~만복대~고리봉~고남산~바래봉~장안산~삼봉산~덕유산~황석산~수도산~가야산~황매산~정수산~웅석봉…

가까이는 중봉에서 내려가는 덕천지맥 줄기의 흐름이 힘차고 그 좌측으로

---

57 기러기와 고니.

58 석양 노을을 본 뒤 성모사로 들어가 서로를 베개 삼아 누었다. 바람이 노한 듯이 휘몰아쳐 판잣집을 날려버릴 것만 같았다. 그러자 성모사를 지키는 사람이 "두려워하지 마십시오. 오늘 바람은 바람이라 할 수 없습니다. 익숙해지면 두렵지 않을 것입니다" 하면서 우리를 안심시켰다. 한밤중에 바람은 진정되었다. 달이 뜨고 별자리도 초롱초롱 나타나니, 반짝반짝하는 별빛이 촛불로 변하여 하나의 은색 세계를 만들었다. 피리 부는 사람이 사당 뒤편에 있는 일월대日月臺로 나와 앉아 허사虛詞 한 곡조를 쾌연히 연주하니, 몸이 차고 혼이 맑아지는 기분이었다. 그리고 두 어깨가 들썩이는 듯하니, 중국 당나라 현종과 월궁 양귀비의 놀이도 부럽지 않았다. -박장원 두류산기(1643년)

칠선계곡과 창암능선에서 금대봉과 백운산이 삼봉산으로 이어짐을 확인할 수 있고 그 좌측으로는 지리주릉이 제석봉을 넘어 촛대봉~영신봉~반야봉~노고단이 명백하다. 남쪽으로는 남강이 진양호로 들어가는 모습과 그 우측의 금오산 우측으로 호남정맥이 마지막 맥을 남해로 잠기는 것도 빼놓을 수 없다.

천왕봉 정상석은 기념 촬영을 하려는 꾼들로 항상 바쁘다.

> 이상의 산들이 혹은 조그마한 언덕 같기도 하고, 혹은 용호龍虎 같기도 하며, 혹은 음식 접시들을 늘어놓은 것 같기도 하고, 혹은 칼끝 같기도 한데, 그 중에 유독 동쪽의 팔공산과 서쪽의 무등산만이 여러 산들보다 약간 높게 보인다. 그리고 계립령鷄立嶺 이북으로는 푸른 산 기운이 창공에 널리 퍼져 있고, 대마도對馬島 이남으로는 신기루蜃氣樓가 하늘에 닿아 있어, 안계眼界가 이미 다하여 더 이상은 분명하게 볼 수가 없었다. 극기로 하여금 알 만한 것을 기록하게 한 것이 이상과 같다.[59]

계립령[60]과 대마도까지 보인다는 데야 할 말이 없지만 어쨌든 그 정도로 멀리 볼 수 있는 곳이 이 천왕봉이다. 예전에는 이 천왕봉이라는 이름을 신상神像이 모셔져 있는 곳이어서 그렇게 불렀다고 이해하였다. 하지만 감수재 박여량은 두류산의 이름이 백두대간의 흐름이라고 파악하여 "하늘에 닿을 듯 높고 웅장하여 온 산을 굽어보고 있는 것이 마치 천자天子가 온 세상을 다스리는 형상과 같으니 천왕봉이라 일컬어진 것"이라고 갈파喝破하였다.

하지만 육당 최남선은 천왕은 국사대천왕에서 온 것이어서 '천왕-천왕 단

59 김종직 위 기록.

60 하늘재에 관련하여 자세한 것은 졸저 전게서 271쪽 참조.

군'이니 천왕은 곧 하느님이라 봤다. 그러니 고어 '구시'가 구지龜旨, 구시仇時 등 여러 형태가 되어 후세에 국사國師란 이름으로도 많이 불리게 됐는데 이는 어느 정도 불교의 영향을 받은 것 같다. 그러니 지금의 구지봉, 구시봉, 국사봉이라는 이름들이 다 천왕봉과 같은 의미를 가진 산이라고 보면 될 것이다.

일제는 천왕봉을 상봉으로 부르게 했다?

지리산이 여러 이름을 가졌던 반면 천왕봉은 올곧게 천왕봉이라는 이름으로 불렸다. 다른 이름을 가지기에는 적당한 이름이 없어서였을 것이다. 경외심을 갖고 누구나 신성하게 우러러보는 이 봉우리를 천왕봉 말고 딱히 부를 이름이 적당한 게 없었을 것이다. 다만 가장 높은 봉우리이니 복잡하고 어려운 단어를 모르는 민중에게는 아마 '상上'이 쉽고 간단했을 것이다.

사실 그 '상上'은 다른 봉우리와의 비교도 쉬웠다. 그래서 마천, 하동 사람들이 촛대봉, 제석봉을 중봉으로 부를 때 이 봉우리는 상봉이었다.

일제강점기 때에는 어땠을까? 백두대간도 없애버린 일본인이거늘 남한 최고의 봉우리가 천왕이라는 이름을 갖고 있는데 가만히 놔둘 리 만무했다. 그들은 자신들이 신성시하는 천황과 어감이나 뜻에서 비슷한 이 천왕봉을 '상봉'으로 부르게 했던 것이다. 지금의 천왕봉 암봉 옆의 터에 최초의 산장을 세우고는 그 이름을 '지리산 상봉 소옥智異山 上峰 小屋'이라는 간판을 붙이게 했던 것이다.

이 대피소는 1940년 함양의 유지가 사재를 희사하여 세운 것인데 준공 기념으로 찍은 사진이 증거물이다. 그러니 이때서야 비로소 지금의 중봉, 하봉이라는 봉우리 이름도 생겼을 것[61]이라 추측한다. 물론 이 산장도 여순사건과 한국전쟁을 치르면서 흔적도 없이 사라졌다.

천왕봉 정상석도 많은 변천을 겪었다. 인터넷에 떠도는 예전 사진을 보면 1960년대 나무 기둥 같은 것에 천왕봉이라고 한글로 표기하여 세운 것이 있었다. 그 후 진주산악회에서 세웠다고 하는 오석烏石에 앞면에는 '天王峰', 뒷면에는 '萬古天王峰 天鳴猶不鳴'이라는 남명의 시[62]가 새겨져 있었는데, 그 정상석이 1982년 경남도지사 이규호와 당시 민정당 실세였던 권익현이 지금의 정상석을 세우면서 뒷면에 '慶南人의 氣像 여기서 發源되다'라고 썼다가 후에 여차여차한 이유로 '嶺南人'으로 바뀌었다가 언젠가 지금의 '韓國人'으로 다시 바뀌어 현재에 이르고 있다.

천왕봉에서의 조망은 거칠 게 없다. 노고운해가 제일이라지만 천왕봉에서의 운해를 따라올 수는 없다. 다만 천왕봉 일출 때문에 천왕봉 운해가 밀린 셈이다. 마을과 길이 모두 구름에 잠기고 봉우리들이 들쑥날쑥 운해를 비집고 올라온 것은 보기만 해도 즐겁고 탄성이 나온다.

노산 이은상 같은 이는 이 비경을 이렇게 노래했다. "보라! 나는 지금 천왕봉 머리에 올랐노라. 구름과 안개를 모두 다 헤치고 세상에서 가장 높은 자 되어 하늘 위에 올랐노라."

통설에 따를 때 백두대간은 여기서 마무리된다. 산경표에서 백두대간은 지리산에 마무리된다고 했으니 지리산의 다른 이름인 두류산을 봐서도 그렇다. 하지만 능선이 어디 그런가? 능선은 계속 중봉~하봉 쪽으로 가거나 중봉~써리봉~구곡산으로 가기도 한다.

---

61 최화수, 지리산 365일.

62 제9구간 덕천서원을 지나면서 시 전체를 감상했었다. '만고불변의 천왕봉은 하늘은 울리어도 오히려 울리지 않는다네.' 천왕봉보다 더 큰 정신세계를 이루겠다는 남명의 결연한 의지가 엿보이는 시이다.

2. 지리서부능선 코스

구인월~덕두산~바래봉~세걸산~고리봉~성삼재: 약 20.1km

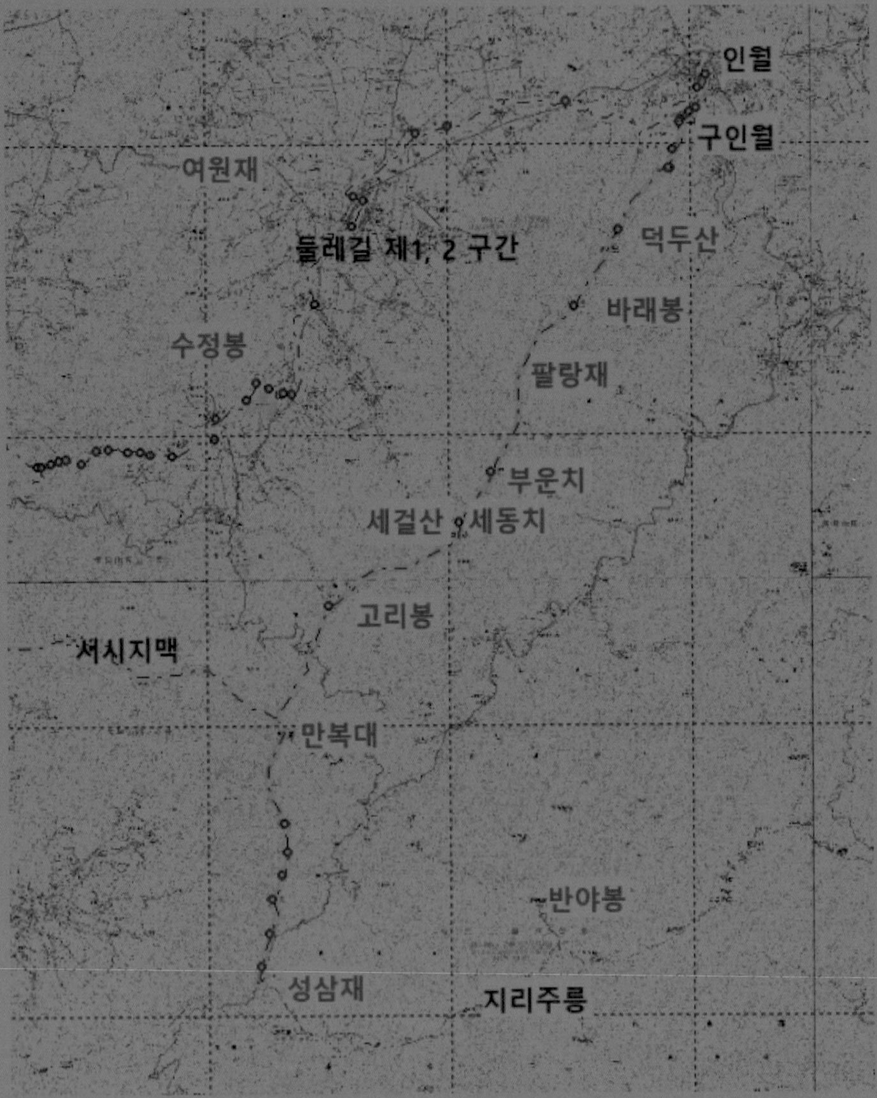

지리서부능선은 지리주릉에서 분기한 능선이다. 그리고 그 능선은 온전하게 전라북도 운봉읍과 인월면, 산내면을 가르는 산줄기이기도 하다. 역으로 본다면 구인월에서 시작하여 고리봉에서 백두대간을 만나서는 주천면과 산내면의 면계를 따르다 만복대를 넘으면서 전라남도 구례를 만나 전라남도와 전라북도의 도계를 따라 진행하게 된다. 그러므로 그 시작은 성삼재로 보아 성삼재~구인월로 진행하는 게 맞다. 하지만 진행의 연속성을 위하여 구인월~성삼재로 진행하는 것도 한 방법이다. 또 실제 대중교통을 이용하여 이 구간을 진행하는 꾼들은 인월에서 하차하여 구인월로 들어 구간을 진행한 다음 성삼재에서 코재를 이용하여 화엄사로 내려오거나 성삼재에서 구례로 내려오는 군내버스를 이용하는 게 여러 모로 편리하다.

본서에서는 역으로 진행하기로 한다. 인월로 가기 위해서는 서울에서는 동서울이나 남부터미널에서 출발하는 버스를 이용하면 함양 경유 인월로 들어갈 수 있다. 부산이나 대구, 진주, 마산도 직통 버스를 이용할 수 있고 그 외의 지역에서는 남원을 경유하는 게 제일 빠르다.

구인월 마을회관은 '지태교智太教의 신당神堂'이다

지리서부능선을 진행한다는 것은 곧 지리태극종주 루트 중 북서쪽 구간을 진행한다는 것과 같다. 지리태극종주⊃지리서부능선이기 때문이다. 그 종주 코스의 들머리이자 날머리가 바로 이 구인월 마을회관이다. 그런데 지리태극종주 코스는 보통 사리 마을회관을 들머리로 하여 날머리로 이곳을 잡는다. 그럴 경우 90km가 넘는 길을 40시간 넘게 잠도 자지 않고 걸어 수면 부족과 체력 소진으로 탈진상태에 있을 태극산꾼들의 종착역인 이곳은 참으로 신비한 장소로 여겨진다. 분명 그 '힘듦과 피곤함'이 절정에 달했음에도 이곳에 도착만 하면 언제 그랬냐는 듯이 '보람과 희열'로 승화가 된다. 이 이상한 마력을 가지고 있는 이 '구인월 마을회관'을 필자는 '지태교智太敎의 신당神堂'이라고 부른다.

인월에서 구인월로 들어가기 위해서는 인월교를 건너야 한다. 월평리가 인월리로 이름을 바꾸는 바람에 이제는 월평마을이 월평리의 흔적만 말해줄 따름이다. 그 인월리의 구인월 마을회관이 이 코스의 시작이다. 그러니 '지태교智太敎의 신당神堂'인 구인월 마을회관을 지나면 재실齋室을 지나 이정표 방향으로 진행한다. 이정표는 덕두산을 가리키고 있고 덕두산과 구인월마을(월평마을)은 3.4km의 거리라는 것을 알 수 있다.

인월산이라고도 불리는 덕두산에 오르기 바로 전 흥부골자연휴양림(2.5km)으로 갈리는 삼거리가 나오는데 이곳이 지리산 둘레길 제2구간에서 만났던 그 휴양림이다. 그러고는 300m를 더 진행하면 덕두산(1151.5m)에 오를 수 있다. 조망이라고는 하나도 없는 덕두산에서 2등급삼각점(운봉22)도 확인한다. 이 덕두산이 지리산에서 갖는 위상은 어떨까?

필자는 별 특이할 것도 없는 이 덕두산에 '봉峰'이 아닌 '산山'이라는 명찰을 달아준 이유를 지리서부능선의 첫 봉우리이기 때문이라고 본다. 즉 지리산의 시작인 곳이라는 얘기다. 백두대간이 아닌 지리산만 놓고 볼 때 덕두산이 서부의 관문을 지키고 있는 봉우리인 만큼 '산속의 산'으로 봐도 무방하다고 본 것이다. 이 덕두산을 오름으로써 이제 지리의 빗장을 열고 그 넉넉한 어머니의 품으로 들어가게 된다.

덕두산에서 작은 봉우리 세 개 정도를 넘으면(1.4km) 지리서부의 중심 바래봉(1186.2m)으로 오를 수 있다. 바래봉은 운봉읍, 인월면, 산내면 등 세 개의 읍·면이 만나는 이른바 삼면봉이다. 이 능선에서 인월면과 산내면의 면계인 왼쪽 능선을 따르면 964봉을 지나 둘레길 제3구간이 지나는 배너미재 방향으로 진행할 수 있다.

바래봉에서 바라본 서부능선의 흐름. 세걸산을 넘어 만복대로 흐르고 있다.

사방으로 조망이 트인 이 바래봉에서는 반야봉은 물론 천왕봉까지 조망할 수 있으며 앞으로 진행할 세걸산과 만복대 라인을 감상할 수 있다. 그 우측으로는 구룡폭포에서 넘어오는 둘레길 제1구간은 물론 고리봉에서 흘러내리는 백두대간이 수정봉을 지나 고남산에서 백운산으로 흐르는 모습은 물론 성산과 황산 등 운봉의 모든 산들을 다 감상할 수 있다는 게 이 바래봉의 자랑이다.

양들의 천국이었던 운봉목장

그 멋진 풍경을 보면서 내려오면 온통 철쭉나무이다. 봄의 바래봉은 철쭉을 보러 온 상춘객들로 몸살을 앓을 정도이다. 예전에 이곳에 국립종축장의 운봉목장[1]이 있었다. 그러니까 1969년 박정희 대통령 집권 시절에 면양사업

---

1 실세 이 면양목장의 제1차 후보지는 산청군 삼장면 유평리의 외곡마을이었다. 일본 규슈대학교의 연습림으로 이용되었던 이곳은 최적의 면양후보지로 꼽혀 1965년부터 1970년까지 시범 목장으로 조성되기까지 하였다. 550ha에 이르는 광대한 분지에 초지를 조성하여 각종 조사도 마치고 면양 사육에 최적이라는 판정까지 났는데 돌연 계획이 취소되었다. 그러고는 이 운봉고원으로 옮겨오게 되었는데 그 취소 이유가 교통이 불편하였기 때문이라나?

의 일환으로 바래봉, 팔랑재 부근에 목장을 만들어 1972년부터 1976년까지 5년 간 호주에서 면양 2,717두를 들여와 사육을 하였다. 그 과정에서 나무란 나무, 풀이란 풀들은 다 뽑아내고 새롭게 목초지를 조성하게 되었다. 이때 독성이 있어 철쭉은 건들지 않는 면양의 특성 때문에 철쭉만은 남겨두게 되었다. 역시나 먹성 좋은 면양들은 다른 나무와 풀은 다 먹으면서도 철쭉만은 건드리지 않아 오히려 지금 이렇게 철쭉만 더 번성하게 된 것이다. 양떼들이 놀던 구간은 바래봉~부운치였다. 그러니 그 구간은 목초지 철망이 처져 있었고 지금도 그 흔적을 찾을 수 있다.

1년 365일 풍부한 수량을 자랑하는 바래봉 샘터를 지난다. 예전 양떼 감시사가 있던 자리는 초소가 자리하고 있고 그 우측으로 차량이 드나들던 넓은 임도는 바래봉 삼거리가 되었다. 여기서 우회전하여 임도를 따르면 용산주차장으로 내려가 운봉읍으로 나가 둘레길 제1구간의 종점이자 제2구간의 시점인 운봉초교 앞으로 나갈 수 있다. 직진을 하여 성삼재를 향해 걷는다. 이 지리서부능선 중 목장자리였던 바래봉~부운치의 4km 능선은 그야말로 철쭉천국이다. 지리산 철쭉하면 세석철쭉인데 그 이름을 무색하게 할 정도다. 다 저 면양 덕분이다.

나무 계단 좌측으로 팔랑마을 하산 이정표가 세워져 있다. 예전의 등로를 나무 데크로 유도하여 우회하게끔 새로운 등로를 만들어 놓았는데 양쪽으로 억새풀이 큰 키를 자랑한다. 가을이면 이 억새가 꾼들을 부를 것 같다.

산덕임도로 내려가는 길을 지나면 우측 백두대간 뒤로 멀리 요천지맥의 천황산이 보인다. 1121.9봉에서 3등급삼각점(운봉307)을 확인하고 '부운치'라는 이정목이 있는 곳을 지나는데 이 이정목의 지명은 국토지리정보원 지도의 지명 위치와 상위하긴 하지만 이곳으로도 부운리로 내려갈 수 있다. 정작 국토지리정보원 지도상의 '부운치'에는 공단 이정목은 설치되어 있지 않지만 몇 장의 표지띠가 부운리마을로 내려가는 길임을 알려주고 있다.

등로 상태가 너무 좋다. 편안하게 진행하면 이내 세동치이다. 우회전하면 전북학생교육원으로 내려가 수철리[2]로 진행하게 된다. 그러고는 행정리 정도에서 지리산 둘레길 제1구간과 만나게 된다. 이 세동치에서 직진을 하여 조금 치고 올라가면 서부능선의 중심에 있는 세걸산(1220m)이다. 이곳에서의 조망도 바래봉 못지않다. 오히려 만복대에서 종석대와 노고단으로 이어지는 백두대간 라인은 가까이 온 만큼 이곳이 바래봉을 압도한다.

이 세걸산에서 좌측 능선을 타고 진행하여 957.9봉을 지나면 '지리산 칸' 호텔 옆으로 떨어지면서 861번 도로를 만나게 되니 이곳이 뱀사골로 이어지는 반선이다.

이 지리서부능선을 걷다보면 왜 지리를 사랑할 수밖에 없는가 하는 당위성을 발견하게 된다. 그만큼 많은 것을 보여주고 생각하게 해준다. 큰 봉우리 두 개를 넘으면 고리봉에 오르면서 여기서 백두대간에 접속을 하게 된다. 고리봉에 관해서는 제3부 '백두대간 구간'을 참조하면 될 것 같다.

고리봉을 내려오면서 덕동마을로 하산하는 이정목을 만나고는 이내 새롭게 단장한 동물이동통로와 휴게소가 있는 정령치이다. 휴게소의 화장실 뒤로 가면 언양골을 타고 남원시 산내면 덕동리의 달궁마을로 내려갈 수 있다. 달궁은 861번 도로를 이용할 수도 있다.

---

2 수철리의 지명 유래에 대해서는 제2부 제6구간 참조.

달궁 가는 길

산내면 대정리에서 노고단 정령치로 향하는 861번 도로를 따라 오르다가 뱀사골 입구인 반선을 조금 지나면 우측으로 달궁마을이 나오는데 이곳 주차장 바로 아래에 궁터 흔적이 남아 있다. 지금은 초라하게 세워져 있는 안내판에 이곳이 예전 마한의 왕이 쫓겨 와 만든 도성의 흔적이라는 취지의 글만 쓸쓸하게 적혀 있다.

이 달궁마을 앞을 흐르는 만수천은 노고단에서 흘러내리기 시작한 물줄기로 람천을 만나 임천~엄천이 되어 남강 쪽으로 흘러갈 것이다. 한편 우리 민족의 불행한 근대사를 다룬 조정래의 대하소설《태백산맥》을 보면 달궁에서 열리는 '10월 혁명 기념 씨름대회'에 참석하기 위해 하대치 부대가 피아골을 떠나 달궁으로 향하는 대목이 나온다. 그 달궁에 남부군의 사령부가 있었던 곳이라는 설명도 나온다. 물론 소설 속 하대치의 속내는 멀리서나마 그의 마음속 영웅 이현상을 보기 위함이었겠지만 어쨌든 깊은 골짜기 안에서도 달궁은 남부군 사령부가 들어앉을 만한 비교적 커다란 장소로 묘사된다.

서산대사 존영

그런 달궁이 2천 년 전으로 올라가면 처음 지리산이 열린 날이 된다. 즉 2천 년 전 인간이 처음 지리산 달궁에 발을 들여놓았으니 신비를 간직한 마한의 피란 도성 달궁의 역사는 그때 시작되었다.

후대의 사람들은 그들의 궁전을 '달의 궁전'이라 불렀다. 지리산에 사람이 들어와 최초로 인문적 환경을 꽃피웠다고 전해지는 '달의 궁전'은 그 이름만 들어도 신비감을 느끼기에 충분하다. 지리산의 깊고 좁은 골짜기에 2천 년 전 신비스런 궁전이 들어셨다는 사실, 이는 지리산 '개산開山의 역사'를 의미한다. 즉 그로부터 지리산은 '자연의 산'에서 '사람의 산'이 된 것이다.

천연요새로 에워싸인 달의 궁전은 온조왕의 백제 세력과 변한과 진한에 쫓긴 마한 효왕이 지리산으로 들어와 도성을 쌓으면서부터 시작된 피란도성이었다. '달의 궁전'에 관한 기록은 서산대사의 사기寺記에서 찾아볼 수 있는데 바로 '황령암黃嶺庵'에 대해 기록한 청허당집淸虛堂集이 그것이다.

황령黃嶺과 정령鄭嶺

"동해에 한 산이 있으니 이름은 지리산이라 하고, 그 산의 북쪽 기슭에 한 봉우리가 있으니 이름은 반야봉이라 하며 그 봉우리 좌우에 두 재岾가 있으니, 이름은 황령黃嶺과 정령鄭嶺이라 한다. 옛날 한나라 소제昭帝 3년(BC 78)에 마한의 왕이 진한과 변한에 쫓기어 지리산에 와서 도성을 쌓을 때 黃·鄭 두 장수에게 일을 맡겨 감독케 했다. 도성이 완공된 후 도성을 에워싼 고개 이름을 두 장수의 성姓을 따서 각각 황령, 정령[3]으로 불렀다. 도성은 그로부터 72년을 보전하였다."라고 기록되어 있다.

위 기록을 근거로 당시 마한의 상황을 유추해 보면 지리산 인근을 근거지로 했던 마한이 북쪽으로는 백제 세력, 남동으로는 진한과 변한의 세력에 쫓겨 도성을 오늘날의 달궁으로 옮겨 잃어버린 영토를 되찾으려고 이곳에서 72년이란 세월 동안 장기 항전했음을 알 수 있다.

그리고 당시 달궁의 도성을 중심으로 천혜의 요새인 황령과 정령을 전초

3 그래서 鄭嶺이건만 지금은 正嶺으로 표기하고 있다.

기지로 삼았음도 엿볼 수 있다. 이곳은 사실 반야봉, 노고단, 만복대, 고리봉, 바래봉 등의 고산준령으로 에워싸여 있어 지정학적으로는 그야말로 천혜의 요새로 조금도 손색이 없다.

그런데 정령은 지금의 정령치로 남아 있어 그 흔적을 찾기에 그다지 부담이 없다. 그런데 황령은 어디인가? 일설[4]에 의하면 황령黃嶺이 황치黃峙임에 착안하여 만수천이 람천에 합류되는 지점에 있는 산내면 중황리의 황치마을 부근을 든다. 그러면서 천혜의 요새인 달궁의 서쪽인 운봉은 정장군이 정령치에서 방어하게끔 성을 쌓았다면 달궁의 남쪽과 동쪽은 반야봉과 종석대 같은 험준한 산이 막고 있었다. 그렇다면 유일한 통로라 할 북쪽은 황장군 몫이었을 것이라는 얘기다. 그렇다면 람천 너머의 황치마을은 북부지리인 임천지맥의 투구봉~삼봉산~법화산에서 넘어오는 길목임과 동시에 람천의 동서를 커버할 수 있는 곳이 아니냐는 것이다.

그러나 현대인의 시각으로 보자면야 어딘들 성을 쌓지 못하겠는가? 하지만 BC 78년이라면 지금부터 약 2100년 전인데 그 당시 건축이나 토목기술로써 과연 어떤 성을 쌓을 수 있었겠는가? 그저 단순하게 지형을 보고 황령을 찾는 게 낫지 않을까 싶다. 왜냐하면 달궁의 동쪽은 반야봉이 막아주며 남쪽은 노고단과 종석대가 막아주고 북쪽은 골짜기인 천혜의 요새여서 지형상의 유리함을 이용하여 어떻게 해서라도 막을 수 있으니 문제는 백두대간을 넘어오는 서쪽이 문제였을 것이다.

---

4 김성균, 박경장, 김찬수 공저 지리산에 길을 묻다. 60쪽.

황령은 지금의 묘봉치妙峰峙[5]?

다행히 신라 진지왕 때인 576년 창건한 황령암이 폐사 지경에 이른 것을 1544년 중창하는 과정을 서산대사가 언급하면서 "반야봉 좌우에 두 재를 황령黃嶺과 정령鄭嶺"이라고 한 기사가 눈에 들어온다. 그렇다면 이들과 문물을 교류했던 운봉은 정령으로 막았으니 다른 한쪽인 묘봉치 정도가 구례 산동을 커버하는 곳이었을 것이다.

그렇게 본다면 "황령 남쪽에 절을 세우고, 그 이름을 따라 黃嶺庵이라 하였다."는 황령암기의 기사와도 얼추 맞아 들어간다. 다만 추강 남효온의 '지리산일과'에는 "(반야봉) 위쪽에는 만복대가 있었다. 만복대 동쪽에는 묘봉암이 있고 북쪽에는 보문암이 있는데 일명 황령암이라고도 하였다."라는 내용은 황령암의 위치가 지금의 매막봉 부근의 달궁성 부근의 암자터로 추정이 되는데 그렇다면 이는 오히려 묘봉암보다 북쪽이어야 한다. 그렇다면 추강은 '대동유묘봉암臺東有妙峰庵 대북유보문암臺北有普文庵'을 '대남유보문암臺南有普文庵'으로 썼어야 정령과 황령이 엉키지 않고 이는 보문암 즉 황령암이 묘봉치 즉 '황령의 남쪽'이라는 기사와도 맞아 들어가고[6] 그래야 "반야봉 좌우에 황령과 정령이 있다."는 서산대사의 언급과도 일치하기 때문이다.

끝내는 함락, 패망했을 것으로 추측되는 마한의 피란도성인 달의 궁전은 지금은 잡초더미에 묻힌 몇 안 되는 돌더미와 주춧돌 등의 잔해만 남아 있을 뿐이지만 언제부터인가 사람들은 달궁月宮을 '達宮'으로 표기한다.

우리나라 고대사 대부분이 아직 역사로서 명확하게 정립되지 못하고 있는 부분이 많듯 이곳 달의 궁전을 중심으로 홍망성쇠했던 마한의 역사 역시

5 국토지리정보원 지도에는 卯峰峙로 표기되어 있지만 위 사료에서 보는 바와 같이 妙峰峙가 맞다.

6 지리99팀 강효원은 그렇기 때문에 황룡암이 심원마을 부근에 있어야 한다고 설명한다.

정확한 고증을 거치지 못하고 있다. 하지만 달궁의 존재로 인해 지리산이 최초로 '자연의 산'에서 '사람의 산'으로 바뀌게 됐다는 점에서 우리는 큰 의미를 부여하지 않을 수 없다.

이렇듯 마냥 신비롭고 서정성이 깃들어 있는 '달궁'은 이제 예전과 같이 달 속에 있는 신비스런 궁전의 모습이 아니다. 1988년 지리산 종단도로인 861번 도로가 연장개통(천은사~달궁 구간)되면서 궁터 주위는 오르내리는 차량들의 소음과 매연, 민박촌과 카페 그리고 관광객들의 북적거림으로 뒤덮였다. 차량의 기나긴 행렬을 따라 달궁은 이제 바깥세상과 하나가 되고 만 셈이다. 즉 달의 궁전은 이제 관광객들의 쉼터로 변해 있는데 그마저도 옛 마한의 역사를 음미하기 위함이 아니라 빼어난 달궁계곡의 절경을 보기 위해서라는 사실이 안타깝게 한다.

그런데 이런 아름답고 그윽하며 서정적이기도 한 유래를 가지고 있는 달궁을 노고단이나 지리산, 두류산 같이 국어학적으로 그 어원을 파악하면 좀 김이 새는 기분이 더해진다. 즉 우리의 옛말 '돌'은 지금의 '높다'라는 뜻을 가진 말이었다. 중세 국어까지만 해도 달月은 '돌'이라 했고 매달다의 '달다'가 여기서 온 말이다. 그래서 月=達이고 高이다. 그러니까 이 달궁을 위와 같이 서정성이 깃들고 운치가 있는 궁에서 그저 이 지리산이라는 높은 산에 있는 '궁宮'이어서 '달궁'이었다고 하면 기분이 좀 잡칠까?

예전 이 달궁의 주민들은 남원으로 장을 보러가려면 이 정령치를 넘어 고기리의 구룡치로 갔음은 둘레길 제1구간에서 봤는데 그 일정은 2박 3일이 될 수도 있었다. 만복대를 오르면서 조망처에서 주위를 살펴본다. 지나온 고리봉과 세걸산 그리고 멀리 바래봉까지 확실하게 보이고 고리봉 좌측으로는 운봉의 덕산저수지가 보인다. 진행방향으로 만복대가 바로 앞으로 다가왔고 좌측으로는 반야봉이 손에 잡힐 듯하다. 우측 중앙에는 노고단의 케른도 선명하게 보임은 물론 서시지맥이 갈리는 바위봉 또한 선명하게 볼 수 있다.

서시지맥 갈림길에는 '국립공원 내 음주행위 금지' 안내 펼침막이 걸려 있다. 지맥은 이 펼침막 뒤로 돌아 진행하여야 하는데 이 지맥길이 곧 전라북도 남원시 주천면과 전라남도 구례군 산동면의 도계가 된다. 자세한 것은 제3부 서시지맥을 참조하면 되겠다.

이 지맥 갈림길에서 10여 분 정도 더 오르면 정상 부분이 새롭게 단장된 만복대(1433.4m)이다. 이곳은 왜 '봉' 혹은 '산'이 아니고 왜 '臺'일까?

만복대의 '대臺'의 의미는?

대臺는 보통 외형상 내려다보았을 때 수려한 경관을 볼 수 있는 곳이거나 사방을 관망할 수 있는 바위 꼭대기의 넓고 평평한 반석盤石을 얘기한다. 그런데 바위는 기가 모이는 힘이 대단하여 바위 주변에서 수행하거나 기도하는 것이 효험이 많다고 한다. 그러다 보니 큰 바위 주변에 수도처로서의 대臺가 많다는 것이다. 이 기도발이 먹힌다는 것은 비단 스님들의 수행뿐만 아니라 무속인들이 산신으로부터 영험함을 전수받는 데에도 상당한 효험이 있다고 한다.

이는 수천 년간 사제지간에 전승 혹은 같은 직업군에서는 구전으로 내려오는 경험담의 일부로도 볼 수 있을 것도 같다. 그러니 이렇게 대단히 신비스러운 바위 주변에 '토굴'들이 많다 보니 큰 바위를 일컫는 '대臺'가 '토굴'의 이름에 붙게 되었는지도 모르겠다. 지리산에는 '지리10대' 가령 문수대, 우번대, 서산대, 문창대 등 이런 '대臺'가 10곳 이상이 있다. 이들의 공통점을 굳이 찾는다면 이와 같은 수려한 경관을 볼 수 있는 암벽과 그 아래로 석간수가 흐른다는 것이다.

그러니 이 지리산에 있어서 '대臺'의 의미가 우리에게 중요한 것은 지리산 깊은 골짜기에 산재한 유명 수도처에 옛날부터 '臺'자가 붙어 전해 내려오기 때문이다. 스님들의 얘기를 들어보면 예전의 수도승들은 땅굴을 파고 기거하면서 수행을 했다 한다. 그러던 것이 세월이 흐르면서 땅굴 대신에 깊은 산중에 한 칸 암자를 짓는 형태로 변했는데 어쨌든 이런 연유로 하여 자신이 거주하는 곳을 낮추어 일컫는 말로 '토굴土窟'이라 부른다는 것이다. 현대적 의미로 토굴은 혼자 수행할 공간만 있는 조그만 암자의 뜻으로 이해하면 될까? 한걸음 더 나아가 낮추어 일컫는 이 '토굴'을 불가에서는 암자와 구별하여 대臺라 칭한다 한다. 그러니 문수대라 함은 문수암을 말하는 것도 되고 묘향대라 함은 묘향암을 의미하기도 하는 것이다. 그러니 수도처로서의 '대臺'는 토굴의 다른 이름이며 토굴의 배경이 되는 바위를 가리키는 것은 아니라는 견해에 고개를 끄덕이게 된다.

그런데 만복대는 이런 '대臺'와는 근본적으로 다르다. 그저 봉우리의 다른 이름 즉 '정상이 두드러지게 평평한'의 의미인 돈대墩臺의 뜻으로 쓰였으니 위에서 얘기한 '대臺'와는 좀 다르다 하겠다.

좌측으로는 정령치로 올라가는 737번 도로가 보이고 중앙으로는 성삼재로 올라오는 861번 도로가 보이며 그 가운데로 임천지맥의 맹주 삼봉산(1186.7m)이 보인다. 저 삼봉산 앞으로는 앞에서 살펴보았던 람천이 임천이 되어 흐르고 그 임천은 저 삼봉산 줄기 앞으로 와서는 엄천으로 바뀔 것이다.

문수암 정경. 노고단 아래 있는 토굴로 지리10대 중 하나이다.

물론 임천 이하의 물들은 바로 앞 노고단에서 흘러내리는 이 우측의 만수천을 흡수하게 될 것이다.

이 만복대에서는 남원 시내 전부를 조망할 수 있다는 게 자랑이다. 아쉬움을 뒤로 한 채 성삼재로 내려오다 보면 헬기장을 지나 묘봉치를 지난다. 여기서 우회전하면 상위마을로 내려갈 수 있다. 상위마을은 산동면 지리산 온천지구 바로 위에 있는 마을이다.

어떤 게 진짜 고리봉인가?

정상석이 있는 고리봉(1248m)이다. 엄밀하게 말하면 '작은고리봉'이라 불리는 봉우리이다. 멀리서 보면 이 고리봉은 만복대와 노고단 혹은 반야봉에 눌려 좀 왜소하게 보이긴 한다. 그래서 사람들은 아까 본 백두대간이 갈리는

2등급삼각점이 있었던 1305.4m의 고리봉과 구분하여 이 봉우리를 작은고리봉이라고도 부른다. 합당할까?

고리봉 얘기가 나왔으니 이참에 아예 정리하고 지나가자. 예전 국립공원에서 제작한 지도에는 이 '작은고리봉'이 두리봉으로 실려 있었던 적이 있었다고 한다. 일설에 의하면 우리 고어古語에서는 고리봉의 고高와 두리봉의 두頭 모두 높은 정상의 봉우리를 뜻하는 공통점이 있어 이에 착안하여 두 봉우리를 구분하기 위하여 그리 붙여졌다고 한다. 그러다가 백두대간이 알려지면서 고리봉이 산행 이정의 중심이 되고 두리봉이 인구의 회자에서 밀려짐에 따라 그 둘을 구분하고자 '큰'자와 '작은'자를 도입하였다는 것이다.

그런데 사실 고어를 놓고 보자면 높을 高보다는 머리 頭가 더 높고 '대장'의 의미로 자주 채택되었음은 백두산을 통하여 이미 증명이 되었던 터. 그렇다면 오히려 '작은 고리봉=고리봉', '큰 고리봉=두리봉'이라 칭하는 것이 합당할 것[7]이다.

한편 예전 서부능선의 고리봉에서 가지를 쳐 고기리로 떨어지던 탈출로가 이제는 거꾸로 백두대간에서 갈라지는 갈림봉으로 자리매김하게 되었고 여기서 한 걸음 더 들어가 보면 이 고리봉에 삼각점 그것도 2등급삼각점(운봉 25)이 박혀 있어 그 중요도는 익히 짐작하고도 남음이 있다. 어쨌든 지리산의 한 축을 담당했던 서부(북)능선의 중심이 만복대[8]보다 오히려 고리봉 즉 큰고리봉으로 움직이게 된다. 그렇다면 이 작은고리봉은 달궁과 관련하여 황장군이 지키던 황령치가 지금의 묘봉치로 추정되는 만큼 이참에 이 작은고리봉을 아

7 同旨 '지리99팀'

8 그렇다 해도 서시지맥을 가지 쳐 내보내는 위치와 높이가 갖는 위압감으로 볼 때 만복대의 중요성은 여전히 고리봉에 뒤떨어질 하등의 이유가 없다.

에 묘봉妙峰으로 부르는 건[9] 어떨까?

작은고리봉 정상석. 이참에 고리봉 혹은 묘봉으로 부르면 어떨까?

참고로 남원 사람들은 고리봉이라고 하면 남원시 금지면과 대강면의 경계에 있는 요천(천황)지맥 끝자락에 있는 고리봉(710.1m)을 먼저 쳐준다. 풍수지리설 때문이다. 즉 이에 의하면 남원은 그 생김새가 배 모양이라고 한다. 그래서 홍수가 날 경우 남원 전체가 빗물에 휩쓸려 떠내려갈 형상이라고 하는 것이다. 이 고리봉이 배 모양을 한 남원의 선수船首를 이 봉에 매어두는 역할을 하는 산이라고 하니 가히 남원의 주산이라고 할 만도 하다. 물론 이 고리봉이 섬진강과 요천이 만나는 합수점 부근에 위치해 있고 생김새도 고리 모양이어서 풍수가들이 볼 때에는 이 고리봉에 남원을 매어두는 것으로 봤을 것이긴 하다.

고리봉 전망대에서 감상하는 성삼재~종석대~코재~노고단 라인이나 우측의 시암재 휴게소로 떨어진 다음 간미봉(728.4)~지초봉(601.6m)으로 진행하는 단맥은 정말이지 한 폭의 그림이다. 그리고 간미봉 라인은 구리재에서 둘레길 제19구간과 만나게 된다. 그 우측으로 구례를 싸고도는 서시지맥의 흐름도 눈을 황홀하게 할 따름이다.

당동고개를 지나면서 우측으로 이정표를 본다. 노고단에 있던 남악사가

---

9 同旨 지리99팀 강효원. 제1부에서 잠깐 살펴본 경암 김교준은 산동면 위안리로 올라 묘봉치를 경유 달궁에 이른 다음 만복대로 오른 다음 묘봉치~반야봉~중봉 루트를 이용했던 바, 이때의 묘봉치는 묘봉+묘봉치로 봐야 할 것이다. 허재 정석구는 두류산기(1810)에서 "만복대에서 뻗은 산줄기는 조금 아래로 내려와 솟아 묘봉妙峯이 되니 산동山洞의 주봉이다."라고 하였다.

산을 내려가서 처음 머물렀던 곳이라 하여 당동마을이다. 그러니 둘레길 제18구간에서 자세히 본 바와 같이 구례 지리산권에는 두 곳의 당동마을이 있다. 하나는 이 산동 좌사리의 당동마을이고 다른 하나는 광의 온당리의 당동마을 등이 그것이다.

만복대 탐방로 문을 나서 도로를 걸으면 성삼재 주차장이다. 여기서 바통을 지리북부능선으로 넘긴다.

3. 지리북부능선 코스

삼각고지~별바위등~영원령~삼정산~약수암~실상사: 약 13km

벽소령종단도로 음정에서 벽소령까지는 이 도로를 따라 오를 수 있다.

지리북부능선의 들머리는 삼각고지이다. 그 능선은 온전하게 경상남도와 전라북도를 구분하고 있는 산줄기이다. 즉 전라북도 남원시 산내면과 경상남도 함양군 마천면의 도계라는 얘기이다. 서쪽으로는 뱀사골과 와운골의 물을 달궁계곡의 만수천으로 합쳐 람천으로 흘려보내고 동쪽으로는 광대골과 무동계곡의 물을 덕전천이라는 이름으로 역시 람천으로 흘려보낸다. 그 람천 건너편에는 임천(연비)지맥을 마주하여 지맥의 삼봉산(1186.7m)에서 내려오는 금대암 줄기를 한눈에 살펴볼 수 있으며 지리산 유람을 마친 점필재 김종직이 등구재를 넘어 함양의 관아로 복귀하는 모습을 떠올릴 수 있다.

그리고 영원령에서는 남원부사로 임명된 어우당 유몽인이 꿈에도 그리던 '두류산 유람'에 올라 자못 흥분을 감추지 못하던 들뜬 마음의 그 일행들을 만날 수도 있을 것이다. 아마 산꾼들을 만난 어우당은 "나는 올 봄에 용성(남원)부사로 부임한 응문이라는 자를 쓰는 어우당 유몽인이라 하오. 나는 두류산을 유람하는 오랜 숙원을 풀고자 순천 수령 유영순, 진사 김화, 생질인 순창 사람 신상연, 신제 등과 유람 길에 오르게 된 것이오. 본시 두류산은 방장산이라 하잖소? 두보의 시에 "방장산은 바다 건너 삼한에 있네."라는 구句가 있고, 그 주석에 '방장산은 대방국 남쪽에 있다.'라고 하였으니 용성이 대방이고 두류산이 곧 삼신산 아니겠소! 일찍이 진시황과 한무제는 배를 타고 바다를 건너 삼신산을 찾게 하느라 쓸데없이 공력을 허비하였는데 우리들은 이렇게 앉아서 이를 구경할 수 있으니 얼마나 행복한 일이오!"라는 지리산 예찬도 들을 수 있을 것 같다.

순수하게 북부능선 산행만 할 때는 보통 음정을 통해 올라간다. 그럴 경우 차단기가 있는 초소까지는 도보나 차량을 이용하여야 한다. 초소부터는 임도를 따라 걸어서 올라야 하는데 이 도로가 지리주릉 구간에서 얘기한 벽소령 종단도로로서 함양 마천~하동 신흥 간 도로 바로 그것이다. 이정표 음정~벽소령대피소 구간이 6.7km임을 알려준다.

음정에서 벽소령은 널찍한 임도를 따른다

임도를 따라 오르다 보면 7암자 루트 중 1078.2봉 옆으로 오르는 도솔암 루트를 지나치고 '연하천 대피소 3.2km' 이정목과 돌계단을 지나면 차가 오를 수 있는 끝 지점에 이르러 우측 돌계단을 이용하여 벽소령대피소로 오르게 된다. 임도에서 대피소까지는 채 10분이 걸리지 않는다. 대피소에서 우회전하여 지리주릉의 부자(형제)봉을 지나면 이내 삼각고지 정상이다. 여기서 우측으로 희미한 길이 보이긴 하지만 등로 상태가 좋지 않다. 그냥 정상이라는 인식만 하고 지나면 바로 초소가 보이면서 삼거리가 나온다. 여기서 지리 북부능선 산행을 시작하는 게 좋다.

이정목의 '음정'을 따르면 이내 삼각고지에서 내려오는 희미한 등로와 만나게 된다. 이 들머리에서 음정으로 내려가는 길과 북부능선이 갈리는 삼거리까지는 채 20분이 걸리지 않는다. 음정으로 내려가는 길은 넓고 편안한 길을 따르면 되고 북부능선은 산죽 밭으로 들어가게 된다.

공단에서 이 북부능선 일부 구간을 비탐방지역으로 묶어놓았다. 아마 반달곰으로부터 탐방인을 보호하고 멸종 위기의 천연기념물 등을 탐방인으로부터 보호하려는 것이겠다. 물론 공단 '종복원기술원'에서 곰을 방사할 때 인간을 만났을 때의 행동 요령을 충분히 주입시켰기 때문에 서로 간의 불필요한 마찰은 없을 것이긴 하다. 하지만 만약의 사태에 대비하기 위함이라 이해한다. 특별한 일이 아니라면 공단의 행정행위에 따르는 게 좋다.

산죽 밭을 헤치고 나아가면 이내 별바위등(1399.5m)이다. 좌측으로 작은 바위가 하나 있다는 것 이외에는 봉우리로서의 기능이 무엇인가에 회의적인 시각을 가지게 한다. 오히려 손으로 산죽을 헤치고 지나야 할 정도의 봉우리이다.

별바위등을 내려와 다시 봉우리 두 개를 지나면 등로 좌측으로 바위가 하나 나타난다. 잡목에 가려 주위를 살펴볼 기회가 없었으니 바위 위를 올라 주변을 살펴본다. 지나칠 때는 몰랐었지만 여기서 지나온 별바위등을 보면 저 봉우리가 왜 그런 이름을 가지게 됐는지 이해가 간다.

즉 저 별바위의 '별'은 우리 중세국어의 '벼로' 또는 '벖'에서 온 말일 것이다. 곧 '낭떠러지', '비탈진 땅'을 의미한다는 것[1]이다.

와운골의 지세

좌측이 삼각고지와 이 북부능선 사이로 갈라지는 골짜기인데 이 능선에서 보면 구름이 누워 있는 모습이지만 저 아래 마을에서 보면 구름이 떠 있는 모

1 둘레길 제5구간에서 본 베리산이나 제18구간 배틀재 참조.

습일 것이다. 그래서 와운골臥雲谷이고 부운리浮雲里인 것이다. 그러니 그 한 축을 담당하고 있는 명선봉(1583.4m)[2]의 그런 아름다움을 연하煙霞라고 불러 고요한 산수의 경치를 나타낸다고 하여 조금도 과장스럽게 보이지 않는다. 그곳에서 넘쳐흐르는 맛깔난 물이 괜히 연하천煙霞泉이 아닌 것이다. 은근한 미美를 가지고 있는 곳. 바로 지리산 아니던가!

갑자기 지리 최고의 물맛을 가지고 있는 연하천의 물이 그리워진다. 다시 바위 하나를 만나 그곳을 오르면 좌측으로 서부지리의 큰 축이자 지리의 사상적인 근원을 제시한 문수보살의 성지 반야봉이다. 우측으로는 천왕봉이 확연하게 보인다. 그리고 진행방향으로는 북부지리를 책임지고 있는 임천지맥의 삼봉산(1186.7m)이 제대로 보인다.

우측으로 도솔암 가는 선명한 길을 지나면 죽은 산죽 밭을 지나게 된다. 대나무는 열매를 맺으면 반드시 죽고, 소라는 새끼를 가지면 반드시 죽고, 사람은 병이 있으면 반드시 죽는다는 삼필사설三必死說을 떠올리게 된다. 고도를 떨어뜨리는 암벽구간에는 로프가 설치되어 있고 이내 1169.4봉 아래에 있는 고개이다. 마천 삼정리 사람들과 산내의 부운리 사람들이 교류하던 길이었을 것이다.

북부능선은 7암자 코스와 일정 부분 겹친다

보통 산길은 암자와 암자를 잇는 길이 보통이지만 이런 고개의 경우는 마을과 마을을 잇는 역할을 한다. 그러니 이 고개는 전라도 남원과 경상도 함양

2 연하천대피소의 뒷봉우리.

과의 만남의 장場이다. 지도에는 고개 이름이 나와 있지 않지만 우측으로 가면 영원사라는 큰 절이 있음에 착안하여 혹자는 영원재라 부르고 있다.

영원사는 대가람이었다. 해발 900m의 고지에 위치해 있건만 정남향이어서 항상 따뜻하고 안온한 느낌을 주는 곳이다. 두류선림이라는 편액이 이곳에서 서산, 청매, 사명, 지안 등 누구나 알 만한 고승들이 수행을 한 고찰이라는 암시를 준다. 빨치산 토벌 등으로 전소되었던 것을 1973년부터 새롭게 불사가 이루어져 지금에 이르고 있다. 이 영원사에는 이곳에서 수행을 하던 청매 스님과 관련하여 '방광사리탑放光舍利塔' 얘기가 들려온다. (청매 스님의) 다비를 끝내고 사리를 봉안을 하였더니 사리탑에서 환하게 불이 나와 사람들은 이를 기이하게 여겨 '방광사리탑'이라 불렀다는 얘기이다.

1169.4봉은 상당한 된비알을 지나야 한다. 그 정상 바로 전의 헬기장은 이미 용도를 상실한 채 잡목 밭으로 바뀌어 있다. 1169.4봉은 좌로 우회하여 사면치기로 진행한다. 산죽의 저항을 받으면서 진행하면 망실된 폐삼각점(운봉305)이 박혀 있는 1290.5봉 정상(영원봉)이다. 이 봉을 내려오자마자 만나는 곳이 지도에는 영원령으로 표기되어 있다. 좌우측으로 표지띠도 걸려 있고 제법 길다운 길도 선명하게 나 있다. 등로는 우측으로 휘어지면서 이후 평범해진다.

널찍한 길의 연속이기는 하나 다만 산죽이 밭을 이루고 있는 것이 좀 답답하다. 어우당 유몽인은 이 부근으로 영원사를 향하면서 "가느다란 대나무가 밭을 이루고 몇 리나 펼쳐져 있는데 그 사이에 다른 나무는 하나도 없었다. 마치 사람이 개간하여 대나무를 심어놓은 듯 했다."라고 표현하였다.

영원사에서 올라오는 또 다른 루트인 빗기재를 만난다. 이 고개의 이름인 빗기재도 빗고개의 사투리인 빗기개에서 빗기재로 바뀐 것으로 이해하면 될 것 같다. 빗기재의 '빗'도 아까 얘기한 '별' 즉 경사가 심한 고개라는 의미이다. 이곳에서 일반 안내판과 반가운 공단 이정표도 볼 수 있다. 우리가 가장 신뢰할 수 있는 이정표이다.

오리지널 7암자 루트이기도 한 이곳부터는 그야말로 고속도로 수준의 등로이다. 편안하게 진행을 하다보면 삼거리가 나오고 좌측으로 된비알이 나온다. 직등 루트는 바로 삼정산으로 오르는 길이고 우회하는 선명한 길은 상무주암으로 진행하는 길이다. 상무주암의 자랑은 보조국사 지눌이 수행을 하던 곳이라는 데 있다. 보조국사의 제자가 단속사 주지였던 진각이니 상무주암을 중앙에 두고 불일암을 지눌과 연결시키고 진각은 단속사와 연결을 시켜보는 것도 재미있다. 우회하는 길에는 백운산과 삼봉산을 조망할 수 있는 조망터가 있다.

삼정산보다는 헬기장이 조망터이다

삼정산으로 오르는 길은 상당한 된비알이다. 헬기장을 지나면서 좌측 조망비위 위로 올라가면 지나온 길이 그대로 다 보인다. 맨 끝의 삼각고지부터 별바위등에서 흘러 내려오는 능선이 우측으로 흘러 영원령과 1290.5봉 그리고 빗기재를 지나 이곳으로 올라오는 작은 봉우리들을 그대로 감상할 수 있다.

동쪽으로 천왕봉과 영신봉도 관찰 가능하며 북서쪽으로는 산내면과 마천의 구분이 가능하니 백운산과 삼봉산도 확연하다. 그러고는 함양군에서 세운 정상석이 있는 삼정산이다. 그런데 정상석에는 이곳의 높이가 1182m로

삼정산 정상석. 위치 설정이 잘못되었다.

되어 있는 것으로 보아 독도를 잘못 하여 다른 봉우리의 높이를 가지고 온 것으로도 보인다. 아마 영진지도를 보고 그렇게 쓴 것 같은데 이곳은 약 1250고지 정도가 되는 곳이고 '사람과 산' 지도에도 1225m로 표기되어 있다. 다만 국토지리정보원 지도에는 그저 무명봉으로 아무런 표시가 없는 곳이지만 봉우리의 생김새로 보나 높이로 보나 이곳이 삼정산인 것은 틀림없다.

삼정산에서의 진행이 중요하다. 칠암자 팀의 경우 오던 곳으로 다시 되돌아 나가야 하고 능선 팀은 직진한다. 지나다 만나는 국토지리정보원 지도 상 삼정산(1156.2m)은 어느 모로 봐도 산 이름을 가질 만한 봉우리가 아님은 물론이다. 1156.2봉에서 15분 정도 진행하면 북부능선 최고의 조망터에 이른다. 천 길이 넘을 벼랑 위인 이곳에서 내려다볼 때 산이 아닌 평지에 자리 잡은 실상사가 아주 편안해 보인다.

임천지맥의 삼봉산 라인이 확실하니 좌측 장항동에서 람천~매동마을 지나 그 우측으로 등구재 넘어 백운산~안국사와 금대암으로 오는 둘레길 제2, 3구간 길이 한눈에 보인다. 우측의 오공능선 그리고 창암산(924.9m)까지도 볼 수 있는 이곳에서 서부능선까지도 볼 수 있다.

1489년 4월 16일 탁영 김일손은 정여창, 김형종 등과 저 등구재를 넘어 금대암으로 유람을 떠난다. 저 금대암에 이르렀을 때 한 승려가 물을 긷고 있었다. 불쑥 들어선 금대암에는 모란 몇 그루가 있었는데 반쯤 시들었어도 그 꽃은 매우 붉었다고 술회하고 있다. 누더기 납의를 입은 승려 20여 명이 가사를 둘러매고 뒤따르며 범패를 하고 있었는데 그 행위가 '정진도량'이라고 했다던 글이 나오는데 특이할 점은 저 금대암에서 이곳의 상무주암과 군자사가 조망된다는 점이다. 무주無住란 집착하지 않고 얽매이지 않음이라고 하니 집착함이 없는 깨달음의 경지를 말하는 듯싶다.

이제 내리막이다. 조심스럽게 내려가 왼쪽으로 방향을 잡는다. 아까 헤어졌던 칠암자 등로를 만나면서 공단 이정표와 '탐방로'라는 공단 표지띠가 반갑다. 그러고는 정성재를 지나고 진주 강씨 묘동墓洞도 지난다. 그림 같은 호젓한 오솔길이다. 사랑하는 이와 정담을 나누면서 걸으면 딱 좋을 사색의 길이다. 이래서 도솔암~영원사~상무주암~문수암~삼불사~약수암~실상사를 잇는 '7암자 순례코스'가 꾼들에게 회자되는 것 같다.

약수암으로 가는 길은 필히 우회 길을 따라야 한다. 주거공간을 통과하는 길이며 농작물에 피해를 주기도 한다는 당부 조調의 안내문도 붙어 있다.

임도를 만나 좌회전하여 약수암으로 들어선다. 신라 흥덕왕 때 지어진 암자라서 그런가? 고색이 창연하다. 보광전 역시 단청을 새로 칠하지 않아서인지 상당히 오래된 것 같아 보인다. 우측에 쓰인 지리산 실상사 약수암 새건축 내역을 보니 이 약수암은 신라 흥덕왕 때 지어진 암자로 세존 응화(2948년) 즉 서기 1921년 재건축한 건물이라고 한다. 아울러 이 보광전 안의 목조후불탱화는 보물 제421로 지정되어 있다. 일반 탱화가 천이나 종이에 그려졌음에 반해 이 탱화는 나무에 불상을 조각해서 만든 그것이다. 예술성이 아주 뛰어나다. 문이 꼭 잠겨 있는 이 보광전의 탱화를 보고 싶다면 스님께 문의하여 청할 일이다.

실상산파의 산실 실상사

약수암을 빠져 나오면 바로 실상사로 내려가는 숲길이 있다. 임도로 내려가면 상당히 우회를 하여야 한다. 숲을 빠져나와 논길을 따라 걸으면 그 유명한 홍척洪陟선사의 실상사이다. 신라 홍덕왕 3년(828) 때 증각대사(홍척)가 당나라에 유학했다가 귀국해서 세운 절집인 실상사는 5교9산의 9산 선문 중 처음으로 문을 연 곳으로 혜철선사의 동리산문 태안사, 체징선사의 가지산문 보림사 등과 함께 선종불교의 효시가 된 곳이다.

9산 선문이 세워진 것은 그동안 신라 불교를 지탱했던 교종의 변화를 의미하는 것으로 9세기 말 최치원에 이르러 불교와 유교의 융합으로 발전하기에 이른다. 이 실상사가 불교의 전래와 함께 또 하나 중요한 역할을 하는 점은 조금 이따 돌장승에게서 확인하게 될 토속신앙과의 결합에 있다.

한국의 사찰이 대부분 산속에 지어진데 반해 남원시 산내면의 들판 한가운데 자리 잡은 실상사는 노고단에서 흘러나오는 만수천을 끼고 있다. 조선시대에 들어 차츰 쇠퇴하다 조선 초기 또는 중기의 어느 시점에 화재로 전소되어 약 200년 간 사찰의 문을 닫았었다. 그러다가 숙종과 순조, 고종 때 세 차례에 걸쳐 중건해 다시 세워졌다. 다만 거대한 규모였던 예전의 모습을 다 찾지는 못했다.

한국전쟁 중에는 지리산을 무대로 한 빨치산과 토벌군의 전투로 수난을 겪었으나 다행히 사찰과 문화재는 피해를 입지 않았다. 실상사가 조선시대에 전소된 것은 정유재란 때 일본군에 의한 것이라는 설이 있는 등 왜구와 얽힌 설화가 많이 전해진다. "일본이 홍하면 실상사가 망하고 일본이 망하면 실상사가 흥한다"는 구전도 있고[3], 1694년(숙종 20년)[4]에 만들어진 범종은 종을 치는 자리에 일본의 지도 무늬가 있어 이를 치면 일본이 망한다는 설도 있다. 부속 암자로 백장암과 서진암, 약수암 등이 있다.

실상사 돌장승. 우리 고유 신앙과 불교가 융합되어 가는 과정을 보여준다.

연이 심어져 있는 연못 길을 따라 나가면 돌장승을 만난다. 이 돌장승은 모두 네 기가 있었는데 한 기는 1963년 대홍수 때 떠내려갔다고 하고 지금은 세 기만 남아 있는데 대장군과 상원주장군 그리고 람천 건너 해탈교 앞에 있는 옹호금사축귀장군擁護金沙逐鬼將軍 등이 그것들이다.

이 석장승은 기존의 성모와 산신신앙으로 대표되는 지리산 문화의 변화를 의미함은 이미 얘기했다. 즉 위숙왕후와 마야부인 그리고 박혁거세 어머니인 선도성모 등의 성모신앙과 마고 할머니의 산신신앙 등이 불교의 전래로 부처나 보살로 대체되는 과정을 의미한다는 것이다. 여기에 법우화상이 등장하며 이 석장승 등이 절 앞에 서 있음으로써 우리 고유 신앙과 불교가 융합되어 가는 과정을 설명해 주는 것이다.

실상사 앞 60번 도로는 매 20분마다 버스가 다니므로 그 버스를 이용하여 마천이나 인월로 이동이 가능하다.

---

3 위키백과

4 숙종 20년은 갑술환국甲戌換局이 일어난 해이다. 정권을 잡고 있던 남인이 쫓겨나고 노론과 소론으로 갈라진 서인들이 다시 정권을 잡은 사건을 말한다. 그 원인 중 하나는 장희빈에게 싫증을 느낀 숙종이 서인 중 소론의 손을 들어준 사건이다. 김만중의 사씨남정기는 두 여자를 거느리고 사는 가정의 비극을 그린 작품으로 바로 장희빈과 인현왕후 그리고 숙종을 모델로 했다는 설이 있다.

4. 지리남부능선 코스

영신봉~삼신봉~상불재~시루봉~형제봉~고소산성~외둔 마을: 약 26km

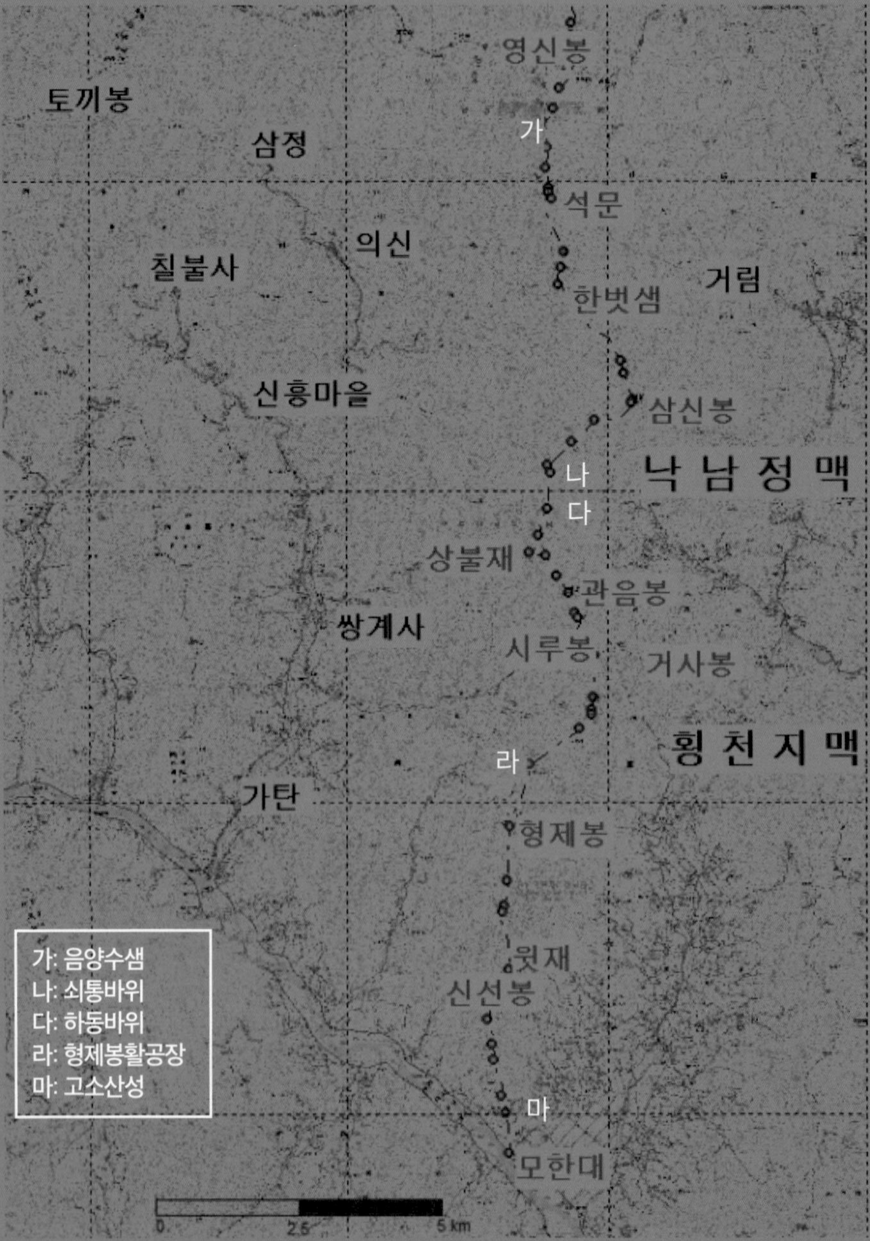

지리산의 동서남북 능선은 산경표를 알기 이전의 꾼들이 능선 산행을 좀 더 유용하게 활용하기 위하여 만든 산줄기 산행 코스이다. 어려운 가정假定이지만 산경표나 신산경표 그리고 대한산경표가 알려진 지금이라면 그런 능선 산행 코스는 아마 만들어지지 않았을 것이다. 아무리 지리산이었을지라도 낙남정맥에 서시지맥, 덕천지맥 그리고 횡천지맥 같은 굵직한 산줄기가 있음에도 굳이 방위를 정하여 산줄기 산행을 이어갈 필요성이 없었을 것이기 때문이다. 어쩌면 유달리 방위方位를 좋아하는 일본인들의 영향을 받은 것은 아닐까 조심스럽게 진단을 해본다.

지리남부능선을 산경표의 입장에서 살펴보면 부분적으로 낙남정맥+횡천지맥+악양단맥의 이음이다. 즉 낙남정맥의 영신봉~삼신봉을 이용한 다음, 삼신봉에서 분기하는 횡천지맥을 삼신봉에서 시루봉까지 이용하고, 시루봉~의둔마을에 있는 모한대까지는 악양단맥 전 구간을 이용하는 것이다. 제3부에서 살펴봤지만 이들 산줄기들을 나누는 기준은 물줄기이다.

한편 이 지리남부능선을 진행하기 위해서는 들머리를 남쪽의 의둔마을로 잡기도 하지만 지리남북종주 즉 지리남부능선과 지리북부능선을 이어서 하는 경우를 제외하고는 들머리를 의둔마을로 잡는 경우는 거의 없다. 의둔마을은 대부분 날머리로 활용된다. 순전히 교통의 편의를 위한 선택이다. 날머리가 19번 도로로 떨어져 화개나 하동으로 나가기가 편하기 때문이다. 그럴 경우 남부능선 들머리인 영신봉에 접속하기 위해서는 보통 두 가지 트랙이 가능하다. 하나는 백무동이겠고 다른 하나는 거림이다.

하지만 대중교통을 이용한다면 아무래도 백무동이 수월하다. 그렇게 코스를 잡는다면 백무동~영신봉 구간의 약 6.5km가 추가된다. 그러면 약 32.5km 정도를 무박산행으로 끝내야 한다는 결론이 된다. 백무동에서 영신봉까지는 3시간이면 넉넉하다.

자, 그럼 지리남부능선 산행을 시작해 볼까? 그 능선의 시작은 영신봉이다. 다른 곳에 비해 유달리 영적靈的 기운이 센 바위로 이루어졌다는 영신봉 정상부는 출입금지 구역이다. 다른 이유보다는 정상부에 운장바위와 한신바위가 있어 기도꾼들이 무시로 드나들면서 각종 제물을 버리거나 놓고 감으로써 생태적으로나 위생적으로 부정적인 요인이 됐으며 또한 촛불을 켬으로써 산불의 염려도 있었을 것이다.

영신봉에서 음양수까지는 우회길을 이용해도 아쉽지 않다

영신봉에서 낙남정맥을 걷는 길 역시 두 가지 트랙이 가능하다. ①오리지널 정맥길과 ②우회길 등이 그것이다. 사실 낙남정맥은 영신봉 정상부에서 '영신봉' 이정목을 넘어 그 뒤로 진행하여 옛 헬기장 방향으로 진행해야 한다. 영신봉~창불대~너럭바위~음양수샘 루트가 그것인데 예전 영신사가 있던 곳으로 진행하는 곳이기도 하여 너무 많이 훼손되어 있어 생태계 복원 차원에서 비탐방구간으로 지정한 거 같다. 그럴 경우 ②번 루트로 진행하면 되니 그다지 아쉬울 것도 없다.

낙남정맥에 대해서는 제2부 둘레길 제11구간과 제3부에서 자세히 봤다. 세석대피소로 내려간다. 공단에서는 겨울철 추위와 우천 시 강한 비바람을 대비해서 야외 탁자를 놓았던 곳에 쌍여닫이문을 만들어 꾼들의 편의를 돕고 있다. 고마운 일이다. 그 야외탁자가 있는 대피소에서도 섬진강 건너 호남정맥이 펼쳐져 있는 모습이 눈에 그대로 들어온다. 억불봉(1007.5m)~백운산

(1228.0m)~도솔봉(1153.2m)…

음양수. 호야와 연진 얘기가 숨어 있다.

좌측으로는 촛대봉 능선이 흐른다. 그러고 보니 이 길은 산청군 시천면과 하동군 화개면의 군계郡界이기도 하다. 사실은 능선이 경계가 되는 곳이나 그 길은 비탐구간이니 이 길을 군계로 얘기한 것이다. 세석평전은 물이 넘쳐나는 곳이다.

500m를 내려가면 거림삼거리 이정목이 나온다. '거림 5.5km' 이정표를 버리고 '청학동 혹은 의신마을' 이정표를 따른다. 항상 질퍽하던 호젓한 등로는 돌로 덮여 있다. 우측 출입통제 로프 너머 희미한 길이 보인다. 영신봉에서 내려오는 루트로 오리지널 낙남정맥길이다. 여기서 낙남정맥에 합류한다. 정맥길로 들어서자마자 시야가 탁 트이는 바위가 나온다. 이 바위 아래는 물이 좌우 두 줄기에서 흘러나온다. 그래서 음양수陰陽水 샘이다.

이 바위 위에서 조망을 한다. 우측으로 왕시루봉과 그 앞줄의 황장 능선(화개단맥) 그리고 좌측으로 호남정맥의 도솔봉이 보인다. 그 도솔봉은 호남정맥에 있는 줄기이니 백운산과 억불봉도 연이어 보인다. 그 좌측으로 쌍계사로 내려가는 줄기도 보이며 정면으로 정맥길과 그 우측 내삼신봉에서 이어지는 횡천지맥 즉 지리남부능선의 줄기도 힘이 있어 보인다.

태백산 천제단을 본뜬 제단에 안전산행을 기원하고 바위 아래로 내려가 맛보는 석간수의 물맛은 그야말로 일품이다. 절구 같은 석물石物을 지나면 좌측으로 옛 거림길이 나온다. 그곳으로 조금 더 가면 우천 선생 초막터가 있을 것이다. 그런 생각만 하고 진행하면 이내 1402.7봉이다. 멋진 조망터이다. 좌측으로 촛대봉이 멀어짐에 아쉬움이 커진다. 뒤로는 영신봉도 상당히 멀어졌다. 하긴 산경표[1]가 만들어진 다음에야 백두대간 영신봉에서 낙남정맥이 갈라지는 곳이라 하여 관심을 갖게 되었지만 예전 분들이야 사실 영신봉보다는 촛대봉이었다. 촛대봉(시루봉)~저여원(세석평전)~영신사~큰세개골~의신암 정도로 걷는 루트였으니 영신봉은 그저 스쳐 지나가는 봉우리에 불과했었다는 얘기다. 물론 남효온은 저 영신봉은 계족산으로, 촛대봉은 빈발봉貧鉢峰[2]으로 불러 구별하고 있지만 선인들의 산행기에 영신봉 얘기는 찾아보기가 어려운 게 사실이다.

의신마을로 떨어지는 삼거리를 지나 1348.4봉은 사면치기[3]한다. 그러고는 석문을 지난다. 지리주릉 구간에서 '청학연못'을 얘기하면서 1570년 유운룡이 지났다던 그 석문이다. 좌측으로 거림골이 보이고 멀리 거림이 보인다. 그 뒤로 황금능선의 구곡산(961m)이 높게 보이며 진행방향 정면으로 삼신봉과 좌측의 외삼신봉이 보이고 그 두 삼신봉 사이로 지리의 끝 금오산(875.1m)도 보인다.

---

1 산경표는 1800년 이후에 편찬된 것으로 보는 게 정설이다.

2 경상대 최석기 교수는 영신봉을 빈발봉으로 보고 있는데 남효온이 빈발봉을 관찰한 곳은 바로 반야봉이다. 그런데 반야봉에서 동쪽을 보면 제석봉~천왕봉~중봉 라인이 선명하고 그 우측으로는 촛대봉과 시루봉 그리고 낙남정맥의 너럭바위가 유별날 뿐 사실 영신봉은 구별하기가 쉽지 않다. 그렇거니와 촛대봉은 촉봉, 시루봉, 중봉, 사자봉 등 그 이름도 다양하고 선인들은 이 부근을 지나면서 영신봉보다는 이 촛대봉을 더 많이 불러줬다. 그렇다면 이 빈발봉貧鉢峰도 그런 다양한 이름들 중의 하나가 아닐까? 이에 대해 도솔산인 이영규는 "빈발봉의 빈발은 석가모니의 제자인 마하가섭존자의 속명으로 세석고원의 빈발봉과 계족봉을 풀기 위해서는 두타제일頭陀第一 마하가섭존자에 대한 자세한 고찰이 필요하다고 전제한 뒤, 예전 영신사에 있었던 비해당匪懈堂 안평대군의 찬贊을 분석하고는 남효온의 '지리산일과'에 나오는 소년대는 연하봉, 빈발봉은 촛대봉 그리고 계족산은 영신봉으로 파악했다.

3 봉우리 정상을 지나는 능선을 따르는 게 아니고 봉우리 옆 사면斜面으로 난 등로를 따른다는 산꾼들의 은어.

숲속으로 들어 잡목과 산죽 밭을 번갈아가며 진행하면 1228.7봉의 이동통신중계소를 지나게 된다. 좌측으로 목책이 나오면 '한벗샘'으로 진행하는 길 즉 이른바 '자빠진골'이 되고 그 길은 거림으로 진행하는 길이기도 하다. 아무래도 야영하는 꾼들 때문에 공단에서는 무진 애를 쓰는 거 같아 보인다.

삼신봉. 여기서 횡천지맥이 가지를 친다.

횡천지맥이 갈리는 삼신봉

추모비를 지나 바위를 돌아 오르면 정상석 하나가 덩그러니 박혀 있는 삼신봉(1288.7m)이다. 이곳이 행정구역상으로는 하동군 화개면과 청암면 그리고 산청군 시천면이 만나는 이른바 삼면봉이다. 삼면봉인만큼 이 삼신봉이 지리산에서 갖는 비중은 그만큼 크다.

우선 이름부터가 예사롭지 않다. 즉 신을 세 분이나 모시고 있어서 三神峰인가? 삼신봉은 이 아래에 있는 삼신동三神洞이라는 동네 이름에서 왔을 것이다. 영신사靈神寺[4], 의신사義神寺, 신흥사神興寺 등 세 개의 '神'자가 들어간 사찰이 있는 동네라고 해서 삼신동이라 이름했다고 유몽인이 전하니 필시 이 봉우리도 이 동네 이름을 따서 붙였을 것이다.

대동여지도는 물론 산경표에도 등재되지 않았던 이름이었고 일제강점기만 해도 무명봉이었던 삼신봉이 지금의 이름을 가지게 된 것은 나라가 어느 정도 기틀이 잡힌 1960년대 이후가 아닌가 보여진다. 일제 때 만들어진 지도

4 이 의신마을만큼은 한일합방 이래 의병활동지로 탄압을 받는 등 재난이 끊이질 않자 義神을 義信으로 고쳐 부르고 있다.

만 보아도 사실 지금의 내삼신봉(1355.1m)에 2등급삼각점(하동27)[5]이 있는 등이 1355.1봉이 이 부근에서는 대장 봉우리로 인식되었지만 군계이자 면계 역할을 하는 1288.7봉의 역할이 새삼 드러나게 되니 1355.1봉에 비해 비록 66m 정도가 더 낮고 삼각점 또한 보유하고 있지 않더라도 국토지리정보원 지도에 어엿하게 삼신봉이라는 이름을 올리게 된 것이다.

그러니 산꾼들은 한 걸음 더 들어간다. 1288.7봉이 이 지역의 맹주가 되자 기존 대장 역할을 하던 1355.1봉을 모른 척할 수 없어 금강산에 있는 외금강이나 내금강에 착안하여 낙남정맥 방향으로 흘러가는 1286.7봉을 특히 외삼신봉, 횡천지맥 방향의 2등급삼각점이 있던 1355.1봉을 특히 내삼신봉이라 부르자고 한 것이다. 이렇게 남부지리에는 세 개의 삼신봉으로 정리가 된다.

그러고 보니 이 삼신봉이 남한 9정맥 중 하나인 낙남정맥이 지나는 곳이기도 하고 가까운 곳에 청학동이 있으니 지어준 그 신령스러운 이름에 걸맞게도 보였다. 한편 낙남정맥과 이 가지줄기 사이에서는 횡천강이 발원하게 된다. 그 말은 곧 이 횡천강이 자신보다 상위 등급의 강 즉 섬진강과 만나는 그 합수점에서 이 가지줄기도 그 맥을 다하게 된다는 얘기와 같다. 결론적으로 보자면 이 가지줄기의 도상거리가 약 34.6km가 되고 여기에 큰 줄기 요건과 합수점 요건을 충족하게 되니 지맥의 3요건을 갖추게 되어 횡천지맥[6]이라는 이름을 가지게 되는 것이다.

다시 복습해 볼까? 이 가지줄기는 ①낙남정맥이라는 큰 산줄기에서 가지치는 줄기이다. 그 줄기는 정맥과 가지줄기 사이에서 발원하는 강(여기서는 횡천강)과 그보다 상위 급의 강(여기서는 섬진강)과의 ②합수점에서 맥을 다한다. 그

5 지금은 폐지되었다.

6 횡천지맥에 대해서는 제3부 정맥·지맥편 참조

리고 그 줄기는 도상거리 ③30km가 넘는다. 고로 이 세 가지 요건을 충족하므로 지맥이라는 계급을 얻게 되고 그 지맥 이름은 하천(강) 이름을 따 횡천지맥으로 확정되게 된다.

사실 이 삼신봉의 너른 바위 위에 걸터앉아 주변을 감상하다 보면 시간 가는 줄 모른다. 천왕봉~촛대봉~영신봉은 물론 반야봉, 노고단 등 지리주릉이 모두 가까이 있으며 날씨만 좋으면 무등산도 지척이다. 그러니 남쪽의 호남정맥이나 남해의 산들 그리고 남강지맥의 크고 작은 봉우리들이 다 보이니 고운저수지 등의 조망은 그저 보너스다. 우측으로 내려서면 이제부터는 산청군과 헤어져 하동군 청암면과 화개면의 면계를 따라 진행하게 된다.

20분 정도 걸으면 바위봉인 내삼신봉으로 오르게 되고 좌측으로 묵계저수지가 보인다. 그 위의 마을이 청학동으로 유불선 합일교 등 도인들이 많이 사는 곳이다. 저 동네는 고운 최치원이나 선인들이 찾던 오리지널 청학동이어서 청학동이 아니라 그런 부류의 사람들이 살면서 청학동이라고 불렀기 때문에 청학동이 된 것은 아닐까?

이 골짜기에서 발원하는 물들이 일차로 저 저수지에 모였다가 횡천강이 되어 둘레길 제10구간인 하동호에서 2차로 모였다가 그러고는 섬진강으로 갈 것이다. 1306.2봉을 지나 쇠통바위로 오르려는데 '진입금지' 팻말이 붙어 있다. 조심하라는 의미로 새긴다. 그냥 지나치려다 그래도 한 번은 올라야 할 곳이기에 올라가서 청학동 일대를 조망한다. 쇠통바위는 자물통바위의 다른 말로 열쇠처럼 생긴 이 바위가 입구의 열쇠구멍에 해당하는 바위에 딱 맞물려지면 천지개벽과 함께 천국이 열린다고 청학동 주민들은 믿고 있단다.

또 조릿대 군락지를 걷는다. 예전에는 한자로 면죽綿竹이라 써서 솜대라고 표기한 것 같다. 1299봉에서 좌회전하여 하동독바위로 가는 길은 목책으로 막아 놨다. 인명사고가 빈번하게 일어나서 고육책으로 등로를 폐쇄한 것이다. 산에서는 첫째도 안전, 둘째도 안전이다. 지리산에는 독바위가 세 개가 있다고 하였다. 그런데 이 중 함양독바위는 독녀암이므로 여기서 빼야 함은 둘레길 제3구간에서 자세히 알아봤다. 진주독바위라고도 불리는 산청독바위는 지리동부능선에서 볼 것이다.

지긋지긋한 산죽 밭을 지나면 능선을 따라 좌회전하는 길이 나오지만 이정목은 '쌍계사 5.8km, 삼성궁 주차장 3.5km'를 가리키고 있다. 지맥꾼이나 남부능선을 하는 사람들이라면 당연히 좌회전하여 능선을 따를 것이다. 반면 일반산행을 하는 이들이라면 굳이 능선을 따르지 않고 상불재 삼거리를 따르는 게 여러 모로 좋다. 능선은 산죽 밭이어서 여간 고역이 아니기 때문이다.

상불재로 내려선다. 직진하면 불일폭포, 불일암, 청학연, 환학대, 쌍계사, 국사암 등지에서 고운 최치원을 만나고 보조국사 지눌의 법문도 들을 수 있으며 도올 김용옥 선생과 담화를 나누는 고故 변규화 선생도 볼 수 있을 것만 같다.[7] 상불재에서 좌회전하여 사면을 치고 나가면 아까 잠깐 헤어졌던 지맥길을 다시 만난다. 우회전하여 어른 키만 한 지독한 산죽 밭을 헤치고 나가면 청산수산악회에서 수고해 준 '관음봉 1153m' 표지판을 볼 수 있다.

산죽으로 덮여 있는 내원치는 쌍계사로 내려갈 수 있다고 지도에는 표기되어 있지만 현장에서 살펴보면 사람 다니는 길이 있다고는 도저히 믿기지

7 둘레길 제14구간이 가깝다.

않는 상태이다. 1131.1봉을 지나 크게 좌회전하면 거의 기다시피 하여 산죽밭을 통과하여야 한다. 그러면 표지띠가 듬성듬성 달려 있는 시루봉이다. 여기서 좌회전하면 거사봉~시루봉~칠성봉~구재봉으로 진행하여 섬진강과 횡천강이 만나는 합수점으로 진행하는 횡천지맥을 계속 이어가게 된다. 국토지리정보원 지도에는 무명봉으로 나와 있지만 하동군에서는 특정하여 부르기 위함이었는지 '시루봉'이라 이름했다.

횡천지맥을 보내는 시루봉

여기서 횡천지맥은 좌측으로 보내고 직진하여 남부능선의 마지막 구간인 악양단맥을 진행한다. 참! 그리고 여기서 악양단맥이라는 가지줄기가 하나 생기게 되니 횡천지맥과 이 악양단맥 사이에는 물줄기 하나가 발원하게 됨은 진리일 터! 횡천지맥과 이 단맥 사이에서는 악양천이 발원을 하게 되는데 이 악양천은 악양벌을 적시며 흐르다 섬진강으로 합류하게 된다.

직진하는 길도 계속 산죽과 잡목의 연속이다. 1025.9봉을 지나니 임도와 접속하게 된다. 하동군에서 설치한 이정목에는 여기서 형제봉까지 2.6km라고 표기되어 있다. 임도를 버리고 다시 숲으로 들어 형제봉 활공장으로 들어서니 길이 너무 좋아 호사스럽다는 느낌이 든다. 좌측으로는 거사봉을 지나 칠성봉으로 오르는 능선이 흐름이 명백하고 구재봉도 커다랗게 다가온다.

활공장에는 두어 대의 차량이 올라와 있다. 임도를 따라 내려가면 둘레길 제14구간 원부춘 마을로 내려갈 수도 있고 '카페 하늘·호수 차밭'으로 가서 인심이 넉넉한 주인장이 차려주는 시원한 막걸리에 허기진 배를 채울 맛난 음식 생각이 절로 난다.

형제봉은 성제봉이다

이곳에는 형제봉이 두 개 있다. 2등급삼각점(하동22)이 있는 형제봉(1116.2봉)과 2분 거리에 있는 성제봉聖帝峰이라는 정상석이 있는 이 형제봉(1103.7m) 등이 그것이다. 둘레길 제3구간에서 향로봉과 상내봉 얘기를 할 때 경상도 사투리의 'ㅎ〉ㅅ' 관계를 얘기했었다. 그러다 거론한 다른 예가 바로 이 형제봉이었다. '형제'를 '성제'로 발음한 것에 한자를 꿰어 맞추다 보니 성제봉聖帝峰이 되었다는 것이다. 어쨌든 높이로 보나 삼각점의 존재로 보나 국토지리정보원 지도에 표기된 1116.2봉을 형제봉으로 보는 게 맞을 것이다.

형제봉은 볼거리 많고 이름도 아름다운 악양이 옆에 있어 철쭉이 만개할 때면 많은 관광객을 끌어들이는 곳이다. 그래서 그런지 좌측으로 등로가 자주 보인다. 헬기장과 철쭉제단을 지나고 '샘터 20m' 이정표도 지난다. 바위구간이 나타나며 형제봉의 명물 현수교가 나온다. 이 부근을 신선대라고도 부른다던가?

형제봉 정상석. 경상도 발음으로 형제봉을 성제봉으로도 부른다고….

반가운 둘레길 제13구간 윗재를 만나고 그러고는 신선봉으로 오른다. 사실 신선봉은 신선과는 거리가 멀다는 생각이 들을 정도로 밋밋한 곳이다. 돌더미가 쌓여 있는 봉화대를 지나면 석문을 지나게 되는데 호사가들은 이곳을 통천문이라고 부른다.

조망처에서 악양의 전모를 볼 수 있다. 평사리의 무림이들과 남명 조식이 힘들게 올랐던 삼화실재[8], 북한에서 이름한 백두대산줄기의 끝인 구재봉은 물론 분지봉도 그 윤곽을 살필 수 있다. 동정호와 섬진강도 보이니 강 건너 호남정맥의 매봉이 보이고 그 뒤가 백운산이다.

모한대. 한유한의 고사가 전해진다.

무궁무진한 악양의 얘깃거리에 대해서는 둘레길 제13구간을 다시 보자. 고소산성을 지나 한산사 삼거리를 지나친다. 다시 숲으로 들어 산죽을 만나서는 도로확장공사를 하고 있는 19번 도로를 건너 삽암이라 불리는 모한대에서 한녹사를 그리며 지리남부능선 산행을 마친다.

모한대는 취적대이고 취적대는 곧 녹사대이니 녹사대는 곧 모한대이다. 즉 한유한이 낚시를 드리웠던 곳이기에 취적대라 불렀고, 한유한을 한녹사라고도 불렀으니 녹사대였으며, 한유한을 그리는 곳이라 하여 모한대가 된 것이다.

8 당시 지명으로는 삼가식현三呵息峴이었다.

5. 지리동부능선 코스

천왕봉~중봉~하봉~쑥밭재~새봉~왕등습지~도토리봉~밤머리재~웅석봉~십자봉~성심원: 26km

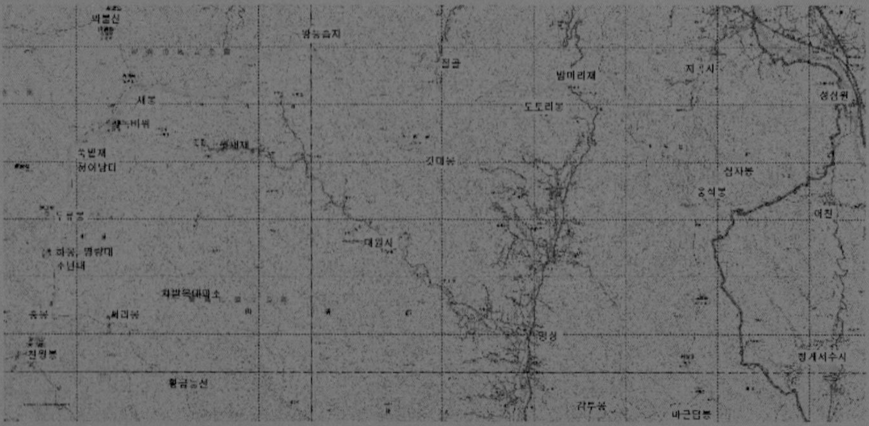

이제 지리능선종주 코스 중 마지막인 지리동부능선이다. 지리서부능선이나 남북부능선은 단조로운데 비해 지리동부 쪽의 능선은 상당히 복잡하다. 그래서 그런지 능선의 이음을 웅석봉에서 동쪽으로 진행시켜 바로 마무리 지어버렸다. 지리동부능선이라는 자신의 이름에 충실하게 하려는 의도로 보인다. 그러니 지곡사로 가자거나 아니면 조금 더 늘려 석대산으로 가자는 말은 아예 꺼내지도 못하게 만들었다.

산경표가 알려진 이후에는 웅석지맥 혹은 덕천지맥이라는 이름으로 훨씬 더 긴 산행을 즐기는 게 요즘의 추세이지만 고전적인 코스로 정통파 산꾼들로부터 여전히 사랑을 받고 있다. 다만 천왕봉~웅석봉까지는 지맥과 능선 코스가 겹치므로 이 능선만을 고집해 찾는 숫자는 다른 능선 코스에 비해 줄어든 것만큼은 확실하다.

들머리는 성심원으로!

동부능선의 들머리는 성심원이든 천왕봉이든 그걸 구별하는 큰 의미는 없다. 다만 성심원으로 들머리를 잡았을 경우에는 천왕봉에서 중산리로 내려가거나 백무동으로 내려가야 하고 그 반대로 천왕봉이 들머리였을 때에는 산청이 가깝다. 어느 쪽이든 상관없겠지만 피날레finale를 극적으로 장식하려면 아무래도 천왕봉을 날머리로 잡는 게 멋지지 않을까? 극적인 요소를 가미하자는 것이다. 그만큼 감격스럽지 않겠는가? 산청으로 간다.

성심원은 둘레길 제6구간을 할 때 자세히 본 곳이다. 기억을 되살려 볼까? 성심원 본관에서 바로 우측으로 들어가면 (사)숲길에서 운영하는 지리산 둘레길 '성심원 쉼터'가 있다. 그 쉼터 앞마당을 지나면서 우측을 보면 정면으로는 예쁜 소나무 숲이 보이고 둘레길 이정표는 우측을 가리키고 있다. 우측으로 오르자마자 왼쪽으로 이어지는 시멘트 포장길을 따르면 둘레길 우측 사면을 축대로 막아 안전하게 이용하도록 해 놓았다.

오늘 구간의 시작은 산청군 산청읍과 단성면의 면계를 따라 걷는다. 십자봉 입구에 도착한다. 그런데 초입부터 꾼을 지레 겁먹게 만든다. 여름이라면 바로 포기하고 싶은 생각이 들 것이다. 그만큼 등로 정비가 안 되어 있다는 얘기다. "아예 지곡사를 들머리로 잡을 걸 잘못했나?"라는 후회가 들 정도다. 하지만 지맥 산행에 이골이 난 꾼이라면 "그저 그런가 보다."라고 당연시하며 능선으로 달라붙으면 그뿐이다. 그러고는 머릿속으로 조금 이따 펼쳐질 멋진 경관 하나만 생각하면 된다.

실제 십자봉 능선은 부족하나마 잡목 사이로 위 정경을 확인시켜 주기는 한다. 다만 둔철산으로 한정한다. 679.4봉 오르기 전에 어천에서 올라오는 길을 만나는데 이정표가 너무 낡았다. 헬기장을 지나면 '십자봉과 웅석봉'을 가리키는 옛 이정표가 차라리 반갑다. 성심원에서 설치한 조형물을 몇 개 지나면 십자가에 피뢰침까지 설치되어 있는 십자봉 전위봉이다.

여기서 지리동부의 조망이 가능하다. 우선은 경호강이 내려다보이면서 그 우측으로 외송마을을 따라 둔철산이 가깝고 그 뒤로 의령지맥(진양기맥)[1]의 한

1 '신산경표'의 박성태 선생이 분류한 산줄기 중 하나이다. 선생은 우리나라의 산줄기 중 남한 구간의 그것을 1대간 7정맥 6기맥 162지맥으로 분류한 바 있다. 그런데 이 분류 중 '산자분수령'의 원리 가령 '합수점형'에 충실하지 못한 산줄기들이 확인됨에 따라 '산으로' 박흥섭은 이를 수정하여 1대간 9정맥 175지맥으로 산줄기를 재편한다. 이것이 '대한산경표'이다.
'신산경표'와 '대한산경표'를 비교하는 건 복잡하므로 뒤로 미루고 우선 제시된 이 의령지맥이나 진양기맥 등에 관하여 잠깐 살펴보기로 한다. 이들에 의할 때 우선 신산경표는 진양기맥을 남덕유산에서 진행하여 금원산~황매산~한우산~자굴산~집현산~진양호에 이르는 도상거리 약 157.2km의 산줄기로 확정한다. 그런데 이 진양기맥은 온전하게 남강과 낙동강의 합수점으로 진행하는 것이 아니다. 따라서 이에 대한 반동으로 나온 '대한산경표'는 '산자분수령'의 원칙에 충실하게 이 진양기맥을 다시 그린다. 즉 ①

우산과 자굴산이 보이며 우측으로는 석대산에서 남강태극으로 이어지는 능선이 선명하다. 정면으로는 드디어 웅석봉이 그 큰 덩치를 드러내며 꾼을 부른다. 기산 능선 우측으로 왕산과 필봉산이 가까우니 발걸음이 빨라진다.

오리지널 십자봉인 900.2봉은 노송과 알 만한 꾼들의 표지띠들이 날리고 있다. 산청읍 주변을 둘러보고 봉을 내려오자마자 산청군에서 설치한 이정표가 우측으로는 지곡사 방향을 '내리'로, 좌측으로는 '어천 4.0km'가 어천을 안내하고 있는데 정작 십자봉 혹은 성심원 방향은 없다. 명색이 군립공원이라 산청군에서 다져 놓은 정규등산로인데 성심원 방향은 무시한 것이다. 명색이 지리동부능선인데 말이다.

그런데 사실 여기가 예전의 지리태극종주 코스와 관련하여 의미 있는 곳이었다. 즉 살펴보면 지리태극종주 코스가 어느 정도 모양을 갖춘 때가 1990년대 말이라고 보는 게 정설인 바, 태극 종주의 효시라 할 지리태극종주 코스는 사실 지리동부능선+지리주릉+지리서부능선의 이음이었다. 그런데 다른 곳은 변함이 없건만 지리동부능선만큼은 생물生物이어서 그런지 그 모양이 자꾸 진화했다. 즉 성심원에서 어천으로 그러다가 다시 지금의 수양산 방향으로 자리 잡은 해가 2001년으로 'J3클럽'의 배병만에 의해서이다. 그러니 예전의 지리태극종주 코스를 걸었다면 바로 이 자리가 그 길이었을 것이라는 얘기다.

남강과 낙동강의 합수점으로 가는 산줄기(남덕유산~한우산~합수점) 139.3km를 남강지맥으로 확정하고, ②소룡산에서 직진하여 양천과 남강이 만나는 산줄기 34.7km를 양천지맥, ③한우산 부근에서 의령천으로 잠기는 34.3km의 산줄기를 의령지맥 그리고 ④마지막 자투리인 천황산~진양호로 진행하는 36.9km의 '산줄기형' 산줄기를 집현지맥이라 분류한다. '신산경표'에 비해 '대한산경표'가 복잡한 감을 주는 것 같지만 '산자분수령'의 분류기준에 엄격했다는 점에서 파악하면 오히려 단순하다.

지리산이 추상화의 이미지를 벗고 '한국의 산'으로 구체화되는 곳. 웅석봉이다.

웅석봉으로 오른다. 웅석산에 오르면 우선 숨이 멎게 된다. 갑자기 세상의 정상에 올라온 느낌이다. 도대체 어디부터 어떻게 감상하여야 할지 머리가 멍해질 따름이다. 그저 두 군데의 전망대를 오가며 살펴보는데 이마저도 시원치 않고 만족할 수 없다. 흥분을 가라앉히고 잠시 침착해져야 한다. 그러고는 아무래도 올라온 곳부터 살펴보는 게 예의라는 생각이 든다. 조심스럽게 뒤를 돌아 슬쩍 둔철산으로 눈길을 준다. 그런데 둔철산은 혼자만 보여주는 게 아니라 의령지맥의 한우산과 자굴산까지 함께 데리고 온다. 차근차근 그 줄기를 따라 우측으로 눈길을 옮기면 꾼들의 눈은 자잘한 봉우리들을 지나 그래도 특이한 모양새를 하고 있는 백마봉과 집현산을 지나 남강을 따라 진양호에서 머물게 된다.

웅석봉에서 봐야 비로소 지리산이 '한국의 산'으로 구체화된다

여기에 더하여 양천의 흐름까지 느낄 수 있다면 그야말로 금상첨화이다. 둔철산 좌측으로는 척지고개에서 정수산으로 넘어가는 능선이 명백하고 황매산이 높게 서 있음을 확인할 수 있다. 상여봉~와룡산을 보고 산청읍을 지나면 필봉산에서 왕산으로 오르게 된다. 그 뒤로 거창의 황석산과 거망산 그리고 남덕유의 흐름도 읽을 수 있는가? 그러면 그 우측의 대덕산을 찾는 것도 그리 어렵지 않다.

다시 왕산에서 좌측을 보면 법화산에서 삼봉산으로 이어짐이 보이고 그 앞으로 와불산에서 새봉, 그 앞의 도토리봉이 보이니 이제는 동부능선의 봉우리들이 한번에 읽힌다. 눈길은 천왕봉으로 간다. 천왕봉에서 중봉으로 내려온 능선이 좌측으로 황금능선을 타고 구곡산으로 내려가는 것을 그리면 그 좌측 뒤로 촛대봉이 보이고 왕시루봉까지 보인다. 낙남정맥의 흐름까지 느끼면 이방산과 수양산에서 달뜨기능선을 따라 이리로 올라오는 것을 다 볼 수 있으니 웅석봉에서는 더 이상 무슨 말을 하여야 할까?

존경하는 글쟁이 산악인 박인식은 웅석봉을 이렇게 얘기한다. "지리산은 어디서 보아도 그 산세가 확실하게 눈에 들어오지 않는다. 워낙 넓은 산자락 탓이다. 그래서 '한국의 산'으로 추앙받으면서도 지리산은 애매모호한 추상화로 인식되기 쉽다. (중략) 웅석봉에서 바라보아야 지리산은 추상화의 이미지를 벗고 '한국의 산'으로 구체화 되는 것이다."

웅석봉은 이런 봉우리이다. 어디서 보아도 지리산 전체를 다 볼 수는 없지만 웅석봉에서만큼은 다르다는 얘기다. 박인식 선배의 얘기를 들으니 어느 정도 웅석봉이 정리됨을 느낀다.

곰이 굴러떨어져 죽은 산이라서 웅석봉이라고?

웅석봉에 대하여 조금 더 자세히 볼까? 이 웅석봉 정상에 곰같이 생긴 바위가 있어서 붙여진 이름이라고도 하고 곰이 굴러떨어져 죽은 산이라고도 하는데 선뜻 동의하기가 쉽지 않다. 필자는 이를 차라리 우리 옛말에서 그 유래를 찾고 싶다. 즉 옛 사람들에게 모든 산이 그렇겠지만 특히 지리산은 '신성', '신령' 그 자체였다. 그러니 신神이나 그 정도로 신성하고 높은 존재를 뜻하는 우리말에 'ᄀᆞᆷ'이라는 단어가 있다. '감', '검', '곰', '고마', '구마' 등이 거기서 파생된 단어이다. 지금의 '고맙다'라는 말이나 '감사하다'라는 말이 다 그런 말이다.

그러니 그런 신성한 바위가 있는 골이면 '가마골', 그런 신성한 곳 즉 신에게 제사를 지내는 신성한 땅이면 산이나 커다란 바위 등과 관련하여 '검산', '검암' 등이었을 것이니 그들의 한자어는 '劍山', '劍巖' 정도였을 것이다. 같은 취지로 그런 발음을 가진 동물들 중에 우리 신화와 관련된 동물이 바로 '곰'이다. 그 한자어가 '熊'이니 다른 곳도 아닌 이 신성한 지리산의 한 봉우리가 신성한 산 즉 ᄀᆞᆷ바위〉곰바위〉웅석이 됨은 자연스러운 현상이라 하겠다. 그러므로 웅석봉은 그저 '신성한 산' 정도라고 보면 될 것이다.

웅석봉에서의 진행은 2등급삼각점(산청26)을 확인한 다음 초소방향으로 나간다. 헬기장을 나가면 바로 삼거리이다. 여기서 삼장면을 만나는데 좌측 삼장면과 단성면의 면계가 이른바 달뜨기능선이다.

이날 오후, 시퍼런 강줄기가 내려다보이는 어느 산모퉁이를 돌아섰을 때였다. 앞서 가던 문춘 참모가 걸음을 멈추고 한참 정면을 바라보고 있더니 뒤를 돌아보며 떨리는 목소리로 소리쳤다. "동무들! 저기가 달뜨기요. 이제 우리는 지리산에 당도한 것이요!" 눈이 시원하도록 검푸른 녹음에 뒤덮인 거산이 바로 강 건너 저편에 있었다. 달뜨기는 그 옛날 여순사건의 패잔병들이 처음으로 들어섰던 지리산의 초입이었다. 남부군은 기나긴 여

> 로를 마치고 종착지인 지리산에 들어선 것이다. 제2병단 이래 3년여의 그 멀고 험난했던 길을 이제 다시 그 출발점으로 돌아온 것이다. 1천 4백의 눈동자가 일시에 그 시퍼런 연봉을 응시하며 "아아!" 하는 탄성이 조용히 일었다. 여순 이래의 구 대원들이 마치 고향을 그리워하듯 입버릇처럼 되뇌이던 달뜨기… 이현상이 '지리산에 가면 살 길이 열린다.'고 했던 빨치산의 메카, 대 지리산에 우리는 마침내 당도한 것이다. 나는 형언하기 어려운 감회에 젖으며 말없이 서 있는 녹음의 산덩이를 넋을 잃고 바라보았다. 지리산아, 이제 너는 내게 어떤 운명을 가져다주려느냐?[2]

황금능선과 달뜨기능선의 끝은 남명의 고장 덕산고을이다.

이병주 선생의 《지리산》 7권에도 빨치산이 황석산을 넘어 둔철봉에서 지리산으로 입산하는 과정에서 달뜨기능선을 보면서 환호하는 장면이 거의 같은 내용으로 나온다.

우회전하여 밤머리재를 향한다. 기산삼거리에서 금서면을 만나 이제부터는 금서면과 삼장면의 면계를 따라 걷게 된다. 삼거리에서 좌회전하면 이내 9번 도로가 지나는 밤머리재로 내려선다. 이 59번 도로가 확·포장 되어 개통되기 전까지는 사실 웅석봉 오르기가 천왕봉 오르기보다 더 어려웠다는 얘기

---

2 이태, 남부군, 7. 소백산맥의 여름

도 들렸다. 그만큼 접근하기가 어려웠다는 얘기다. 사실 그보다는 이제 삼장면 사람들이 군에 볼일 보러 가기가 그만큼 편해졌다는 얘기겠다.

지리동부능선에는 이 밤머리재를 포함해 다섯 개의 고개가 있다. 쑥밭재(청이당고개), 새재, 외고개, 왕등재 등이 그것들이다. 비교적 능선까지 거리가 짧고 오르내리기 쉬워 이 고개들을 통해 남쪽의 산청군 시천면 덕산장德山場과 북쪽의 금서今西, 산청장山淸場의 문물이 활발하게 오갔을 것이다. 그뿐인가 덕산에 살던 남명도 덕계 오건을 만나러 오고가던 고개가 바로 이 밤머리재이다. 그렇게 한때는 지리산 동부권에서 가장 많은 사람들이 넘나들던 고개들이었는데, 무상한 세월 속에 이제는 길도 희미하고 잡초만 무성할 이 길들이 궁금하기만 하다. 그리고 덕천지맥을 싸고 있는 북쪽의 임천과 남강 그리고 남쪽의 덕천강 주위의 산꾼들은 어떤 모습을 하고 있을까?

이 밤머리재 너른 공터 한편에는 버스 한 대가 서 있고 그 뒤로는 옥수가 철철 넘친다. 가만히 보니 그냥 버스가 아니고 휴게소 겸 쉼터 겸 식당이다. 이 고개에 예전에는 지나는 길손을 위한 주막이 있었다면 지금은 태극종주꾼들을 위한 쉼터로 이 버스가 있다는 점만 다를 뿐이다. 꾼들은 일단 여기서 백숙이나 삼계탕으로 에너지를 보충하면서 충분히 쉰 후, 다음 구간을 이어간다. 물론 예약은 필수이다.

도토리봉[3]으로 오르는 길은 된비알이다. 300m 정도의 고도 차이를 극복하여야 하는데 묵묵히 30분 정도만 인내하면 된다. 헬기장인 도토리봉에 오르면 일단 재킷 등을 벗으면서 장비를 재정비하는 게 보통이다. 좌측으로 크

3 국토지리정보원 지도에는 그저 908.8봉으로 표기되어 있지만 이병주의 《지리산》에는 어엿하게 '도토리봉'으로 나오는 산 이름이다.

게 돌면서 고도를 떨어뜨린다. 거의 평평하다시피 한 이 구간은 고도 편차가 그리 심하지 않아 별로 힘이 안 든다. 뒤를 돌아보면 도토리봉과 웅석봉이 계속 따라온다.

지리동부능선에는 두 곳의 왕등재가 있다?

그러고는 국토지리정보원 지도에는 왕등재라고 표기되어 있고 멸실된 3각점(산청311)이 방치되어 있는 깃대봉(936.5m)으로 오른다. 예전에 가락국과 관련하여 "피신한 가락국의 구형왕이 서왕등재로 피신하여 신라에 항거를 할 때 이 동왕등재에 깃발을 꼽아 신호를 주고받음으로서 이 동왕등재의 지형지물을 이용했다."는 전설이 있어 이곳을 특히 '깃대봉'으로 부르는 경우도 있다고 한다. 그러나 우리나라에서 지금도 깃대봉이라는 이름을 가진 봉우리의 대부분은 일본이 우리나라를 집어삼키고자 측량 사업을 실시할 때 삼각점 대용으로 꼽았던 깃대에 유래한 것이므로 이 전설에는 쉽게 동의하기 어려울 것 같다.

한편 국토지리정보원 지도를 보면 이 동부능선 구간에 왕등재가 두 곳에 표기되어 있다. 즉 깃대봉인 936.5봉과 1048.6봉을 지나 만나는 왕등습지 등이 그곳이다. 생각건대 왕등재王登岾는 한자 표기 그대로 왕, 전해오는 이야기에 의하면 구형왕이 지났던 고개라는 의미이다. 그런데 936.5봉은 깃대봉이라는 이름이 얘기해 주듯 고개가 아니고 봉우리이며 왕등습지 역시 주위가 운동장의 스타디움같이 산줄기로 둘러싸인 분지이다. 이는 이 둘러싼 산줄기에서 왕산으로 향하는 줄기 하나가 가지를 치고 있음이 이곳은 고개가 아니라 봉우리인 것을 입증한다. 그렇다면 이들 두 왕등재는 '재岾'라는 이름을 갖

왕등습지. 아끼고 보존해야 할 귀중한 자연문화유산이다.

기에는 부적절하다. 오히려 현장에 임해 보면 지막리 절골과 유평리 밤밭골을 잇는 즉 903.4봉과 993.5봉 사이에 있는 고개가 왕등재라는 이름을 갖기에 더 적합해 보인다. 그럴 경우 동왕등재라고 부르는 936.5봉은 그대로 깃대봉, 서왕등재는 왕등습지로 정리하고 절골과 밤밭골을 잇는 고개를 왕등재로 이름하면 깔끔하게 정리될 것 같다.

왕등재를 지나면서 더없이 편안한 길을 걷다보면 가끔씩 산죽이 나와 발을 더디게 한다. 조망이 트이는 곳에 올라 주위를 살펴보는 즐거움을 맛보며 진행하면 이내 왕등습지이다. 해발 900고지가 넘는 곳에 습지라니! 소양지맥[4]의 대암산 용늪보다야 작은 규모이긴 하지만 습지 내에 뻐꾹나리·창포 등 58종의 습지식물과 붉은배새매·까막딱따구리 등 천연기념물과 삵·담비 등의 멸종위기 야생동물도 서식하고 있는 것으로 보고됐다. 잘 보존해야 할 것들이다.

그런데 문제는 이 왕등습지 바로 아래에 구형왕릉과 관련한 성터가 존재했다는 주장도 한때 있었다. 그러나 이는 옛 절터일 것이라는 반론에 묻힌 상태이다. 왕등습지에서의 진행이 좀 어렵다. 습지를 빠져나와 좌측 숲속으로 희미한 길을 따라 직진해야 정상 등로로 이어진다. 거시적으로 본다면 크게 좌회전하는 모양새가 되는 길이다.

4 신산경표의 '도솔지맥'

습지에서 평범한 길을 20분 정도 걸으면 외고개가 나온다. 좌측 유평리 외곡마을과 우측 방곡리 오봉마을을 잇는 고개인데 사실 눈여겨보지 않으면 그냥 스쳐 지나갈 정도로 밋밋한 고개이다. 좌측의 외곡마을은 사시사철 물이 마르지 않고 일제강점기 때에는 일본 규슈대학 연습림으로 이용되었던 곳이기도 한데 지리서부능선에서 얘기한 바와 같이 이곳이 한때에는 운봉의 면양목장 이전에 제1차 후보지로 꼽혔던 곳이다.

969.5봉에서 4등급삼각점(산청458)을 확인하고는 바로 새재로 떨어진다. 좌측의 산죽을 치고 내려가면 치밭목대피소와 연결이 되는 윗새재 마을이다. 새재를 지나자마자 산죽 밭을 지나게 된다. 힘이 드는 구간이다. 고도를 계속 올리다 보면 너럭바위 두어 곳이 나와서 잠시 숨을 돌려도 좋다. 그러고는 새봉(1322.2m)이다.

새봉에서 우회전하면 와불산으로 갈 수 있다

새봉은 아주 의미 있는 봉우리이다. 여기서 우회전하면 와불산과 상내봉 방향으로 진행하게 되는데 그 상내봉 삼거리에서 좌회전하면 벽송사 능선으로 진행하여 와불산(1164.9m)[5]을 들르게 되고 직진하면 상내봉(1213.9m)을 만나 여기서 직진하면 독녀암으로 가게 되고 우회전하면 꽃봉산(733.9m)으로 진행하는 등 다양한 코스로 갈 수 있기 때문이다.

또한 독녀암으로 내려가는 길은 이른바 점필재 루트이기도 하다. 이 새봉

5 국토지리정보원 지도에는 본서에서 얘기한 와불산이 1164.9m, 상내봉이 와불산(1213.9m)으로 표기되어 있으며, 독녀암은 1117.5m, 꽃봉산은 733.9m로 각 표기되어 있다. 이렇게 부른 이유에 대해서는 둘레길 제3구간을 참조.

을 지나면서 산청군 금서면과 헤어져 함양군 마천면으로 들어오게 되니 이제 부터는 함양군 마천면과 산청군 삼장면의 군계를 따라 걷게 된다. 봉우리 두어 개를 넘으면 좌측으로 독甕모양을 한 진주(산청) 독바위가 나온다. 바위에 로프가 설치되어 있어 그 위에 올라 주변을 살펴보는 맛도 쏠쏠하다. 그러고 나면 청이당이라는 당집 터가 있던 쑥밭재이다.

> 이로부터 수리數里를 다 못 가서 등성이를 돌아 남쪽으로 가면 바로 진주晉州 땅이다. 그런데 안개가 잔뜩 끼어서 먼 데를 바라볼 수가 없었다. 청이당淸伊堂에 이르러 보니 지붕이 판자로 만들어졌다. 우리 네 사람은 각각 청이당 앞의 계석溪石을 차지하고 앉아서 잠깐 쉬었다. 이로부터 영랑재永郞岾에 이르기까지는 길이 극도로 가팔라서, 정히 봉선의기封禪儀記[6]에 이른바 "뒷사람은 앞사람의 발밑을 보고, 앞사람은 뒷사람의 정수리를 보게 된다."는 것과 같았으므로, 나무뿌리를 부여잡아야만 비로소 오르내릴 수가 있었다.[7, 8]

쑥밭재는 사거리[9]이다. 쑥밭재가 주목받는 이유는 교통의 편리함 때문이다. 즉 이 루트가 함양과 산청을 이어주는 지름길이었고 고개가 상대적으로

---

6 봉선封禪은 고대 제왕이 천지의 신에게 제사지내는 것을 말한다. 그러니 봉선의기는 봉선에 관한 의례를 기록한 글을 가리킨다. -최석기 주석

7 마암을 우측의 가파른 사면을 치고 올라가는 모습이 연상된다.

8 점필재 김종직의 유두류록(1472년), 최석기 외 4인, 선인들의 지리산 유람록에서 인용. 이하 같다.

9 한편 이 쑥밭재의 어원에 관하여 논의가 있다. 즉 혹자들은 이곳이 예전부터 약쑥이 많은 곳이라 그렇게 불러온다고 글자 그대로 뜻풀이를 하기도 하는데 이런 말은 여전히 믿을 바 못된다. 오히려 지리산 전설 중 한 분인 '성산' 선생께서는 이곳이 옛날 마천사람들이 진주장에 갔다가 돌아오며 하루를 묵었던 곳이라 하여 '숙박재>쑥박재>쑥밭재'에서 비롯되었다고 한다. 생각건대 이곳이 마천과 시천면 덕산(지금은 산청군이지만 예전에는 진주 관할이었음)을 잇는 고개였으니 마천 사람이 진주장에 가서 소금을 지고 올라오면 밤이 되어서야 고개에 도착할 것이고 그렇다면 이곳에서 하루 자고 갈 수밖에 없었을 거라는 이유에 수긍이 간다. 더군다나 예전에는 암자나 당집이 이런 숙박을 치기도 하였으니 조선시대에서 근대사회로 들어오면서 이들을 상대로 숙박업소가 있었음도 능히 상정할 수 있을 것이니 '성산'

낫으니 추성리~광점동~어름터~쑥밭재~유평리~덕산을 잇는 루트는 곧 벽송사와 대원사를 이어주고, 주능선인 쑥밭재에 청이당이라는 당집마저 자리하고 있었으니 더없이 좋은 산길이었으리라. 좌측으로 내려가면 청이당 터이고 직진하면 국골이나 두류능선을 탈 수 있는 이른바 국골사거리로 갈 수 있고 우회전하면 석상용 장군 묘[10, 11]와 어름터가 있는 허공다리골(=허공달골)로 가는 길이다. 점필재가 쉬던 청이당 터는 덕천강이 발원하는 곳이어서 이곳을 지나는 꾼들에게는 요긴한 휴식처가 되고 있다.

설에 한 표를 던진다.

10 친일파가 날뛰던 구한말에 지리산을 무대로 활약을 한 의병들 중 한 명인 석상용 대장 무덤이다. 다른 의병들과는 달리 석상용 대장이 주목 받는 이유는 그의 특이한 이력 때문이다. 석대장 팀은 순수하게 지리산 사람들로 구성된 의병이었으며 그의 출생 이력 또한 남다르다. 즉 석대장의 13대 조부는 명나라 병부상서 석성石星이었다. 조선에서 임진왜란이 일어나 조선이 명나라에 원병을 청했을 때 원병 파견을 강력하게 주장했던 인물로 유명하다. 그런 연유로 이여송이 조선으로 파병을 나오게 된 것 역시 잘 알려진 사실이다. 그 후 정유재란이 일어나자 정적들로부터 조선 원정에 실패한 책임 추궁을 당해 처형되게 되자 둘째아들 천은 조선으로 피했으나 장남 담潭은 유배되었다. 그 후 담은 복권되었고 유배도 풀렸으나 이미 쓰러진 가세를 만회할 방법이 없어 조선으로 가는 방법을 택하게 됐다. 즉 조선 정부에 이른바 난민 신청을 하게 되었던 것이다. 이에 조선에서는 은인의 아들이라고 하여 '수양군'에 봉하고 '해주 석씨'로 사성하여 황해도에 살게 하였다. 그 후 명나라가 망하고 청나라가 세워지자 청에서는 이 두 형제를 잡아오라 명하자 조선 정부에서는 이들을 산청으로 숨기고 전답을 내리니 이곳이 산청군 생초면이었다. 그러나 세월이 지나면서 은공을 잊어버린 관리와 토호들의 수탈로 이들은 나라에서 준 전답도 빼앗긴 채, 지리산으로 들어가 화전민으로서의 생활을 할 수밖에 없게 되었다. 지금의 추성리에 터를 잡은 이들은 열심히 노력하여 농사는 물론 사냥까지 해가면서 재산을 일궈 어느 정도 가산도 모으게 되었다. 그런데 1907년 9월 일제는 '총포·화약에 관한 법률'을 만들어 포수들의 총까지 빼앗으려 하였다. 더욱이 지리산의 벽송사에도 일본군이 주둔을 하는가 하면 뱀사골, 백무동, 칠선계곡 등에 거주하는 화전민들까지도 못살게 굴 정도가 되자 산골인 추성리에서 그나마 글을 익혔던 석상용은 인근 화전민들과 남원, 함양, 산청 등지에서 의병을 모아 '지리산 의병부대'를 결성하기에 이르렀다. 그리하여 성삼재 전투, 벽소령 전투, 쑥밭재 전투 등에서 혁혁한 전과를 올리기도 하였다. 이런 의거는 1907년 말부터 1912년 석상용이 일본군에게 잡힐 때까지 무려 5년이 넘게 지리산을 무대로 지속되었다. 그러던 석상용은 1912년 일본군에 체포되어 5년여의 옥고를 치르고 나와 모진 고문의 후유증으로 1920년 50세의 나이로 결국 순국하게 된다. 이 무덤은 일본 경찰이 눈을 피해 동생 채룡이 산중에서 돌을 깎아 손수 만든 무덤이고 송덕비이다. 비의 앞면에는 의병장석상용지송덕비義兵將石祥龍之頌德碑라고 표기되어 있다. 한편 석대장의 전적비는 전라북도와 경상남도의 도계가 지나는 60번 도로 변에 세워져 있다.

11 이때 귀화한 명나라 사람으로 석성의 자손이 대표적이며 왜군 즉 항왜降倭로는 김충선이 유명하다. 김충선은 조총과 화약제조법 등을 전수하기도 했다.

언제나 풍부한 수량의 청이당 터.

진행은 직진을 하여 국골 사거리로 진행하여 두류능선을 이용해도 되지만 지름길인 하봉 옛길을 택하는 경우도 많다. 그럴 경우 마암馬巖 우측으로 진행하여야 하는데 점필재가 영랑재에 이르는 길을 묘사한 것과 같은 지독한 된비알이다.

그러고는 두류봉에 오른다. 새로운 세상이 펼쳐진다. 웅석봉 오를 때와는 또 다른 느낌이다. 바로 아래로는 국골이 홈이 파이듯이 긴 골을 만들고 있고 그 옆으로 초암능선이 흐르고 있으니 그 뒤가 칠선계곡이고 그다음 줄기가 창암능선이며 그 우측으로는 백운산과 법화산이며 등구재, 삼봉산 등이 파노라마처럼 펼쳐진다. 거기에 주릉의 반야봉은 물론 만복대, 정령치 등 서부능선이 일렬로 정렬해 있으니 숨쉬기조차 어려워진다.

이럴 때 자연스럽게 남명의 글을 하나 떠올려도 괜찮을 것 같다. 능선 하나하나가 정말이지 소의 갈비뼈를 연상시키기 때문이다.

頭流十破黃牛脇(두류십파황우협)	누렁 소 옆구리같은 두류산 골짝을 열 번이나 답파했고
嘉樹三巢寒鵲居(가수삼초한작거)	썰렁한 까치집같은 가수마을에 세 번이나 둥지를 틀었네

그래서 이미 한낮이 지난 뒤에서야 비로소 영랑재로 올라갔다. 함양咸陽에

서 바라보면 이 봉우리가 가장 높아 보이는데, 여기에 와서 보니 다시 천왕봉天王峯을 올려다보게 되었다. 신라 때 화랑의 우두머리였던 영랑이 3천 명의 무리를 거느리고 산과 물을 찾아 노닐다가 일찍이 이 봉우리에 올랐었기 때문에 이렇게 이름한 것이다. 소년대少年臺는 봉우리 곁에 있어 푸른 절벽이 만 길이나 되었는데, 이른바 소년이란 혹 영랑의 무리가 아니었는가 싶다. 내가 돌의 모서리를 안고 아래를 내려다보니 곧 떨어질 것만 같았다. 그래서 종자從者들에게 절벽 난간에 가까이 가지 말도록 주의를 시켰다.

영랑대와 소년대는 그야말로 지리 제일의 조망터이다

영랑대와 소년대는 하봉에 있는 바위봉으로 서로 마주보고 있다. 영랑대에서 소년대를 가자면 로프를 잡고 주의를 기울여 진행해야 한다. 하봉에서 초암능선을 내려서기도 한다는데 오금이 저려서 내려가기도 쉽지 않을 것 같다. 이제 중봉과 천왕봉이 지척이다. 주변을 조망하느라 시간 가는 줄 모르는 곳이 사실 이곳이다.

해유령蟹踰嶺을 지나면서 보니 곁에 선암船巖이 있었는데, 법종法宗이 말하기를, "상고시대에 바닷물이 산릉山陵을 넘쳐흐를 때 이 바위에 배船를 매어 두었는데, 방게螃蟹가 여기를 지나갔으므로 이렇게 이름한 것입니다."하였다. 그래서 내가 웃으며 말하기를, "그대의 말이 사실이라면 그때의 생물들은 모두 하늘을 부여잡고 살았단 말인가?"라고 하였다. 또 등성이의 곁을 따라 남쪽으로 중봉中峯을 올라가 보니, 산중에 모든 융기하여 봉우리가 된 것들은 전부가 돌로 되었는데, 유독 이 봉우리만이 위에 흙을 이고서

배바위. 이 바위에 배(船)를 매어두었다 해서 붙여진 이름이란다.

단중端重하게 자리하고 있으므로, 발걸음을 자유로이 뗄 수가 있었다. 여기에서 약간 내려와 마암馬巖에서 쉬는데, 샘물이 맑고 차서 마실 만하였다. 가뭄 때를 만났을 경우, 사람을 시켜 이 바위에 올라가서 마구 뛰며 배회하게 하면 반드시 뇌우雷雨를 얻게 되는데, 내가 지난해와 금년 여름에 사람을 보내서 시험해 본 결과 자못 효험이 있었다.

하봉 헬기장 좌측으로 내려가 하봉 샘터를 지나 조개골이나 치밭목대피소로 내려갈 수도 있다. 그런데 창녕의 화왕산 정상 56,000평 분지 모양의 정상부는 그 자체가 배 모양인데 이는 화산 폭발의 현장을 그대로 보여주는 곳이라 한다. 그리고 그곳의 배바위는 화산 폭발 이전부터 강물에 깎인 흔적이라고 한다. 반면 지리산은 위 화왕산과 같은 화산대에 있었으면서도 분화구 흔적은 물론 빙하기에 파인 흔적조차 찾아볼 수 없다고 한다. 지질학자가 아니면 백악기시대 화산의 흔적을 찾아보기 힘들다는 얘기이다.

즉 한반도는 약 30억 년 전 바다였던 것이 지각변동을 거쳐 융기되어 형성된 육지라는 것이다. 강원도 시멘트 석회석이 바로 예전에 바닷속이었다는 증거이다.[12] 그러니 이곳의 선암船巖 즉 배바위라는 것은 법종이 과연 그런 근

12 자세한 것은 졸저 전게서 370쪽 이하 참조.

거로 이야기한 것인가? 그렇다면 법종의 혜안이 놀랍기만 하다.

여기서 마암이 하나 더 나왔다. 아까 청이당에서 두류봉으로 올라서기 전에 이미 하나의 마암을 봤다. 점필재 선생은 중봉 샘터 부근에서 마암 하나를 더 본 것이다. 즉 두류암의 마암과 중봉샘 부근의 마암은 동명이암同名異巖이라는 설[13]이다. 이에 대해 지리동부능선 상의 마암은 하나이며 이는 점필재나 140년 후 같은 길이기는 하지만 반대 방향으로 걸은 감수재 박여량이 후에 기록을 하면서 착각을 한 것이라는 주장[14]이 갈린다.

그런데 '지리99팀'이 못을 박듯 '馬巖'이라는 각자가 새겨진 두류봉 아래의 마암은 흔들릴 수 없는 마암馬巖이다. 그러니 이 논의의 중심에는 중봉 부근의 샘물 옆에 있는 마암의 실재 여부에 달렸다 하겠다. 그런데 1871년 배찬의 유두류록을 위시하여 여러 기록에 중봉 산막이라는 글귀가 나오면서 그 옆에는 샘물이 있고 큰 바위가 있으니 혹시나 이 바위를 말하는 듯하다. 좀 더 연구가 필요한 대목이라 하겠다.

된비알을 치고 올라가 치밭목대피소에서 올라오는 길과 만난다. 바로 아래가 써리봉이라는 얘기다. 중봉에 오른다. 여기서 보는 천왕봉은 정말 아름답다. 좌측으로 암봉을 가지고 있어 암벽이 적당히 깎아지른 듯하고 서쪽으로는 부드러운 선이 제석봉을 향하고 있어 자못 너그러운 성자의 모습을 하고 있다. 좌측으로는 마야계곡[15]이라고도 불리는 중봉골의 깊은 골 옆으로

13 도솔산인 이영규, 솔레이 등.

14 지리99팀.

15 천왕봉을 지키던 성모사에 석가모니 부처님의 어머니인 마야부인 석상을 모셨다는 사실에 착안하여 붙인 이름이다.

중봉 너머로 동부능선과 왕산, 필봉산이 보이고 그 뒤로 멀리 가야산까지 보인다.

'之'자 모양으로 흐르고 있는 황금능선을, 그 뒤로 삼장천이 치밭목능선을, 덕천강이 흐르는 대원사 계곡이 달뜨기능선을 각 구분하고 있는 모습이 보이는데 그들의 끝은 남명의 고장 덕산으로 모인다. 그러고는 그 덕산 우측으로 주산(828.2m)이 낙남정맥으로 이어지는 모습이 확연하다. 그 뒤로 남강이 진양호로 흘러 들어가고 있고 그 우측으로 금오산이 보이니 그 뒤가 남해고 그 좌측이 사량도다.

고개를 그 좌측으로 돌리니 써리봉이 좌측으로 흘러 치밭목대피소를 만들고는 한 줄기는 좌측 비둘기봉으로, 한 줄기는 우측으로 흘러 치밭목능선을 만든다. 우측의 깊은 골은 그 유명한 칠선계곡을 만들고 골 좌측으로 창암산을 세운 후 임천으로 가라앉고 그 뒤로 바래봉의 서부능선까지 보이는 그야말로 일망무제이다.

안부로 내려와 천왕봉을 오른다. 좌측 마야계곡의 중봉 샘을 슬쩍 보고 천왕봉 굴을 지나치면 철 계단을 따라 드디어 천왕봉으로 오르게 된다.

智異山

5부 기타 종주 코스

1. 지리태극종주 코스[1]

지리서부능선~지리주릉~지리동부능선 중 웅석봉~수양산~사리마을회관: 약90.5km

나라의 산 지리산을 걷는다는 것! 갖가지 치사致辭는 접어두더라도 상상만 해도 너무 즐겁고 멋진 일이다. 백두산을 떠난 산줄기가 그 긴 여정을 끝내고 지리로 들어와 고단한 몸을 누인 모습은 어느 방향에서 보건 아주 편안하게 보인다. 서쪽 반야봉에서 발을 편안하게 펴고 머리는 천왕봉에 둔 모습이니 어련하겠는가. 그렇게 서쪽 노고단이나 반야봉에서 거의 일직선으로 천왕봉까지 이어짐을 볼 수 있다.

종석대에서 바라본 길상봉의 노고단과 반야봉

지리의 북쪽 삼봉산에서 봐도 그 모양은 크게 다르지 않다. 아니 북쪽이라면 오히려 멀리 남덕유산에서 보는 게 나을 것도 같다. 남쪽은 호남정맥의 끝 도솔봉이나 백운산 정도에서 보면 그 모습이 더욱 확연해지지 않을까? 그러면 동쪽은? 웅석봉 정도에서 볼까?

그런데 웅석봉 부근에서 주릉을 바라보면 천왕봉에 가려 제대로 보이는 게 없고 다만 우측으로 바래봉이나 덕두산이 휘어져 돌출된 모습으로 보인다. 지리서부의 끝 반야봉에서 바래봉이나 덕두산을 볼 때, 반대로 지리 동쪽의 끝 천왕봉에서 웅석봉 연봉을 바라볼 때 그 모습들은 신기하게 서부의 끝은 북쪽으로, 동쪽의 한 끝은 남쪽으로 휘어 있는 모습을 관찰할 수 있다.

미지의 세계에 대한 동경은 꾼들을 자극한다. 그리고 지도는 이런 상상을 부채질한다. 지도를 놓고 마루금을 그렸다 지웠다 하는 일은 꾼들의 일상사

1 지리태극종주 코스 개요에 대해서는 졸저 전게서 128쪽 이하 참조.

이기도 하다. 그런 작업을 반복하다 보니 지리 동서남북종주 코스가 만들어졌다. 발걸음 빠른 꾼들은 구간을 나누어 종주하다 보니 일시종주라는 유혹에 빠지게 됐고 또 그것을 해냈다. 이른바 'extreme'이라는 단어가 자극을 한 것이다. 그렇게 해서 만들어진 것이 '지리남북종주'와 '지리동서종주'였다.

그런데 지도를 만지작거리던 꾼들은 '지리동서종주' 마루금을 그리면서 묘한 모양을 발견하게 된다. 성삼재에서 바래봉 방향으로 끝이 휘어져 올라간 모양이나 천왕봉에서 하봉 쪽으로 휘어 올라가던 마루금이 밤머리재에서 다시 휘어 꺾어지는 모양이 흡사 태극문양 같다는 것을 발견한 것이다.

그래서 만들어진 것이 '서부능선+주릉+동부능선'에서 동부능선의 끝에 조금 변형을 주어 웅석봉에서 성심원으로 가는 게 아니라 어천마을로 진행하는 것이었다. 이게 원시原始 지리태극종주 코스인 것이고 이때가 1990년대 말이었다.

그런데 지도를 놓고 마루금을 그리다 보면 아무래도 동쪽 부분이 덜 휘어져 태극이라는 문양에 부족한 모습을 발견할 수밖에 없었다. 나름대로 성심원 방향을 어천 방향으로 유도하긴 했건만 의도적으로 '태극종주 코스'를 만들려 했던 것이 아니고 단지 지리의 서부와 동부를 잇는 기존 코스만 생각한 결과였고 한계였던 것이다. 장거리 산행클럽인 'J3클럽'의 방장 배병만은 여기에 주목했다. 그러고는 기존에 있던 틀은 무시하고 지리가 가지고 있는 봉우리를 놓고 제대로 된 태극 문양을 긋는다. 그러다 보니 지리의 동부 쪽이 대폭 수정된다. 기존의 웅석봉~어천 방향이 웅석봉 삼거리에서 바로 직진을 하여 수양산 방향으로 그 끝을 튼 것이다. 이렇게 새롭게 지리태극종주 코스가 완성된 해가 2001년이었다. 이것이 요즘 장거리 산꾼들에게 '고수高手로의 관문關門(?)'의 필수 코스인 '지리태극종주' 코스 즉 '지태智太'이다. 구인월~덕두산~바래봉에서 성삼재를 잇는 '서부(북)능선+지리주릉+동부능선'의 동부능선 중 웅석봉+마근담봉+수양산을 첨가하여 도상거리 약 90.5km로 지리의 서쪽 끝과 동쪽 끝을 이어 지리산의 경계를 확정한 것이다.

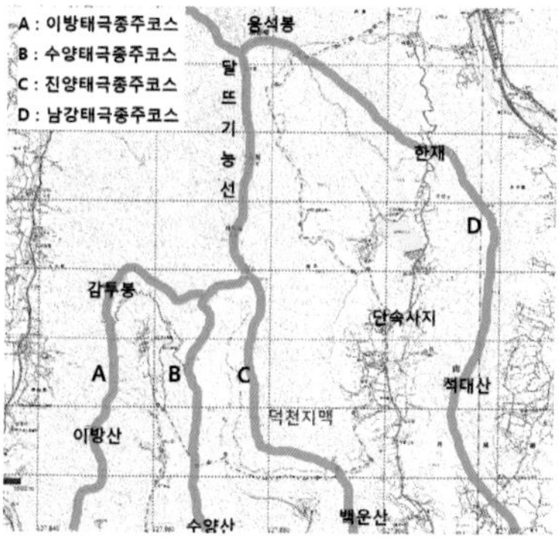

복잡해진 지리태극종주길

그런데 이렇게 지리태극능선 종주 코스를 확정하여 산행을 즐기는데 문제가 생겼다. 즉 이 태극종주 코스의 서쪽 끝은 문제가 없는데 동쪽 끝이 좀 어수선해진 것이다. 무슨 문제인지 좀 살펴볼까?

확인해 보면 배병만은 기존의 웅석봉~어천마을 코스를 수정하여 웅석봉~수양산~시무산으로 가는 루트Ⓑ를 택했는데(다른 루트와 구별하기 위해서 굳이 이름을 붙이자면 '수양태극종주'라 함) 최근 이 '지리태극종주' 코스에 아종亞種이 생기기 시작한 것이다. 즉 마근담봉에서 이방산으로 진행하는 코스 Ⓐ 즉 이방태극종주 코스가 생겼고, 또 석대산으로 진행하여 망해봉(257.9m)이 있는 남강으로 가는 루트Ⓓ인 소위 남강태극종주 코스도 생겼다. 그러더니 이번에는 덕천지맥의 끝을 수정하여 진양호로 가는 루트Ⓒ 진양태극종주 코스도 생겼으니 동쪽 끝만 4개의 방향으로 진행하는 태극종주 루트가 지리의 동부 경계를 확정시키는 모양새가 됐다.

그러니까 간단하게 Ⓐ, Ⓑ는 덕천강, Ⓒ는 남강과 덕천강의 합수점 부근, 그리고 Ⓓ는 남강에서 각 끝나게 되니 이는 어느 정도 의식적으로 산경표를 염두에 뒀다는 얘기도 되겠나. 주의히여야 할 것은 위 4대 '태극종주'에 대한 얘기는 지리의 동부만 본 것이라는 점이다.

이런 것들은 '다양성'이라는 측면에서 보자면 좋아 보일 수도 있겠지만 산

이름이나 능선 그리고 산줄기 이름들은 고유명사이므로 한번 굳어지면 이걸 고치기도 상당히 힘이 든다. 그리고 '다양성'이란 사상이나 생각의 다양성을 얘기하는 것이지 굳이 이런 사실적인 것까지 다양성이라는 이름으로 세분시킨다면 이는 다양성보다는 '난잡'에 가까운 게 아닌가 하는 우려의 목소리도 있다.

지리태극종주 코스는 배병만이 이 개념을 제안한 뒤 산꾼 대부분이 이를 명시적 혹은 묵시적으로 동의하여 지금은 '지태'하면 '구인월~웅석봉~수양산~사리마을'로 굳어졌다. 여기에 태극 모양도 아닌 다른 코스를 굳이 '태극'이라는 이름을 빌려 코스를 돌린다면 그것들에 대한 아종亞種이 또 여러 개 생길 수도 있고 그럴 경우 그 혼란스러움으로 인한 피해는 고스란히 우리 산꾼에게로 돌아올 것이다. 즉 산꾼들에게는 순기능보다는 역기능으로 인한 폐해가 클 수도 있다는 얘기다. 따라서 지리태극종주 코스하면 현재 모든 산꾼들이 동의하여 진행하듯 순수하게 '웅석봉~수양산~사리마을'을 잇는 코스로 한정하는 게 타당할 것이다. 그것이 후에 지리태극종주를 토대로 통계자료를 만드는 일이 생길 때 꾼들의 자료 하나하나가 귀중한 자료가 되어 수록될 수 있을 것이니 말이다.

2. 화대종주 코스

화엄사~코재~지리주릉(노고단~영신봉~천왕봉)~중봉~써리봉~치밭목대피소~대원사: 43.3km

한때 산꾼들의 로망이었던 코스가 있었다. 장비도 변변치 않던 시절 배낭의 무게 등으로 일시종주가 어려웠던 때 지리의 가장 긴 능선인 지리주릉과 지리의 서쪽에 있는 화엄사, 동쪽에 있는 대원사를 잇는 코스로 이를 줄여서 '화대종주'라 불렀다. 44.2km나 되는 그 긴 거리를 당시 꾼들은 1박 2일, 2박 3일로 걸었다. 그렇게 난이도 있는 코스로 알려졌다. 아직 'extreme'이라는 단어에 익숙하지 않았던 시절이었으니 그 거리를 일시에 종주한다는 건 아무래도 언감생심焉敢生心이었으리라. 그런데 체력도 좋아졌고 장비도 좋아진 지금 그 '화대종주'를 '일시종주'라는 이름으로 '한방'에 진행할 수 있을 정도로 이제는 누구나 도전할 수 있는 코스가 됐다. 이 화대종주의 44.2km는 공단에서 측정한 숫자이므로 이제 '화대종주 코스 44.2km'는 공식 거리로 못박으면 되겠다.

주지하다시피 이 코스는 대원사~치밭목대피소~중봉~천왕봉의 대원사 코스와 지리 주릉 그리고 주릉의 코재~화엄사의 이음이다. 생각해보면 산경표가 알려지기 이전인 1990년까지는 중거리 산행을 꿈꾸는 이들이 꼭 한 번쯤은 걷고 싶어 하고 동경하던 그런 종주 코스였다. 그러나 백두대간이 알려지고 정맥, 지맥 산행이 일반화되면서 예전의 명성은 약간 빛을 바랜 느낌이 있다. 하지만 매년 시행되는 '화대종주 산악마라톤 대회'와 항상 지리산을 그리거나 예전 시절을 꿈꾸는 올드팬들로 꾸준하게 그 명맥은 이어지고 있다. 지리산하면 그래도 '화대종주'이기 때문이다.

연기조사가 창건한 양대 사찰은 산청군과 구례군을 대표하는 사찰로도 유명하다. 화엄사는 544년, 대원사는 548년으로 창건 연대는 각 다르지만 화엄사는 화엄사상의 종찰로, 대원사는 선불간경도량으로 이미 널리 알려져 있다. 지금은 비구니 도량으로도 유명한 대원사가 있는 유평계곡은 지리산 중봉과 새봉에서 내려오는 물을 모은 덕천강이 흐르는 계곡으로 그 길이만 해도 약 12km 정도 되니 그 계곡의 아름다움이란 필설로 다하긴 어려울 것 같다.

화대종주의 끝 대원사

이 대원사 앞 덕천강을 건너는 대원교 앞에 노루목 같이 쑥 고개를 내민 곳이 있다. 그 고개를 장항치라고 부르니 이 부근이 장항동인 것 같다. 그런데 진양지에서 보는 장항동은 이곳만을 특정해서 이르는 말은 아닌 것 같다. "삼장리 탑동塔洞 서쪽에 있다. 골짜기 입구가 아득하고 깊어 30여 리나 된다. 산수가 기이하고 험준하여 산속에서 더욱 절경인 곳이다. 시내는 지리산 동쪽에서 발원하는데 구름에 스며들고 바위에 부딪히며 동쪽 삼장리로 들어간다. 10여 명이 앉을 만한 반석이 있다"

그러니 장항동은 지리산 동쪽의 산수 기운이 모인 곳이다. 장항동은 남명 조식의 문집에도 실려 있고 또 겸재 하홍도河弘度(1593-1666)[1]가 읊은 시에도 나온다. 처음 성균관의 유생이 되어 동료들의 존경을 받았으나, 광해군의 실정을 개탄하여 벼슬길을 단념하고 고향에 돌아와 오로지 학문 연구와 후진 양성에만 힘썼던 겸재의 시를 한 번 들어볼까? 그는 장항동을 이렇게 노래했다.

天秋日暮肅無雲(천추일모숙무운)	가을 하늘 해가 지고 구름 없이 맑은데,
洞別巖奇絶世紛(동별암기절세분)	골짜기를 구분한 바위 기이하여 어지러운 세상과 끊어주네.

1 '남명 후 일인자'로 불렸고, 남명의 학문은 그 일맥이 '각재 하항~송정 하수일~겸재 하홍도'로 이어졌다고 한다.

禹稷若知山水趣(우직약지산수취)	우[2]와 직[3]이 만약 산수 맛을 알았다면
無人陶鑄舜乾坤(무인도주순건곤)	아무도 순임금의 세상 만들지 못했으리.

이 시에서 보는 바와 같이 장항동은 그윽하고, 깊고, 고요하며 인적이 없어 우왕이나 직왕이 이 장항동을 알았더라면 이곳에 푹 빠져 세상살이도 잊었을 정도로 평화롭다 못해 적막하기까지 한 곳이라는 것을 알 수 있겠다.

계속해서 월촌月村 하달홍(1809~1877)의 얘기를 그의 장항동기에서 들어보자.

"금년 봄 내가 두류 동쪽 기슭에 놀러 갔을 때 장항동이라고 하는 곳을 물어보았지만 산속 늙은이나 마을 노인들 아무도 아는 사람이 없었다. 잃어버린 것 같아 몹시 서운하였다. 대원암에서 자는데 벽에 쓰여진 시를 보고는 비로소 바로 여기가 장항동임을 알았다. 암자 앞에 장항치獐項峙가 있어 그런 이름을 얻은 것 같다. (대원암은) 강희(1662-1722)연간에 승려 운권이 세웠다고 법우가 말하였다. 암자의 북쪽에는 계곡물이 부딪쳐 폭포가 쌓여 있고 (폭포의) 웅덩이는 맑고 투명하며 거울 같은 바위는 모두 흰색으로, 사람으로 하여금 사랑하고 기뻐하여 종일토록 떠나지 못하게 한다. 또 양쪽 계곡은 푸른 산이 천길 벼랑으로 서 있어, 추연惆然히 선생의 기상을 다시 보는 것 같다. 두류에는 숨어 있지만 칭할 만한 곳이 많은데 한녹사의 삽암[4]이나 최문창[5]의 쌍계 같은 곳이 그것이다. 신라·고려 이래로 그

2 우임금
3 주나라의 시조
4 모한대라고도 하며 악양을 지날 때 자세히 봤다.
5 고운 최치원을 말한다.

윽한 곳을 찾는 무리들의 왕래가 끊이지 않았지만, 이 골짜기를 특별하게 뛰어난 곳으로 여겼다는 얘기는 들어본 적이 없으며, 반드시 명옹이 드러낼 때까지 기다려야 했으니, 그래서 이 땅과 선생의 조우遭遇가 있었던 것이 아니겠는가? 그러나 지금 사람들은 다만 대원암만 알고 장항동은 모르니 이 땅의 불행이 아니겠는가? 나는 이 땅의 행·불행에 관하여 진실로 사무치는 감정이 있는 자이며, 또 선현이 이곳에 남긴 아름다운 향기가 사라져 드러나지 않을까 염려하여 이에 기록한다."

여기서 선생은 명옹이라 하였으니 남명 조식을 말하며 한녹사는 고려 때의 한유한韓惟漢을 말하는데 한유한은 벼슬을 마다하고 가족과 함께 지리산에 숨어들은 인물[6]로 도교사상과 연관하여 둘레길 제13구간 하동 악양을 지나면서 이미 자세히 봤다.

이 반석과 관련하여 송정 하수일은 '유덕산[7]장항동반석기'에서 "덕천서원에서 시내를 건너 서북쪽으로 수십 리를 가자 장항동이 있었다. 위아래에 소나무들이 빽빽하게 늘어서 있었는데 곧은 모습이 화살 같았다. 여기에서 작은 암자를 지나 동북쪽으로 수십 보를 걸어가니 네모지고 넓으며 평평한 반석이 있었다. 좌우에 물을 두르고 있었는데 패옥佩玉[8]이 울리는 듯한 소리를 내며 흘러갔다. 예전에 남명이 소 옆구리처럼 생긴 지리산을 답파하면서 여기에서 시를 짓고 이곳을 사랑했다. 이런 까닭으로 제군이 사모하여 곧은 소나무를 보면서 그분의 기상을 우러렀고 패옥 같은 물소리를 들을 적에는 그

6 지리 3인의 은인隱人이라 하면 한유한과 정여창 그리고 조지서 등을 말한다.

7 德山은 지리산의 다른 이름이다.

8 조선시대에 왕과 왕비의 법복이나 문무백관의 조복朝服과 제복의 좌우에 늘이어 차던 옥. 흰 옥을 이어서 무릎 밑까지 내려가도록 하였다. 이는 남명이 성성자惺惺子라는 방울을 차고 다니며 스스로를 경각시킨 것을 상기하며 쓴 얘기니 남명을 공경하는 마음이 드러나는 대목이다.

분의 말씀을 상상했다."고 적었다.

"남명의 소 옆구리 운운"은 남명 조식이 유두류록에서 산행을 마치고 난 후, 함께 산행을 한 일행들과의 헤어짐 그리고 지리산에는 들었으나 자신의 뜻한 바를 일구어 내지 못한 것들에 대한 아쉬움 등을 표현한 말이다. 즉 남명의 "누렁 소 옆구리 같은 두류산 골짝을 열 번이나 답파했고 썰렁한 까치집 같은 가수마을에 세 번이나 둥지를 틀었네."가 바로 그 글귀[9]다.

그렇다면 장항동獐項洞은 유평리 입구에서 유평리를 거쳐 새재마을에 이르는 유평계곡 전 구간을 장항동이라 부른 게 아닌가 싶다.

이 화대종주는 어떻게 진행하는 게 효율적일까? 이는 들머리를 구례로 하느냐 아니면 덕산으로 하느냐의 문제다. 그런데 대중교통을 이용할 경우 이에 대한 답은 의외로 간단하다. 그리고 지리산에서 대피소를 이용하지 않고 당일로 끝낼 생각이라면 더더욱 간단하다. 야간열차나 심야버스를 이용하여 구례로 가서는 이름 그대로 화엄사를 들머리로 하여 대원사를 날머리로 잡는 것이다. 그러면 대원사에서 덕산으로 나가는 절차가 좀 복잡하기는 하지만 일단 원지까지만 나가면 어디든 용이하게 갈 수 있다.

이렇게 종주 들머리를 화엄사로 잡았을 경우 화대종주는 화엄성지의 마산천을 방장교로 건너면서 시작된다. 이정목에는 코재까지는 5.9km, 노고단고개까지는 7.0km, 천왕봉까지 32.5km라고 표기해 놓았다. 연기암 갈림길을 지나 출발한 지 2시간 정도 힘쓰면 코재에 도착한다. 여기서 지리주릉에 접속하게 되니 이제부터는 눈에 익은 길이라 천왕봉까지 편하게 진행하면 된다.

---

9 두류십파황우협頭流十破黃牛脇 가수삼초한작거嘉樹三巢寒鵲居. 526쪽 참조

천왕봉에서는 중산리 길을 버리고 철계단을 타고 0.9km 걸어 중봉에 오르면 치밭목대피소 3.1km, 대원사 10.8km라는 이정목이 방향을 가리킨다. 아직도 10.8km나 남았다는 사실에 한숨이 나오지만 벌써 33.4km를 걸었다는 사실이 마음을 흡족하게 만든다. 그러면 써리봉을 내려서는 계단에서 치밭목대피소가 내려다보이고 대원사 능선 너머 오늘의 종착역인 대원사가 있을 것이라는 생각에 발걸음이 가벼워진다.

써리봉에서 바라본 치밭목대피소

써리봉에서 가지를 치는 황금능선을 발밑에서 바라볼 수 있다는 것도 이 코스가 갖는 자랑이다. 치밭목대피소를 지나면 새재 삼거리까지는 그냥 직진이다. 다만 여름이고 비가 온 후라면 무재치기 폭포를 들러야 할 것이다. 새재 삼거리에서 윗새재 직진 길을 버리고 우회전하여 대원사 길을 따르면 예전과는 달리 작은 물줄기를 건너는 작은 다리가 많이 설치되어 있어 한층 품을 덜 판다. 다만 그 긴 덕천강을 우측으로 내려다보면서 하염없이 걷는다는 것이 좀 지루한 감을 주기는 한다.

문제는 '치밭목 입구'라는 명찰이 붙은 유평마을의 이정목에서 대원사까지는 차도를 따라 1.25km를 더 내려가야 하는데 있다. 산꾼이 포장된 차도를 걷는다는 것은 정말 고역이다. 그것도 42.95km를 걸은 산꾼이…

대원사 일주문

그렇게 산꾼들은 44.2km를 마무리하고 기념촬영을 하면 그 긴 거리를 걸었다는 고단함보다는 상상으로만 건던 '화대종주'가 현실이 되었다는 만족감이 더 크게 다가올 것이다. 어떤 이에게는 '버킷리스트' 중 하나였을 '지리화대종주'. 걸어본 사람만이 안다. 화대종주가 주는 만족감을. 그런데 이런 뿌듯함에 약간 초(?)를 치는 일이 남아 있다. 버스정류장까지는 2.25km를 더 걸어야 한다. 그것도 또 포장도로로 말이다. 이럴 때는 실컷 푸념을 하면서 걸어도 뭐라 그럴 사람 없다. 그러니 맘껏 불평불만[10]을 털어놓자. 그러면서 마지막으로 한마디만 더 하자.

"내 앞으로 이 지리산 다시 오나 봐라!"

10 이런 볼멘소리를 들었나? 최근 그러니까 2018년 11월 15일 공단에서는 유평마을에서 대원사 주차장까지의 3.5km 구간을 흙길과 데크로 조성, 개통함으로써 이런 무료함과 지루함 그리고 지나는 차량으로부터 통행인들을 보호하는 안전까지 도모할 수 있게 되었다. 꾼들로서는 공단의 행정이 고맙기만 하다.